水稻种子生物学

刘　军　宋松泉 等　编著

科 学 出 版 社

北　京

内 容 简 介

本书在广泛收集和整理国内外大量文献的基础上，结合作者及其同事多年来的研究和教学工作，比较全面、系统地介绍了水稻种子生物学的研究成果和进展。本书内容主要包括水稻种子的结构与组分，种子的发育与成熟，贮藏物的合成，种子萌发，贮藏物的动员，种子休眠及其控制，种子休眠与萌发的环境控制，种子储藏、劣变及其修复，以及杂交水稻种子。

本书可供从事种子科学与技术、作物栽培与育种、植物种质资源保育和园艺等工作的科研人员参考，也可作为综合性大学、农林和师范院校相关专业师生的参考用书。

图书在版编目（CIP）数据

水稻种子生物学/刘军等编著. --北京：科学出版社，2024.8
ISBN 978-7-03-077208-4

Ⅰ.①水… Ⅱ.①刘… Ⅲ.①水稻–种子–生物学 Ⅳ.①S511.041

中国国家版本馆 CIP 数据核字（2023）第 243964 号

责任编辑：王海光　刘新新 / 责任校对：严　娜
责任印制：肖　兴 / 封面设计：无极书装

科学出版社出版
北京东黄城根北街 16 号
邮政编码: 100717
http://www.sciencep.com
北京九州迅驰传媒文化有限公司印刷
科学出版社发行　各地新华书店经销
*
2024 年 8 月第 一 版　开本：720×1000 1/16
2024 年 8 月第一次印刷　印张：18
字数：370 000

定价：198.00 元

(如有印装质量问题，我社负责调换)

序

水稻是世界三大粮食作物之一，是全球一半以上人口赖以生存的基本口粮。水稻种子的发育起始于双受精，终止于成熟脱水。在胚胎发生过程中，受精的卵细胞发育成胚，而两个极核与另一个精细胞融合发育成胚乳。在发育过程中，种子逐渐获得萌发能力、脱水耐性和初生休眠；在成熟后期，种子感知未知的生理和/或环境信号，经历成熟脱水并进入代谢不活跃或者静止状态。成熟干燥的种子能在低温和低含水量下长期保存，是植物种质资源长期保存的理想材料，而种质资源的保存又是大农业优良种质创制和新品种选育的前提。尽管水稻种子的研发与利用历史悠久，且在种子生物学的各个领域取得了重大进展，但与种子贮藏物积累、脱水耐性、休眠特性丧失与穗萌发、衰老与长期保存有关的分子机理仍然不够清楚，对这些重要科学问题和关键技术的深入研究将为提高水稻种子的产量与品质、保证种子安全与粮食安全提供新知识和新技术。

《水稻种子生物学》的作者多年来一直从事种子生物学研究与教学工作。他们在广泛收集和整理国内外大量文献的基础上，结合多年来的研究工作，比较全面、系统地介绍了水稻种子生物学的研究成果与进展。内容主要包括水稻种子的结构与组分，种子的发育与成熟，贮藏物的合成，种子萌发，贮藏物的动员，种子休眠及其控制，种子休眠与萌发的环境控制，种子储藏、劣变及其修复，以及杂交水稻种子。

种子是大农业生产的“芯片”，是物种遗传信息和农业科学与技术的载体。2021 年中央一号文件强调：打好种业翻身仗。我相信该书的出版将为“种子人”新增一束暖暖的“阳光”。

匡廷云

匡廷云

中国科学院院士

2023 年秋于北京香山

前　言

“一粒种子可以改变一个世界，一个品种可以造福一个民族。”这句人们耳熟能详的话揭示了种子在农业生产中的重要作用。水稻是最重要的粮食作物之一。水稻种子质量的高低直接影响播种品质、产量与粮食安全。种子也是种质资源长期保存的理想材料，而种质资源的保存是新品种选育和改良的前提。同时，水稻作为单子叶植物的模式植物，其种子生物学的研究对于其他单子叶植物种子的研究具有重要的借鉴意义。此外，种子产业作为农业的重要组成部分，与国民经济息息相关，因此，水稻种子科学与技术的发展就具有更为重要的理论和实践意义。

本书在广泛收集和整理国内外大量文献的基础上，结合作者及其同事多年来的研究和教学工作，比较全面、系统地介绍了水稻种子生物学的研究成果与进展。书中内容主要包括水稻种子的结构与组分，种子的发育与成熟，贮藏物的合成，种子萌发，贮藏物的动员，种子休眠及其控制，种子休眠与萌发的环境控制，种子储藏、劣变及其修复，以及杂交水稻种子。需要说明的是，由于部分内容缺乏水稻种子的近期研究进展，而其他物种特别是拟南芥和一些其他禾谷类植物种子的相关研究又取得了重要突破，且相关成果可以为今后水稻种子生物学研究提供参考，故书中涉及少量拟南芥种子和其他禾谷类植物种子的研究内容。

本书撰写分工如下。第一章和第八章由刘军（广东省农业科学院/广东省农作物种质资源保存与利用重点实验室）执笔，第二章由贾俊婷（广东省农业科学院/广东省农作物种质资源保存与利用重点实验室）和刘军执笔，第三章由李清（广东省农业科学院/广东省农作物种质资源保存与利用重点实验室）执笔，第四章～第七章由宋松泉（广东省农业科学院/中国科学院植物研究所）执笔，第九章由付华（广东省农业科学院）和刘军共同执笔。全书由刘军和宋松泉负责统稿、定稿。

在撰写过程中，编著者借鉴和参考了大量国内外的相关文献，在此谨对文献作者致以崇高的谢意。本书的编著和出版得到了广东省重点领域研发计划项目（2022B0202110003）、国家自然科学基金项目（31871716）、国家科技支撑计划项目（2012BAC01B05）和广东省农业科学院学科团队建设项目（202132TD）的资助。张艺馨和张文虎在图片整理和校对过程中提供了帮助。在此一并表示衷心的感谢。

随着科学与技术的进步，特别是分子生物学和组学等技术的迅速发展，水稻种子生物学研究进展日新月异。由于编著者水平有限，书中难免有不足之处，敬请读者批评指正。

编著者

2023 年春于广州五山

目　　录

第一章　种子的结构与组分

水稻是单子叶植物纲（Monocotyledoneae）禾本目（Poales）禾本科（Poaceae）稻亚科（Oryzoideae）稻属（*Oryza*）谷类作物。水稻（*Oryza sativa*）原产于亚洲，在湖南道县玉蟾岩、江西万年仙人洞与吊桶环、湖南澧县八十垱等多地出土了距今 10 000～8000 年的稻谷（植硅石），表明中国长江流域的先民们曾种植过水稻（严文明, 2020; 裴安平和张文绪, 2009）。

第一节　种子的结构

一、颖壳

通常我们所说的水稻种子实际上为水稻的果实，由受精胚珠发育而来，因外覆花瓣特化后形成的颖壳，故称颖果（Matsuo and Hoshikawa, 1993）。颖壳中大的一侧是外颖，有的种类外颖顶端特化为芒，如野生稻中的大部分种类有长芒，但在栽培稻中却较为少见，主要是在长期栽培选育过程中人为选择而来。颖壳小的一侧为内颖。颖壳细胞含有叶绿体，可以进行光合作用，在外颖剖面可以看到明显的 3 条大维管束和 2 条小维管束，内颖有 3 条大维管束，能够有效地进行营养物质转运（图 1-1）。

颖壳外侧和内侧在结构上存在较大差异。颖壳外侧较为粗糙，用扫描电镜可以看到水稻颖壳外侧细胞形成乳突（图 1-2），与水稻叶片一样，形成硅化（silicification）。乳突与硅化细胞可以有效地强化颖壳对颖果的保护功能。

张文绪（1995）观察到，水稻颖壳表面由多列整齐、纵向排列的双峰乳突构成，每一双峰乳突单体的顶端有一对小突起，如山峰状，故称为峰（peak），两峰横向展列于乳突单体两边，峰尖向顶倾斜。双峰之间的凹陷称为垭（col）。两个双峰乳突单体纵向连接的低陷过渡区域称为坳（depression）。两列双峰乳突之间的深沟称为谷（valley），把两列双峰乳突隔开，使双峰乳突列形成一条条山脉状结构（图 1-3）。谷内着生稃毛和纤细毛，与双峰乳突同步同数。凡有稃毛处即无纤细毛，二者位置相同。

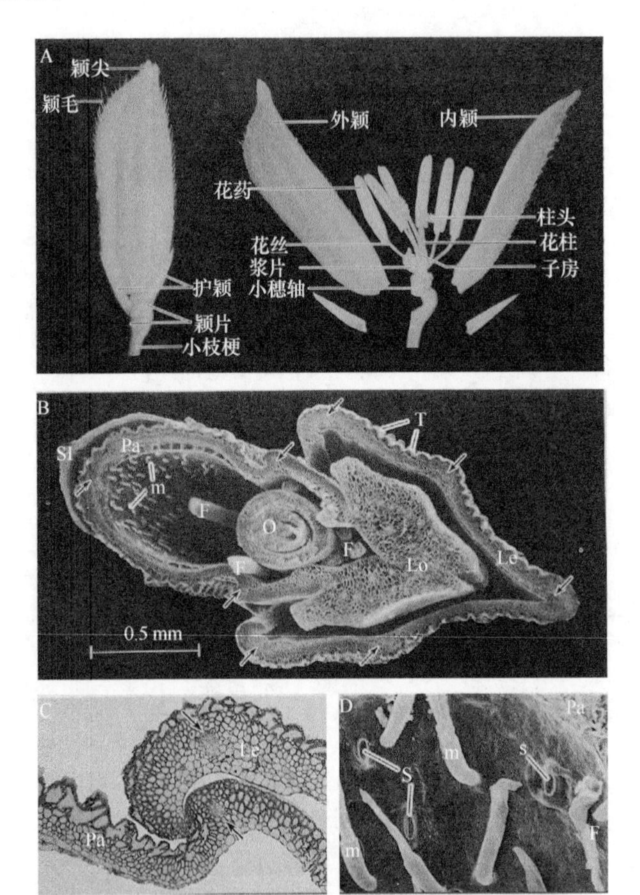

图 1-1 小穗和颖花的结构（引自王忠, 2015）（彩图请扫封底二维码①）

A：小穗的形态结构；B：颖花的横断面，示颖花的内部结构及内颖和外颖的钩合；C：内外颖的钩合槽；D：内颖的内侧，示气孔和纤细毛。F：花丝；Le：外颖；Lo：片；m：纤细毛；O：子房；Pa：内颖；S：气孔；T：乳突；SI：护颖；箭头处为微管束部位

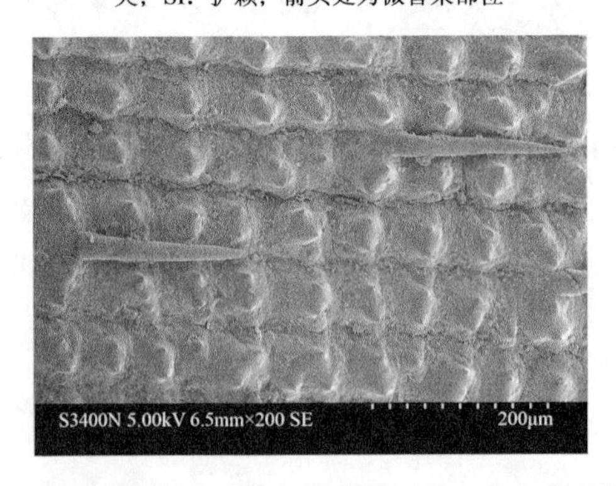

图 1-2 水稻外颖外表皮的扫描电镜照片（张文虎等拍摄）

① 扫封底二维码可见本书所有彩图。

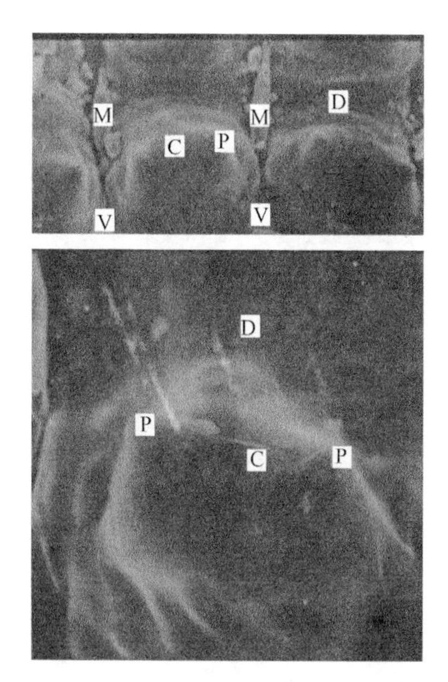

图 1-3　水稻颖花外稃表面双峰乳突结构顶面观（引自张文绪，1995）
上图：双峰乳突；下图：双峰乳突单体。M：纤细毛；P：峰；C：垭；D：坳；V：谷

张文绪等（2003, 2008）根据普通野生稻（*Oryza rufipogon*）和籼稻（*Oryza sativa* subsp. *indica*）、粳稻（*Oryza sativa* subsp. *japonica*）的对比研究，将双峰乳突分为两种基本的形态类型。籼稻为锐型，主要特征是双峰距小，峰角度小，乳突底较窄，垭部呈"V"形，从纵侧面看，为较窄的双峰梯形结构；从横侧面看，为较锐的三角形结构，双峰乳突单体窄而长。粳稻为钝型，其主要特征是双峰距大，峰角度大，乳突底较宽，埂浅而平；从纵侧面看为一较阔的双峰梯形结构；从横侧面看，为一较钝的非等边三角形，向顶面山脊较陡，背顶面山脊较缓，双峰乳突单体宽而短。普通野稻介于二者之间，属中间型（图 1-4）。

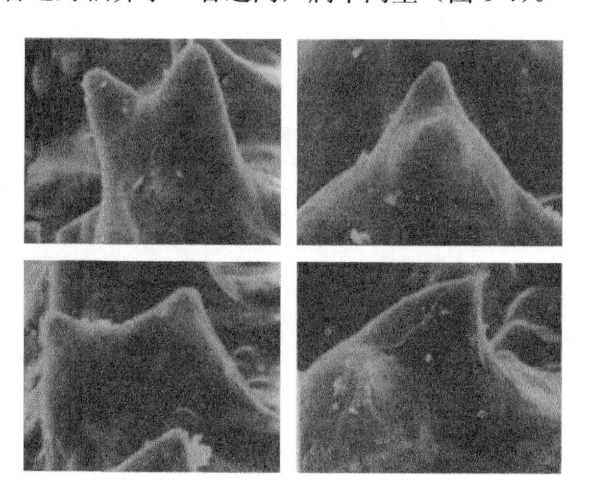

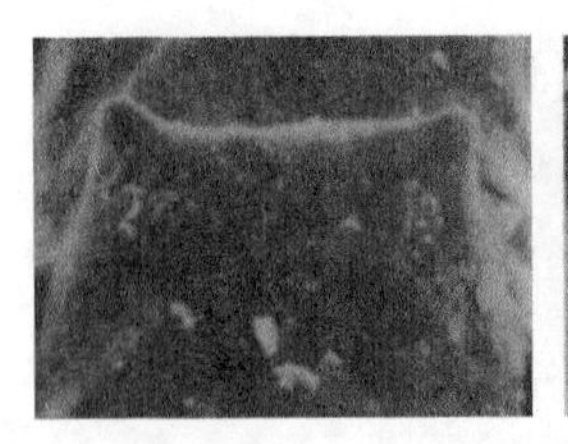
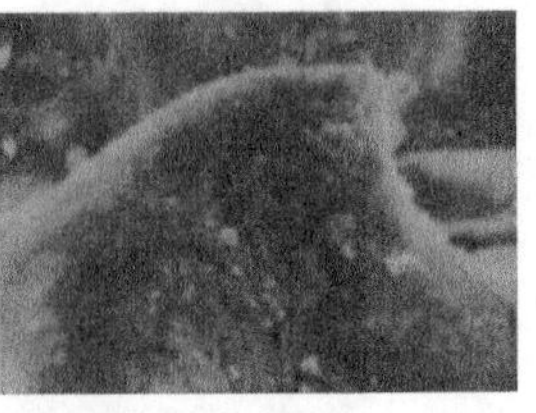

图 1-4 *Oryza rufipogon* 和 *O. sativa* 外稃表面双峰乳突结构纵面观和侧面观比较（引自张文绪，1995）

上图：'湘中籼 2 号'（籼稻品种）；中间图：普通野生稻；下图：'越富'（粳稻品种）

颖壳内部为水稻颖果，其结构从外到内依次为果皮（pericarp）、种皮（seed coat）、胚乳（endosperm）和胚（embryo）（图 1-5）。

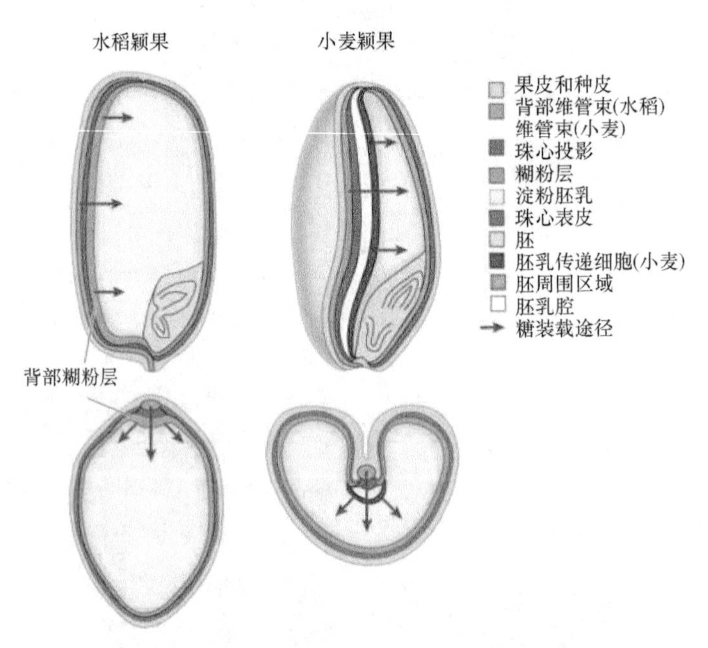

图 1-5 水稻颖果和小麦颖果的纵切面（上部）和横切面（下部）示意图比较（改自 Liu et al., 2022）

二、胚

水稻的胚由受精卵发育而来，由胚根（radicle）、胚轴（embryonal axis）、胚芽（plumule）和盾片（scutellum）等部分组成。胚根下方有胚根鞘，胚芽上方有胚芽鞘（图 1-6，图 1-7）。

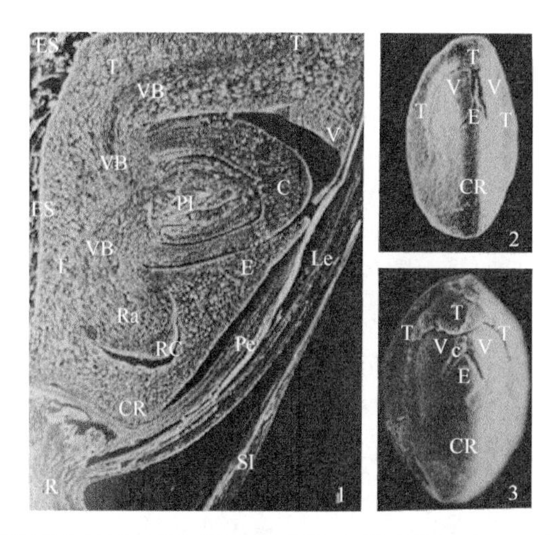

图 1-6　成熟稻胚横切面和不同时期胚表面的扫描电镜观察（引自王忠，2015）

1：成熟胚的纵切面，×250；2：授粉后 10 d 的胚表面形态，×120；3：成熟胚的表面形态，×120。C：胚芽鞘；CR：胚根鞘；E：外胚叶；ES：胚乳；Le：外颖；Pe：果种皮；PI：胚芽；R：小穗轴；Ra：胚根；RC：根冠；SI：护颖；T：盾片；V：腹鳞；VB：微管束

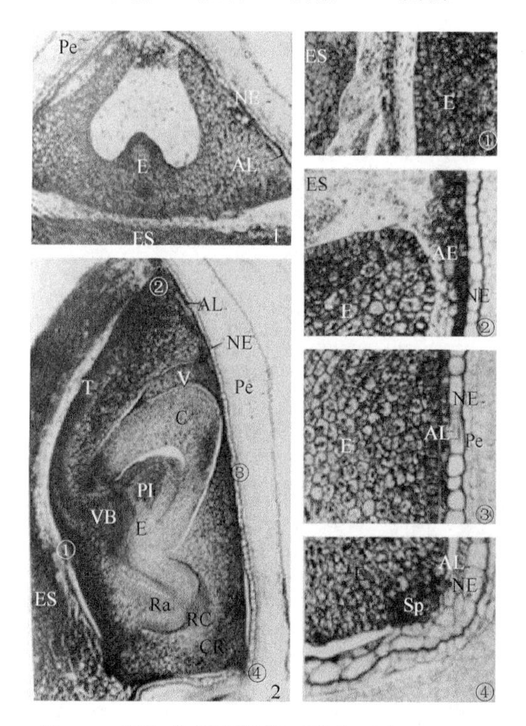

图 1-7　胚与其周围组织（引自王忠, 2015）

1：授粉后 8 d 胚根中部横切面；2：授粉后 12 d 胚的纵切面；①～④：为 2 的局部放大图；①：盾片侧；②：胚顶端；③：外胚叶侧；④：基端，胚柄处。AL：糊粉层；C：胚芽鞘；CR：胚根鞘；E：胚；ES：胚乳；NE：珠心表皮；Pe：果种皮；PI：胚芽；Ra：胚根；RC：根冠；Sp：胚柄；T：盾片；V：腹鳞；VB：微管束

三、胚乳

水稻双受精时 1 个精细胞和极核结合，形成受精极核，受精极核发育形成胚乳。水稻种子的胚乳由糊粉层（aleurone layer）和内胚乳（endosperm）两部分组成。通常所说的水稻胚乳主要指内胚乳。

水稻极核受精后开始进行有丝分裂，至开花后第 3 d，形成大量胚乳游离核，此时的细胞核之间没有细胞壁间隔，核与核之间的排列没有规律。此后，细胞壁开始逐渐形成并包裹细胞核，形成胚乳细胞；随着灌浆过程的进行，靠近珠被的胚乳细胞逐渐形成糊粉层，靠近珠心的细胞逐渐形成内胚乳。图 1-8 显示了胚乳

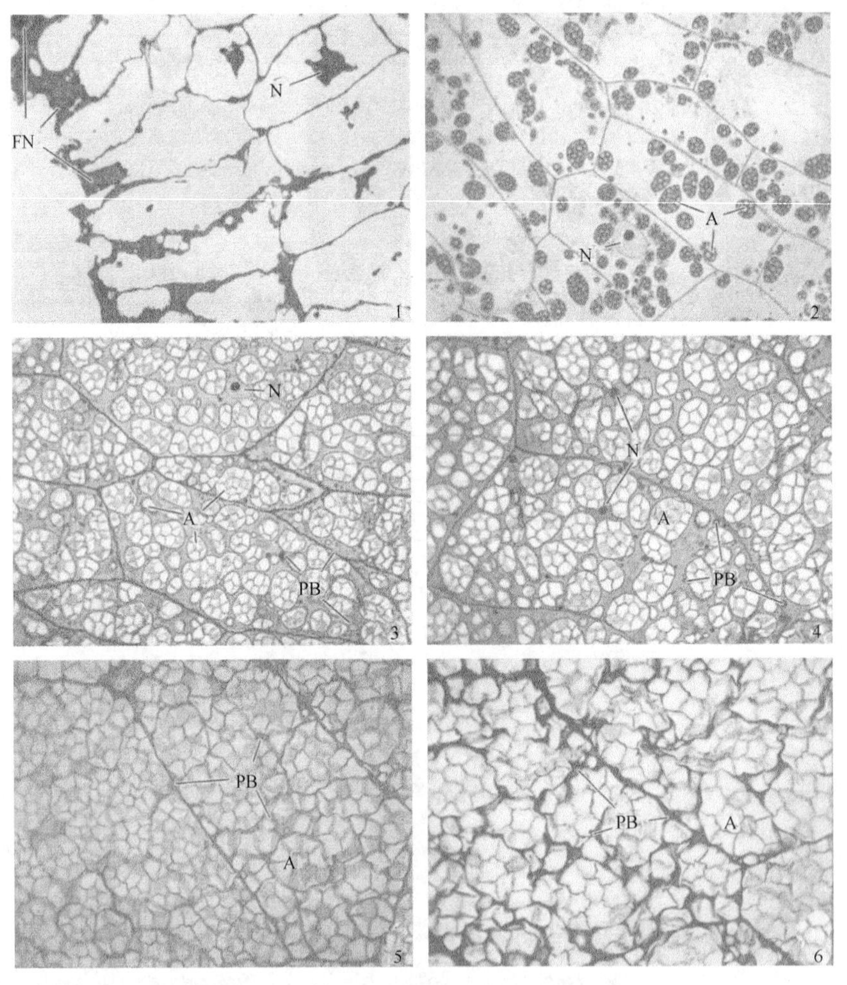

图 1-8 水稻胚乳细胞发育和淀粉体生长的显微结构观察（王忠, 2015）

品种：‘扬稻 6 号’；树脂切片：× 600；1～6：分别为开花后第 3、5、7、9、11 和 15d 的胚乳细胞。A：淀粉体；FN：开放细胞中的游离核；N：细胞核；PB：蛋白体

细胞随颖果发育天数变化的情况。开花后第 3 d 胚乳细胞内有细胞核和大液泡，开花后第 5 d 出现小淀粉粒和小蛋白质体，后来淀粉体增多增大，细胞核变形，液泡消失。

水稻种子不同位置的胚乳细胞在结构、功能和储存物质上存在较大的差异。糊粉层细胞为表层胚乳，细胞横断面近正方形，细胞壁增厚，内容物丰富，外侧与种皮相连。糊粉层与种皮之间的细胞壁发生极度增厚而形成半透层。靠近胚的糊粉层细胞与盾片相连，糊粉层细胞膜形成指状内突的传递细胞（transfer cell），这与营养物质快速供应胚的发育有关。糊粉层细胞具有细胞核，是活细胞，直到水稻种子萌发后至三叶期（即离乳期）仍能通过扫描电镜看到糊粉层细胞的相关结构。图 1-9 比较了大粒籼稻和小粒籼稻颖果中糊粉层的结构，大粒品种糊粉层厚，细胞层数多，而小粒品种糊粉层薄。

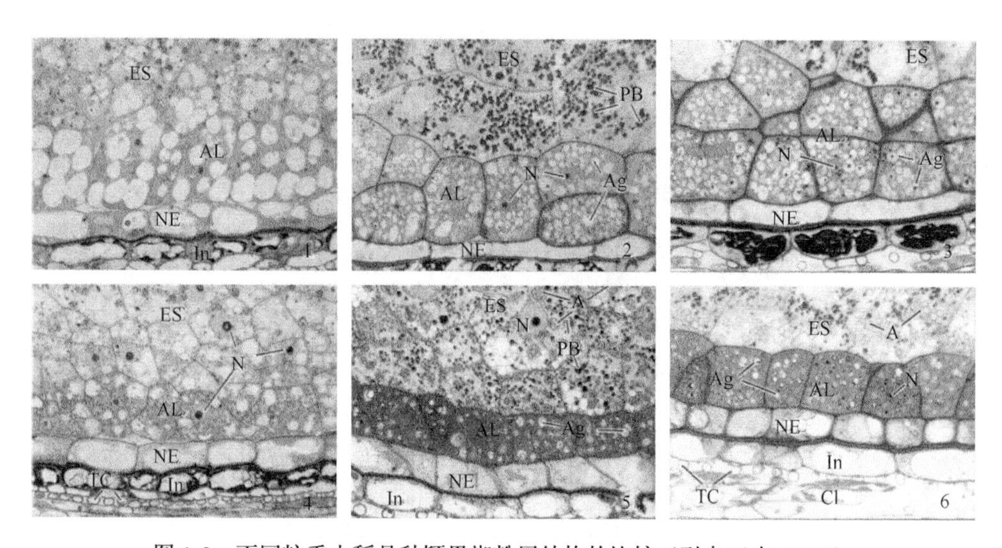

图 1-9　不同粒重水稻品种颖果糊粉层结构的比较（引自王忠, 2015）

1～3：分别为大粒籼稻（‘三粒寸’，颖果干重 37 mg/粒）开花后第 5、7 和 10 d 颖果腹部断面切片，× 600；4～6：分别为小粒籼稻（‘IR36’，颖果干重 16 mg/粒）开花后第 5、7 和 10 d 颖果腹部断面切片，× 600。A：淀粉体；AL：糊粉层；Ag：糊粉粒；Cl：横细胞；ES：胚乳；In：珠被；N：细胞核；NE：珠心表皮；PB：蛋白质体；TC：管细胞

研究表明，糊粉层细胞在种子萌发过程中与赤霉素信号转导及淀粉酶转运有关。糊粉层细胞含有大量糊粉粒和植酸钙镁颗粒，水稻种子 95%以上的蛋白质储存在糊粉层中。另外，糊粉层细胞还含有大量的脂类、色素、矿质元素和生理活性物质。内胚乳细胞含有大量的淀粉体，随着灌浆过程淀粉体膨大而挤压细胞核，最终导致细胞死亡，细胞形状因淀粉体充实而严重变大变形。

四、种皮和果皮

水稻种子的果皮由子房壁发育而来，种皮由胚珠的珠被（integument）和珠心（nucellus）发育而来。随着籽粒灌浆和胚乳细胞充实，果皮和种皮紧密贴合不易分开，两者合称为果种皮。

水稻种皮表层细胞较小，结构致密，细胞壁增厚，具有保护功能（图 1-10）。子房壁从外到内依次由上表皮、中层和下表皮组成，分别对应形成外果皮（exocarp）、中果皮（mesocarp）和内果皮（endocarp）（图 1-11）。中层是子房壁的主要成分，由薄壁细胞组成，含有叶绿体和淀粉体。果皮的颜色决定颖果的颜色，在颖果发育早期，果皮细胞中的叶绿体多，可以进行光合作用供给营养，此时颖果呈绿色，至灌浆后期逐步脱水，叶绿素开始降解，导致绿色逐渐消失，在一些品种中花青素和类胡萝卜素等相关色素开始积累并显现，逐步形成黑米、紫米或其他颜色的稻米（图 1-12，图 1-13）。但随着稻米经加工去除果种皮而颜色消失。

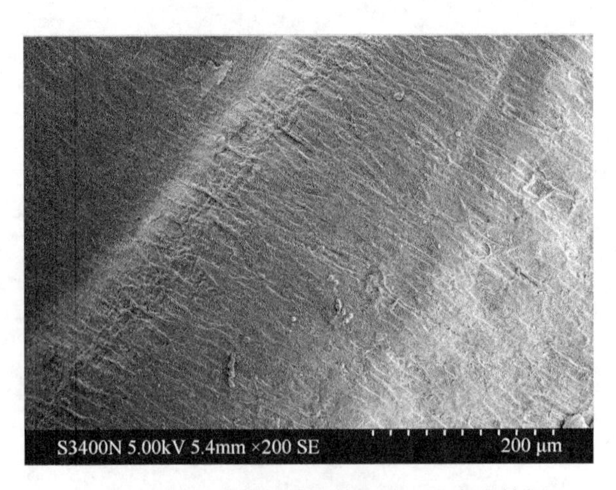

图 1-10　水稻种皮的扫描电镜照片（张文虎等摄）

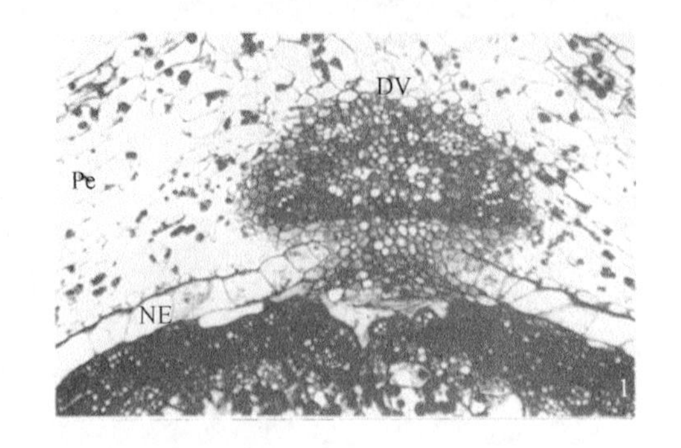

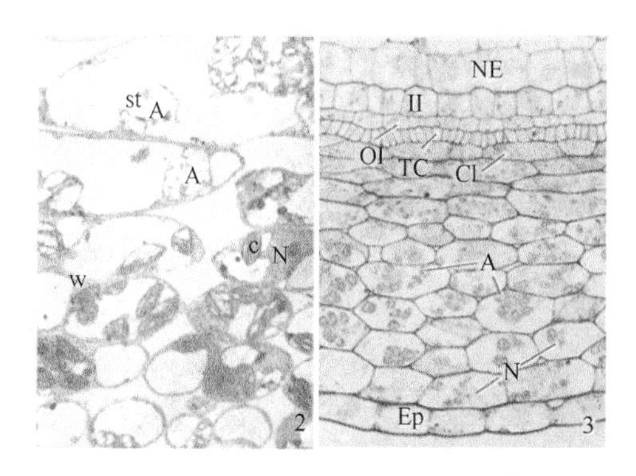

图 1-11　水稻颖果子房壁的基本结构（引自顾蕴洁等，2002；王忠，2015）

1. 颖果背部维管束处的显微结构，×200；2. 子房壁中的薄壁细胞，上侧为中层的外侧，下侧为中层的内侧，×2500；3. 花后 2 天子房壁的结构（横切面），×800。A：淀粉体；c：叶绿体；DV：子房背部维管束；N：细胞核；NE：珠心表皮；Pe：果种皮；st：淀粉粒；w：细胞壁；OI：内珠被外层；TC：管细胞；II：内珠被内层；Cl：横细胞；Ep：外果皮

图 1-12　不同颜色的成熟水稻颖果图片（刘军等拍摄）

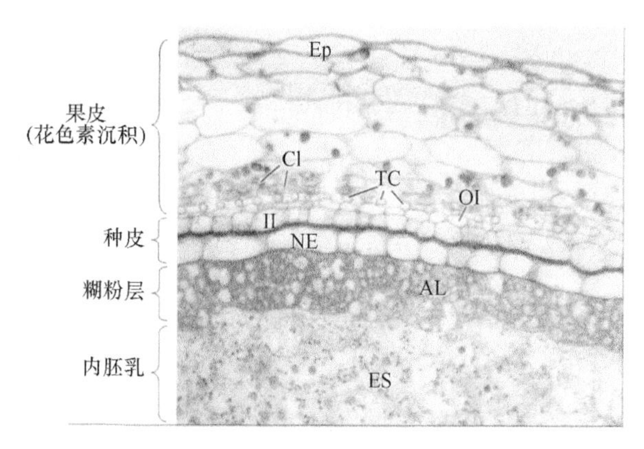

图 1-13　‘血糯’颖果的切片和色素沉积（引自王忠, 2015）

AL：糊粉层；NE：珠心表皮；ES：胚乳；Cl：横细胞；TC：管细胞；Ep：外果皮；II：内珠被内层；OI：内珠被外层

第二节　种子的化学成分和组成

水稻种子含有多种化学成分，除水分和主要营养成分——蛋白质、糖类和脂类外，还含有少量的矿物质、维生素、酶、色素及激素等物质（张红生和王州飞，2021；马志强等，2010；Matsuo et al.，1995）。水稻种子的淀粉含量为65%～70%，脂肪含量为2%～3%，蛋白质含量因所属类型而不同，籼稻多为8%～10%，粳稻多为6%～9%，灰分率为1.5%～3.0%。

一、碳水化合物

水稻种子中碳水化合物的存在形式包括不溶性糖和可溶性糖两大类，前者是主要的储藏形式。可溶性糖主要是蔗糖；不溶性糖包括淀粉、纤维素和半纤维素，其中主要是淀粉，少量为纤维素和半纤维素。

（一）可溶性糖

水稻种子中可溶性糖含量不高，主要是蔗糖，大量分布于胚及种子的外围部分（包括果皮、种皮、糊粉层及胚乳外层），在胚乳中的含量很低。种子的生理状态不同，可溶性糖的种类和含量不同。未成熟种子的可溶性糖含量高，其中单糖占了不小的比例，并随着成熟度的增加而逐渐下降。当种子在不良条件下储藏时，种子的可溶性糖含量也会增加。因此，种子中可溶性糖含量的变化，可在一定程度上反映种子的生理状况。

（二）不溶性糖

1. 淀粉

淀粉以复粒淀粉粒的形式储存于胚乳细胞中，在种子的其他部位极少，甚至完全不存在。淀粉粒的主要成分是多糖，含量一般在95%以上，此外还含有少量的矿物质、磷脂及脂肪酸。淀粉由两种理化性质不同的多糖——直链淀粉和支链淀粉组成，黏稻因品种不同而直链淀粉含量不同，平均约20%，支链淀粉平均约为80%，糯稻几乎全为支链淀粉，直链淀粉和支链淀粉含量不同会影响煮饭特性及食味。籼米饭较干，松而易碎，质地较硬；粳米饭较湿，有黏性，光泽，但在浸泡时易碎裂。直链淀粉与支链淀粉遇碘液产生不同的颜色反应，直链淀粉呈蓝色，支链淀粉呈红棕色，据此可以把糯性种子和非糯性种子区分开来。水稻稻米直链淀粉含量可能与母体或细胞质效应有关（Pooni et al.，1993）。莫惠栋（1993）也认为稻米的直链淀粉含量主要由胚乳基因型控制，并且它们在F2米粒间均发生分离。

2. 纤维素和半纤维素

水稻种子中除淀粉外，主要的不溶性糖是纤维素和半纤维素，它们与木质素、果胶、矿物质及其他物质结合在一起，组成果皮和种皮细胞。

二、脂类

脂类物质包括脂肪、糖脂和磷脂等，脂肪以贮藏物质的状态存在于细胞中，磷脂是构成原生质的必要成分。稻米中脂类含量约为3%，脂类含量对稻米的食用品质及稻米的陈化有着极大的影响。

（一）脂肪

脂肪在稻米中含量较低，在胚乳中的含量不超过1%，绝大部分脂肪存在于胚和糊粉层的细胞中，但脂肪对稻米的口感却有着较重要的影响。脂肪含量高的稻米做出的米饭适口性和香气较好，因此在一定范围内提高稻米的脂肪含量能极显著地改善稻米的口感与品质（沈芸等, 2008）。

稻米中脂肪的主要成分是不饱和脂肪酸，极易发生水解、氧化和酸变。因此，稻米中脂肪的含量会影响稻米的储藏品质，脂肪酸败会使稻米的储藏寿命缩短（张向民等, 1998）。韩龙植等（2003）发现新创制的特种稻种质中甜米的脂肪含量可高达3.52%～5.29%，比普通稻米高56.8%～135.6%，其次是有色米（脂肪含量为2.57%～3.05%）和巨胚米（脂肪含量为2.89%～3.04%）。

水稻种子成熟过程中脂肪的含量随着可溶性糖的减少而相应增加，表明脂肪是由糖分转化而来的。脂肪的累积有以下两个特点：首先，种子成熟初期所形成的脂肪中含有大量的游离脂肪酸，随着种子的成熟，游离脂肪酸逐渐减少，而合成复杂的脂肪。游离脂肪酸可根据酸价（酸价是指中和1 g脂肪中全部游离脂肪酸所需的氢氧化钾毫克数）来测定，未成熟种子的酸价高，随着种子成熟度的增加，酸价逐渐降低。其次，脂肪的性质在种子成熟期间也有变化。种子成熟初期，形成饱和脂肪酸，随着种子的成熟，饱和脂肪酸逐渐减少，而不饱和脂肪酸则逐渐增加。这一变化可用碘价（碘价是指与100 g脂肪结合所需的碘的克数）来测定；种子成熟度越高，碘价也越高。

（二）磷脂

水稻种子中的脂类物质除脂肪外，还有化学结构与脂肪相似的磷脂，但前者是贮藏物质，后者是细胞原生质的成分——各种细胞膜的必要组分。磷脂对于限制细胞和种子的透性，维持细胞的正常功能是必不可少的。种子中磷脂的含量较营养器官高，磷脂的代表性物质是卵磷脂和脑磷脂。

在陈化过程中，稻谷、大米中所含的糖脂和磷脂是最易于发生水解的脂类。非淀粉脂和淀粉脂中都含有磷脂和糖脂，低温储藏糙米中的糖脂、磷脂分解率明显低于高温储藏的糙米。糙米分别在 38℃和 8℃条件下储藏 6 个月，非淀粉脂脂肪酸变化较大，其中软脂酸和亚油酸相对减少，油酸相对含量增加；而淀粉脂脂肪酸变化很小，淀粉脂和非淀粉脂中的糖脂和磷脂含量下降，糖脂下降速率较快，磷脂下降速率较慢。

三、蛋白质

蛋白质是构成生物体细胞组织的重要成分，其作用是碳水化合物和脂肪不能替代的（沈芸等, 2008）。种子中的大部分蛋白质是贮藏蛋白质，主要以糊粉粒或蛋白体的形式存在于细胞内。有极少量的蛋白质是复合蛋白质，主要是脂蛋白和核蛋白。水稻籽粒中的蛋白质主要为一种碱溶性谷蛋白（glutelin），也叫米谷蛋白（oryzenin）；此外，还有少量的水溶性清蛋白（albumin）、盐溶性球蛋白（globulin）和醇溶性谷蛋白（prolamin）。

水稻品种间蛋白质含量有较大的差异（本一雄, 1971；蒋冬花等, 2007）。稻谷中蛋白质含量一般为 6.0%～15.7%，绝大部分为 8.0%～11.0%，且籼稻与粳稻的蛋白质含量分布不同，籼稻的稻谷、谷壳及糙米的蛋白质含量均极显著高于粳稻，而常规籼稻与杂交籼稻之间，无论是稻谷、糙米，还是谷壳的差异都不显著（陈能等, 2007）。水稻早熟品种的蛋白质含量高于晚熟品种，小粒水稻品种的蛋白质含量高于大粒水稻品种（片冈胜美, 1978）。黑米、红米（谢黎虹等, 2006；黎杰强等, 2005；韩龙植等, 2003）及五彩米（戴蕴青等, 2006）的蛋白质含量均高于普通稻米。野生稻米的蛋白质含量在 14%以上，高于普通稻米（Cheng et al., 2005）。通过杂交育种获得高蛋白品种已有成功的尝试，如王志等（2007）获得蛋白质含量高达 15.5%的不育系。利用化学诱变法获得的水稻低谷蛋白突变体可供肾脏病和糖尿病患者食用（郑天清等, 2003），而高谷蛋白突变体可作为高营养水稻供普通人食用。

种子的营养价值不仅决定于种子中蛋白质的含量，还决定于构成蛋白质的氨基酸尤其是人体必需氨基酸的比率，以及种子蛋白质能被消化和吸收的程度。水稻种子中的氨基酸种类很多，有天冬氨酸、赖氨酸、谷氨酸、组氨酸、精氨酸、酪氨酸、脯氨酸、苯丙氨酸、丝氨酸、甘氨酸、苏氨酸、丙氨酸、缬氨酸、甲硫氨酸、亮氨酸、异亮氨酸等，其中谷氨酸含量最高，其次为天冬氨酸、精氨酸、亮氨酸，赖氨酸则是禾谷类种子的限制性氨基酸。特种稻种子的必需氨基酸含量明显高于一般粳稻，并且黑米和香米品种的氨基酸组成较为平衡合理，必需氨基酸含量比例较高（张名位, 2003）。黑米、红米及五彩米中氨基酸总含量要比普通稻米高（谢黎虹等, 2006; 韩龙植等, 2003; 戴蕴青等, 2006），特别是赖氨酸和精氨酸含量。野生稻米中亮氨酸、脯氨酸、缬氨酸等的含量比普通稻米高 34%以上（Cheng et al., 2005）。稻米的蛋白质相对较好，其赖氨酸含量高于麦类，因为稻米中醇溶性谷蛋白含量很低（5%～9%），80%以上是赖氨酸含量较高的碱溶性谷蛋白（Matsuo and Futsuhara, 1997）。

近年来，富含 γ-氨基丁酸的功能水稻正受到越来越多的关注。γ-氨基丁酸是植物体内合成的一种非蛋白质氨基酸，医学研究表明，它具有缓解高血压的功效，但研究水稻中 γ-氨基丁酸含量需要建立测定 γ-氨基丁酸含量的标准方法（刘玲珑等, 2005; 张群等, 2006）。通过筛选巨胚突变体已经成功获得高 γ-氨基丁酸水稻。W025 是对‘金南风’进行化学诱变和杂交选育而育成的水稻新品系，具有巨胚特征。遗传分析表明，巨胚基因受单隐性基因控制（刘玲珑等, 2005）。韩龙植等（2003）将系谱选择和花药培养相结合，分别选育出巨胚（富含 γ-氨基丁酸）、有色种皮、软米、香味等单一特殊性状和具有上述两个以上特殊性状的材料。章清杞等（2007）利用巨胚种质育成了巨胚不育系和恢复系，并组配育成了巨胚杂交组合。

在遗传上，稻米蛋白质含量和蛋白质指数主要受制于母体遗传效应，但也受种子基因效应的影响，受细胞质效应影响较小，在低世代选择均有效（黄英金等, 2000）。赖氨酸含量和赖氨酸指数则主要与种子基因效应有关，其中赖氨酸含量还受到母体加性效应的影响（石春海和朱军, 1995）。水稻籽粒的游离氨基酸含量、游离氨基酸产量除受控于种子直接加性效应外，还受母体植株加性效应和显性效应的影响，且母体效应比种子直接加性效应更重要，其中尤以母体显性效应最重要（何光华等, 1995; 杨正林和何光华, 1997）。必需氨基酸中的甲硫氨酸、亮氨酸和苯丙氨酸的含量主要由遗传主效应控制，而苏氨酸、半胱氨酸及异亮氨酸的含量受基因型×环境效应影响（Wu et al., 2004）。在遗传主效应下，所有的必需氨基酸以细胞质及母体的遗传效应为主。土壤中的肥料及施用肥料的种类等栽培条件和降雨量等气候条件对种子中蛋白质含量也有很大影响。

四、水分

种子中的水分是种子生理代谢作用的介质和控制开关。种子中的水分有两种状态，游离水（自由水）和结合水（束缚水）。游离水具有一般水的性质，可作为溶剂，0℃下能结冰，容易从种子中散发出去。而结合水却牢固地与种子中的亲水胶体（主要是蛋白质、糖类及磷脂等）结合在一起，不容易散发，不具有溶剂的性能，低温下不结冰，并具有与游离水不同的折光率（张红生和王州飞, 2021）。

种子中的水分不同，则其生命活动的强度和特点有明显差异。种子的生命活动必须在游离水存在的状况下才能旺盛进行。当种子中的水分减少至不存在游离水时，种子中的酶首先是水解酶就变为钝化状态，种子的新陈代谢降至很微弱的程度。当游离水出现以后，酶就由钝化状态转变为活化状态，这个转折点的种子的水分（即种子的结合水达到饱和程度并将出现游离水时的水分）称为临界水分，其含量因作物种类而不同。在一定温度条件下，临界水分以下，种子可以安全储藏的水分称为安全水分。水稻种子的安全水分一般为13%以下。如果将种子放在固定不变的温湿度条件下，经过相当长的时间后，种子水分就基本上稳定不变，即达到平衡状态，种子对水分的吸附和解吸以同等的速率进行，这时的种子水分就称为该条件下的平衡水分。

五、其他组分

水稻种子的化学成分除水分和主要营养成分——蛋白质、碳水化合物和脂类外，还含有少量的矿物质、维生素、酶、色素及激素等物质（张红生和王州飞, 2021; 马志强等, 2010）。

（一）维生素

水稻种子中的维生素有水溶性维生素和脂溶性维生素两种。水溶性维生素包括B族维生素和维生素C（抗坏血酸），其中维生素B不但含量丰富而且种类很多，有维生素B1（硫胺素）、维生素B2（核黄素）、维生素B6（吡醇素）、PP（烟酸）、泛酸和生物素等，其功能各异而存在部位相同。其在水稻种子中的存在部位主要是种皮、胚部和糊粉层，因此碾米及制粉的精度越高，维生素B的损失也就越严重。B族维生素几乎都是辅酶或辅基的组成成分，参与机体各种代谢，其中又以维生素B1和维生素B2最为重要，具有促进生长和增加食欲的作用（沈芸等, 2008）。

脂溶性维生素有维生素E（生育酚）和胡萝卜素（维生素A原）。维生素E大量存在于禾谷类种子的胚中。维生素E由生育酚（tocopherol，T1）和生育三烯酚（tocotrienol，T3）组成，前者具有饱和侧链，而后者具有不饱和的侧链。在自然界中，它们分别含有4种异构体，其差异在于苯环上甲基的数量和位置。维生素E是一种重要的抗氧化剂，对防止油脂的氧化有显著作用，对种子生活力的保持是有利的，并且在抑制心血管疾病、癌症、视网膜黄斑变性及抗炎症方面具有一定作用。米糠富含T3的部分可以降低人体血浆中总胆固醇和低密度胆固醇的水平（Qureshi et al., 2001, 2002）。稻米的维生素E总含量为179～389 mg/kg，且表现为α-T3＞γ-T3＞α-T1＞γ-T1，其中T3的含量远远高于T1的含量，T1与T3的含量分别为27.5%和72.5%（Goffman et al., 2003）。米糠中T3

在总维生素 E 中所占比例平均为 61%，有些品种最高可达 80%～86%（Sookwong et al., 2007, 2009）。

水稻种子中并不存在维生素 A，但含有维生素 A 的前体胡萝卜素，胡萝卜素经食用后，在酶的作用下能分解为维生素 A，因此，称为维生素 A 原，但含量不高。Ye 等（2000）将维生素 A 原（β-胡萝卜素）合成途径的 3 个关键酶：八氢番茄红素合酶（phytoene synthase, PSY）、八氢番茄红素脱氢酶（phytoene desaturase, PDS）、番茄红素 β-环化酶（lycopene β-cyclase, LCY）同时导入水稻中，检测结果表明，部分种子内胚乳中的类胡萝卜素含量高达 1.6 mg/g，植物基因工程使水稻种子产生了本不存在的类胡萝卜素。

在一般成熟的作物种子中维生素 C 并不存在，但在种子萌发过程中却能大量形成，使萌发种子的营养价值显著提高。

维生素的含量取决于遗传性及环境因素，烟酸的含量主要决定于遗传因素，通过选育可以大大提高。许多维生素因环境影响而差异很大，在种子成熟和萌发过程中的变化也很显著。维生素的生理作用与酶有密切关系，许多酶由维生素和酶蛋白结合而成。因此，缺乏维生素时，动植物体内酶的活性就受到影响。维生素对于保持人体的健康是必不可少的，任何一种维生素的缺乏都会导致代谢紊乱和疾病发生，但某些维生素（维生素 A 和维生素 D）长期过多摄入，也可引起中毒，造成维生素过多症，影响健康，而维生素 B 和维生素 C 在体内多余时会及时排出，不致引起过多症。种子中的维生素含量不是很高，一般人们容易因偏食而缺乏维生素。

（二）矿物质

水稻种子中的矿物质种类较多，达 30 多种，根据其含量可分为大量元素及微量元素两类。大量元素有氮、磷、钾、钙、硫等，微量元素有铁、锌、铜、锰、镁、钠、硅、硒等矿质元素，许多元素为维持动植物正常生理功能必需元素。

矿物质在水稻种子中的分布很不均匀，胚与种皮（包括果皮）的灰分率高于胚乳数倍，且各种矿物质在种子中的分布部位也不相同。水稻种子中各种矿质元素的含量差异很大，一般以磷的含量为最高，它是细胞膜的组分，且与核酸及能量代谢有密切关系，因而是种子萌发和幼苗早期生长所必不可少的成分。水稻种子中除各种矿质元素的含量差异很大外，水稻品种间同一矿质元素的含量差异也很大（文建成等, 2005; Prom-U-Thai et al., 2008; Liang et al., 2007; Lucca et al., 2001）。

矿质元素主要存在于米皮中，米糠中的钙、锰、铁、锌、铜和硒的含量都显著高于精米（王金英等, 2002）。野生稻中的硫、磷、钾、钙、镁的含量比普通稻米要高。特种稻中的钾、镁、硅、磷、钙、铁、锌、硒、硫等矿质元素含量普遍高于普通稻米。但稻米中铁、钙、锌与植酸结合以络合物的形式存在，而植酸盐不能被人体消化吸收利用，导致稻米中可利用的铁、钙、锌含量很低。种子中的矿质元素大多与有机物结合存在，随着萌发变成无机态，在生长部位的合成过程中转化为新组织的成分。如植酸钙镁萌发时转化为无机磷，参与各种生理活动与生化反应。有研究通过高无机磷突变体的筛选，获得低植酸水稻，来间接提高稻米中铁和锌的含量及其可利用率（Larson et al., 2000; 王玉华等, 2005）。王玉华等（2005）从籼稻'协青早B'和粳稻'秀水110'中选得高无机磷纯合突变系，植酸中的磷含量较对照下降约35%，无机磷含量上升约3.5倍，而总磷含量基本不变。

种子中的钾主要贮藏于蛋白体的球状体中，水稻种子对钾的积累主要发生在开花17 d以后，尤其是在糊粉层发育后期，钾还可能置换球状体中的钙和锌而积淀其中（Ogawa et al., 1979）。不同水稻种子含钾量的差异十分显著，尤其是籼稻和粳稻种子有着成倍的差别，含钾量高的种子，可能至少在两方面有重要意义。①含钾量高的种子，在水稻生产上有其重要的作用，因三叶期以前，幼苗主要是异养生长，其养分主要靠种子本身来提供，所以含钾量高的种子，可能更有利于幼苗体内各类需K^+活化的酶促反应的进行，从而促使其迅速生长。②含钾量高的种子对于食物链及人类的营养与健康有重要意义。钾离子是人类和动物细胞内最主要的阳离子之一，钾对肾功能、激素分泌及体液中酸碱平衡的调节等都有不可替代的作用，缺钾常导致肌肉病变、高血压及低钾血症（hypokalemia）等疾病的发生。种子的含钾量不但与基因密切相关，而且受环境条件如灌溉方式、施肥制度等的影响（刘国栋和刘更另, 1997）。

特种稻米具有相当丰富的矿物元素（钙Ca、磷P、铁Fe、锌Zn等），其中元素铁又被称为"补血素"，缺铁会引起贫血。特种稻米中的高含量铁不但是孕妇、产妇必需的，而且对儿童身体发育与智力发展及改善贫血有显著作用；而锌是生命活动中160多种酶的组成成分，缺锌会影响人的智力、食欲和生殖能力；钙则是维持所有细胞正常生理功能所必需的，人体只有含足够的钙，心脏才能正常搏动，肌肉和神经正常兴奋性传导和适宜敏感性才能维持，人才不会因为缺钙而发生骨质疏松和肌肉痉挛，因此，锌、钙含量高的特种稻米对促进身体发育，防治软骨病等有一定的食疗作用（黎杰强等, 2005）。

（三）色素

种子之所以具有色泽，是因为种子中含有各类色素。种子的色泽不仅是品种特性的重要标志，而且能表明种子的成熟度和品质优良状况。例如，黑、红米的食味俱佳；小麦籽粒的颜色与制粉品质和休眠期的长短有关；油菜种子的颜色与出油率有关；大豆、菜豆等种子的颜色与耐储藏性和种子寿命有关。因此，色泽是品种差异及品质优劣的一项明显指标。如黑米、黑豆和黑芝麻等称为黑色食品，营养丰富。种子的色泽与果皮、种皮、糊粉层、胚乳或子叶的颜色有关，尤其是果皮和种皮。

水稻种子中所含的色素种类有叶绿素、类胡萝卜素、黄酮素及花青素等。叶绿素主要存在于未成熟种子的稃壳、果皮中，在成熟期间具有进行光合作用的功能，并随种子成熟而逐渐消失，但在黑麦（胚乳中）、蚕豆（种皮中）和一些大豆品种（种皮和子叶中）的成熟种子中仍大量存在。

类胡萝卜素存在于水稻种子的种皮和糊粉层中，是一种不溶于水的黄色素；花青素则是水溶性的细胞色素，主要存在于某些豆科作物的种皮中，使种皮呈各种色泽或斑纹，如乌豇豆、黑皮大豆、赤豆等，有些特殊的水稻品种也可存在于稃壳及果皮中。

在环境条件作用下，种子的颜色会发生改变，例如光照不足、受过严重冻害、经发热霉变及高温损害，储藏时间较长的陈种子和正常种子的颜色也有一定区别。

（四）激素

正在生长发育的种子除积累各种主要贮藏养料外，也发生其他重要化学物质的变化，其中值得注意的是生长调节物质（或激素）如生长素（auxin）、赤霉素（gibberellin, GA）、细胞分裂素（cytokinin, CK）和脱落酸（abscisic acid, ABA）等。这些物质不但对种子的生长发育起调节作用，也与果实的生长和其他生理作用有密切关系。

（五）酶

种子内的生物化学反应可由种子本身所含的酶催化、调节和控制。从化学结构上看，酶是一种蛋白质，有些酶还含有非蛋白质部分。非蛋白质部分是金属离子（如铜、铁、镁）或由维生素衍生的有机化合物。酶具有底物专一性和作用专一性，因此种子的各种生理生化变化是由多种多样的酶类共同作用所调控的。根据所催化的反应类型，酶可以分为以下几类：①氧化还原酶类，参与氧化还原反应；②转移酶类，转移某些基团（如氨基、羧基、磷酸基和甲基等）；③水解酶类，在有水的条件下催化某些化合物的分解（如糖类、脂肪、蛋白质和核酸等）；④裂解酶类，在无水的条件下也能催化化合物的分解，包括双键裂解（如脱羧作用和脱氨作用等）；⑤异构酶类，调节分子内部的转化，所催化的反应为分子内的氧化还原反应和转移反应（如葡萄糖-6-磷酸转化为果糖-6-磷酸）；⑥合成酶类，通常在 ATP 的参与下将两个或两个以上的分子合成新的化合物。

主要参考文献

陈能, 谢黎虹, 段彬伍. 2007. 稻米中含二硫键蛋白对其米饭质地的影响. 作物学报, 33(1): 167-170.
戴蕴青, 何计国, 袁芳, 等. 2006. 五彩米营养成分分析与评价. 中国粮油学报, 21: 20(1)- 23.
顾蕴洁, 王忠, 陈娟, 等. 2002. 水稻果皮的结构与功能. 作物学报, 28(4): 439-444, 577.
韩龙植, 南钟浩, 全东兴, 等. 2003. 特种稻种质创新与营养特性评价. 植物遗传资源学报, 4: 207-213.
何光华, 谢戎, 郑家奎, 等. 1995. 水稻籽粒游离氨基酸含量及其产量的种子和母体遗传效应分析. 生物数学学报, (04): 71-77.
黄英金, 熊伟, 漆映雪, 等. 2000. 稻米蛋白质及其 4 种组分含量的遗传研究. 江西农业大学学报, 22(04): 473-478.
蒋冬花, 杨宝峰, 叶砚, 等. 2007. 水稻种子贮藏蛋白总含量分布和多态性分析. 中国水稻科学, 21(06): 673-676.
黎杰强, 朱碧岩, 陈敏清. 2005. 特种稻米营养分析. 华南师范大学学报 (自然科学版), 37 (1): 95-98, 122.
刘国栋, 刘更另. 1997. 水稻种子含钾量的基因型差异. 中国水稻科学, 11(3): 179-182.
刘玲珑, 江玲, 刘世家, 等. 2005. 巨胚水稻 W025 糙米浸水后 γ-氨基丁酸含量变化的研究.作物学报, 31: 1265-1270.
马志强, 胡晋, 马继光. 2010. 种子贮藏原理与技术. 北京: 中国农业出版社.
莫惠栋. 1993. 我国稻米品质的改良. 中国农业科学, 26(4): 8-14.
裴安平, 张文绪. 2009. 史前稻作研究文集. 北京: 科学出版社.
石春海, 朱军. 1995. 稻米营养品质种子效应和母体效应的遗传分析. 遗传学报, 22(5): 372-379.
沈芸, 肖鹏, 包劲松. 2008. 水稻营养成分遗传育种研究进展. 核农学报, 22(4): 455-460.
王金英, 江川, 郑金贵. 2002. 不同色稻的精米与米糠中矿质元素的含量. 福建农林大学学报(自然科学版), 31(4): 409-413.
王玉华, 任学良, 刘庆龙, 等. 2005. 水稻高无机磷突变体的筛选和培育技术研究.中国水稻科学, 19(1): 47-51.
王志, 项祖芬, 胡运高, 等. 2007. 高蛋白香稻不育系绵香 3A 的选育与利用. 杂交水稻, 22(4): 2-3.
王忠. 2015. 水稻的开花与结实-水稻生殖器官发育图谱. 北京: 科学出版社.
文建成, 张忠林, 金寿林, 等. 2005. 滇型杂交粳稻及其亲本稻米铁、锌元素含量的分析. 中国农业科学, 38(6): 1182-1187.
谢黎虹, 陈能, 段彬伍, 等. 2006. 稻米中蛋白质对淀粉 RVA 特征谱的影响. 中国水稻科学, 20(5): 524-528.
严文明. 2020. 长江文明的曙光. 增订版. 北京: 文物出版社.
杨正林, 何光华. 1997. 水稻籽粒游离氨基酸含量的基因效应分析. 西南农业学报, 10(1): 14-17.
章清杞, 张书标, 黄荣华, 等. 2007. 籼稻巨胚种质的诱变获得及遗传研究. 中国农业科学, 40(7): 1309-1314.
张红生, 王州飞. 2021. 种子学（第三版）. 北京: 科学出版社.

张名位. 2003. 黑米抗氧化与降血脂的活性成分及其作用机理. 广州: 华南师范大学博士学位论文.

张群, 单杨, 吴跃辉. 2006. 糙米浸泡过程中 γ-氨基丁酸的变化. 粮食与饲料工业, (11): 6-7, 12.

张文绪. 1995. 水稻颖花外稃表面双峰乳突扫描电镜观察. 北京农业大学学报, 21(2): 143-146.

张文绪, 裴安平, 毛同林. 2003. 湖南澧县彭头山遗址陶片中水稻稃壳双峰乳突印痕的研究. 作物学报, 29(2): 263-267.

张文绪, 向安强, 邱立诚, 等. 2008. 广东省封开县杏花河旧屋后山遗址古稻双峰乳突及稃壳印痕研究. 中国水稻科学, 22(1): 103-106.

张向民, 周瑞芳, 冯仑. 1998. 脂类在稻米陈化过程中的变化及与稻米糊化特性的关系. 中国粮油学报, 13: 38-43.

郑天清, 沈文飚, 朱速松, 等. 2003. 水稻谷蛋白突变体的研究现状与展望.中国农业科学, 36: 353-359.

本一雄. 1971. 米のタンパク质含有量に关する研究. 第1报タンパク质含有率の品种间差异ならびにタンパク质含有量に及ぼす气象环. 日作纪, 40: 183-189.

片冈胜美. 1978. 米の蛋白质含有率の遗传分析. 育种, 28: 263-268.

Cheng Z Q, Huang X Q, Zhang Y Z, et al. 2005. Diversity in the content of some nutritional components in husked seeds of three wild rice species and rice varieties in Yunnan province of China. Journal of Integrative Plant Biology, 47(10): 1260-1270.

Goffman F D, Pinson S, Bergman C. 2003. Genetic diversity for lipid content and fatty acid profile in rice bran. Journal of the American Oil Chemists' Society, 80(5): 485-490.

Larson S R, Rutger J N, Young K A, et al. 2000. Isolation and Genetic Mapping of a Non-Lethal Rice (*Oryza sativa* L.) low phytic acid 1 Mutation. Crop Science, 40(5): 1397-1405.

Liang J F, Han B Z, Han L, et al. 2007. Iron, zinc and phytic acid content of selected rice varieties from China. Journal of the Science of Food and Agriculture, 87: 504-510.

Liu J X, Wu M W, Liu C M. 2022. Cereal endosperms: development and storage product accumulation. Annual Review of Plant Biology, 73: 255-291.

Lucca P, Hurrell R, Potrykus I. 2001. Approaches to improving the bioavailability and level of iron in rice seeds. Journal of the Science of Food and Agriculture, 81(9): 828-834.

Matsuo T, Futsuhara Y. 1997. Science of the rice plant. 1. Morphology. Tokyo: Food and Agricultural Policy Research Center.

Matsuo T, Hoshikawa K. 1993. Science of the rice plant. Volume 1: Morphology. Tokyo: Food and Agriculture Policy Research Center.

Matsuo T, Kumazawa K, Ishii R, et al. 1995. Science of the rice plant. Volume 2: Physiology. Tokyo: Food and Agriculture Policy Research Center.

Ogawa M, Tanaka K, Kasai Z. 1979. Accumulation of phosphorus, magnesium and potassium in developing rice grains: followed by electron microprobe X-ray analysis focusing on the aleurone layer. Plant and Cell Physiology, 20(1): 19-27.

Pooni H S, Kumar I, Khush G S. 1993. Genetical control of amylose content in a diallel set of rice crosses. Heredity, 71(6): 603-613.

Prom-U-Thai C, Huang L, Rerkasem B, et al. 2008. Distribution of protein bodies and phytate-rich inclusions in grain tissues of low and high iron rice genotypes. Cereal Chemistry, 85(2): 257-265.

Qureshi A A, Sami S A, Salser W A, et al. 2001. Synergistic effect of tocotrienol-rich fraction (TRF_{25}) of rice bran and lovastatin on lipid parameters in hypercholesterolemic humans. The Journal of

Nutritional Biochemistry, 12(6): 318-329.
Qureshi A A, Sami S A, Salser W A, et al. 2002. Dose-dependent suppression of serum cholesterol by tocotrienol-rich fraction (TRF_{25}) of rice bran in hypercholesetrolemic humans. Atherosclerosis, 161(1): 199-207.
Sookwong P, Murata K, Nakagawa K, et al. 2009. Cross-fertilization for enhancing tocotrienol biosynthesis in rice plants and QTL analysis of their F_2 progenies. Journal of Agricultural and Food Chemistry, 57(11): 4620-4625.
Sookwong P, Nakagawa K, Murata K, et al. 2007. Quantitation of tocotrienol and tocopherol in various rice brans. Journal of Agricultural and Food Chemistry, 55(2): 461-466.
Wu J G, Shi C H, Zhang X M, et al. 2004. Genetic and genotype × environment interaction effects for the content of seven essential amino acids in indica rice. Journal of Genetics, 83(2): 171-178.
Ye X, Al-Babili S, Klöti A, et al. 2000. Engineering the provitamin A (β-carotene) biosynthetic pathway into (carotenoid-free) rice endosperm. Science, 287(5451): 303-305.

第二章　种子的发育与成熟

第一节　受 精 作 用

在水稻的有性生殖过程中，来自花粉的两个精子分别与胚囊中的卵细胞和中央细胞融合形成合子和初生胚乳核。前者经过细胞分裂、分化、器官发生等过程形成胚；后者经过游离核分裂、细胞化等过程形成胚乳。一个完整的胚包括子叶（盾片）、胚轴、茎尖和根尖分生组织等结构。在种子发育和萌发过程中，胚乳为胚提供营养。

一、雄配子体的形成

水稻属于自花授粉作物，其雄蕊和雌蕊位于同一颖花中。颖花由护颖、外稃、内稃、雄蕊、雌蕊和浆片组成（图 2-1）。每朵颖花中有 6 枚雄蕊，每枚雄蕊由花丝和花药组成。花药又由四个结构相似的小室通过维管组织和结缔组织相连而成，花粉则位于药室内。正常的花粉呈黄色，经碘液染色后变深蓝色，在扫描电镜下呈圆球形，外壁不光滑，有小颗粒物。

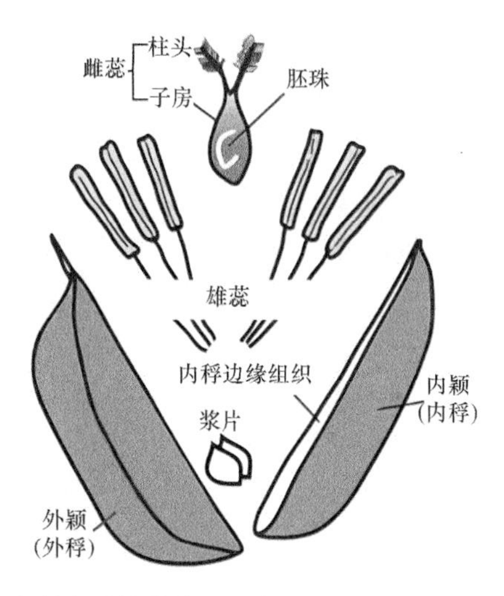

图 2-1　水稻小穗的结构（引自 Yoshida and Nagato, 2011）

水稻花粉发育包括小孢子发生和雄配子形成两个过程。前者指小孢子母细胞通过减数分裂形成小孢子的过程，包括小孢子母细胞形成期、小孢子母细胞减数分裂期和小孢子四分体时期。配子形成是指小孢子通过先后两次有丝分裂产生雄配子的过程，包括游离小孢子期、花粉第一次有丝分裂时期、二细胞花粉时期和成熟花粉期（杨弘远, 2005）。

1. 小孢子母细胞形成期

当水稻小穗发育进入雄蕊形成期时，雄蕊原基分化出花药（anther）和花丝（filament）。花药呈四瓣结构，最外层为单层表皮细胞，表皮下方在四个角隅处分化出孢原细胞（archesporial cell）。随后孢原细胞进行平周分裂，向外产生一层初生壁细胞（primary parietal cell），向内产生一层初生造孢细胞（primary sporogenous cell）。初生壁细胞进行两次平周（及垂周）分裂形成药室内壁（endothelium）、中层（middle layer）和绒毡层（tapetum）。同时初生造孢细胞进行有丝分裂形成次生造孢细胞（secondary sporogenous cell）。次生造孢细胞经一次有丝分裂后发育为小孢子母细胞（microspore mother cell）或称作花粉母细胞（pollen mother cell）。至此，小孢子母细胞形成，花药壁分化出四层，从外到内依次是表皮、药室内壁、中层和绒毡层。

2. 小孢子母细胞减数分裂期

花药中的小孢子母细胞呈圆形，体积大，细胞核很大，细胞质浓厚，它发育到一定程度时，就进行减数分裂。减数分裂包括两次连续分裂，称为减数分裂Ⅰ和减数分裂Ⅱ。

3. 小孢子四分体时期

小孢子母细胞经过减数分裂前期Ⅰ、中期Ⅰ、后期Ⅰ和末期Ⅰ、二分体(dyad)、前期Ⅱ、中期Ⅱ、后期Ⅱ和末期Ⅱ，最终形成小孢子四分体。新产生的小孢子四分体仍处于小孢子母细胞胼胝质（callose）的包围中，小孢子之间也被胼胝质隔开。

4. 游离小孢子期

随着包围四分体的胼胝质壁的解体，小孢子彼此分开，进入游离小孢子期。早期小孢子呈椭球形，细胞质均匀且只有很小而分散的液泡，细胞核位于中央位置，而且花药壁中层细胞开始退化，即为单核居中期。随着液泡的彼此融合，形成一个中央大液泡，细胞核移至周围，萌发孔出现，即进入小孢子晚期，也称单核靠边期。在此过程中，花药壁绒毡层细胞也开始退化。

5. 花粉第一次有丝分裂时期

小孢子第一次有丝分裂为不对称分裂，形成两个细胞，即分配到较多细胞质及大液泡的营养细胞（vegetative cell）和分配到较少细胞质、呈透镜形的生殖细胞（generative cell）。此时，花药壁绒毡层细胞继续退化，药室内壁细胞产生增厚带。

6. 二细胞花粉时期

当花粉内开始出现淀粉粒直至生殖细胞进行花粉第二次有丝分裂之前，为二细胞花粉期。营养细胞向萌发孔移动，离开生殖细胞。同时，生殖细胞逐渐与花粉壁脱离，移至营养核的附近，最终整个细胞进入营养细胞中。淀粉粒等营养物质开始在萌发孔附近积累，液泡体积随之逐渐缩小。花药壁绒毡层细胞的降解将要完成，仅有少量胞质残留。

7. 成熟花粉期

当花粉细胞内充满淀粉等贮藏物质时，生殖细胞进行花粉第二次有丝分裂产生两个精细胞。两个精细胞和一个营养细胞共同构成雄性生殖单位（male germ unit）。此时，水稻花粉发育完成，具备了传粉和受精能力。花药壁各层细胞退化，仅剩表皮细胞和加厚的药室内壁，中层和绒毡层降解消失。

二、双受精作用

花粉粒和卵细胞的大小基本相等。在27℃，花粉落到柱头上 3 min 内即开始萌发，5 min 内花粉管长度和花粉粒直径相等，15 min 后伸长加速，约25%的花粉粒的大部分内含物进入花粉管。这些花粉与受精有密切关系。在正常田间条件下，花粉管于开花后 30 min 进入胚囊。花粉管尖端通过珠孔到达卵和助细胞间隙处便断裂，释放出雄精核等花粉成分；先释放出的雄配子与极核结合，后释放出的雄配子与卵结合。雄核在花粉或花粉管里呈针状晶体形或纺锤形，但同卵和极核相遇后变成圆球形。开花后 1 h，雄配子与极核的核接触。与极核的核接触后雄核体积增大，2 h 内与极核融合，2.5～3 h 内完成三核融合，形成初生胚乳核。开花后 2.5～3.5 h，初生胚乳进行首次核分裂，4.5～5.5 h 进行第二次分裂。进展快的小穗，开花后 1.5 h，雄核与卵核结合。但是，在多数情况下，这一受精过程在开花后 1.5～4 h 进行。受精后，在卵核里的雄核仁体积逐渐增大，开花后 4～7 h，当它长到和卵核仁一样大时，便同卵核仁融合，形成一个结合核仁。开花后 8～10 h，或大约受精后 5 h，受精卵进行第一次有丝分裂（代西梅等, 2008; 丁建庭等, 2009; 郭欣等, 2013）。

第二节　胚胎发生和贮藏组织的形成

一、胚

精卵融合形成合子后，通常要静止一段时间才能开始胚的发育，水稻合子的静止时间为4～6 h。水稻的成熟胚包含胚芽、胚轴、胚根和子叶四个组成部分，含有大量蛋白质，并含有脂肪、矿物质、维生素和纤维素、可溶性糖等成分，是水稻个体生殖发育的主体。胚芽由顶端生长点、幼叶、胚芽鞘三部分组成；胚根由顶端生长点、根冠、胚根鞘三部分组成；连接胚根和胚芽的结构称为胚轴；子叶连接于胚轴的一侧，与胚乳细胞相邻，又称盾片（Ye et al., 2012）。

一个成熟的水稻胚通常只占水稻颖果总粒重的2%～3%，但它富含各种营养物质，如蛋白质、脂类、维生素和矿物质等（王忠等, 2012）。

研究表明，水稻具有多种胚和胚乳的突变表型，包括无胚乳突变体、无胚突变体、缩小胚突变体和巨胚突变体（Hong et al., 1995）。其中，巨胚突变体常被用作育种材料，以提高水稻的营养价值。迄今为止，已经报道了几个巨胚水稻品种（Han et al., 2012; Zhang et al., 2020）。这些水稻突变体糙米中的蛋白质、脂类、必需氨基酸、维生素（维生素B1、维生素B2和维生素E）、矿物质（Ca、Fe、Mg、K、P）和生物活性物质（γ-氨基丁酸和γ-谷维素）的含量高于正常胚型水稻品种。

到目前为止，在水稻中只发现了两个与胚增大有关的基因。将巨胚 *GIANT EMBRYO*（*GE*）基因定位于7号染色体，发现 *GE* 基因编码细胞色素P450蛋白CYP78A13，并在决定胚/胚乳大小方面发挥作用；功能丧失突变体表现为胚增大，胚乳萎缩（Nagasawa et al., 2013）。近年来，出现了新的巨胚育种材料，与野生型相比，这些材料表现出更大的胚和更高的三酰甘油含量。导致这些表型的基因不是 *GE* 的等位基因，而是映射到3号染色体的短臂上（Sakata et al., 2016）。

Lee 等（2019）鉴定到一个水稻大胚的新基因（*LARGE EMBRYO, LE*），*LE* 编码一种C3HC4型环指蛋白，在种子发育后期表达水平较高，*LE* 突变体的胚体积增大，利用RNA干扰技术降低了 *LE* 的表达，增加了水稻籽粒胚的体积，表明 *LE* 在决定胚大小中有重要作用（图2-2）。

Liu 等（2019）首次报道了一个与胚发育相关的谷氧还蛋白OsGrxC2.2，发现过表达 *OsGrxC2.2* 的转基因水稻表现出退化胚胎和无胚种子。且与野生型相比，过表达的转基因水稻的种子重量显著增加（图2-3，图2-4）。

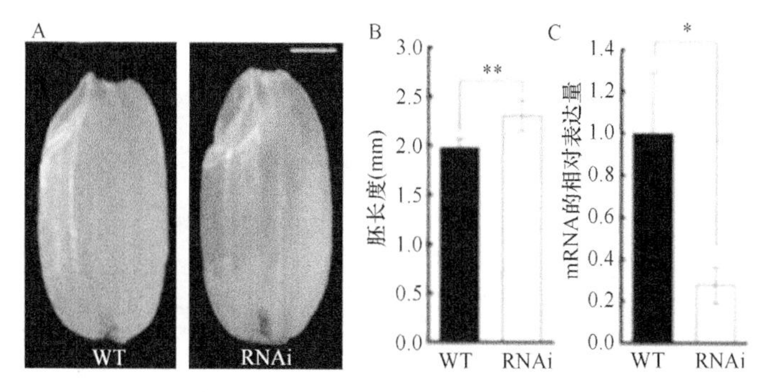

图 2-2　RNAi 转基因植株和野生型（WT，东京）胚的表型及 *LE* 在 WT 和 RNAi 转基因植株中的表达量分析（引自 Lee et al., 2019）

A：野生型和 RNAi 植株的种子表型；B：WT 和 RNAi 植株胚长度的比较；C：*LE* 在 WT 和 RNAi 植株中的相对表达（以泛素为标准）。误差线表示三次重复的标准差。星号代表显著性差异，*t* 检验（*, $P<0.05$; **, $P<0.01$）。比例尺= 1 mm

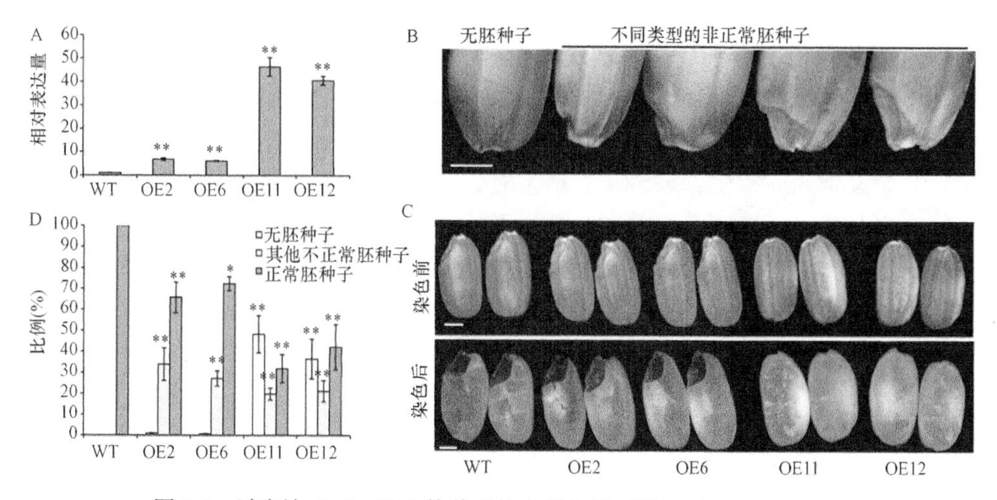

图 2-3　过表达 *OsGrxC2.2* 的种子的表型分析（引自 Liu et al., 2019）

A：WT 和四个独立转基因株系 OE2、OE6、OE11 和 OE12 中 *OsGrxC2.2* 表达的 qRT-PCR 分析。B：不同类型胚的种子。C：WT 和 *OsGrxC2.2* 过表达株系的胚胎表型。第一排：干燥种子的成熟胚；第二排：吸胀 12 小时后经 TTC 染色的种子。比例尺=1 mm。D：WT 种子和 *OsGrxC2.2* 过表达株系种子中不同类型胚的百分比。误差条显示标准差。统计显著性由**（$P<0.01$）和*（$P<0.05$）表示

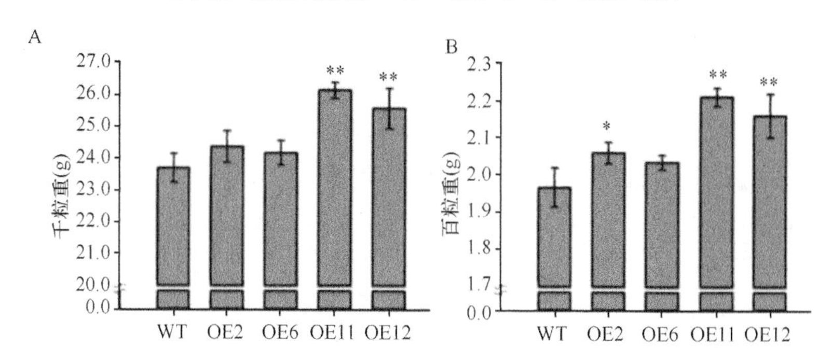

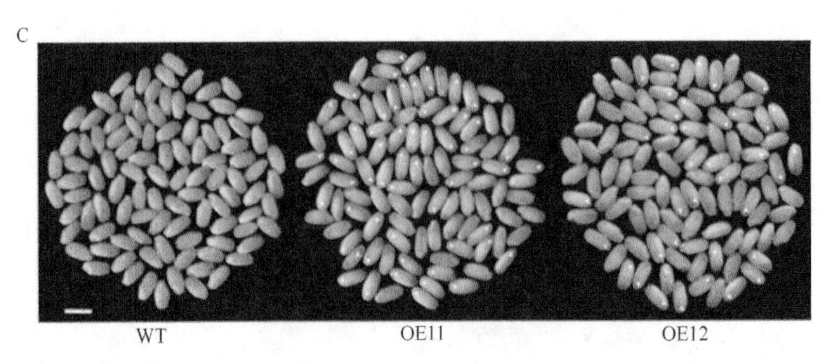

图 2-4 野生型和过表达 *OsGrxC2.2* 系种子的粒重分析（引自 Liu et al., 2019）

WT 和 *OsGrxC2.2* 过表达系（OE2、OE6、OE11 和 OE12）种子的（A）千粒重和（B）百粒重。C：WT 和 *OsGrxC2.2* 过表达植物种子的表型比较。比例尺=0.5 cm。箭头：无胚种子。统计显著性由**（$P<0.01$）和*（$P<0.05$）表示

二、胚乳

水稻胚乳是由一个精子与两个中央核经双受精融合后发育形成的三倍体组织，其发育过程经历游离核时期、细胞化时期、糊粉层-淀粉胚乳分化时期、贮藏物质累积时期和成熟时期（Liu et al., 2022）。胚乳的主要功能是积累贮藏物质，为发育或萌发中的胚提供养分。在受精完成后，初生胚乳核一般不经过休眠，即进行第一次分裂，所以胚乳的发育总是先于胚的发育。根据早期胚乳核分裂过程中是否伴随着细胞壁的生成，被子植物的胚乳发育可以分为三种类型：核型胚乳、细胞型胚乳和沼生目型胚乳（杨弘远, 2005）。水稻的胚乳发育属核型胚乳，其胚乳发育可分为游离核时期和细胞化时期。游离核时期的特征是胚乳形成初期只有核连续分裂，胞质不分裂，从而形成多核的单细胞。水稻受精后几小时内胚乳核就开始分裂，标志胚乳发生的开始，胚乳细胞快速分裂结束后，胚乳细胞总数达到顶峰，标志从游离胚乳核时期进入细胞化时期。

水稻的胚乳在细胞化后继续生长发育，位于中央部位的细胞不断膨大形成淀粉胚乳（starchy endosperm），积累大量的淀粉和少量蛋白体；胚乳的表层和向内一至数层细胞分化为糊粉层（aleurone layer）组织。随着胚乳的进一步生长，细胞程序性死亡（programmed cell death, PCD）启动，最终所有的淀粉胚乳细胞均死亡。而位于外侧的糊粉层细胞即使在成熟种子中仍然是活细胞，并累积了丰富的蛋白质和矿质元素，如 P、K、Mg 和 Ca（Sabelli and Larkins, 2009）。糊粉层的主要生理功能是把母体运来的灌浆物质转移给内胚乳组织和胚，在种子萌发时产生水解酶分解胚乳贮藏物质，为胚和幼苗的生长提供养分（Krishnan and Dayanandan, 2003）。

胚乳作为水稻籽粒的主要部分，其营养物积累状况决定着水稻的产量和品质。叶片中的光合同化产物经输导组织转运到子房背部的维管束并进行卸载，在水稻

胚乳细胞中以淀粉、蛋白质、脂质和微量元素等形式累积，其中淀粉含量最高，约占 80%。水稻种子中积累的淀粉，其主要功能是为种子萌发和幼苗生长提供能量，同时这些淀粉也成为人类日常饮食的主要初级能量来源（Zhou et al., 2013）。淀粉在胚乳造粉体中合成；淀粉的含量、组成和精细结构决定稻米的营养，其由直链淀粉（amylose）和支链淀粉（amylopectin）组成（Jeon et al., 2010）。直链淀粉是由 α-1,4-糖苷键连接组成的线性分子，而支链淀粉是线性链上具有高度分支的 α-1,6-糖苷键的葡聚糖分子（Jeon et al., 2010）。

淀粉合成是一个复杂而精细的过程，在植物光合作用组织（如叶）中，淀粉的合成可以在叶绿体基质中完成；而在种子中，淀粉的合成发生在造粉体中。淀粉合成缺陷突变体往往直接造成水稻胚乳生长发育受阻，如种子干瘪、粒重下降；而淀粉合成基因的过量表达，可以提高种子的干物质积累，往往产生大粒种子，有利于产量的增加。通过系统的遗传分析，目前对参与水稻胚乳淀粉合成的关键酶有了较为全面的了解，包括 ADPG 葡萄糖焦磷酸化酶（ADP glucose pyrophosphorylase, AGPase）、淀粉合酶（starch synthase, SS）、淀粉分支酶（starch branching enzyme, SBE）和淀粉脱分支酶（debranching enzyme, DBE）等（Zhang et al., 2011）。淀粉的合成途径涉及多种酶的相互作用，这些酶通过精细调控、互相协调，合成淀粉的精细结构。万建民院士研究组发现淀粉合酶基因 *OsSS IIa* 和 *OsSSIIIa* 的双抑制转基因株系的淀粉性质发生变化，形成垩白籽粒（Zhang et al., 2011）。稻米垩白是水稻胚乳中的组织填充不紧实散光而呈现的白色不透明部分（程方民等, 2000）。它是淀粉合成不正常的综合表现，涉及淀粉合成和运输及籽粒灌浆过程，这些过程受到影响或改变都会影响淀粉的合成，从而改变淀粉颗粒的结构和淀粉的理化性质，最终影响到垩白的形成（Tang et al., 2016）。水稻 *GOT1B/GLUP2/ GPA4* 编码一个高尔基体的转运蛋白，突变后其胚乳中谷蛋白前体含量明显增加，淀粉颗粒变圆且分布松散，籽粒出现垩白，千粒重降低（Fukuda et al., 2016; Wang et al., 2016）。淀粉分支酶基因 *OsBE IIb* 缺失突变体的籽粒变小、皱缩并有明显的垩白（Tanaka et al., 2004）。异淀粉酶基因 *ISA1* 和脱分支酶基因 *PUL* 的双突变体籽粒亦呈皱缩状（Fujita et al., 2009）。质体磷酸化酶 Pho1 在淀粉合成中也有重要作用，低温条件下，*Pho1* 突变影响淀粉的合成和结构，出现皱缩和垩白的籽粒（Satoh et al., 2008）。垩白的形成受到多基因的控制，并且受高温等环境条件的影响较大。高温会加速籽粒灌浆，缩短灌浆周期，影响淀粉积累，从而形成垩白籽粒。

除淀粉合成关键酶外，胚乳细胞还通过一系列应答反应及特异基因的时空表达调控淀粉代谢。*Flo2*（*Floury endosperm 2*）、*GIF1*（*Grain Incomplete Filling 1*）都是已经克隆的通过调节淀粉合成来影响种子大小的基因，其中 GIF1 是一个细胞壁转移酶，它对于水稻早期灌浆的碳源分配具有重要作用；过表达该基因，将会使得种子变大，产量提高（Wang et al., 2008）。*Flo2* 基因编码一个含有 TPR 结构域的、未知功能的蛋白，它通过调节淀粉和贮藏蛋白合成相关基因的表达，影响淀粉的合成，其突变体表现出种子变小、胚乳淀粉品质下降的表型（She et al., 2010）。在水稻花和胚乳中高表达的转录因子 OsMADS6，其突变体的胚乳淀粉含量减少，发育受到严重影响（Zhang et al., 2010）。因此，水稻胚乳中淀粉积累的过程是影响胚乳发育进程的关键因素。

另外，调控水稻淀粉合成的转录因子在淀粉合成途径的调控网络中也发挥着重要作用。bHLH 家族的 *OsBP-5* 通过结合转录因子 *OsEBP-89* 调控水稻种子中直链淀粉的含量（Zhu et al., 2003）。AP2/EREBP 家族转录因子 RSR1（Rice Starch Regulator 1）是胚乳中淀粉合成基因的负调控因子。RSR1 缺失突变体表现出籽粒增大、垩白度增加的表型（Fu and Xue, 2010）。

胚乳贮藏蛋白是稻米中仅次于淀粉的第二大营养物质，占种子干重的 8%～10%。在植物生长发育过程中，主要为种子萌发及后期幼苗生长提供必需的氮源、硫源和碳源。按照种子贮藏蛋白的溶解性，可以将其分为四类：谷蛋白、球蛋白、醇溶蛋白和清蛋白。水稻胚乳中最主要的贮藏蛋白是可以溶解于稀酸稀碱的谷蛋白，由 57 kDa 的前体、37～39 kDa 的酸性亚基和 22～23 kDa 的碱性亚基组成，占种子总蛋白含量的 60%～80%，它的赖氨酸含量很高，并且易于被人体吸收。水稻中盐溶性的球蛋白和醇溶性的醇溶蛋白含量较低，前者主要由 26 kDa 的 α-球蛋白及 16 kDa 的球蛋白组成，占胚乳总蛋白的 2%～8%。醇溶蛋白占贮藏蛋白总量的 18%～20%。

从胚乳细胞结构上看，主要有内层淀粉胚乳部分和外层的糊粉层。研究表明，它们之间从开花后 5 天开始分离，此后淀粉胚乳部分开始持续的细胞程序性死亡过程，然而糊粉层中的细胞并没有持续死亡。正是糊粉层及胚（约占种子含量的 7%）贮藏了种子大部分的贮藏蛋白、脂质、离子等（图 2-5）（Wu et al., 2016）。

分子遗传学研究发现了一个在珠心表达的转录因子 OsMADS29 调节母体组织的降解，参与调控胚乳细胞的 PCD 过程和水稻的胚乳灌浆过程。研究表明，OsMADS29 调节母体组织的降解是水稻种子发育早期的一个重要调节因子（Yin and Xue, 2012; Nayar et al., 2013）。这为阐明受精后母体组织降解的调控机理提供了线索，将有助于胚乳发育和种子灌浆的研究。

通过物理和化学等诱变方法，人们已经筛选获得了大量水稻胚乳异常突变体，主要有钝胚乳（dull endosperm）、糯性（waxy）、粉质（floury）、皱缩（shrunken）等表型，它们是解析胚乳发育过程中淀粉合成调控路径的优良材料。对水稻粉质皱缩突变体 *fse2* 进行表型分析及基因克隆，结果发现 *fse2* 籽粒粉质皱缩，千粒重显著下降；胚乳中淀粉颗粒变小变圆，排列松散，不能形成正常的复合淀粉颗粒；突变体中总淀粉、直链淀粉含量均显著下降，脂肪含量显著上升，突变体淀粉的

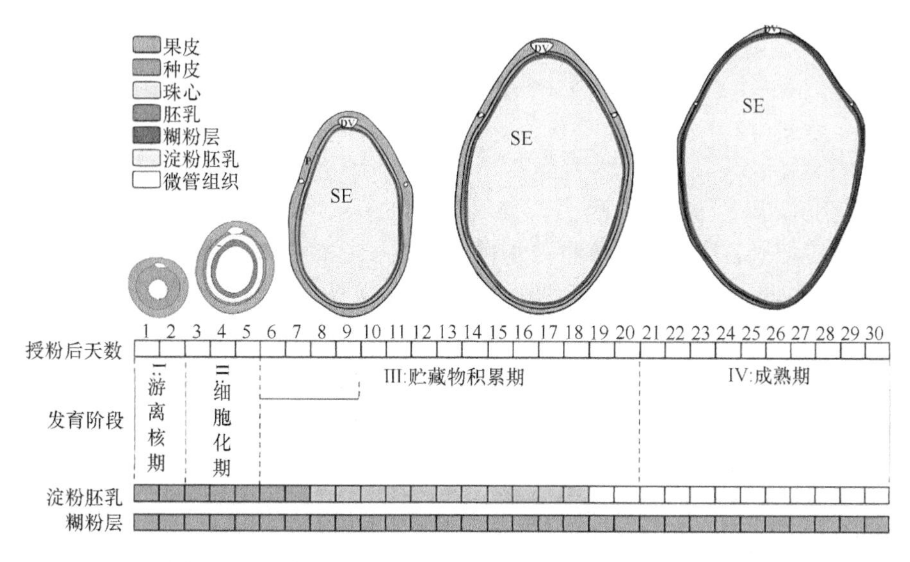

图 2-5　水稻胚乳动态变化示意图（引自 Wu et al., 2016）

图示颖果发育过程中胚乳组织横切面的变化。这张图大致按比例绘制了水稻颖果在下面标注的不同时间的相对大小。主要组织是用颜色标记的。胚乳发育分为四个发育阶段：第一阶段，游离核期（1～2 DAP）；第二阶段，细胞化期（3～5 DAP）；第三阶段，贮藏物积累期（6～20 DAP）；第四阶段：成熟期（21～30 DAP）。注意糊粉层/淀粉胚乳的分化与贮藏产物的积累阶段部分重叠。图下面的方框表示授粉后天数。用深绿色填充的方框表示胚乳细胞是活的，用浅绿色填充的方框表示胚乳细胞正在经历细胞程序性死亡（PCD），缺乏颜色的方框表示细胞丧失了膜完整性。DV：背侧微管组织；P：果皮；SE：淀粉胚乳

糊化特性发生明显改变。*FSE2* 编码一个线粒体和质体双定位的鸟苷酸激酶（guanylate kinase），命名为 OsGK1。此外，突变体 *fse2* 的胚发育严重受损，导致种子纯合致死；由于 *OsGK1* 的功能缺陷，导致水稻种子中线粒体和造粉体发育异常，进而产生了胚致死及胚乳粉质皱缩的表型，因此 *OsGK1* 对水稻种子的发育至关重要（李景芳等, 2018）。

植物叶片光合作用产生的碳水化合物主要以蔗糖形式从筛管组织运输到籽粒。前人的研究认为，蔗糖在到达籽粒之后先分解成果糖和葡萄糖，然后通过单糖转运蛋白运输至淀粉胚乳进而合成淀粉。蔗糖是否直接进入、如何进入淀粉胚乳的机制一直不很清楚。背侧维管束特异表达的蔗糖水解酶 GIF1 可以将蔗糖水解成果糖和葡萄糖，这些单糖可能通过单糖转运蛋白被运输到淀粉胚乳（Wang et al., 2008）。刘春明课题组利用 CRISPR/Cas9 和 RNAi 等技术发现一个水稻糊粉层特异表达的转录因子 OsNF-YB1 敲除或下调表达后，水稻胚乳的灌浆效率大大降低，证实 OsNF-YB1 直接调控水稻的灌浆和淀粉累积（Bai et al., 2016）。进一步研究发现，OsNF-YB1 通过激活 3 个蔗糖转运蛋白基因 *OsSUT1*、*OsSUT3* 和 *OsSUT4* 的表达控制灌浆。该研究成果对于理解禾本科作物的灌浆机制具有重要意义。

己糖转运受阻同样影响种子灌浆。水稻驯化过程中，SWEET 介导的己糖转运调控种子的灌浆过程。可溶性糖向发育中的种子中转运的能力决定了细胞的大小和数目（Sosso et al., 2015），最终影响了种子的大小及垩白的形成。*OsSWEET4* 在种子中高度表达，其表达量受葡萄糖诱导，具有转运葡萄糖和果糖等六碳糖的能力，突变体表现出灌浆缺陷的表型，胚乳变小，结实率下降。水稻不同品种间的序列比对结果表明，该基因也是水稻驯化过程中的一类重要的糖类代谢或转运功能位点。由此，研究人员推断这一植物 SWEET 转运蛋白调控种子的灌浆过程，可为探索高产的水稻新品种培育提供新思路。

ADP-葡萄糖（ADP-glc）转运蛋白 OsBT1，可能是淀粉合成中一个潜在的限速因子，OsBT1 在维持淀粉体包膜结构的稳定性中起重要的作用（Cakir et al., 2016; Li et al., 2017）。*OsBT1* 主要在胚乳中表达，由于 ADP-glc 转运受阻，大部分淀粉合成相关基因的表达量在 *OsBT1* 突变体中增加；但是，总淀粉含量和直链淀粉含量降低。突变体 *osbt1* 的谷粒重量比野生型的谷粒重量更低，原因可能是突变体 *osbt1* 的胚乳细胞中复合淀粉颗粒的发育不正常：淀粉体在早期发育阶段分解，淀粉颗粒分散，而不是聚合在胚乳细胞的中心区域。这表明 *OsBT1* 在淀粉合成和复合淀粉颗粒的形成中起重要作用。

三、种皮和果皮

受精后，在胚和胚乳发育的同时，水稻的种皮由珠被细胞和珠心表皮细胞发育而成，果皮由子房壁发育而成，种皮与果皮紧密愈合，不容易分离（Bai et al., 2016）。果皮发育经历三个重要阶段。水稻开花授粉前，子房壁的结构由内向外依次是内表皮、薄壁细胞（含有叶绿体）和外表皮。授粉后伴随着子房的生长发育，内表皮细胞伸长，形成管状细胞，包裹在胚乳细胞的外围，薄壁细胞的生长方向与管状细胞的长轴方向垂直，发育为横向细胞。授粉后至种子发育成熟期间，管状细胞和横向细胞的壁发生了木质化而呈纤维状，横向细胞中原有的叶绿体消失，外表皮细胞死亡，外表皮下方的组织因为外表皮细胞壁的降解、内含物的消失而发育成为海绵状的结构。种子发育成熟时，果皮退化为干燥的皮膜，由管状细胞、横向细胞和死亡的外表皮构成。种皮包裹在种子的最外面，是种子与其外部环境之间的物理屏障，病毒和细菌都不能穿透完整的成熟种子表皮，表皮在种子中起保护作用。在种子储存或萌发期间，种皮表面的完整性对种子质量和适应性极为重要。

水稻开花授粉前，胚珠由内珠被和外珠被包裹。授粉后，内珠被的外层细胞与外珠被的细胞发生退化，仅内珠被的内层细胞未发生退化。种子成熟时，部分品种的内层细胞角质化，积累黑色或者红色等色素，使种皮呈现黑色或红色，也有部分品种的内层细胞发生退化，致使珠被组织消失。水稻授粉前，珠心组织位于珠被内部。授粉后，除被胚乳细胞吸收的大部分珠心组织外，只剩下最外一层珠心表皮细胞和珠心突细胞。珠心表皮细胞的垂周壁在授粉后增厚。珠心表皮细胞在授粉后消失，只留有一层角质层（Bai et al., 2016）。至种子成熟时，种皮由内珠被的内表皮角质层与珠心表皮的角质层愈合而成，具有双重结构的角质层。水稻的种皮极不发达，仅剩下由内珠被内层细胞发育而来的残存种皮，这种残存的种皮和果皮愈合在一起，主要由果皮对内部的幼胚起保护作用。

第三节　种子发育的调节

水稻种子发育始于双受精，主要包括胚和胚乳的发育及种子的成熟。因此，不仅有大量基因直接参与种子发育，还有大量调节因子形成精细复杂的网络协同调控。由于水稻种子的重要性，水稻种子发育的调节也是无数科学家研究的热点，目前已有大量直接或间接调控种子发育的基因和影响因子被鉴定，但这些基因之间的互作及调控网络还需进一步研究。另外，参与种子发育的新基因仍需进一步挖掘。本节主要讨论参与调控种子发育的基因、影响因子及其互作模式和调控模式。

一、调控种子发育的基因

种子发育受多个基因的精细协同调控，*OsMADS29* 是 MADS-box 家族的一员，在胚珠中高表达，通过调节母体组织的 PCD 过程来调控水稻种子的发育，该基因突变后，水稻种子皱缩、变小（Wang et al., 2008）。淀粉是水稻种子胚乳的主要组成成分，目前水稻中已经鉴定出一系列暗色、糖质、皱缩和粉质等淀粉合成受阻的突变体。如 *OsAGPS2* 和 *OsAGPL2* 功能缺失突变体中，胚乳淀粉积累显著减少，形成种子胚乳皱缩的表型（Wang et al., 2008）。*FSE1* 编码一个含 DDHD 结构域的蛋白，该蛋白与磷脂水解酶 A1（PA-PLA1）同源，具有磷脂水解酶活性，突变体 *fse1* 胚乳中磷脂组分及其含量发生改变，种子皱缩不透明，成熟种子的千粒重显著下降（Wang et al., 2008）。*Flo16* 编码一个依赖于 NAD 的胞质苹果酸脱氢酶，该基因突变后，突变体中 ATP 含量降低，导致淀粉合成相关酶活性显著降低。*Flo16* 突变体种子的直链淀粉含量和支链淀粉结构均发生改变，种子中央完全不透明，种子发育有明显缺陷（Wang et al., 2008）。水稻色氨酰-tRNA 合成酶（WRS1）基因编码一个影响水稻胚乳发育的关键因子，该基因突变后通过影响氨基酸稳态和蛋白质合成，造成淀粉合成相关基因异常表达，从而影响淀粉的合成与积累，导致种子发育缺陷（唐小涵等, 2020）。

二、植物激素

植物激素是植物体内合成的，通常从合成部位运往作用部位，对植物生长发育产生显著调节作用的微量生物活性物质，其中研究较多的有赤霉素（GA）、脱落酸（ABA）、生长素（auxin）、细胞分裂素（CK）、油菜素甾醇（brassinosteroid, BR）、乙烯（ethylene）、茉莉酸（jasmonic acid, JA）和水杨酸（salicylic acid, SA）。植物激素是影响种子生长发育的重要因素之一，已经鉴定出很多与植物激素相关的基因，这些基因在调控植物籽粒发育过程中起关键作用。近年来，发现 CK、BR 对调控种子大小起至关重要的作用。而生长素、ABA、GA 在一定程度上对种子发育也有调控作用。

1. 细胞分裂素（CK）

CK 在调控种子大小和重量方面具有重要的作用。在水稻中，GRAIN NUMBER 1（GN1）是谷粒数量的数量性状基因座（quantitative trait locus, QTL），它有两个位点 GN1a 和 GN1b，其中 GN1a 调节穗粒大小，并且在 CK 代谢过程中起作用（Ashikari et al., 2005）。*GN1a* 编码 CK 氧化/脱氢酶（OsCKX），其作用是降解 CK，调节 CK 的水平。*OsCKX2* 突变增加谷粒数量（Ashikari et al., 2005）。DST（DROUGHT AND SALT TOLERANCE）是一种锌指转录因子，可正向调控 *Gn1a/OsCKX2* 的表达（Li et al., 2013）。*DSTreg1* 突变体花序分生组织中的 CK 水平增加，导致谷粒数量和谷粒大小显著增加（Li et al., 2013）。LP（LARGE PANICLE）是一种 F-box 蛋白，它可以调控花序轴的伸长、穗分枝以及小穗数目（Li et al., 2011）。在 *lp* 突变体中，OsCKX2 的表达下降与谷粒数量和粒径的增加有关，这进一步表明 CK 参与了水稻籽粒大小的调节。

在水稻胚乳发育早期，用 CK 处理根或喷施地上部分能增加胚乳细胞数，促进灌浆，使籽粒质量增加。在灌浆过程中，CK 在促进细胞分裂中起着重要作用。但种子发育过程中，CK 调控细胞分裂的分子调控机制仍不清楚。近年来的研究表明，水稻中影响 CK 的生物合成会显著影响穗粒数。水稻中一个主要控制穗粒数的 QTL——*GRAIN NUMBER1*（*Gn1a*），编码 CK 氧化酶 OsCKX2，*Gn1a* 突变体的籽粒数显著增加。在水稻生殖期，OsCKX2 在花序分生组织的表达量降低，促进 CK 的积累，进而促进生殖器官的发育，增加产量而不影响水稻生长；相反，水稻 CK 合成缺陷突变体 *lonely guy*（*log*）则导致穗子变小。锌指转录因子 DST（DROUGHT AND SALT TOLERANCE）正调控 *Gn1a /OsCKX2* 的表达，*DSTreg1* 突变体的花序中 CK 水平升高，植株的穗粒数明显增加，千粒重也有所增加，而过表达野生型 *DST* 的转基因植株穗粒数减少。另一个编码 F-box 蛋白的 *LP*（*LARGE PANICLE*）突变体中 *OsCKX2* 的表达量降低，籽粒数和籽粒大小都相应地增加。由于 DST、

LP 和 OsCKX2 都在花中表达，推测它们很可能作用于母体的胚乳组织，从而调控种子发育。最近的报道发现，水稻 MADS29 过表达植株中 CK 的含量升高。而 MADS29 下调表达影响质体的分化和胚乳淀粉粒的形态，由于 CK 能促进质体的分化，MADS29 可能影响了 CK 的动态平衡，从而调控胚乳的发育。OsMADS29 的表达受生长素诱导，生长素可能在调控水稻种子早期发育尤其是母体组织的降解过程中起重要作用，暗示 MADS29 可能通过影响生长素和 CK 在细胞内的动态平衡而调控胚乳的发育（Yang et al., 2012; Nayar et al., 2013）。水稻中一个 *Cga1*（*CYTOKININ RESPONSIVE GATA TRANSCRIPTION FACTOR1*）基因的表达受 CK 诱导，该基因调控叶绿体的发育并影响胚乳内的淀粉合成及籽粒灌浆，*Cga1* 过表达植株的籽粒变小，籽粒质量下降，籽粒形状也不规则，下调该基因表达不影响籽粒质量，但籽粒变得细长。这些研究结果也说明 CK 能调控籽粒的大小，并影响产量。

2. 生长素

生长素也在种子发育中发挥关键作用，授粉后子房中生长素的含量迅速增加，暗示生长素可能在受精后促进子房的发育。用 2,4-D 处理体外培养的水稻子房，会发生单性结实现象，形成不含胚乳和胚的膨大的子房，说明生长素能诱导类似于种子受精后的胚囊发育过程，这些结果表明生长素在启动种子的早期发育过程中具有重要的作用。*TGW6*（*THOUSAND-GRAIN WEIGHT 6*）编码一种具有吲哚-3-乙酸（IAA）-葡萄糖水解酶活性的新蛋白，主要控制水稻粒重和籽粒灌浆，并且在胚乳发育过程中对调节生长素稳态起重要作用（Ishimaru et al., 2013）。水稻大粒显性突变体（*Big grain1*, *Bg1-D*）具有超大谷粒表型。此外，*Big grain1* 突变体对生长素和生长素运输抑制剂 N-1-萘乙酸的敏感性增加，而敲除 *BG1* 导致敏感度降低且谷粒变小。BG1 是生长素的早期响应蛋白，qRT-PCR 分析显示，BG1 在水稻茎和穗的维管组织中表达量最高，暗示它在调节生长素运输中的作用（Liu et al., 2015）。ARF（AUXIN RESPONSE FACTOR）是调控生长素介导的基因表达的转录因子（Guilfoyle and Hagen, 2007）。ARF 通过它们的 DNA 结合域与生长素反应基因启动子中的生长素应答元件（AuxRE）特异结合，调节生长素反应基因的转录活性。*OsMADS29* 是 *MADS box* 基因家族成员，主要在水稻珠心和珠心突起处表达，调控珠心组织的 PCD 降解过程，影响受精后胚乳发育过程，是水稻种子发育早期的一个重要调节因子（Yang et al., 2012）。*OsMADS29* 下调表达导致珠心组织 PCD 降解过程受抑制，影响了胚囊及随后的胚乳发育过程，如胚乳淀粉积累不足造成种子干瘪等。水稻 YUCCA（YUC）黄素单加氧酶编码基因 *OsYUC11* 是水稻胚乳中生长素生物合成的关键因子，在水稻胚乳发育过程中起到了重要作用，*OsYUC11* 突变阻碍了籽粒灌浆和贮藏产物的积累，大部分成熟的 *OsYUC11* 突变体种子垩白度增加，粒重下降（Xu et al., 2021）。

3. 油菜素甾醇（BR）

BR是一类类固醇激素，能够促进籽粒的发育。水稻中BR与细胞膜表面受体激酶BRI1（Brassinosteroid Insensitive 1）结合和被感知，并将该信号转导至两个转录因子BZR1（BRASSINAZOLE RESISTANT 1）和BZR2中，然后调节BR反应基因的转录（Zhu et al., 2013）。在水稻中，几种涉及BR生物合成或信号途径的基因（如*DWAF2*、*DWAF11*和*BRI1*）突变均会导致种子变得小而圆（Hong et al., 2005; Tanabe et al., 2005; Morinaka et al., 2006），而BR生物合成基因过表达会增加籽粒的大小和产量（Wu et al., 2008），BR信号传导的负调节因子GSK2的过表达会导致小籽粒的形成（Morinaka et al., 2006），表明BR在水稻种子大小的控制中起重要作用。尽管对BR如何调控粒形的研究取得了进展，但BR在其中起的具体作用还需要进一步研究，而且这些种子大小监管机构之间的遗传监管网络还有待确定。

水稻中已报道的BR生物合成途径的突变体如*d1*、*d2*、*d11*、*brd1*和*brd2*，或影响BR信号途径的突变体如*Osbri1*、*d61*（*d61*也是水稻*OsBRI1*功能缺失的突变体）均导致水稻籽粒变小，籽粒形状变得短圆。相反，水稻中过表达BR生物合成基因*AtDWF4* /*ZmCYP*则会促进同化物的积累，促进灌浆，增加籽粒体积，显著提高产量（Wu et al., 2008）；过表达BR信号途径的正调控因子BV1（BRASSINOSTEROID UPREGULATED 1）会使得水稻籽粒增大（Tanaka et al., 2009）。这些说明BR在水稻籽粒发育中起重要的调控作用，但有关BR调控种子大小的分子机制不清楚，一般认为BR可能影响细胞分裂、伸长或分化，也可能影响种子灌浆（Vriet et al., 2012）。

4. 脱落酸（ABA）

ABA调控种子发育的许多过程，例如，胚营养物质的合成、诱导和维持种子休眠、抑制种子萌发和获得耐脱水性等。研究发现，在种子发育过程中，有许多涉及ABA生物合成的基因表达，说明ABA对调控种子大小可能有重要作用（Finkelstein et al., 2002）。拟南芥中，*DA2*编码泛素途径的E3泛素连接酶，DA2与DA1互作，协同调控珠被细胞的增殖，影响种子的大小（Keren et al., 2020）。*DA2*在水稻中的同源基因*GW2*突变后能增加颖壳宽度，加速籽粒灌浆，导致种子宽度增加，提高产量（Lee et al., 2018; Tomita et al., 2019）。转录组学分析表明，水稻中28个与种子发育相关的基因受ABA诱导而在胚乳中大量表达，说明ABA在种子胚乳发育期间也起重要作用。研究发现，ABA在种子发育、休眠和萌发过程具有重要的调控作用，同时它也参与植物对多种逆境胁迫的抵抗过程。例如，ABA在种子脱水过程中起积极作用，可诱导LEA蛋白的合成，有助于种子耐脱水性的获得。在成熟脱水过程中，脱水敏感的野生稻种胚内ABA含量是正常水稻种胚内的两倍，且野生稻种子内 ABA 峰值的出现早于正常水稻（Xue et al., 2012）。

5. 赤霉素（GA）

GA 对种子在发育和成熟过程中的生理活性影响如下：打破种子休眠，促进种子萌发；促进 α-淀粉酶的产生，进而刺激淀粉贮藏物的分解，促进单性果实的发育。在水稻种子发育的灌浆期 GA_3 含量较高，至授粉后 9d 含量迅速下降。已有的研究表明，GA 通过形成 GA-GID1-DELLA 三聚体，经过 SCF（SKP1-CUL1-F-box）聚合体标记，诱导泛素 26S 蛋白酶体途径，降解 DELLA 蛋白，从而产生 GA 效应（Sasaki et al., 2003）。GA 也可能调控种子大小。BR 途径的突变体 *dwarf1* 种子变小，*dwarf1* 最初被鉴定为 GA 信号途径突变体，表现出 GA 缺乏的表型。*DWARF1* 编码水稻中异源三聚体 G 蛋白的 α-亚基，G 蛋白被认为在 GA 信号途径中传递信号，负责调控水稻节间和种子的正常发育，因此 GA 信号可能也影响种子籽粒的大小（Gao and Chu, 2020）。

三、蛋白泛素化降解调控种子发育

泛素化是介导植物蛋白降解的重要途径，需要 3 种泛素酶的协同作用。泛素激活酶 E1、泛素结合酶 E2 和泛素连接酶 E3，特异性识别靶蛋白并标记泛素。被标记的靶蛋白由蛋白酶体识别降解，泛素化途径参与调控种子大小（Gao and Chu, 2020）。GW2 编码一种具有 E3 泛素连接酶活性的蛋白，其功能的丧失增加了细胞数量，导致更大（更宽）的籽粒，并加速了籽粒灌浆，使籽粒宽度、重量和产量增加（Gao and Chu, 2020）。GW5 是水稻中的另一个主效 QTL 位点，可能和 GW2 互作参与泛素化调控途径，调节种子发育过程中的细胞分化，影响种子大小（Gao and Chu, 2020）。

四、胚乳发育的表观遗传学控制

表观遗传是指基因表达或表型的改变可通过有丝分裂或减数分裂遗传，但没有 DNA 序列的变化。胚乳的发育与 DNA 甲基化、组蛋白修饰、基因组印记及小分子干扰 RNA（small interfering RNA）等表观遗传调控密切相关（Song et al., 2015）。水稻中 *OsglHAT1* 基因编码具有组蛋白乙酰转移酶活性的新型类 GNAT 蛋白。遗传和分子实验结果表明该基因上游一个 1.2 kb 的区域起正向调控因子的作用，可提高组蛋白乙酰转移酶活性，促进细胞分裂。*OsglHAT1* 过表达导致颖壳细胞数目增多、籽粒灌浆速度加快，并提高组蛋白 H4 的乙酰化水平，从而增加谷粒重量和粒长（Song et al., 2015）。多梳家族（polycomb group, PcG）蛋白是一组通过染色质修饰调控靶基因的转录抑制子，OsFIE1 是水稻中 1 个重要的 PcG 蛋白，OsFIE1 的 RNAi 和纯合子 T-DNA 插入突变体种子变小，胚胎发育延迟，糊粉层细胞变小，结实率降低。Westernblot 分析表明，胚乳中的复合物 Osfie1-PcG 通过基因组 H3K27me3 修饰来调控靶种子发育（Song et al., 2015）。

OsLFR 与 SWI/SNF 复合物成员相互作用，对早期胚乳和胚发育至关重要。水稻 *OsLFR* 基因是拟南芥 SWI/SNF 染色质重塑复合物（chromatin remodeling complexes, CRC）组分 *LFR* 的一个同源物。*OsLFR* 缺失导致种子早期纯合子致死，利用 *OsLFR* 基因序列可以成功恢复这种致死性（Qi et al., 2020）。

五、种皮的发育以及与胚和胚乳的相互作用

研究结果表明，受精后种子的发育依赖于种皮、胚和胚乳之间的相互作用。胚乳对胚胎的发育有重要影响，其作用不局限于为胚提供营养，也与胚细胞分裂、生长及表皮形成等密切相关（Doll and Ingram, 2022）。张宪省研究组发现水稻 *CycB1;1* 基因在胚乳和胚中均表达，其 RNAi 转基因植株的籽粒成熟时胚乳几乎消失，仅剩下一个体积增大的胚。进一步研究表明，*CycB1;1* 通过调节胚乳发育而影响胚体积（Guo et al., 2010）。突变体 *enl1* 没有胚乳，在合胞体时期胚乳发育开始出现异常，成熟的籽粒中没有胚乳，仅有一个巨型胚，*ENL1* 编码一个 SNF2 家族解旋酶（Hara et al., 2015）。Sakai 和何祖华研究组分别克隆了 *GIANT EMBRYO*（*GE*）基因，其编码细胞色素 P450 蛋白 CYP78A13，在与胚邻近的胚乳组织中表达，*GE* 功能缺失突变体具有大胚、小胚乳的表型；而 *GE* 过表达植株表现为小胚和大胚乳（Nagasawa et al., 2013; Yang et al., 2013），表明 *GE* 在胚和胚乳中的表达对胚/胚乳大小的平衡是必需的，胚和胚乳的相互作用决定了胚/胚乳大小的平衡（Nagasawa et al., 2013）。

水稻中缺少 *OsWDR5a*，则胚和胚乳发育出现缺陷，表型为胚胎发育终止，突变体种子纯合致死，种子皱缩（Jiang et al., 2018）。但在水稻 *MPK1* 功能丧失突变体中，成熟种胚变小且纯合致死，种子胚乳却表现为透明。因此，种子胚和胚乳的发育之间可能不存在必然的联系。*OsGCD1* 基因突变导致胚胎早期发育模式异常，早期胚乳中游离核数目减少，糊粉层分化受到影响，造成种子纯合致死，胚乳出现垩白，且 *OsGCD1* 在胚和胚乳中都有表达，共同调控二者的早期发育。

第四节　种子发育过程中萌发能力的变化

一、萌发能力的获得与发育变化

种子在母体植株上发育时，一般都不会萌发；但实际上，种子早在完全成熟之前就已经获得萌发能力。通常，将未成熟的种子从母体中取出并在水中培育，它能顺利萌发；一般来说，萌发能力随着种子成熟而逐渐下降。

随着发育进程，水稻种子的鲜重和干重逐渐增加，含水量下降。种子的萌发能力是在发育过程中形成的，研究表明，适宜的收获期对提高种子质量是非常重要的，收获期适宜将极大地提高种子活力。黄先晖等（2010）发现‘ZR02’水稻在授粉后 15 d 达到最大干重，授粉后 17 d 达到最大萌发率。以杂交水稻‘钱优 1 号’和‘两优 689’F1 代种子为材料，开展了杂交水稻种子成熟过程中活力、生理生化和耐藏力变化及脱水剂应用效果的研究。主要研究结果如下：发现授粉 19～28 d 收获的‘钱优 1 号’种子和授粉 19～34 d 收获的‘两优 689’种子生活力及活力均较高，因此上述时间段均可作为两个品种适宜的收获时间。

种子的成熟度不仅会影响种子的萌发率和萌发整齐度，还会影响幼苗的健壮度和生育状况。前人的研究发现，不同品种的水稻种子的萌发能力随成熟度的增加而表现出一定的差异性变化（张睿佳等, 2017）。张桂莲等（2012）对抽穗后 15、20、25、30 和 35 d 不同成熟度的水稻种子的萌发情况及其生理特性进行了研究。结果表明, 随着种子成熟度的增加, 种子的萌发率、萌发势和活力指数逐渐提高, 种子中过氧化物酶（POD）、过氧化氢酶（CAT）、脱氢酶和淀粉酶的活性、可溶性蛋白和 ABA 含量呈现上升趋势；抽穗后 30 d 达最大值, 稍后有所下降；而种子中的可溶性糖、GA_3 和 IAA 含量则呈现下降趋势。在抽穗后 15～35 d，‘996’水稻种子的萌发率、萌发势、活力指数、4 种酶活性、可溶性蛋白含量、可溶性糖含量、GA_3 和 IAA 含量均高于‘4628’水稻种子，而 ABA 含量则低于‘4628’水稻种子。张睿佳等（2017）对杂交稻‘秋优金丰’进行不同时间采收，并采用传统的幼苗生长速率测定方法和基于氧传感技术的 Q2 方法，测定了不同成熟度水稻种子的萌发势、萌发率、萌发指数、萌发氧代谢速率（OMR）和临界氧分压（COP）。结果表明：授粉后 25 d 采收的‘秋优金丰’种子的百粒重显著低于授粉后 30 d、35 d 和 40 d 采收的种子；随着采收时间的推迟，‘秋优金丰’种子的成熟度越来越高，萌发势、萌发率及萌发指数均呈先增大后稳定的趋势，种子萌发时对外界氧气的需求、有氧呼吸的强度和种子活力也呈类似的趋势。因此，在实际制种过程中，适当提前收获不会影响种子的萌发。

二、穗萌和收获前萌发

在发育过程中，种子在收获前在母体植株上萌发称为胎萌（vivipary）。水稻种子生产中，收获前萌发（preharvest sprouting, PHS；也称穗萌）已经成为一个严重的问题，因为它降低了谷物的质量，从而造成重大的经济损失。人们致力于研究收获前萌发的生理及遗传机制，并研发相应的技术来减少或者避免该现象的发生。在缺少萌发抑制基因的突变体中，其种子极易发生 PHS 现象。由于 ABA 在种子发育早期有抑制萌发的作用，所以 ABA 突变体或类胡萝卜素（ABA 合成途径的上游物质）合成缺陷突变体，两者的发育种子中均存在PHS现象，原因是它们积累的ABA不足以抑制种子萌发。

随着水稻的人工驯化与栽培选择，其种子的休眠特性逐渐丧失，使得栽培品种容易发生收获前萌发。*Sdr4*（*Seed dormancy 4*）是一个决定水稻种子对收获前萌发是否敏感的QTL。粳稻品种'日本晴'的种子容易发生胎萌（*Sdr4-n*），而籼稻品种的种子对胎萌的抗性相对较强（*Sdr4-k*）。将*Sdr4-k*位点合并到Npb基因组中，Npb的种子不再发生胎萌。这些结果说明，*Sdr4*在水稻驯化和品种选育过程中发生了变异。*Sdr4*的启动子区包含了种子特异的RY功能基序（motif）、ABA应答元件（ABA-responsive element, ABRE）及耦合元件（coupling element, CE），需要B3转录因子的调节。*Sdr4*的表达由拟南芥*ABI3*在水稻中的同源基因*OsVP1*（*Oryza sativa VP1*）调节。

随着全球变暖和气候变化，各地的天气状况和降水模式发生了改变，PHS也随之给农业生产带来很大的负面影响。利用现代生物学技术可以恢复作物种子的抗PHS表型，或者重新获得在驯化与长期栽培过程中丧失的休眠能力。研究激素的合成和分解代谢途径，有助于人们了解如何调控种子内部的激素水平以达到控制PHS的目的。

三、收获前脱水对种子萌发能力的影响

潮湿的环境容易导致种子的提前萌发，因此收获前脱水可能有抑制种子从发育状态转换到萌发状态的作用。种子在脱水之前，已完成了大部分的合成代谢，包括胚及其周围结构的形成、主要贮藏物的沉积。随后种子脱水和重新吸水，启动与萌发相关的代谢活动，同时停止与发育相关的事件。当种子萌发时，主要的代谢类型转变为分解代谢，主要贮藏物被动员以支持幼苗的早期生长发育。水稻种子具有脱水耐性，属于正常性种子（orthodox seed），其成熟脱水的过程有利于种子随后进入水合萌发状态。

成熟脱水是否是种子从发育到萌发状态转换的必不可少的条件，各种相关报道之间存在差异，其差异的原因尚不明确。然而，已基本证实，脱水有利于发育的种子在干燥条件下存活，而种子中的代谢由发育模式转变为萌发模式是否需要一定程度的脱水尚未有定论。

第五节　成熟脱水和萌发的"开关"

一、脱水耐性的获得

正常性植物种子胚发育成熟后，在特定阶段其体内细胞对脱水反应做出适应

性变化，能承受一定程度的耐干性，且不影响种子后期活力的特性，称为种子脱水耐性（desiccation tolerance）。种子的耐储藏性和寿命主要取决于种子的含水量和储藏温度，成熟干燥的种子能在低温和低含水量下长期存活。因此，种子的耐脱水性就成为植物种质资源长期保存的关键（宋松泉等, 2022）。水稻种子是一类典型的正常性种子，脱水耐性较强，在母体植株上经历成熟脱水，种子脱落（或者收获）时含水量较低，通常能被进一步干燥到 1%～5%的含水量而不发生伤害；根据储藏温度和种子含水量能够预测其寿命。

种子的脱水耐性是在发育过程中逐渐获得的，在生理成熟期达到峰值。伴随着种子成熟，种子中的贮藏蛋白、脂类和淀粉等物质逐渐积累，种子的重量不断增加，种子的萌发率及活力也逐渐提高。正常性种子具有一些保护性过程或者机制赋予种子的脱水耐性，其中重要的过程是代谢关闭（metabolic shutdown）和细胞内脱分化（intracellular dedifferentiation）；代谢活性降低是脱水耐性的特征（Obroucheva et al., 2016）。线粒体是种子中的主要细胞器，其主要功能是为细胞提供能量。种子代谢活性下降主要表现为线粒体的功能降低。种子脱水耐性获得的一个重要表现是对 ATP 的需求减少（Leprince and Buitink, 2010）。

二、与脱水有关的保护性机制

研究表明，过度脱水会引起组织细胞内一些有害的生理生化发生，如细胞内环境的离子浓度改变，不可逆的蛋白变性，膜降解，代谢紊乱和细胞区隔化消失等，因此会对成熟度不高的种子带来脱水伤害。超微结构的研究发现，细胞膜是脱水伤害的主要位点，在脱水造成的伤害早期，膜内各种细胞溶质（氨基酸、蛋白质、糖和离子等）大量渗漏，其渗漏速度和多少与脱水敏感性呈正相关关系，它反映了膜的透性部分丧失和功能失调程度；脱水还会引起膜上磷脂层物理特性的改变；此外，脱水还引起膜脂的过氧化，导致丙二醛含量增加，因此有人认为膜理化特性发生变化的直接原因可能是自由基的大量积聚。

为了在干燥状态下存活，种子必须避免脱水对细胞组分的损伤。在种子成熟过程中，相关的保护性机制开始启动，以维持细胞的耐脱水性。下面从三个方面进行讨论。

1. 细胞膜、蛋白质和水分代替

细胞膜由双层磷脂分子组成，其中亲水性的头部朝外，疏水性的脂肪酰长链朝内。这种排列方式的自由能最低，可在水中自发形成。种子脱水期间水分丧失，此时自由能最低的排列方式是亲水头部朝内，脂肪酰长链朝外形成微团，将剩余的水分包围起来，此时细胞膜失去连续性，种子在吸胀作用后发生溶质渗漏，细胞功能也会受到影响。同样，在水环境中，蛋白质的三维结构也依赖于蛋白质与水分子之间的亲水性/疏水性相互作用。将水分子从蛋白质中移除，会破坏它们的结构并引发功能性损伤。

“水分代替”发生在脱水之前或者是脱水期间。具有脱水耐性的细胞积累非还原糖（如蔗糖和海藻糖）和寡糖（如棉子糖系列），这些糖能与膜和蛋白质的亲水基团相互作用。当水分丧失，这些糖及其他相容性溶质（如脯氨酸和甜菜碱）逐渐积累，代替水在维持结构及完整性方面的作用。这些溶质的相互作用也抵消了离子和氨基酸产生的不稳定作用。

2. 抗氧化系统对种子脱水的保护作用

活性氧（reactive oxygen species, ROS）和抗氧化系统是脱水耐性潜在的信号。活性氧是植物氧化还原代谢的组成性产物，在植物组织中不断地生成，参与多个在细胞中发生的正常生理过程（Bailly, 2019）。超氧阴离子自由基（$O_2^{\cdot-}$）是 ROS 的主要类型，它能够容易地转化为过氧化氢（H_2O_2）和其他过氧化物。当 ROS 的产生超过了酶促和非酶促抗氧化保护性系统的活性时，它们在组织中的含量增加，产生氧化胁迫。在分子水平上，氧化胁迫表现为脂质过氧化作用（lipid peroxidation）增强、膜完整性破坏、酶失活、蛋白和核酸氧化降解及抗氧化库的耗尽（Smolikova et al., 2020）。

过氧化物酶、过氧化氢酶、超氧化物歧化酶、谷胱甘肽还原酶等是主要的抗氧化酶系统，它们能够共同清除植物细胞内的自由基，以保护质膜不受自由基的攻击，避免脂质被过氧化伤害。正常性种子在成熟脱水过程中保护酶系统的活性显著增加，利于快速清除细胞内过量的活性氧，维持活性氧代谢平衡（宋松泉等, 2022）。

3. 基因表达和蛋白质合成

种子干燥期间或干燥之前，基因表达和合成代谢发生了许多变化。在这期间，种子发育停止，为脱水做准备，保护细胞组分以满足脱水后持续代谢所需的条件，为种子萌发做准备。随着种子成熟和干燥过程的进行，一些与保护性物质有关的基因的表达量增加，如胚胎发生晚期丰富蛋白（late embryogenesis abundant, LEA）和小分子热休克蛋白（small heat shock protein, sHSP），这些蛋白质与脱水耐性有关（Leprince et al., 2017; Oliver et al., 2020）。LEA 蛋白的合成和积累与种子发育期间脱水耐性的获得密切相关。LEA 蛋白的合成始于种子发育中期，并在随后的发育过程中一直维持，在萌发期间及萌发后迅速减少。LEA 蛋白根据其氨基酸序列的同源性可归为 5 类，其中一类称为脱水素（dehydrin）。脱水素由于赖氨酸和甘氨酸的含量高而疏水氨基酸含量低导致其有一个重要的特征，即高度的亲水性。

脱水素在脱水时不会变性，可以形成一种无序结构，以防止脱水时相关蛋白质发生物理性分解。在细胞脱水过程中，LEA 蛋白作为分子伴侣（molecular chaperone）起作用，即通过形成密集的氢键稳定其他蛋白和细胞膜的结构，它们也能稳定变性蛋白并促进其重新折叠（Amara et al., 2014）。

热休克蛋白系统的激活是生物体对胁迫因子最普遍的反应之一。与 LEA 蛋白类似，sHSP 在种子成熟后期积累并存在于干种子中（Kalemba and Pukacka, 2007）。在种子中，sHSP 具有促进新合成蛋白的折叠、三级结构受损的多肽的重新折叠和抗氧化保护的功能（Kaur et al., 2015）。sHSP 最重要的特征之一是能够形成大的寡聚复合物（100～1000 kDa），在胁迫条件下其大小可以达到 5000 kDa；只有相对大的寡聚复合物才具有高的伴侣活性，即能够与受损的或者错误折叠的蛋白相互作用并稳定其结构（Kalemba and Pukacha, 2007）。

第六节　后期成熟事件与种子干燥

一、生理成熟与收获成熟

在农业生产中，种子成熟度是评价种子质量的一项重要指标。生理成熟（physiological maturity）是指发育过程中种子的干重达到最大值的发育时期。有人认为生理成熟期的种子的生活力和活力也达到峰值，此后种子的质量逐步下降，也就是说最后阶段的成熟和成熟干燥可能对种子品质的提升作用不大。然而许多研究表明，种子活力和潜在的寿命在生理成熟之后还会继续提高，而且最终的成熟阶段影响种子品质的优化。

种子的真正成熟应包括两个方面，即形态成熟和生理成熟。所谓形态成熟，是指种子的形状、大小已固定不变，且呈现出品种的固有颜色；生理成熟是指种胚具有萌发能力。完全成熟的种子一般应具有以下指标：①养分运输已经停止，种子中的干物质不再增加，即达到了最大干重；②种子含水量降低到一定程度；（果）种皮、内含物变硬，呈现品种的固有色；③种胚具有萌发能力。

二、种子发育与种子质量

从种子形成到发育成熟是胚珠细胞不断分裂、分化及营养物质逐渐积累、转化的过程。在这个过程中，种子明显的变化有三个方面，即外形及物理性、物质的输入与转化和萌发力，三方面互为依存，协调发展，种子方能正常发育。

通常，种子的萌发能力较早形成，一般发生在干重达到最大值之前。随后是脱水耐性的产生，脱水后种子活力达到峰值，种子活力表现为萌发能力和抗逆性较强。储藏寿命的延长滞后于生活力的提高，而且直到整个发育的末期才获得更长的储藏寿命。且水稻单个种子可以逐步发展这些属性，而在群体基础上，种子不会同时进入同一个发育时期，因此采收时都会包括各个发育阶段或质量的种子。

三、成熟干燥和干种子的生物物理特性

随着种子发育的进行，其含水量逐渐下降，贮藏物取代水分并沉积在贮藏液泡里。生理成熟后，水稻种子迅速脱水，同时结束种子的成熟期。种子成熟时已为种子脱水做好准备，包括合成一系列的小分子物质和蛋白质，使得重要细胞器、细胞膜和蛋白质在干燥状态下能维持自身结构的完整性，并且在重新水合后恢复其生物学功能。失水改变了细胞组分的水合状态，并形成不同的物理状态，对各种生化及化学反应产生影响。

为了安全储藏种子和保持种子的品质，干燥是一个必不可少的重要过程。干燥是水稻种子收获后的一个重要环节，水稻种子的干燥对种子活力有显著影响。如果干燥速率和干燥时的温度不合理，干燥后的种子品质会下降。干燥过程对种子的影响主要表现在种子的生活力和活力的降低，高温干燥可能使种子蛋白质变性。而有裂纹的种子由于胚所能获得的营养物质减少，因此发芽率和活力也会下降。

由于水稻种子对干燥过程敏感，且要求种子干燥后依然具有旺盛的生命力，相对于商品粮来说，其干燥条件更为严格。

主要参考文献

程方民, 胡东维, 丁元树. 2000. 人工控温条件下稻米垩白形成变化及胚乳扫描结构观察. 中国水稻科学, 14(2): 83-87.

代西梅, 黄群策, 秦广雍. 2008. 水稻双受精过程的共聚焦显微镜观察. 广西植物, 28(1): 15-19.

丁建庭, 申家恒, 李伟, 等. 2009. 水稻双受精过程的细胞形态学及时间进程的观察. 植物学报, 44(4): 473-483.

郭欣, 申家恒, 王艳杰, 等. 2013. 水稻双受精过程的超微结构观察. 植物学报, 48(4): 429-437.

黄先晖, 杨远柱, 姜孝成. 2010. 水稻种子脱水耐性的形成及其与贮藏特性的关系. 种子, 29(7): 25-29.

李景芳, 田云录, 刘喜, 等. 2018. 鸟苷酸激酶 OsGK1 对水稻种子发育至关重要. 中国水稻科学, 32: 415-426.

宋松泉, 刘军, 唐翠芳, 等. 2022. 种子耐脱水性的生理及分子机制研究进展. 中国农业科学, 55(6): 1047-1063.

唐小涵, 刘世家, 刘喜,等. 2020. 色氨酰-tRNA 合成酶基因 WRS1 调控水稻种子发育. 中国水稻科学, 34(5): 383-396.

王忠, 顾蕴洁, 郑彦坤, 等. 2012. 水稻胚乳细胞发育的结构观察及其矿质元素分析. 中国水稻

科学, 26(6): 693-705.
杨弘远. 2005. 水稻生殖生物学. 杭州: 浙江大学出版社.
张桂莲, 杨定照, 张顺堂, 等. 2012. 不同成熟度对水稻种子萌发及其生理特性的影响.植物生理学报, 48(3): 272-276.
张睿佳, 胡杰, 陆建忠, 等. 2017. 不同成熟度对水稻种子萌发的影响. 上海农业科技, (5): 62-63, 65.
Amara I, Zaidi I, Masmoudi K, et al. 2014. Insights into late embryogenesis abundant (LEA) proteins in plants: from structure to the functions. American Journal of Plant Sciences, 5(22): 3440-3455.
Ashikari M, Sakakibara H, Lin S, Y et al. 2005. Cytokinin oxidase regulates rice grain production. Science, 309(5735): 741-745.
Bai A N, Lu X D, Li D Q, et al. 2016. NF-YB1-regulated expression of sucrose transporters in aleurone facilitates sugar loading to rice endosperm. Cell Research, 26(3): 384-388.
Bailly C. 2019. The signalling role of ROS in the regulation of seed germination and dormancy. The Biochemical Journal, 476(20): 3019-3032.
Cakir B, Shiraishi S, Tuncel A, et al. 2016. Analysis of the rice ADP-glucose transporter (OsBT1) indicates the presence of regulatory processes in the amyloplast stroma that control ADP-glucose flux into starch. Plant Physiology, 170(3): 1271-1283.
Doll N M, Ingram G C. 2022. Embryo-endosperm interactions. Annual Review of Plant Biology, 73: 293-321.
Finkelstein R R, Gampala S S L, Rock C D. 2002. Abscisic acid signaling in seeds and seedlings. The Plant Cell, 14(Suppl): S15-S45.
Fu F F, Xue H W. 2010. Coexpression analysis identifies Rice Starch Regulator1, a rice AP2/EREBP family transcription factor, as a novel rice starch biosynthesis regulator. Plant Physiology, 154(2): 927-938.
Fujita N, Toyosawa Y, Utsumi Y, et al. 2009. Characterization of pullulanase (PUL)-deficient mutants of rice (*Oryza sativa* L.) and the function of PUL on starch biosynthesis in the developing rice endosperm. Journal of Experimental Botany, 60(3): 1009-1023.
Fukuda M, Kawagoe Y, Murakami T, et al. 2016. The dual roles of the Golgi transport 1 (GOT1B): RNA localization to the cortical endoplasmic reticulum and the export of proglutelin and α-globulin from the cortical ER to the golgi. Plant and Cell Physiology, 57(11): 2380-2391.
Gao S P, Chu C C. 2020. Gibberellin metabolism and signaling: targets for improving agronomic performance of crops. Plant and Cell Physiology, 61(11): 1902-1911.
Guilfoyle T J, Hagen G. 2007. Auxin response factors. Current Opinion in Plant Biology, 10(5): 453-460.
Guo J, Wang F, Song J, et al. 2010. The expression of Orysa;CycB1;1 is essential for endosperm formation and causes embryo enlargement in rice. Planta, 231(2): 293-303.
HaCheol H, YeonGyu K, Yonghwan C, et al. 2012. A medium-maturing, giant-embryo, and germination brown rice 'cultivar ‘keunnun’. Korean Journal of Breeding, 44: 160-164.
Han S J, Kwon S W, Chu S H, et al. 2012. A new rice variety ‘Keunnunjami’, with high concentrations of Cyanidin 3-glucoside and Giant embryo. Korean Journal of Breeding Science, 44: 185-189.
Hara T, Katoh H, Ogawa D, et al. 2015. Rice SNF_2 family helicase ENL1 is essential for syncytial endosperm development. The Plant Journal, 81(1): 1-12.
Hong S K, Aoki T, Kitano H, et al. 1995. Phenotypic diversity of 188 rice embryo mutants. Developmental Genetics, 16(4): 298-310.

Hong Z, Ueguchi-Tanaka M, Fujioka S, et al. 2005. The rice brassinosteroid-deficient dwarf2 mutant, defective in the rice homolog of *Arabidopsis* DIMINUTO/DWARF1, is rescued by the endogenously accumulated alternative bioactive brassinosteroid, dolichosterone. The Plant Cell, 17(8): 2243-2254.

Ishimaru K, Hirotsu N, Madoka Y, et al. 2013. Loss of function of the IAA-glucose hydrolase gene TGW6 enhances rice grain weight and increases yield. Nature Genetics, 45(6): 707-711.

Jeon J S, Ryoo N, Hahn T R, et al. 2010. Starch biosynthesis in cereal endosperm. Plant Physiology and Biochemistry, 48(6): 383-392.

Jiang P F, Wang S L, Jiang H Y, et al. 2018. The COMPASS-like complex promotes flowering and panicle branching in rice. Plant Physiology, 176(4): 2761-2771.

Kalemba E M, Pukacka A. 2007. Possible roles of LEA proteins and sHSPs in seed protection: a short review. Biological Letters, 44: 3-16.

Kaur H, Petla B P, Kamble N U, et al. 2015. Differentially expressed seed aging responsive heat shock protein OsHSP18.2 implicates in seed vigor, longevity and improves germination and seedling establishment under abiotic stress. Frontiers in Plant Science, 6: 713.

Keren I, Lacroix B, Kohrman A, et al. 2020. Histone deubiquitinase OTU1 epigenetically regulates DA1 and DA2, which control *Arabidopsis* seed and organ size. iScience, 23(3): 100948.

Krishnan S, Dayanandan P. 2003. Structural and histochemical studies on grain-filling in the caryopsis of rice (*Oryza sativa* L.). Journal of Biosciences, 28(4): 455-469.

Lee G, Piao R H, Lee Y, et al. 2019. Identification and characterization of LARGE EMBRYO, a new gene controlling embryo size in rice (*Oryza sativa* L.). Rice, 12(1): 22.

Lee K H, Park S W, Kim Y J, et al. 2018. Grain width 2 (GW2) and its interacting proteins regulate seed development in rice (*Oryza sativa* L.). Botanical Studies, 59(1): 23.

Leprince O, Buitink J. 2010. Desiccation tolerance: from genomics to the field. Plant Science, 179(6): 554-564.

Leprince O, Pellizzaro A, Berriri S, et al. 2017. Late seed maturation: drying without dying. Journal of Experimental Botany, 68(4): 827-841.

Li M, Tang D, Wang K J, et al. 2011. Mutations in the F-box gene LARGER PANICLE improve the panicle architecture and enhance the grain yield in rice. Plant Biotechnology Journal, 9(9): 1002-1013.

Li S F, Wei X J, Ren Y L, et al. 2017. OsBT1 encodes an ADP-glucose transporter involved in starch synthesis and compound granule formation in rice endosperm. Scientific Reports, 7: 40124.

Li S Y, Zhao B R, Yuan D Y, et al. 2013. Rice zinc finger protein DST enhances grain production through controlling Gn1a/OsCKX2 expression. Proceedings of the National Academy of Sciences of the United States of America, 110(8): 3167-3172.

Liu J X, Wu M W, Liu C M. 2022. Cereal endosperms: development and storage product accumulation. Annual Review of Plant Biology, 73: 255-291.

Liu L C, Tong H N, Xiao Y, et al. 2015. Activation of Big Grain1 significantly improves grain size by regulating auxin transport in rice. Proceeding of the National Academy of Sciences of the United States of America, 112(35): 11102-11107.

Liu S J, Fu H, Jiang J M, et al. 2019. Overexpression of a CPYC-type glutaredoxin, OsGrxC2.2, causes abnormal embryos and an increased grain weight in rice. Frontiers in Plant Science, 10: 848.

Morinaka Y, Sakamoto T, Inukai Y, et al. 2006. Morphological alteration caused by brassinosteroid insensitivity increases the biomass and grain production of rice. Plant Physiology, 141(3): 924-931.

Nagasawa N, Hibara K I, Heppard E P, et al. 2013. GIANT EMBRYO encodes CYP78A13, required for proper size balance between embryo and endosperm in rice. The Plant Journal, 75(4): 592-605.

Nayar S, Sharma R, Tyagi A K, et al. 2013. Functional delineation of rice MADS29 reveals its role in embryo and endosperm development by affecting hormone homeostasis. Journal of Experimental Botany, 64(14): 4239-4253.

Obroucheva N, Sinkevich I, Lityagina S. 2016. Physiological aspects of seed recalcitrance: a case study on the tree Aesculus hippocastanum. Tree Physiology, 36(9): 1127-1150.

Oliver M J, Farrant J M, Hilhorst H W M, et al. 2020. Desiccation tolerance: avoiding cellular damage during drying and rehydration. Annual Review of Plant Biology, 71: 435-460.

Qi D M, Wen Q Q, Meng Z, et al. 2020. OsLFR is essential for early endosperm and embryo development by interacting with SWI/SNF complex members in Oryza sativa. The Plant Journal, 104(4): 901-916.

Sabelli P A, Larkins B A. 2009. The development of endosperm in grasses. Plant Physiology, 149(1): 14-26.

Sakata M, Seno M, Matsusaka H, et al. 2016. Development and evaluation of rice giant embryo mutants for high oil content originated from a high-yielding cultivar 'Mizuhochikara'. Breeding Science, 66(3): 425-433.

Sano N, Rajjou L, North H M, et al. 2016. Staying alive: molecular aspects of seed longevity. Plant and Cell Physiology, 57(4): 660-674.

Sasaki A, Itoh H, Gomi K, et al. 2003. Accumulation of phosphorylated repressor for gibberellin signaling in an F-box mutant. Science, 299(5614): 1896-1898.

Satoh H, Shibahara K, Tokunaga T, et al. 2008. Mutation of the plastidial alpha-glucan phosphorylase gene in rice affects the synthesis and structure of starch in the endosperm. The Plant Cell, 20(7): 1833-1849.

She K C, Kusano H, Koizumi K, et al. 2010. A novel factor FLOURY ENDOSPERM2 is involved in regulation of rice grain size and starch quality. The Plant Cell, 22(10): 3280-3294.

Smolikova G, Leonova T, Vashurina N, et al. 2020. Desiccation tolerance as the basis of long-term seed viability. International Journal of Molecular Sciences, 22(1): 101.

Song X J, Kuroha T, Ayano M, et al. 2015. Rare allele of a previously unidentified histone H4 acetyltransferase enhances grain weight, yield, and plant biomass in rice. Proceedings of the National Academy of Sciences of the United States of America, 112(1): 76-81.

Sosso D, Luo D P, Li Q B, et al. 2015. Seed filling in domesticated maize and rice depends on SWEET-mediated hexose transport. Nature Genetics, 47(12): 1489-1493.

Tanabe S, Ashikari M, Fujioka S, et al. 2005. A novel cytochrome P450 is implicated in brassinosteroid biosynthesis via the characterization of a rice dwarf mutant, dwarf11, with reduced seed length. The Plant Cell, 17(3): 776-790.

Tanaka A, Nakagawa H, Tomita C, et al. 2009. BRASSINOSTEROID UPREGULATED1, encoding a *Helix*-loop-*Helix* protein, is a novel gene involved in brassinosteroid signaling and controls bending of the *Lamina* joint in rice. Plant Physiology, 151(2): 669-680.

Tanaka N, Fujita N, Nishi A, et al. 2004. The structure of starch can be manipulated by changing the expression levels of starch branching enzyme IIb in rice endosperm. Plant Biotechnology Journal, 2(6): 507-516.

Tang X J, Peng C, Zhang J, et al. 2016. ADP-glucose pyrophosphorylase large subunit 2 is essential for storage substance accumulation and subunit interactions in rice endosperm. Plant Science, 249: 70-83.

Tomita M, Yazawa S, Uenishi Y. 2019. Identification of rice large grain gene GW2 by whole-genome sequencing of a large grain-isogenic line integrated with *Japonica* native gene and its linkage relationship with the co-integrated semidwarf gene d60 on chromosome 2. International Journal of Molecular Sciences, 20(21): 5442.

Vriet C, Russinova E, Reuzeau C. 2012. Boosting crop yields with plant steroids. The Plant Cell, 24(3): 842-857.

Wang E T, Wang J J, Zhu X D, et al. 2008. Control of rice grain-filling and yield by a gene with a potential signature of domestication. Nature Genetics, 40(11): 1370-1374.

Wang Y H, Liu F, Ren Y L, et al. 2016. GOLGI TRANSPORT 1B regulates protein export from the endoplasmic reticulum in rice endosperm cells. The Plant Cell, 28(11): 2850-2865.

Wu C Y, Trieu A, Radhakrishnan P, et al. 2008. Brassinosteroids regulate grain filling in rice. The Plant Cell, 20(8): 2130-2145.

Wu X B, Liu J X, Li D, et al. 2016. Rice caryopsis development II: dynamic changes in the endosperm. Journal of Integrative Plant Biology, 58(9): 786-798.

Xu X Y, E Z G, Zhang D P et al. 2021. OsYUC11-mediated auxin biosynthesis is essential for endosperm development of rice. Plant Physiology, 185(3): 934-950.

Xue L J, Zhang J J, Xue H W. 2012. Genome-wide analysis of the complex transcriptional networks of rice developing seeds. PLoS One, 7(2): e31081.

Yang W B, Gao M J, Yin X, et al. 2013. Control of rice embryo development, shoot apical meristem maintenance, and grain yield by a novel cytochrome P450. Molecular Plant, 6(6): 1945-1960.

Yang X L, Wu F, Lin X L, et al. 2012. Live and let die - the B(sister) MADS-box gene OsMADS29 controls the degeneration of cells in maternal tissues during seed development of rice (*Oryza sativa*). PLoS One, 7(12): e51435.

Ye N H, Zhu G H, Liu Y G, et al. 2012. Ascorbic acid and reactive oxygen species are involved in the inhibition of seed germination by abscisic acid in rice seeds. Journal of Experimental Botany, 63(5): 1809-1822.

Yin L L, Xue H W. 2012. The MADS29 transcription factor regulates the degradation of the nucellus and the nucellar projection during rice seed development. The Plant Cell, 24(3): 1049-1065.

Yoshida H, Nagato Y. 2011. Flower development in rice. Journal of Experimental Botany, 62(14): 4719-4730.

Zhang G Y, Cheng Z J, Zhang X, et al. 2011. Double repression of soluble starch synthase genes SSIIa and SSIIIa in rice (*Oryza sativa* L.) uncovers interactive effects on the physicochemical properties of starch. Genome, 54(6): 448-459.

Zhang J, Nallamilli B R, Mujahid H, et al. 2010. OsMADS6 plays an essential role in endosperm nutrient accumulation and is subject to epigenetic regulation in rice (*Oryza sativa*). The Plant Journal, 64(4): 604-617.

Zhang L, Li N, Fang H, et al. 2020 Morphological Characteristics and Seed Physiochemical Properties of Two Giant Embryo Mutants in Rice. Rice Science, 27(02): 81-85.

Zhou S R, Yin L L, Xue H W. 2013. Functional genomics based understanding of rice endosperm development. Currrent Opinion in Plant Biology, 16(2): 236-246.

Zhu J Y, Sae-Seaw J, Wang Z Y. 2013. Brassinosteroid signalling. Development, 140(8): 1615-1620.

Zhu Y, Cai X L, Wang Z Y, et al. 2003. An interaction between a MYC protein and an EREBP protein is involved in transcriptional regulation of the rice Wx gene. The Journal of Biological Chemistry, 278(48): 47803-47811.

第三章　贮藏物的合成

第一节　种子充实的同化物来源

一、贮藏物合成的养分来源

种子作为植物体发育的起点，包含丰富的贮藏物质。贮藏物质可以为种子的萌发、细胞、组织、胚发育及幼苗生长的整个代谢过程提供物质基础。水稻种子中的贮藏物质包括淀粉、蛋白质、脂肪、矿物质等，分别积累在淀粉体、蛋白体和油球体中，它们与种子的很多理化性质密切相关。

1）淀粉合成与积累的特点：淀粉合成的葡萄糖底物为 ADP 葡萄糖（ADP-glucose, ADPG），而 ADPG 是由运进胚乳或子叶中的蔗糖或己糖转化来的，淀粉种子成熟过程中，可溶性糖浓度逐渐降低，而淀粉含量不断升高。

2）蛋白质合成与积累的特点：种子中贮藏蛋白合成的原料是来自营养器官的氨基酸和酰胺。在种子发育的不同时期有不同的蛋白质合成。在胚胎发生期，主要合成与胚分化有关的蛋白质；在种子形成期，主要合成与贮藏物质积累有关的蛋白质；在成熟休止期，主要合成与种子休眠、耐脱水有关的胚胎发育晚期的丰富蛋白（LEA）。

3）脂类合成与积累的特点：合成脂肪的原料是磷酸甘油和脂酰-CoA，在油料种子发育过程中，首先积累可溶性糖和淀粉，然后碳水化合物转化为脂肪。种子发育时先形成饱和脂肪酸，然后转变为不饱和脂肪酸，先期形成的游离脂肪酸在种子成熟过程中逐渐形成复杂的油脂。

水稻胚乳中的淀粉是主要的贮藏物质，占种子干重的 60%～80%（Juliano, 1985），淀粉也是影响稻米产量和品质的关键因素。根据化学性质的不同，可以将淀粉分为支链淀粉和直链淀粉两种葡萄糖聚合物。在水稻中支链淀粉占总淀粉含量的 75%～90%，是构成总淀粉的主要成分，其中葡聚糖链由 α-1,4-糖苷键连接形成，分支点通过 α-1,6-糖苷键构成，二者共同组成支链淀粉。支链淀粉的分支水平大约是每 20 个 α-1,4-糖苷键就有一个 α-1,6-糖苷键分支，从而构成了淀粉的基本结构（Manners, 1989）。直链淀粉在总淀粉中的占比较低，具有很少的分支，通常位于支链淀粉分子形成的半结晶区域与无定形区域，起到稳定淀粉致密度的作用。

支链淀粉作为淀粉结构框架的主要构成成分，具有高度分支，按照其分支情况可以分为A、B、C三类。A链是指支链淀粉中不带分支的葡萄糖链，B链是带有一个或多个分支的葡萄糖链，根据其簇连接数可以分为B1、B2、B3和B4。C链一般作为支链淀粉的主链，具有自由还原性末端，其侧链均为非还原末端。在当前的支链淀粉多簇结构模型中，分支点集中在特定区域，从分支点开始，线性链段延伸形成簇（图3-1）。从脱支淀粉分析中推断出的链长度（链长分布或CLD）的频率分布，表明大多数链长度在10和20个葡萄糖单元之间，这些被认为是A链和B1链（B1链存在于单个簇内）（French, 1972; Nikuni, 1978）。水稻或玉米胚乳中大约90%的支链淀粉链由A链和B1链组成（James et al., 2003; Tester et al., 2004; Hannah and James, 2008）。然而，也存在更长的链，它们被认为是不同的簇之间形成的连接，B2和B3链是连接多个簇的长链。

X射线散射和电子显微镜分析表明，团簇堆叠具有9～10 nm的周期性（Kassenbeck, 1978; Jenkins et al., 1993）。X射线衍射图进一步显示，簇内相邻的直链链段形成平行的双螺旋，每个完整的转角具有每个链6个葡萄糖单元和1.06 nm的周期。双螺旋以致密的A型多晶型形式排列或较不致密的B型多晶型形式排列（Imberty et al., 1988; Imberty and Perez, 1988）（图3-1）。此外，还观察到含有A型和B型多晶型形式混合的淀粉，并命名为C型多晶型形式。谷物籽粒淀粉是典型

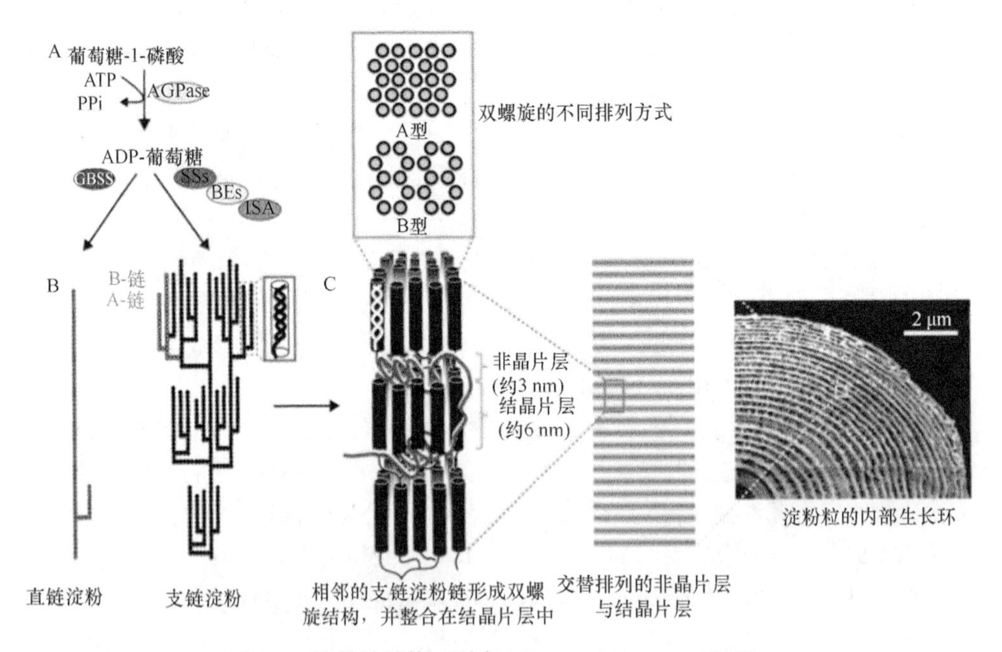

图3-1　淀粉的结构（引自Pfister and Zeeman, 2016）

A：核心淀粉生物合成途径。B：直链淀粉和支链淀粉的分子结构。C：支链淀粉双螺旋的高阶排列。每个生长环（右）的厚度为200～400 nm，包含一个半结晶区和一个非结晶区。半结晶区由交替的结晶片层（包含链的线性部分）和非结晶片层（包含大多数分支点）组成，它们以9～10.5 nm的周期堆叠。根据形成簇的支链淀粉的确切结构，双螺旋排列为密集的A型多晶型，或排列为密度较低的六边形B型多晶型（顶部）

A 型多晶型形式排列，而块茎淀粉是 B 型多晶型形式排列。但是，决定多晶型的因子，我们尚未完全了解。

各种显微镜观测结果表明，结晶片层和非结晶片层的重复排列超过了 9 nm（图 3-1）。一些最初的淀粉颗粒图片和光学显微照片显示颗粒内有同心层。由于外表与树木年轮的表面相似，这些同心层被称为生长环。用 α-淀粉酶或酸处理破裂的淀粉颗粒，去除结晶程度较低的区域，则用扫描电镜可清楚地观察到生长环是一种周期为数百纳米重复层状结构。这些抗蚀层状结构中的每一层被认为是由许多 9 nm 重复组成的。而易受影响的非结晶区域可能具有较低的有序度（Pilling and Smith, 2003）。除生长环结构之外，在淀粉的半结晶区域还观察到直径为 20～500 nm 的球形块（Gallant et al., 1997）。这些可能代表左手支链淀粉超螺旋，其由 Oostergetel 和 Bruggen（1993）基于电子光学断层扫描和低温电子衍射分析提出。尽管淀粉的一些结构特征被广泛接受，例如，双螺旋结构的形成和包装及生长环的存在，但其他的仍知之甚少。

来自不同物种和组织的淀粉颗粒在大小和形状上差别很大（图 3-2）。苋菜种子中和拟南芥叶中的淀粉颗粒相对较小，直径为 0.5～2 μm，而块根中的光滑球型淀粉颗粒直径可达 100 μm（Zeeman et al., 2002）。而蔗糖作为发育种子的主要碳源，大部分由叶片的光合作用提供，淀粉及其他糖类通常在母体植物的营养组织中积累，随后在自立灌浆期被降解并运输至种子，从而参与种子的生长发育过程。

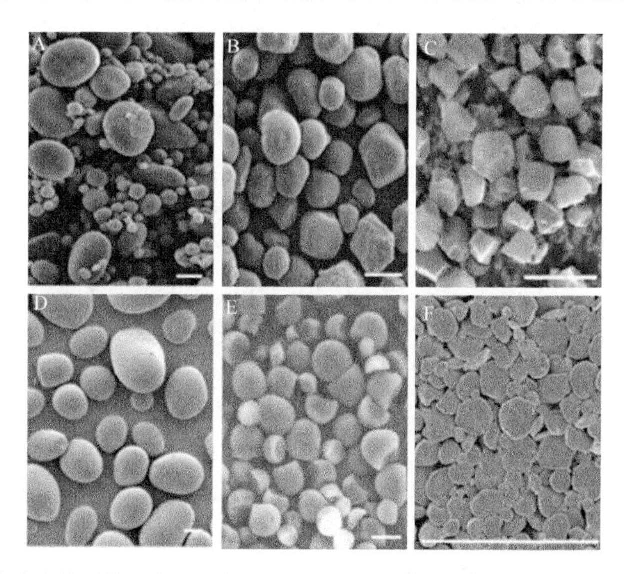

图 3-2　不同物种淀粉颗粒形态的扫描电镜图（引自 Bustos et al., 2004; Ceballos et al., 2008; Kubo et al., 2010; Li et al., 2011; Stitt and Zeeman, 2012）

A：小麦胚乳淀粉颗粒，双尺寸分布；B：玉米胚乳淀粉颗粒；C：水稻胚乳淀粉颗粒，多边形形式；D：土豆块茎淀粉颗粒；E：木薯根淀粉颗粒，杯状颗粒；F：拟南芥叶片淀粉颗粒，椭球型颗粒。比例尺为 10 μm

二、影响种子生产和质量的因子

高产、优质的水稻栽培技术是粮食安全的重要保障。水稻增产的主要原因是植株干物质的累积，这种累积来自植物的光合作用，所以水稻产量高的原因与光合作用密切相关。影响水稻产量的因素分为内部要素和外部要素，外部要素又分为自然要素和人为要素。内部要素包括生物遗传特性造成的形态、结构、理化方面的特点（周映平和苏海涛, 2020）。研究表明，品种的有效穗数、饱粒数、千粒重、结实率是水稻产量高低的决定性因素（黄金龙, 2020）。也有研究发现，分别在三个栽插时期对 4 个品种的特性进行研究，发现推迟栽插时期会使有效穗数和穗粒数显著降低，从而使产量降低（杨忠良等, 2020）。在挑选直插品种时，要考虑栽培方式是否适合品种的特性，有针对性地选择适宜不同直播栽培条件的品种（系），满足直播品种匮乏的现状（陈丽等, 2021）。

徐一兰等（2020）认为抛栽处理秧苗素质高，且移栽质量高，移栽大田后的生育进程没有受到影响，有利于秧苗返青和早生快发，保证了正常的生长和分蘖，有利于促进植株的生长发育、干物质的积累，为水稻高产奠定了物质基础。有研究对产量性状与产量之间进行了相关分析和标准偏回归分析，发现影响产量的主要因素中，穗粒数与产量正相关，结实率和产量负相关，进行标准偏回归后得出四个产量构成对产量的影响大小为：每穗粒数＞千粒重＞穗数＞结实率，每穗粒数、千粒重是决定产量的重要因素，而结实率影响不显著，呈负相关。一些影响植物光合作用的外部因素，包括光照、温度、水等，决定了水稻的存活率、高矮、结实率等，进而影响了水稻产量（杨忠良等, 2020）。适当增温及高密度处理，可增加水稻产量。

稻米品质的评价主要包括碾磨品质和外观两个方面，碾磨品质主要包括糙米率、精米率和整精米率；外观主要包括米粒长度、宽度、长宽比、垩白度等（李润宝等, 2011）。不同品种在不同年份用不同栽培方式在不同季节种植，品质会有较大差异。张振宇等（2010）研究了直接收获和割晒对不同收获时间的水稻外观的影响，割晒可以有效降低垩白，提高外观。朱江艳等（2014）研究表明，收获得越晚，碾磨品质损耗越多，垩白度和垩白粒率也越低。

温度对水稻品质影响较大，特别是在灌浆阶段（朱江艳等, 2014）。张运锋和谭学林（2004）研究发现，水稻直链淀粉含量受外界因素影响较大，如温度、肥料、储藏时间、栽插季节等，其中温度是最重要的因素。精米率、高光强也影响外观品质，高光强使垩白度与垩白粒率有所增长，且影响显著，光强同时影响食味及营养品质，光强越高，蛋白质含量越低，营养品质越容易受到影响（任万军等, 2003）。合适的温度会增加淀粉含量，有利于高品质的形成。通过对不同品种的调查研究发现，生态条件很重要，良好的生态条件有利于品质的提升，比如高海拔对外观品质影响显著，而对加工品质来说，影响不显著（Yoshida and Hara, 1977; 黄文章等, 2005）。通过研究发现，不同品种之间的差异很大，比如不同品种在不同播种时期垩白度不同，但糙米率差异不明显。生态条件也很重要，光照、气温、湿度、降雨量对品质有重要影响（程方民和钟连进, 2001）。研究发现，在外观品质方面，灌浆期间的高温是造成垩白度上升的原因（黄宗洪等, 2004）。光照对外观品质的影响主要体现在垩白度，大部分研究认为光照强度的下降会提升垩白度。

在水稻生长的重要时期，温差较大会提升直链淀粉含量，光照的增加使直链淀粉含量降低，进而提升水稻的食味品质（彭国照和王景波, 2005）。测评食味品质的关键指标包括硬度、黏度、食味等，灌浆结实期间的温度对蒸煮和食味品质有影响（Gomez, 1979; Zhang et al., 2017）。Asaoka 等（1985）认为直链淀粉含量与凝固阶段温度不存在相互影响。食用米品质通常从以下四个方面来衡量：①碾磨品质，包括糙米率、精米率、整精米率。②外观品质，包括垩白度、垩白粒率、粒型（长宽比）。③食味品质，包括硬度、黏度、平衡度、食味值。④营养品质，包括蛋白质含量、脂肪酸含量。然而，不同的研究者对影响粳稻米食味的感官评价指标的重要程度有不同的看法，垩白、直链淀粉、食味值等均可用于表征品质的好坏，其中直链淀粉主要受品种自身因素的影响，而垩白、食味值等则受外部生态环境的影响较大（杨洁, 2019）。唐文邦等（2015）对水稻父本选育品种进行品质比较，发现多种因素对品质产生影响，包括氮肥利用率、自身因素、收货晾干方式等。王春莲等（2016）研究发现影响优质水稻的因素与品种自身的特性、自然条件和栽培技术密切相关，在收获时期，收货方式、晾晒、储存等也影响品质的好坏，在这些影响中，稻米品种的特性是影响品质最为关键的因素，其中直链淀粉、垩白率、蛋白质受到最大的影响，在成熟时期，各种品质水稻所表现出的热力学特性和脂质含量也不尽相同。稻米品质等特性也受光合现状、叶绿素荧光参数、根系活力影响，自然生态环境影响表现为高温热害影响、环境污染影响、农艺措施影响、施肥影响、田间水分影响（王春莲等, 2016）。习敏等（2020）研究认为，食味品质除与品种的自身特性有关外，还与栽培时期、方法、密度、肥量、水分等因素有关，现在只有对普通品种的研究，而缺少对优质品种的研究，发现形成优质品种的机理尚待时日。汤云龙等（2019）对日本市场上售卖的稻米进行食味研究，这对我国优质稻米的生产具有指导意义。研究表明，蛋白质含量的增长与谷粒的薄厚是影响大米变硬的重要因素。营养品质可以通过蛋白质、脂肪、氨基酸和矿物质的含量来测评，其中蛋白质是最常用的指标。研究发现，水稻的蛋白质含量与自然条件和栽培方式有关，受日均温度的影响最大（Adriani et al., 2016）。光照过强使直链淀粉、蛋白质含量降低，这是由于在避光后，光谱中蓝紫色光的比例增加，而蓝光促进了蛋白质的吸收（任万军等, 2003）。

优质稻米的选育已受到各水稻主产国的重视，但是所有品质改良应在高产、抗逆能力强的基础上进行。如今，外观、食味及碾米等品质性状都成为品质改良育种有待攻关的目标，但是只有对品质性状遗传学进行深入研究，才能从根本上解决水稻品质问题。如今，水稻分子标记辅助选择技术、基因克隆技术等分子生物学技术不断发展，可为水稻快速育种提供理论基础和育种手段，但稻米的品质性状遗传机理复杂，且易受栽培条件、生态环境等多种因素影响，因此，目前对于水稻品质性状遗传机制的了解仍很片面，唯有把育种学、分子生物学、植物生理生化等多个学科紧密结合，挖掘品质性状相关基因的表达、作用及功能，才能快速推动水稻品质育种的进程。

第二节　贮藏组织内贮藏物的积累

一、淀粉合成

淀粉在叶片中的叶绿体或淀粉贮藏组织中特化的造粉体中合成。植物中的淀粉合成涉及三种主要的酶：①淀粉合酶（starch synthase, SS）使用腺苷二磷酸葡萄糖（ADPG）作为葡糖基供体延长葡萄糖链的非还原端：②淀粉分支酶（branching enzyme, BE）通过葡聚糖转移酶反应从现有链创造分支；③淀粉去分支酶（debranching enzyme, DBE）水解一些分支。这三个过程是同时进行且相互依赖的。淀粉生物合成酶结构在不同的植物物种之间相当保守，表明它们有共同的起源。淀粉在高等植物中的生物合成是一个复杂的生物学过程，其由一系列的酶促反应形成。ADPG 焦磷酸化酶（ADPG pyrophosphorylase, AGPase）催化形成淀粉合成的底物 ADPG。支链淀粉作为植物淀粉的主要成分由可溶性淀粉合酶（soluble starch synthase, SSS）、淀粉分支酶和淀粉去分支酶合成，其中淀粉去分支酶有两种类型：异淀粉酶（isoamylase, ISA）和普鲁兰酶（pullulanase, PUL）。直链淀粉链由颗粒结合淀粉合酶（granule-bound starch synthase, GBSS）合成。

谷物胚乳的淀粉合成代谢和叶片的淀粉合成代谢有几个明显的差异。首先，种子中淀粉生物合成的起始化合物是蔗糖，而在叶片中，则是卡尔文循环的成员果糖-6-磷酸（fructose-6-phosphate, F6P）的衍生物葡萄糖-1-磷酸（glucose-1-phosphate, G1P）。其次，从蔗糖到 G1P 的中间碳代谢过程以及包括糖转运蛋白和 ADPG 转运蛋白在内的各种转运蛋白在胚乳中比在叶中复杂得多。最后，AGPase 和己糖激酶反应所需的大量 ATP 推测是由糊粉和/或胚乳中线粒体中的氧化磷酸化系统提供的，而在叶片中是由光合作用中的光合磷酸化提供的（Nakamura et al., 1995）。与这些观察结果一致，酶的活性和参与碳代谢的同工酶的表达水平在胚乳和叶片之间也存在很大差异（Nakamura et al., 1995; Ohdan et al., 2005），表明水稻的淀粉代谢和相关的碳代谢在水稻植株中受组织特异性方式控制。

淀粉的合成从生产 ADPG（SS 的底物）开始。在光合作用活跃的叶片的叶绿体中，通过将 F6P 转化成葡萄糖-6-磷酸（glucose-6-phosphate, G6P）（通过磷酸葡萄糖异构酶催化）直至产生葡萄糖-1-磷酸（由葡萄糖磷酸变位酶催化），ADPG 的产生直接与卡尔文循环相关联。然后 AGPase 催化 G1P 和 ATP 向 ADPG 和焦磷酸（pyrophosphoric acid, PPi）的转化（图 3-3）。通过该途径，30%～50%的拟南芥叶片的光合同化物被分配到淀粉中（Stitt and Zeeman, 2012）。上述每个反应都是热力学可逆的。然而，在体内，最后一个反应的 PPi 产物被质体碱性焦磷酸酶进一步代谢，将其水解产生两个正磷酸分子（Pi）（George et al., 2018）。这使得叶绿体中 ADPG 的合成基本上不可逆。

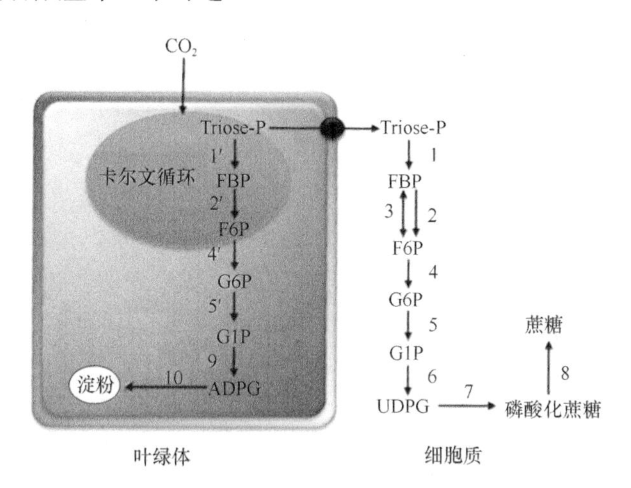

图 3-3　淀粉和蔗糖合成机制（引自 Bahaji et al., 2014）

Triose-P：磷酸丙糖；FBP：果糖二磷酸；F6P：果糖-6-磷酸；G6P：葡萄糖-6-磷酸；G1P：葡萄糖-1-磷酸；ADPG：腺苷二磷酸葡萄糖；UDPG：尿苷二磷酸葡萄糖

ADPG 的合成在异养组织中是相似的，其中蔗糖从源组织输入并代谢，然后在胞质中产生磷酸己糖。在淀粉的生物合成中，磷酸己糖（通常为 G6P，也有 G1P 转运的报道）和 ATP 作为 ADPG 合成的底物被转运到造粉体中（Tetlow and Emes, 2014）。磷酸己糖的转运伴随 Pi 的交换，而 ATP 转运伴随 ADP 和 Pi 的交换。在谷类作物胚乳中，途径却不同：AGPase 活性主要在细胞质中，并且 ADPG 通过专用的谷类作物特异性的腺嘌呤核苷酸转运蛋白直接进入质体（Denyer et al., 1996; Kirchberger et al., 2007）（图 3-4）。

AGPase 合成 ADPG 通常被认为是淀粉合成的关键步骤。有证据表明，该步骤在转录水平和翻译后水平上都受到调控（Geigenberger, 2011）。简而言之，AGPase 是由两个大调控亚基和两个小催化亚基组成的异源四聚体。在许多情况下，AGPase 已被证明被 3-磷酸甘油酸变构活化并被 Pi 抑制（Sowokinos and Preiss, 1982; Sikka et al., 2001）。该酶通过减少小亚基半胱氨酸残基间形成的分子间二硫键，表现出对氧化还原调节敏感（Tiessen et al., 2002）。这些调控被认为用来确保 ADPG 和淀粉仅在有足够的底物时才能生成。

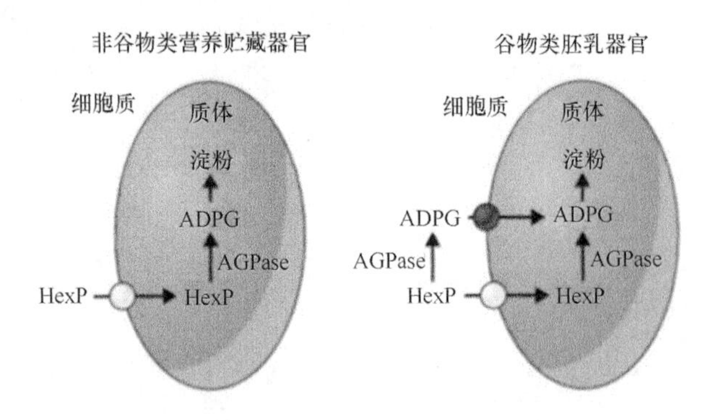

图 3-4 磷酸己糖从细胞质转运到非谷物类或谷物类质体中的示意图（引自 James et al., 2003）
ADPG：腺苷二磷酸葡萄糖；HexP：己糖磷酸；AGPase：ADPG 焦磷酸化酶

在水稻中，*AGPase* 基因家族由两个小亚基基因 *OsAGPS1* 和 *OsAGPS2* 及四个大亚基基因 *OsAGPL1*、*OsAGPL2*、*OsAGPL3* 和 *OsAGPL4* 组成（Ohdan et al., 2005; Lee et al., 2007; Hirose et al., 2006）。*OsAGPS2* 可以产生两种转录本：*OsAGPS2a* 和 *OsAGPS2b*（Ohdan et al., 2005; Lee et al., 2007）。在利用 GFP 融合蛋白的亚细胞定位实验中，仅发现 OsAGPS2b 和 OsAGPL2 定位于细胞质，而其他蛋白定位于质体。此外，发现 *OsAGPS2* 突变体 *osagps2-1* 及 *OsAGPL2* 突变体 *osagpl2-1* 和 *osagpl2-2* 种子皱缩且淀粉生物合成严重减少（Lee et al., 2007）。因此，OsAGPS2b 和 OsAGPL2 这两种胞质蛋白亚型对水稻种子胚乳中的正常 AGPase 活性和淀粉生物合成至关重要。

直链淀粉占总淀粉的 10%～30%，由 GBSS 合成。在目前确定的两种 GBSS 同工型中，GBSS Ⅱ 在瞬时淀粉积累的非贮藏植物组织中起作用，而 GBSS Ⅰ 的作用主要局限于贮藏组织如种子胚乳（Vrinten and Nakamura, 2000; Dian et al., 2003）。在谷类作物中，GBSS Ⅰ 由 *Waxy*（*Wx*）基因编码。尽管 *wx* 突变体的总淀粉含量没有显著改变，但水稻 *wx* 突变可使胚乳淀粉的直链淀粉含量降低或为 0（Sano, 1984）。GBSS Ⅰ 在低直链淀粉大麦品种胚乳中的表达降低是由于缺失部分 *wx* 启动子和该基因的 5′非翻译区。上述这些表明，GBSS Ⅰ 负责谷类作物直链淀粉的合成。

水稻的两个亚种籼稻和粳稻分别携带不同的功能性 *Wx* 等位基因 Wx^a 和 Wx^b

（Sano, 1984; Sano et al., 1986; Hirano et al., 1998）。由于第一个内含子的5′剪接位点发生突变，Wx^b 基因在胚乳中的转录减少。由此产生的较低水平的 Wx 蛋白导致携带 Wx^b 的水稻品种中的直链淀粉含量降低，并且将 Wx^a cDNA 引入 *wx* 缺失突变体中可恢复直链淀粉含量。此外，水稻中直链淀粉的水平也受 *Du1* 基因控制。*Du1* 基因编码一个 mRNA 前体加工蛋白，其可通过调控 *Wx* 基因的剪接效率来影响直链淀粉的合成。

支链淀粉主要由三种酶催化合成，分别是催化葡糖基单元从 ADPG 转移到葡萄糖链还原性末端的 SSS，同时催化 α-1,4-糖苷键的水解和催化将释放的还原性末端转移至 C_6-葡糖基单元产生 α-1,6-分支点的淀粉分支酶，以及催化 α-1,6-糖苷键水解的去分支酶。

SSS 属于糖基转移酶（GT）家族 5（CAZy）。它们催化 ADPG 的葡糖基部分转移至现有葡糖基链的非还原端，形成 α-1,4-糖苷键使得链延长。一共有 4 类可溶性淀粉合酶参与支链淀粉的合成，分别是 SSⅠ、SSⅡ、SSⅢ和 SSⅣ，它们均可溶且存在于基质中（或部分结合到颗粒）。在水稻中存在 4 类共 8 种 SS，它们分别是 SSⅠ、SSⅡa/b/c、SSⅢa/b 和 SSⅣa/b（Zhang et al., 2011）。

淀粉分支酶（BE），以前称为 Q-酶，通过切割葡聚糖中的 α-1,4-糖苷键以及将链通过 α-1,6-糖苷键重新连接来催化分支点的形成。谷类作物具有两类 BE，根据它们的生物化学和物理化学性质分为 BEⅠ和 BEⅡ。除少数例外，双子叶植物通常具有单一的 BEII 酶。相反，谷类作物具有两种不同的 BEⅡ同工型，即 BEⅡa 和 BEⅡb（Nakamura et al., 1995; Han et al., 2012）。

植物 DBE 能直接水解 α-1,6-糖苷键并释放线性链。它们属于糖苷水解酶家族 13，且与 BE 一样具有位于中央的 α-淀粉酶结构域和淀粉结合结构域。DBE 可以分成两类：异淀粉酶（ISA）和极限糊精酶（LDA）。这两种类型可以通过蛋白序列和底物特异性来区分，只有 LDA 可以有效地降解普鲁兰多糖（Zeeman et al., 2010），因此 LDA 又被称为普鲁兰酶（PUL）。ISA 主要去除植物糖原和支链淀粉，而 PUL 则作用于普鲁兰多糖和支链淀粉，但不包括植物糖原。至少有三个 *ISA* 基因存在于植物基因组中，而只有一个 *PUL* 基因被鉴定（Fujita et al., 1999; Dinges et al., 2003; Li et al., 2009）。

造粉体是负责淀粉合成和储存的质体。淀粉在造粉体中形成不溶性颗粒，称为淀粉粒（starch grain，SG）。用碘溶液染色可以很容易地在光学显微镜下观察到 SG。在贮藏器官如种子胚乳、马铃薯块茎和花粉粒中均能观察到 SG。非贮藏组织如内皮层和根冠中也含有 SG（Morita, 2010）。

在过去的十几年中，越来越多的证据表明淀粉生物合酶之间能形成复合体并发生磷酸化。在一项早期的研究中，免疫共沉淀表明在小麦胚乳中 BEⅡb 与 BEⅠ和淀粉磷酸化酶会发生相互作用（Tetlow et al., 2004）。用碱性磷酸酶处理提取的蛋白质消除了这些相互作用，而与 ATP 孵育却有相反的作用。因此,磷酸化被认为是复合体形成的先决条件，这与所有的小麦 BE 都能被磷酸化的观察结果一致（Tetlow et al., 2004）。后来，玉米胚乳淀粉体提取物的体积排阻色谱法（size exclusion chromatography, SEC）显示 SSⅡ、SSⅢ、BEⅡa、BEⅡb 作为非单体形式出现不同程度的变化（Hennen-Bierwagen et al., 2008, 2009）。同时，Tetlow 及其同事报道了小麦胚乳中的其他磷酸化依赖性复合体，其中 SSⅠ、SSⅡ与 BEⅡa 或 BEⅡb 也能形成复合体（Tetlow et al., 2008）。SSⅠ、SSⅡ和Ⅱ类 BE 的互作在谷类胚乳内似乎是保守的，因为在水稻胚乳中，BEⅡb 是主要的 BE，BEⅡa 通常与复合体无关（图 3-5）（Crofts et al., 2015）。

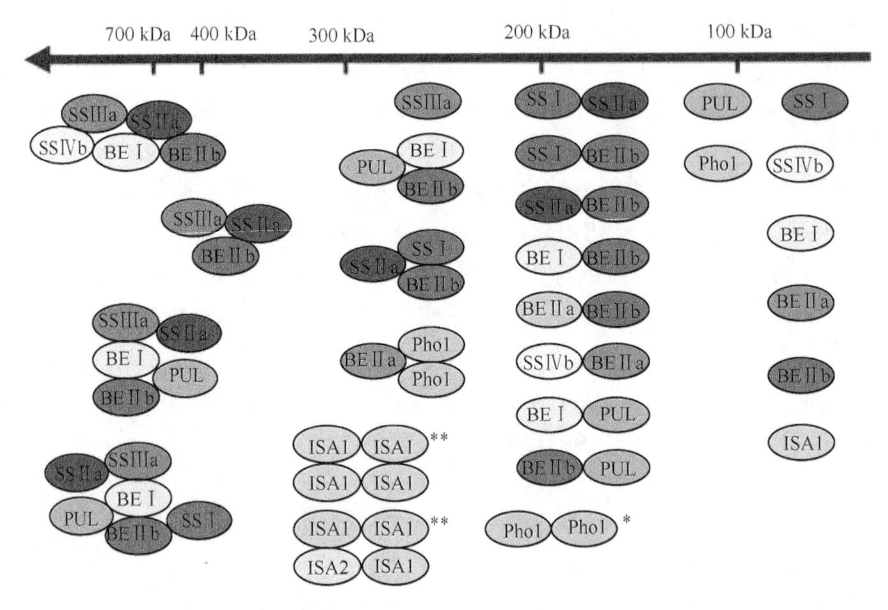

图 3-5　水稻发育胚乳中淀粉合酶之间可能的蛋白-蛋白互作（引自 Crofts et al., 2015）

红色表示可溶性淀粉合酶；蓝色表示淀粉分支酶；绿色表示淀粉去分支酶；黄色表示 Pho1

形成的复合体的潜在生物学功能可能是将底物从一种酶引导到另一种酶：由 BE 作用产生的新的分支可以直接被 SSⅠ延伸，然后通过 SSⅡ延伸，提高整个延伸过程的效率。复合体也可能被赋予酶特异性。例如，整个复合体的空间限制可以限定由 BE 转移的链的长度，或者刚好放置新分支的链。尽管如此，这些假设都还没有足够证据支撑。

同样，BE 和一些 SS 磷酸化的作用仍然是不太清楚的。除促进复合体形成外，磷酸化还提高了小麦的基质 BEⅡa 和 BEⅡb 的活性（Tetlow et al., 2004）。在体外将玉米 BEⅡb 的保守磷酸化位点突变为丝氨酸可显著降低重组蛋白的活性（Makhmoudova et al., 2014）。由于这种激活发生在没有其相互作用伙伴的情况下，因此它表明磷酸化不一定通过复合体形成来增强 BEⅡb 活性。作者还提供了证据证明 Ca^{2+}依赖性蛋白激酶参与了 BEⅡb 的磷酸化。

因此，未来将需要对这些蛋白复合体进行详细的生物化学和结构分析。特别是仍然有活性但不能与其他酶相互作用的突变蛋白的产生将有助于确定复合体的重要性。

这些新鉴定的多样化的蛋白质说明，关于淀粉生物合成及其发生的细胞环境还有许多方面需要进一步研究。值得注意的是，上述大多数蛋白质在高等植物中是进化上保守的，跨物种分析将是下一步研究的重要方面。

二、其他多聚碳水化合物的合成

水稻成熟的种子中，死细胞的细胞壁富含葡聚糖或阿拉伯木聚糖，水稻胚乳的细胞壁中，也存在一定量的葡聚糖、阿拉伯木聚糖和纤维素。水稻籽粒中果聚糖积累总体上呈现早期多、中后期逐渐减少、成熟时达到最少的规律。

蔗糖在种子体内被水解为己糖类物质，包括果糖和尿苷二磷酸葡萄糖（UDPG）。果糖可以通过多糖转移酶合成果聚糖，作为临时储能物质贮藏在植物体内，UDPG 则可以参与到植物多种代谢途径中去。其中葡聚糖是由 β-D-吡喃葡萄糖单元通过 β-1,3-糖苷键和 β-1,4-糖苷键连接而成的无分叉 D 型葡萄糖聚合物。合成 β-葡聚糖的底物是 UDPG，UDPG 是通过蔗糖合酶催化蔗糖与尿苷二磷酸反应形成的。这种酶多数与质膜结合，在部分植物细胞中该酶还与高尔基体膜结合。

蔗糖分子由一个葡萄糖分子和一个果糖分子脱水缩合而成，蔗糖分子在 6-SST 和 6-SFT 的催化下，形成一个 6-蔗果三糖分子和一个葡萄糖分子。在此基础上不断延伸果糖基数量，聚合形成不同聚合度的 Levan-线型果聚糖。在 1-SST 的催化下，蔗糖分子上的一个果糖基被转移到另一个蔗糖分子上，形成一个 1-蔗果三糖分子和一个葡萄糖分子。1-蔗果三糖分子在 1-SST 的催化下，继续接受一个蔗糖分子果糖基形成一个蔗果四糖分子（nystose），以此方式不断延伸果糖基数量，聚合形成不同聚合度的菊糖型（inulin）-线型果聚糖，以 β-2,1-配糖连接。蔗糖三糖分子还可以在 6-SFT 的催化下，形成一个双叉寡糖（bifurcose），该寡糖在 1-FFT 和 6-SFT 催化下，聚合形成不同聚合度的混合型支链型果聚糖。

半纤维素由位于高尔基体的糖基转移酶催化合成，之后被跨膜运输至细胞壁后再进行整合。半纤维素的结构和组成复杂，合成过程需要多种蛋白参与（图 3-6）。木聚糖是含量最丰富的半纤维素，由木糖残基以 β-1,4-糖苷键连接形成主链，木糖残基 O-2、O-3 号位上常含有乙酰化修饰和侧链取代（Scheller and Ulvskov, 2010）。木聚糖的侧链取代在不同的植物和组织中存在差异，在双子叶植物中主要的侧链取代是 α-1,2-糖苷键连接的葡萄糖醛酸（GlcA）或 4-*O*-甲基葡萄糖醛酸，而阿拉伯糖的取代很少（Scheller and Ulvskov, 2010）。发生这种取代的木聚糖被称为葡萄糖醛酸木聚糖（GX）。

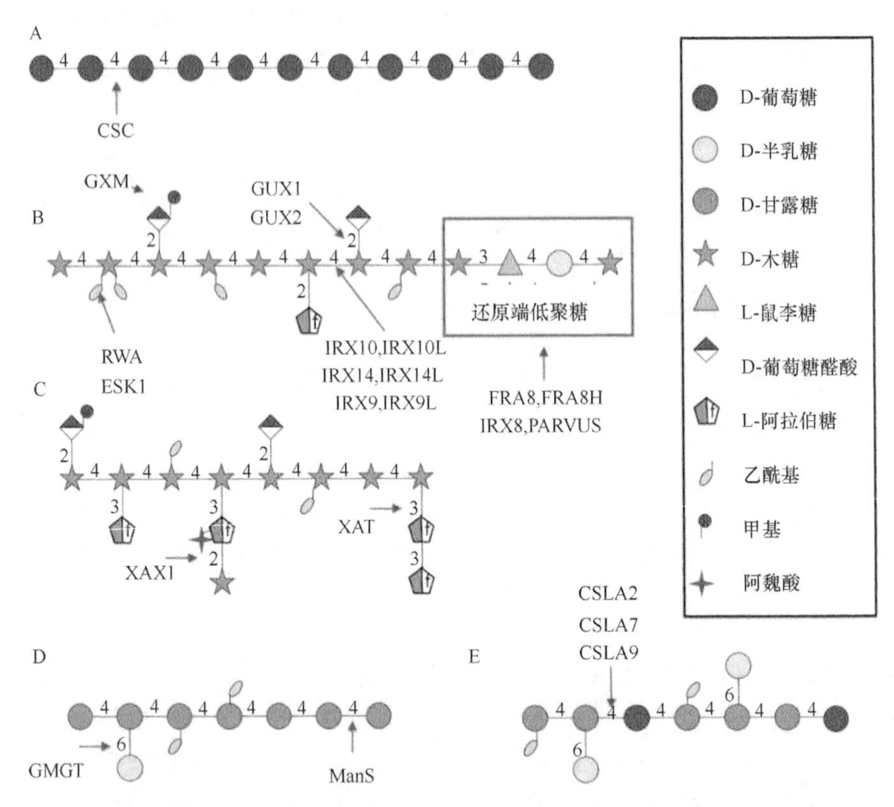

图 3-6 次生细胞壁半纤维素多糖的结构和合成（引自 Kumar et al., 2016）

CSC：纤维素合酶复合物；IRX：不规则木质部；FRA：易碎纤维；GUX：木聚糖葡萄糖醛酸转移酶；RWA：还原细胞壁乙酰化；ESK：木聚糖乙酰转移酶；GXM：葡萄糖醛酸甲基转移酶；XAT：木聚糖阿拉伯糖基转移酶；XAX：木聚糖木糖基阿拉伯糖基转移酶；CSL：纤维素合酶类；CSLA：类纤维素合酶 A；ManS：甘露聚糖合酶；GMGT：半乳甘露聚糖半乳糖基转移酶；PARVUS：木聚糖还原末端糖基转移酶

“木糖-鼠李糖-半乳糖-木糖”四糖结构，可能参与 GX 的合成或聚合（Bromley et al., 2013; Scheller and Ulvskov, 2010; York and O’Neill, 2008）。单子叶植物木聚糖的还原端不含有四糖结构，主链上除葡萄糖醛酸或甲基葡萄糖醛酸取代外，还含有大量阿拉伯糖取代，其中阿拉伯糖通过 α-1,3-糖苷键或 α-1,2-糖苷键与主链上木糖连接（Faik, 2010; Scheller and Ulvskov, 2010; Kumar et al., 2016）。以 α-1,3-糖苷键连接的阿拉伯糖还能在 O-2 和 O-5 位与木糖或阿魏酸结合，而阿魏酸又能进一步与木质素结合（Höije et al., 2006; Pastell et al., 2009），“木糖-阿拉伯糖-阿魏酸-木质素”的连接方式是形成“多糖-木质素”复合体的主要途径之一。木聚糖的主链合成由 GT43 和 GT47 糖基转移酶基因家族参与。烟草中转入 *GT43* 基因家族的

基因 *IRX9* 和 *IRX14* 后，可检测到木聚糖合酶的活性（Lee et al., 2009, 2012; Mortimer et al., 2010）。在拟南芥中异源表达水稻 IRX9 同源基因，则转基因植株中木聚糖含量显著升高（Chiniquy et al., 2012）。GT43 和 GT47 家族基因的突变体，如 IRX8 和 IRX9，则会呈现木聚糖含量下降、微管组织坍塌的表型（Lee et al., 2012; He et al., 2018）。木聚糖的葡萄糖醛酸侧链取代由 GT8 基因家族控制，GT8 基因家族成员 *GUX1* 和 *GUX2* 的基因突变导致葡萄糖醛酸取代的消失（Rennie et al., 2012）。木聚糖的乙酰化由含有 DUF213 结构域的 ESK/TBL 基因家族控制。TBL29 蛋白的木聚糖乙酰化的功能已通过体外酶活实验验证（Urbanowicz et al., 2012）。木聚糖乙酰化缺失的突变体同样会出现木质部坍塌和植株矮小的表型，这可能是乙酰化缺失导致木聚糖的可溶性增加引起的（Busse-Wicher et al., 2014）。禾本科植物中木聚糖的阿拉伯糖取代及侧链上阿拉伯糖的进一步修饰由 *GT61* 基因家族成员控制（Anders et al., 2012）。水稻 *GT61* 家族 *XAX1* 基因的突变导致阿拉伯糖分支上木糖取代的消失（Chiniquy et al., 2012）。

三、油（三酰甘油）的合成

三酰甘油（triacylglycerol, TAG）为种子萌发提供必需的碳源和营养物质，是油料作物中油脂的重要储存形式（Focks and Benning, 1998）。TAG 的合成过程中需要十几种酶依次起作用，是一个比较复杂的过程。TAG 的合成主要在质体与内质网中进行，首先在质体中形成脂肪酸，然后转移到内质网中用于合成 TAG 及磷脂等物质，植物中的 TAG 最终储存在油体中（Hills, 2004）。在拟南芥与甘蓝型油菜中 TAG 主要经过肯尼迪途径合成。甘油-3-磷酸（glycerol-3- phosphate, G3P）的 sn-1 位在甘油-3-磷酸酰基转移酶（glycerol-3-phosphate acyltransferase, GPAT）的催化下发生酰基化反应，生成溶血磷脂酸（lysophosphatidic acid, LPA）（Bourgis et al., 1999），而后在溶血磷脂酸酰基转移酶（lysophosphatidic acid acyltransferase, LPAAT）的催化作用下生成磷脂酸（phosphatidic acid, PA）（Jako et al., 2001）。磷脂酸磷酸酶催化磷脂酸去除磷酸基团生成二酰甘油（DAG），而后二酰甘油酰基转移酶（diacylglycerol acyltransferase, DGAT）催化二酰甘油和一分子酯酰辅酶 A 发生酯酰基化反应从而形成 TAG（Ståhl et al., 2004）。

在芸薹属植物种子中，大部分脂肪储存在胚和子叶中（Huang, 1996），为种子萌发提供碳源和能量。前人研究表明，在拟南芥种子中，约 60%的脂肪酸贮藏在子叶中，而油菜种子的子叶中脂肪酸含量高达 90%。油体是一种球状的亚细胞结构（图 3-7）。油体直径一般为 0.5～2.0 μm，内部物质主要为 TAG 液态基质，外部被一层磷脂膜包围（Tzen and Huang, 1992）。油体的结构非常稳定，因此在长时间储存后依然可以保持稳定状态（Frandsen et al., 2001）。研究发现，在含油量不同种子的子叶中，油体数量和截面积与该种子含油量呈正相关，这一结果表明油体的大小和数量可以影响植物种子的含油量（Katavic et al., 2006; Siloto et al., 2009）。

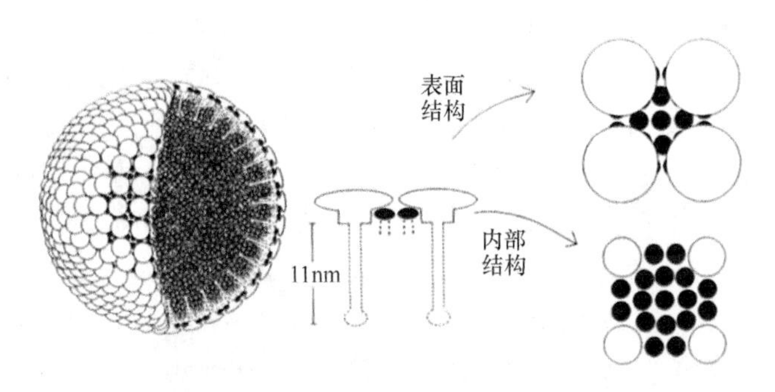

图 3-7　种子油体的结构模型（引自 Tzen and Huang, 1992）

在内质网，GPAT 催化 G3P 与脂肪酸的酰基化反应，酰基化 G3P 的 sn-1 位而产生溶血磷脂酸，是 Kennedy 途径的第一步，被认为是 TAG 生物合成的开关。拟南芥中共有 10 个 GPAT 基因，根据亚细胞定位不同在拟南芥中 GPAT 基因家族可以分为三类，分别为叶绿体 GPAT（ATS1）、线粒体 GPAT（GPAT1–3）和内质网 GPAT（GPAT4–9）（Zheng et al., 2003; Gidda et al., 2009; Yang et al., 2012）。GPAT 基因参与三酰甘油、几丁质、软木质等脂质的生物合成，在植物发育过程中发挥着重要作用。GPAT1 参与花粉发育过程，影响花粉发育过程中三酰甘油和磷脂的合成，从而影响花粉中绒毡层的发育（Zheng et al., 2003）。拟南芥 GPAT4、GPAT6 和 GPAT8 与角质形成有关（Li et al., 2007）。LPAAT 是三酰甘油合成途径中依赖酰基 CoA 的 Kennedy 途径中的第二个酰基转移酶，功能是将脂肪酸 CoA 结合到三酰甘油的 sn-2 位上从而形成磷脂酸（PA），LPAAT 催化产生的磷脂酸是合成生物膜磷脂和储存油脂 TAG 的共同前体，PA 既可以继续合成 TAG，也可以用于合成磷脂，从而进入磷脂合成途径。磷脂是重要的信号分子，参与膜质代谢、信号转导、细胞骨架重塑及膜转运等生物过程（Wang et al., 2006）。

LPAAT 基因，根据其蛋白定位不同可分为叶绿体（LPAAT1/ATS2）定位和胞质（LPAAT2-5）定位两个亚类。实验表明，在拟南芥和油菜中表达 LPAAT，可以提高种子中的油脂含量（Maisonneuve et al., 2010; Liu et al., 2015）。DGAT 是 TAG 合成过程中的关键酶，催化 DAG 转向合成 TAG，在 TAG 生物合成过程中有着极其重要的作用。目前发现 4 类 DGAT，分别命名为 DGAT1、DGAT2、可溶性的 DGAT3 和蜡酯合成相关的蜡酯合酶/二酰基甘油酰基转移酶（wax estersynthase/diacylglycerol acyltransferase, WS/DGAT）。DGAT1 与 DGAT2 属于不同的基因家族，DGAT1 属于膜结合 O-酰基转移酶（membrane-bound O-acyltransferase, MBOAT）

家族。DGAT2 属于单脂酰甘油酰基转移酶（monoacylgycerol acyltransferase, MGAT）家族。两者的蛋白序列与 DNA 序列的相似度均不高，无同源性。DGAT1 有 6～9 个跨膜区域，而 DGAT2 只有 1～2 个跨膜区域（Yen et al., 2008）。在花生种子发育中，首先发现 AhDGAT3 编码可溶性 DGAT 蛋白。可溶性的 DGAT3 蛋白不存在跨膜结构与信号肽序列，其氨基酸序列与蜡酯合成基因 WS/DGAT 具有一致性，与 DGATl 和 DGAT2 两个家族蛋白序列的同源性较低，目前可溶性 DGAT3 只在花生和拟南芥中被鉴定（Saha et al., 2006; Hernández et al., 2012）。WS/DGAT 也属于 MBOAT 蛋白家族，蛋白包含 1 个跨膜区，它既具有蜡酯合酶功能，又具有 DGAT 油脂合成功能（Kalscheuer and Steinbüchel, 2003）。

四、贮藏蛋白的合成

稻米贮藏蛋白按溶解性的不同分为溶于水的清蛋白（albumin）、溶于盐溶液的球蛋白（globulin）、醇溶性的醇溶蛋白（prolamin）和溶于稀酸或稀碱的谷蛋白（glutelin）（Shewry and Halford, 2002）。其中，谷蛋白和醇溶蛋白为稻米贮藏蛋白的主要部分，分别占整个稻米贮藏蛋白含量的 5%～10%和 70%以上，而清蛋白和球蛋白含量总和不到 10%。从贮藏位置看，清蛋白和球蛋白储存在果皮、糊粉层和胚等组织中，而谷蛋白和醇溶蛋白以多聚物包装成蛋白体（PB）形式积累于胚乳中，因此稻米中的蛋白质主要以谷蛋白和醇溶蛋白为主，辅以少量的清蛋白和球蛋白（Juliano et al., 1973）。Krishnan 和 Okita（1986）进行的谷蛋白体外生物合成试验表明，水稻谷蛋白首先在核糖体中合成分子量为 50～62 kDa 的谷蛋白前体，然后经由高尔基体转运至粗糙内质网腔（rough endosplasmic reticulum, rER）和蛋白贮藏液泡（protein storage vacuole, PSV）中，并通过翻译后剪切修饰作用形成 37～39 kDa 的酸性亚基和 20～22 kDa 的碱性亚基，最后这两个亚基之间通过二硫键结合在一起，并且 6 个亚基两两相互作用以六聚体的形式储存在液泡化碎片形成的 PB-Ⅱ（protein body Ⅱ，PB-Ⅱ）中。水稻醇溶蛋白的分子量较小，根据分子量大小可分为 10 kDa、13 kDa 和 16 kDa 三个组分，其中 13 kDa 醇溶蛋白含量最多；与谷蛋白不同的是，醇溶蛋白被合成后，直接在内质网腔内组装成 PB-I，而不先形成蛋白质前体。水稻谷蛋白和醇溶蛋白都是由多基因编码的蛋白家族，并受转录水平调控。

到目前为止，水稻谷蛋白可分为两个主要的大亚家族——GluA、GluB 和两个小亚家族——GluC、GluD。其中，GluA 家族主要包含 3 个成员：GluAl、GluA2 和 GluA3；GluB 家族的主要成员有：GluBl、GluB2 和 GluB3（假基因）、GluB4 和 GluB5；GluC 和 GluD 亚家族暂时都只克隆了一个成员分别为 GluC-l 和 GluD-l（Kawakatsu and Takaiwa, 2010）。目前研究表明，贮藏蛋白基因在发育种子中的表达受其转录水平调控。研究人员利用 GUS 基因融合技术对水稻谷蛋白亚族进行组织化学染色，发现 GluA 亚族基因主要在糊粉层中高表达，而 GluB 亚族主要在亚糊粉层中高表达，但两者在胚乳层中几乎不表达（Qu and Takaiwa, 2004）。这种组织中的特异性表达主要受其顺式调控元件调控（Qu et al., 2008）。Hammond-Kosack 等（1993）的研究表明，在大多数贮藏蛋白基因中这些调控元件高度保守，并且主要由醇溶蛋白框 P-box，TG（t/a/c）AAA（g/t）和 GCN4 结构域（TGAGTCA）组成。基因表达量也会受这些调控元件控制，例如，水稻 GluBl 启动子序列四个结构域中的 GCN4 结构域突变后，其表达量下调至原来的 1/90，而且由胚乳外层的特异性表达变为胚乳内层（Wu et al., 1998）。

贮藏蛋白基因的转录表达除了与上述顺式调控元件有关外，还与一些反式作用因子有关。在水稻中，与贮藏蛋白基因转录表达有关的反式作用因子主要为 bZIP 类核蛋白 RISBZ1（Onodera et al., 2001）与 RPBF。RISBZ1 编码 bZIP 转录因子，和玉米胚乳 *Opaque2* 基因功能类似。RPBF 编码 DOF 转录因子，其功能类似于玉米胚乳的 P-box 结合因子（PBF）。RISBZ1 和 RPBF 的功能表现为互补和冗余，单独敲除水稻胚乳 *RISBZ1* 或 *RPBF* 基因，贮藏蛋白含量没有明显的变化，但同时敲除 *RISBZ1* 和 *RPBF* 基因后，贮藏蛋白含量明显降低（Kawakatsu et al., 2009）。

蛋白质是稻米胚乳中含量仅次于淀粉的第 2 大类贮藏物质。蛋白质按功能可分为两大类：具有贮藏功能的种子贮藏蛋白（storage protein）和维持种子中细胞正常代谢活动的结构蛋白（structural protein）。结构蛋白种类虽多，但含量极少；因此水稻种子中绝大多数蛋白质是贮藏蛋白（Shewry, 1995）。在水稻中，贮藏蛋白占种子干重的 5%～8%。贮藏蛋白分为谷蛋白、醇溶蛋白、清蛋白和球蛋白。其中谷蛋白是碱溶性的，清蛋白和球蛋白分别是水溶性和盐溶性的。通常测定谷蛋白和醇溶蛋白的含量就是根据各自溶解性的不同来操作的。谷蛋白和醇溶蛋白分别占总蛋白的 60%～80%和 20%～30%，清蛋白和球蛋白占比极少。谷蛋白在人类饮食中具有很高的营养价值（Ufaz and Galili, 2008），种子贮藏蛋白含量的变化直接影响稻米的营养品质和理化性质（Peng et al., 1999; Kawakatsu et al., 2009）。谷蛋白由 15 个谷蛋白合成基因编码，它们被分为四个亚家族，分别是 GluA、GluB、GluC 和 GluD。其中，GluB1 是水稻 GluB 亚族谷蛋白基因，其具有胚乳特异表达模式，GluB1 启动子上的 GCN4 基序最早被鉴定为是决定其特异表达的重要顺式调控元件。GluD1 被报道在发育的种子中特异表达，开花后 30 d 达到表达峰值。GluD1 主要在淀粉胚乳中表达，而其他谷蛋白多数表达于胚乳糊粉层中（Kawakatsu and Takaiwa, 2010）。水稻中，编码醇溶蛋白的基因有 34 个，根据分子量的大小，分为 0 kDa、13 kDa 和 16 kDa 三类（Xu and Messing, 2009）。关于球蛋白和清蛋白编码基因的研究目前不多。

抑制贮藏蛋白合成基因的表达会导致种子粒重的改变，也会影响淀粉和蛋白质等贮藏物质的含量。通过创建突变体发现，缺失 GluA 和 GluB 的 Glu-less 家系、缺失 GluB 的 GluB-less 家系及缺失 13 kDa 和 16 kDa 醇溶蛋白的 Pro-less 家系均导致种子粒重明显降低；缺失 GluB 和 Glb 的 GluB-Glb-less 家系和缺失 10 kDa 醇溶蛋白的 Pro-less 家系导致粒重升高。

不同的蛋白缺失家系中，粒重、淀粉含量、蛋白的积累及总氮含量均有差异。此外，种子蛋白水平的变化存在“此消彼长”的情况，降低某种贮藏蛋白的含量会通过其他贮藏蛋白含量的升高来弥补，说明蛋白的积累过程存在补偿机制。

五、植酸钙镁的合成

植酸（phytic acid），即肌醇六磷酸（inositol hexaphosphate, IP6），是一种广泛存在于植物中的天然小分子化合物，它是植物种子成熟过程中磷代谢的最终产物（Cheryan, 1980）。谷物、豆类、油料作物和坚果的种子中都含有植酸，浓度为 5～50 g/kg（Schlemmer et al., 2009）。此外，根和块茎中也含有一定量的植酸，但花和茎叶中植酸含量很低。

Lolas 和 Markakis（1975）对 49 个大豆品种的植酸含量进行了测定，结果显示其变化范围为 0.54%～1.55%（以干重为基础），植酸含量与大豆总磷的含量几乎呈线性相关。近年来，随着遗传育种理论和生物技术的发展，人们已经培育出了低植酸的大豆品种，其植酸含量比传统品种降低 50%。由于植酸的合成发生于种子成熟的过程中，成熟大豆的植酸含量高于未成熟的大豆。此外，发芽和微生物发酵过程中植酸酶的活性增强，促进植酸分解，能使植酸的含量降低（Liang et al., 2008）。

Raghavendhar 等（2019）分析了成熟大豆蛋白体的化学组成，发现蛋白体中含有约 74.5%的蛋白、1.9%的植酸、2.78%的钾、0.36%的镁和 0.22%的钙，还从中分离出了富含植酸（23.8%）的球状体（0.1～1.0 nm）。通过凝胶过滤，他们发现大豆 7S 蛋白组分结合着植酸和钙，认为它们可能以可溶的 7S-Ca-phytate 三元复合物的形式存在，而 11S 组分不含有植酸和钙。但天然大豆中 7S 与 11S 蛋白结合植酸能力差异的原因及植酸结合在 7S 蛋白的哪个亚基上，目前还不清楚。植酸具有十分独特的化学结构，它含有 12 个可解离的质子，使其具有很强的直接或间接螯合金属离子、蛋白和淀粉的能力。因此，植酸在食品和生理系统中的存在形式极为复杂，包括游离酸、植酸盐、二元蛋白-植酸复合物和三元植酸-金属-蛋白复合物等。植酸的存在形式受到 pH、共存金属离子及蛋白质的种类等诸多因素的影响。由于其在人类/动物肠道和饮食中能与微量金属元素及生物大分子发生复杂的螯合反应，因此植酸往往被视为植物种子中重要的抗营养因子。植酸结合反应所带来的不利影响主要包括：①螯合具有生理活性的金属离子（钠、镁、锌、铁等），使其发生沉淀；②与内源或外源的蛋白及淀粉（如食品原料及消化酶类）形成不可消化的复合物；③非反刍动物（如猪、家禽和鱼类）排泄物中的植酸磷会造成水质与环境的污染等（Selle et al., 2000）。植酸的抗营养性使得人们开始在动物饲料中添加植酸酶。据估计，目前全球植酸酶市场的年产值达到 10 亿美元，约占整个饲料酶市场份额的 60%（Darby et al., 2017）。研究人员发现植酸还具有一些生理活性，如抗氧化、抗肿瘤、防止病理性钙化、预防肾结石、控制血糖和胆固醇等（Crea et al., 2008; Schlemmer et al., 2009）。鉴于这些益处，植酸已经被用于许多行业，①食品加工中的抗氧化剂；②药物或牙科材料；③金属腐蚀保护剂；④螯合剂；⑤化妆品中的配料等。植酸具有 12 个可解离的质子或活性位点。从这些磷酸基团的解离常数来看，其中 6 个是强酸性的（pK = 1.5～2.0），两个弱酸性（pK = 6.0），其余 4 个有很弱的酸性（pK = 9.0～11.0）（Angel et al., 2002）。植酸在水溶液中的解离程度受到 pH、离子强度及共存离子种类等因素的影响，甚至产生分子构象的变化。在溶液中它可以以赤道构象（equatorial conformation；一个磷酸基团为轴向而其他 5 个位于赤道平面，l-ax/5-eq）和翻转的轴向构象（inverted axial conformation；5-ax/l-eq）两种构象存在。拉曼光谱结果指示固体 NauPhy 盐是 5-ax/l-eq 构象，而 CaePhy 盐是 l-ax/5-eq 构象（Crea et al., 2008）。

在食品、饲料及消化道的 pH 环境下，植酸分子带有很强的负电性，能与各种二价或多价金属离子发生结合反应，形成稳定的复合物，从而降低这些被结合的金属离子及磷的生物利用率。金属离子与植酸的结合能抑制植酸酶对植酸的水解，其中 Zn^{2+}对酶解的抑制作用最强。金属离子对植酸酶水解的抑制作用与金属植酸复合物的稳定性、溶液的 pH 及植酸与金属离子的比例有关（Angel et al., 2002）。在植物中，植酸通常以植酸钙镁钠钾混合盐的形式存在（Crea et al., 2008），并且植酸盐对热很稳定（Pontoppidan et al., 2007）。尽管 PA-Ca^{2+}复合物的稳定性较其他 PA-金属复合物的稳定性弱，但在日常饮食或饲料中对内源或外源植酸酶水解效率影响最大的还是 Ca^{2+}。在家禽的饲料中添加的 Ca^{2+}至少是 Zn^{2+}的 40 倍，因此仅从质量作用的角度来看，Ca^{2+}比 Zn^{2+}对植酸酶的影响要大（Angel et al., 2002）。另外，其他金属离子的存在可使 PA-Ca^{2+}的复合物更稳定，从而产生沉淀。钙离子和镁离子也是大豆中含量最高的二价金属离子，关于它们在大豆中的存在形式（结合于蛋白上或呈游离盐）及其相互作用关系，目前尚无定论。

在水溶液中，植酸与碱金属和碱土金属都以复合物的形式存在。碱土金属与植酸的结合更为复杂，且大多数复合物都不溶。在 pH4.8 的溶液中，只有三种 PA-Ca^{2+}复合物是可溶的（Crea et al., 2008）。植酸分子上结合金属离子的数量及复合物的稳定性与溶液的 pH 密切相关。Crea 等（2008）指出，在 pH 7.4 的溶液中，Ca 与植酸的混合体系中 CaH5PA5 和 CaH4PA6 是最主要的复合物，且在 pH＞4 时没有游离的 Ca^{2+}存在。Ca^{2+}∶PA = 6∶1 时形成的复合物最稳定，1 mol 植酸分子上结合有 4.5～4.8 mol 的 Ca^{2+}（Evans et al., 1982），只有在高 pH（=10.5）和高 Ca^{2+}/Phy 含量时，PA-Ca^{2+}复合物才会形成。植酸与金属离子的结合可被用于某些金属置换反应，如用植酸钙来置换地下水中的锕类元素。

六、改善营养质量的非贮藏化合物

水稻作为非常重要的农作物之一，不仅为世界上一半的人口提供了超过 20%的能量，还是一种营养来源（Chen et al., 2018; Fitzgerald et al., 2009; Hu et al., 2014; Zhang et al., 2016）。因此，在提高产量的同时增加水稻营养是满足全球庞大人口日益增长的营养需求的当务之急。近年来，对水稻籽粒的代谢变化及其遗传基础的研究引起了学者的广泛关注（Chen et al., 2013; Gong et al., 2013; Hu et al., 2014; Matsuda et al., 2012）。

水稻含有大量的营养物质，而其中维生素、氨基酸、脂类、类黄酮等是人们关注的焦点，这些营养物质在人类的生命活动中发挥着重要作用，如维生素作为一种辅因子参与到众多新陈代谢中。然而，这些营养物质的种类和含量在不同水稻品系中存在较大差异。亚洲栽培稻分为籼稻和粳稻两个亚种，籼稻和粳稻之间的显著差异不仅表现在基因组结构和基因含量上（Ouyang and Zhang, 2013; Zhang et al., 2016），还表现在代谢物积累模式上。例如，水稻成熟种子代谢组研究中发现，大多数 C-糖基化和丙二酰化类黄酮代谢物在籼稻品种中的含量显著高于粳稻品种，而大多数氨基酸、核酸及其衍生物在粳稻品种中的含量比籼稻高（Chen et al., 2016）。为了揭示粳稻和籼稻之间代谢差异的遗传决定因素，学者利用粳稻和籼稻的回交自交系进行 mQTL 分析，鉴定了 700 多个代谢物相关性状的约 800 个 mQTL（Matsuda et al., 2015）。基因组研究表明，籼稻的遗传多样性远高于粳稻（Huang et al., 2010），预示着籼稻品种间的代谢多样性更丰富。学者检测了以 ZS9（籼稻Ⅰ）和 MH63（粳稻Ⅱ）为亲本的 RIL 群体的萌发期种子代谢组，共检测到 317 个代谢物，为了揭示代谢物积累的遗传基础，学者利用超高密度遗传图谱进行 mQTL 分析，在萌发种子中共定位到 937 个 mQTL（Gong et al., 2013）。Hu 等（2016）发现水稻开花后 28 d 的籽粒中超过一半的氨基酸及其衍生物的含量比开花后 14 d 的籽粒显著降低。虽然植物代谢多样性及其相应遗传基础的研究已取得一系列进展，但对不同发育阶段的同一植物组织中代谢物的多样性及其遗传基础的研究鲜有报道。

香稻以其稻谷和米乃至花、茎、叶中均散发香味而得名，香稻的香味主要来源于 2-乙酰基-1-吡咯啉（2-acetyl-1-pyrroline）等挥发性的芳香类物质（Buttery, 1982）。色稻泛指所产的稻米糠层中富含某种色素的稻种，对有色米糠层的代谢物研究分析发现，使其显色的主要成分是花色素及相应可溶性糖苷，大体可分为三类：鲜红色的天竺葵素（pelargonidin）类、西洋红色的矢车菊素（cyanidin）类及蓝紫色的飞燕草素（delphinidin）类。除花色素外，色稻还含有丰富的蛋白质、赖氨酸、维生素、矿质元素与强心苷等营养活性物质，对人类身体健康大有益处。专用稻指植株及稻米专门为后期加工利用所培育的水稻，主要用在酿酒、制米粉、速食食品生产及功能米生产等方面（陈长利和申岳正, 1995）。水稻中的氨基酸也很丰富，它的营养价值可以媲美牛奶和鸡蛋，与其他禾本科植物类似，水稻种子中缺乏一些关键的氨基酸（Sotelo et al., 1994; Chavan and Duggal, 1978），如色氨酸。氨基酸对人体有巨大的作用，它可以补充新陈代谢消耗的蛋白质，并且通过补救合成途径合成其他氨基酸满足人体的需要，以及在代谢过程中释放能量供给机体等。Wu 等（2002）利用近红外光谱（NIRS）的方法测量了糙米中各种氨基酸的含量，但由于色氨酸在 HCl 环境下不稳定，导致不能准确测量色氨酸。关于植物中氨基酸的功能也有很多报道，脯氨酸可以抵抗重金属环境，组氨酸、植物螯合素和谷胱甘肽对金属结合有重要作用；氨基酸衍生物（多胺类物质）在信号转导及抗氧化的过程中起重要作用（Sharma and Dietz, 2006）；还有研究表明，植物中氨基酸含量的变化会影响植食动物对它的消化，从而起到保护自身的作用（Chen et al., 2005）。

主要参考文献

陈长利, 申岳正. 1995. 特种稻在我国的研究与开发. 河北农业科学, (1): 33-34, 37.

陈丽, 贺奇, 王兴盛,等. 2021. 不同直播栽培方式对水稻产量及其构成的影响. 东北农业科学, 46(3): 10-14.

陈露, 张伟杨, 王志琴, 等. 2014. 施氮量对江苏不同年代中粳稻品种产量与群体质量的影响. 作物学报, 40(8): 1412-1423.

程方民, 钟连进. 2001. 不同气候生态条件下稻米品质性状的变异及主要影响因子分析. 中国水稻科学, 15(03): 187-191.

黄金龙. 2020. 影响水稻产量的主要性状因素试验研究. 北方水稻, 50: 38-40.

黄文章, 赵正武, 严明建, 等. 2005. 稻米品质性状的变异性研究[J]. 西南农业学报, 18(6): 871-873.

黄宗洪, 周维佳, 王际凤, 等. 2004. 不同生态条件对优质杂交水稻两优 363 米质的影响. 中国稻米, 10 (4): 26-27,20.

李润宝, 王哲伟, 林亚三, 等. 2011. 水稻品质及其研究进展. 种子世界, 12: 31-32.

彭国照, 王景波. 2005. 安宁河流域稻米生化品质的气候关系模型. 应用与环境生物学报, 11(2): 134-137.

任万军, 杨文钰, 徐精文, 等. 2003. 弱光对水稻籽粒生长及品质的影响. 作物学报, 29 (5): 785-790.

汤云龙, 汪楠, 张晓, 等. 2019. 日本优质水稻食味特性主要影响因素的探讨. 天津农学院学报, 26(4): 20-26.

唐文邦, 张桂莲, 陈桂华, 等. 2015. 新选育杂交稻父本新品系的稻米品质分析. 中国农学通报, 31(3): 54-61.

王春莲, 陈丽华, 邱晓聪, 等. 2016. 浅谈影响稻米品质变化的原因. 福建热作科技, 41(3): 66-68.

习敏, 季雅岚, 吴文革, 等. 2020. 水稻食味品质形成影响因素研究与展望. 中国农学通报, 36(12): 159-164.

徐一兰, 付爱斌, 刘唐兴. 2020. 不同栽培方式对双季稻植株干物质积累和产量的影响. 作物研究, 34(2): 103-109,123.

杨洁. 2019. 浅谈影响粳稻品质综合因素. 北方水稻, 49(1): 1-6.

杨忠良, 徐振华, 刘海英, 等. 2020. 分期播种插秧对优质水稻产量和品质的影响. 黑龙江农业科学, (6): 18-21.

张运锋, 谭学林. 2004. 水稻直链淀粉的影响因素、直链淀粉对加工品质的影响及遗传. 福建稻麦科技, 22(3): 9-11.

张振宇, 党姝, 林秀华, 等. 2010. 不同收获时间和方式对水稻外观品质及加工品质的影响. 黑龙江农业科学, (2): 22-24.

周映平, 苏海涛. 2020. 我国水稻高产影响因素的研究. 现代农业研究, 26(3): 130-131.

朱江艳, 陈林, 银永安, 等. 2014. 不同收获期对膜下滴灌水稻外观品质及加工品质的影响. 北方水稻, 44(4): 35-38.

Adriani D E, Dingkuhn M, Dardou A, et al. 2016. Rice panicle plasticity in Near Isogenic Lines carrying a QTL for larger panicle is genotype and environment dependent. Rice, 9(1): 28.

Anders N, Wilkinson M D, Lovegrove A, et al. 2012. Glycosyl transferases in family 61 mediate Arabinofuranosyl transfer onto xylan in grasses. Proceedings of the National Academy of Sciences of the United States of America, 109(3): 989-993.

Angel R, Tamim N M, Applegate T J, et al. 2002. Phytic acid chemistry: influence on phytin-phosphorus availability and phytase Efficacy. Journal of Applied Poultry Research, 11(4): 471-480.

Asaoka M, Okuno K, Fuwa H. 1985. Effect of environmental temperature at the milky stage on amylose content and fine structure of amylopectin of waxy and nonwaxy endosperm starches of rice (*Oryza sativa* L.). Agricultural and Biological Chemistry, 49(2): 373-379.

Bahaji A, Li J, Sánchez-López Á M, et al. 2014. Starch biosynthesis, its regulation and biotechnological approaches to improve crop yields. Biotechnology Advances, 32(1): 87-106.

Bourgis F, Kader J C, Barret P, et al. 1999. A plastidial lysophosphatidic acid acyltransferase from oilseed rape. Plant Physiology, 120(3): 913-922.

Bromley J R, Busse-Wicher M, Tryfona T, et al. 2013. GUX1 and GUX2 glucuronyltransferases decorate distinct domains of glucuronoxylan with different substitution patterns. The Plant Journal, 74(3): 423-434.

Busse-Wicher M, Gomes T C F, Tryfona T, et al. 2014. The pattern of xylan acetylation suggests xylan may interact with cellulose microfibrils as a twofold helical screw in the secondary plant cell wall of *Arabidopsis thaliana*. The Plant Journal, 79(3): 492-506.

Bustos R, Fahy B, Hylton C M, et al. 2004. Starch granule initiation is controlled by a heteromultimeric isoamylase in potato tubers. Proceedings of the National Academy of Sciences of the United States of America, 101(7): 2215-2220.

Buttery R. 1982. 2-Acetyl-1-pyrroline: an important aroma component of cooked rice. Chemistry and Industry, 1982: 958-959.

Ceballos H, Sánchez T, Denyer K, et al. 2008. Induction and identification of a small-granule, high-amylose mutant in cassava (*Manihot esculenta* Crantz). Journal of Agricultural and Food Chemistry, 56(16): 7215-7222.

Chavan J K, Duggal S K. 1978. Studies on the essential amino acid composition, protein fractions and biological value (BV) of some new varieties of rice. Journal of the Science of Food and Agriculture, 29(3): 225-229.

Chen H, Wilkerson C G, Kuchar J A, et al. 2005. Jasmonate-inducible plant enzymes degrade essential amino acids in the herbivore midgut. Proceedings of the National Academy of Sciences of the United States of America, 102(52): 19237-19242.

Chen L Y, Madl R L, Vadlani P V. 2013. Nutritional enhancement of soy meal via *Aspergillus oryzae* solid-state fermentation. Cereal Chemistry, 90(6): 529-534.

Chen S, Li M H, Zheng G Y, et al. 2018. Metabolite profiling of 14 Wuyi rock tea cultivars using UPLC-QTOF MS and UPLC-QqQ MS combined with chemometrics. Molecules, 23(2): 104.

Chen W, Wang W S, Peng M, et al. 2016. Comparative and parallel genome-wide association studies for metabolic and agronomic traits in cereals. Nature Communications, 7: 12767.

Cheryan M. 1980. Phytic acid interactions in food systems. Critical Reviews in Food Science and Nutrition, 13(4): 297-335.

Chiniquy D, Sharma V, Schultink A, et al. 2012. XAX1 from glycosyltransferase family 61 mediates xylosyltransfer to rice xylan. Proceedings of the National Academy of Sciences of the United States of America, 109(42): 17117-17122.

Crea F, De Stefano C, Milea D, et al. 2008. Formation and stability of phytate complexes in solution. Coordination Chemistry Reviews, 252(10/11): 1108-1120.

Crofts N, Abe N, Oitome N F, et al. 2015. Amylopectin biosynthetic enzymes from developing rice seed form enzymatically active protein complexes. Journal of Experimental Botany, 66(15): 4469-4482.

Darby S J, Platts L, Daniel M S, et al. 2017. An isothermal titration calorimetry study of phytate binding to lysozyme. Journal of Thermal Analysis and Calorimetry, 127(2): 1201-1208.

Denyer K, Dunlap F, Thorbjornnsen T, et al. 1996. The major form of ADP-glucose pyrophosphorylase in maize endosperm is extra-plastidial. Plant Physiology, 112(2): 779-785.

Dian W, Jiang H W, Chen Q S, et al. 2003. Cloning and characterization of the granule-bound starch synthase II gene in rice: gene expression is regulated by the nitrogen level, sugar and circadian rhythm. Planta, 218(2): 261-268.

Dinges J R, Colleoni C, James M G, et al. 2003. Mutational analysis of the pullulanase-type debranching enzyme of maize indicates multiple functions in starch metabolism. The Plant Cell, 15(3): 666-680.

Evans W J, McCourtney E J, Shrager R I. 1982. Titration studies of phytic acid. Journal of the American Oil Chemists' Society, 59(4): 189-191.

Faik A. 2010. Xylan biosynthesis: news from the grass. Plant Physiology, 153(2): 396-402.

Fitzgerald M A, McCouch S R, Hall R D. 2009. Not just a grain of rice: the quest for quality. Trends in Plant Science, 14(3): 133-139.

Focks N, Benning C. 1998. wrinkled1: a novel, low-seed-oil mutant of *Arabidopsis* with a deficiency in the seed-specific regulation of carbohydrate metabolism. Plant Physiology, 118(1): 91-101.

Frandsen G I, Mundy J, Tzen J T C. 2001. Oil bodies and their associated proteins, oleosin and caleosin. Physiologia Plantarum, 112(3): 301-307.

French D. 1972. Fine structure of starch and its relationship to the organization of starch granules. Journal of the Japanese Society of Starch Science, 19(1): 8-25.

Fujita N, Kubo A, Francisco P B, et al. 1999. Purification, characterization, and cDNA structure of isoamylase from developing endosperm of rice. Planta, 208(2): 283-293.

Gallant D J, Bouchet B, Baldwin P M. 1997. Microscopy of starch: evidence of a new level of granule organization. Carbohydrate Polymers, 32(3/4): 177-191.

Geigenberger P. 2011. Regulation of starch biosynthesis in response to a fluctuating environment. Plant Physiology, 155(4): 1566-1577.

George G M, van der Merwe M J, Nunes-Nesi A, et al. 2018. Virus-induced gene silencing of plastidial soluble inorganic pyrophosphatase impairs essential leaf anabolic pathways and reduces drought stress tolerance in *Nicotiana benthamiana*. Plant Physiology, 154(1): 55-66.

Gidda S K, Shockey J M, Rothstein S J, et al. 2009. *Arabidopsis thaliana* GPAT8 and GPAT9 are localized to the ER and possess distinct ER retrieval signals: functional divergence of the dilysine ER retrieval motif in plant cells. Plant Physiology and Biochemistry, 47(10): 867-879.

Gomez K A. 1979. Effect of environment on protein and amylose content of rice// Workshop on Chemical aspects of rice grain quality. Rice Grain Research. (pp. 59-68)

Gong L, Chen W, Gao Y Q, et al. 2013. Genetic analysis of the metabolome exemplified using a rice population. Proceedings of the National Academy of Sciences of the United States of America, 110(50): 20320-20325.

Hammond-Kosack M C, Holdsworth M J, Bevan M W. 1993. *In vivo* footprinting of a low molecular weight glutenin gene (LMWG-1D1) in wheat endosperm. The EMBO Journal, 12(2): 545-554.

Han X H, Wang Y H, Liu X, et al. 2012. The failure to express a protein disulphide isomerase-like protein results in a floury endosperm and an endoplasmic reticulum stress response in rice. Journal of Experimental Botany, 63(1): 121-130.

Hannah L C, James M. 2008. The complexities of starch biosynthesis in cereal endosperms. Current Opinion in Biotechnology, 19(2): 160-165.

He J B, Zhao X H, Du P Z, et al. 2018. KNAT7 positively regulates xylan biosynthesis by directly activating IRX9 expression in *Arabidopsis*. Journal of Integrative Plant Biology, 60(6): 514-528.

Hennen-Bierwagen T A, Lin Q H, Grimaud F, et al. 2009. Proteins from multiple metabolic pathways associate with starch biosynthetic enzymes in high molecular weight complexes: a model for regulation of carbon allocation in maize amyloplasts. Plant Physiology, 149(3): 1541-1559.

Hennen-Bierwagen T A, Liu F S, Marsh R S, et al. 2008. Starch biosynthetic enzymes from developing maize endosperm associate in multisubunit complexes. Plant Physiology, 146(4): 1892-1908.

Hernández M L, Whitehead L, He Z S, et al. 2012. A cytosolic acyltransferase contributes to triacylglycerol synthesis in sucrose-rescued *Arabidopsis* seed oil catabolism mutants. Plant Physiology, 160(1): 215-225.

Hills M J. 2004. Control of storage-product synthesis in seeds. Current Opinion in Plant Biology, 7(3): 302-308.

Hirano H Y, Eiguchi M, Sano Y. 1998. A single base change altered the regulation of the Waxy gene at the posttranscriptional level during the domestication of rice. Molecular Biology and Evolution, 15(8): 978-987.

Hirose T, Ohdan T, Nakamura Y, et al. 2006. Expression profiling of genes related to starch synthesis in rice leaf sheaths during the heading period. Physiologia Plantarum, 128(3): 425-435.

Höije A, Sandström C, Roubroeks J P, et al. 2006. Evidence of the presence of 2-*O*-beta-*D*-xylopyranosyl-alpha-l-arabinofuranose side chains in barley husk Arabinoxylan. Carbohydrate Research, 341(18): 2959-2966.

Hu C Y, Shi J X, Quan S, et al. 2014. Metabolic variation between japonica and indica rice cultivars

as revealed by non-targeted metabolomics. Scientific Reports, 4: 5067.
Hu C Y, Tohge T, Chan S N, et al. 2016. Identification of conserved and diverse metabolic shifts during rice grain development. Scientific Reports, 6: 20942.
Huang A H. 1996. Oleosins and oil bodies in seeds and other organs. Plant Physiology, 110(4): 1055-1061.
Huang X H, Wei X H, Sang T, et al. 2010. Genome-wide association studies of 14 agronomic traits in rice landraces. Nature Genetics, 42(11): 961-967.
Imberty A, Chanzy H, Pérez S, et al. 1988. The double-helical nature of the crystalline part of A-starch. Journal of Molecular Biology, 201(2): 365-378.
Imberty A, Perez S. 1988. A revisit to the three - dimensional structure of B - type starch. Biopolymers, 27(8): 1205-1221.
Jako C, Kumar A, Wei Y D, et al. 2001. Seed-specific over-expression of an *Arabidopsis* cDNA encoding a diacylglycerol acyltransferase enhances seed oil content and seed weight. Plant Physiology, 126: 861-874.
James M G, Denyer K, Myers A M. 2003. Starch synthesis in the cereal endosperm. Current Opinion in Plant Biology, 6(3): 215-222.
Jenkins P J, Cameron R E, Donald A M. 1993. A universal feature in the structure of starch granules from different botanical sources. Starch-Stärke, 45 (12): 417-420.
Juliano B O. 1985. Rice: Chemistry and Technology (2nd edition). St. Paul: American Association of Cereal Chemists, 59-174.
Juliano B O, Antonio A A, Esmama B V. 1973. Effects of protein content on the distribution and properties of rice protein. Journal of the Science of Food and Agriculture, 24(3): 295-306.
Kalscheuer R, Steinbüchel A. 2003. A novel bifunctional wax ester synthase/acyl-CoA: Diacylglycerol acyltransferase mediates wax ester and triacylglycerol biosynthesis in *Acinetobacter calcoaceticus* ADP1. Journal of Chemical Biology, 278: 8075-8082.
Kassenbeck P. 1978. Beitrag zur kenntnis der verteilung von amylose und amylopektin in stärkekörnern. Starch - Stärke, 30(2): 40-46.
Katavic V, Agrawal G K, Hajduch M, et al. 2006. Protein and lipid composition analysis of oil bodies from two *Brassica napus* cultivars. Proteomics, 6(16): 4586-4598.
Kawakatsu T, Takaiwa F. 2010. Cereal seed storage protein synthesis: fundamental processes for recombinant protein production in cereal grains. Plant Biotechnology Journal, 8(9): 939-953.
Kawakatsu T, Yamamoto M P, Touno S M, et al. 2009. Compensation and interaction between RISBZ1 and RPBF during grain filling in rice. The Plant Journal, 59(6): 908-920.
Kirchberger S, Leroch M, Huynen M A, et al. 2007. Molecular and biochemical analysis of the plastidic ADP-glucose transporter (ZmBT1) from *Zea mays*. The Journal of Biological Chemistry, 282(31): 22481-22491.
Krishnan H B, Okita T W. 1986. Structural relationship among the rice glutelin polypeptides. Plant Physiology, 81(3): 748-753.
Kubo A, Colleoni C, Dinges J R, et al. 2010. Functions of heteromeric and homomeric isoamylase-type starch-debranching enzymes in developing maize endosperm. Plant Physiology, 153(3): 956-969.
Kumar M, Campbell L, Turner S. 2016. Secondary cell walls: biosynthesis and manipulation. Journal of Experimental Botany, 67(2): 515-531.
Lee C H, Teng Q, Huang W L, et al. 2009. The F8H glycosyltransferase is a functional paralog of FRA8 involved in glucuronoxylan biosynthesis in *Arabidopsis*. Plant and Cell Physiology, 50(4): 812-827.

Lee C H, Zhong R Q, Ye Z H. 2012. *Arabidopsis* family GT43 members are xylan xylosyltransferases required for the elongation of the xylan backbone. Plant and Cell Physiology, 53(1): 135-143.

Lee S K, Hwang S K, Han M, et al. 2007. Identification of the ADP-glucose pyrophosphorylase isoforms essential for starch synthesis in the leaf and seed endosperm of rice (*Oryza sativa* L.). Plant Molecular Biology, 65(4): 531-546.

Li C Y, Li W H, Lee B, et al. 2011. Morphological characterization of triticale starch granules during endosperm development and seed germination. Canadian Journal of Plant Science, 91(1): 57-67.

Li Q F, Zhang G Y, Dong Z W, et al. 2009. Characterization of expression of the *OsPUL* gene encoding a pullulanase-type debranching enzyme during seed development and germination in rice. Plant Physiology and Biochemistry, 47(5): 351-358.

Li Y H, Beisson F, Koo A J K, et al. 2007. Identification of acyltransferases required for cutin biosynthesis and production of cutin with suberin-like monomers. Proceedings of the National Academy of Sciences of the United States of America, 104(46): 18339-18344.

Liang J, Han B Z, Nout M J R, et al. 2008. Effects of soaking, germination and fermentation on phytic acid, total and *in vitro* soluble zinc in brown rice. Food Chemistry, 110(4): 821-828.

Liu F, Xia Y, Wu L, et al. 2015. Enhanced seed oil content by overexpressing genes related to triacylglyceride synthesis. Gene, 557(2): 163-171.

Lolas G M, Markakis P. 1975. Phytic acid and other phosphorus compounds of beans (*Phaseolus vulgaris* L.). Journal of Agricultural and Food Chemistry, 23(1): 13-15.

Maisonneuve S, Bessoule J J, Lessire R, et al. 2010. Expression of rapeseed microsomal lysophosphatidic acid acyltransferase isozymes enhances seed oil content in *Arabidopsis*. Plant Physiology, 152(2): 670-684.

Makhmoudova A, Williams D, Brewer D, et al. 2014. Identification of multiple phosphorylation sites on maize endosperm starch branching enzyme IIb, a key enzyme in amylopectin biosynthesis. The Journal of Biological Chemistry, 289(13): 9233-9246.

Manners D J. 1989. Recent developments in our understanding of amylopectin structure. Carbohydrate Polymers, 11(2): 87-112.

Matsuda F, Nakabayashi R, Yang Z G, et al. 2015. Metabolome-genome-wide association study dissects genetic architecture for generating natural variation in rice secondary metabolism. The Plant Journal, 81(1): 13-23.

Matsuda F, Okazaki Y, Oikawa A, et al. 2012. Dissection of genotype-phenotype associations in rice grains using metabolome quantitative trait loci analysis. The Plant Journal, 70(4): 624-636.

Morita M T. 2010. Directional gravity sensing in gravitropism. Annual Review of Plant Biology, 61: 705-720.

Mortimer J C, Miles G P, Brown D M, et al. 2010. Absence of branches from xylan in *Arabidopsis gux* mutants reveals potential for simplification of lignocellulosic biomass. Proceedings of the National Academy of Sciences of the United States of America, 107(40): 17409-17414.

Nakamura T, Yamamori M, Hirano H, et al. 1995. Production of waxy (amylose-free) wheats. Molecular and General Genetics MGG, 248(3): 253-259.

Natarajan S, Luthria D, Bae H H, et al. 2013. Transgenic soybeans and soybean protein analysis: an overview. Journal of Agricultural and Food Chemistry, 61(48): 11736-11743.

Nikuni Z. 1978. Studies on starch granules. Starch-Stärke, 30(4): 105-111.

Ogawa M, Kumamaru T, Satoh H, et al. 1987. Purification of protein body-I of rice seed and its polypeptide composition. Plant and Cell Physiology, 28(8): 1517-1527.

Ohdan T, Francisco P B, Sawada T, et al. 2005. Expression profiling of genes involved in starch synthesis in sink and source organs of rice. Journal of Experimental Botany, 56(422): 3229-3244.

Onodera Y, Suzuki A, Wu C Y, et al. 2001. A rice functional transcriptional activator, RISBZ1, responsible for endosperm-specific expression of storage protein genes through GCN4 motif. Journal of Biological Chemistry, 276(17): 14139-14152.

Oostergetel G T, van Bruggen E F J. 1993. The crystalline domains in potato starch granules are arranged in a helical fashion. Carbohydrate Polymers, 21(1): 7-12.

Ouyang Y D, Zhang Q F. 2013. Understanding reproductive isolation based on the rice model. Annual Review of Plant Biology, 64: 111-135.

Pastell H, Virkki L, Harju E, et al. 2009. Presence of 1: >3-linked 2-*O*-beta-D-xylopyranosyl-alpha-l-arabinofuranosyl side chains in cereal arabinoxylans. Carbohydrate Research, 344(18): 2480-2488.

Peng M, Gao M, Abdel-Aal E S M, et al. 1999. Separation and characterization of A- and B-type starch granules in wheat endosperm. Cereal Chemistry, 76(3): 375-379.

Pfister B, Zeeman S C. 2016. Formation of starch in plant cells. Cellular and Molecular Life Sciences, 73(14): 2781-2807.

Pilling E, Smith A M. 2003. Growth ring formation in the starch granules of potato tubers. Plant Physiology, 132(1): 365-371.

Pontoppidan K, Pettersson D, Sandberg A S. 2007. The type of thermal feed treatment influences the inositol phosphate composition. Animal Feed Science and Technology, 132(1/2): 137-147.

Qu L Q, Takaiwa F. 2004. Evaluation of tissue specificity and expression strength of rice seed component gene promoters in transgenic rice. Plant Biotechnology Journal, 2(2): 113-125.

Qu L Q, Xing Y P, Liu W X, et al. 2008. Expression pattern and activity of six glutelin gene promoters in transgenic rice. Journal of Experimental Botany, 59(9): 2417-2424.

Raghavendhar R K, Savithiry N, Dechun W, et al. 2019. Compositional Analysis of Non-Polar and Polar Metabolites in 14 Soybeans Using Spectroscopy and Chromatography Tools. Foods, 8(11): 557.

Rennie E A, Hansen S F, Baidoo E E K, et al. 2012. Three members of the *Arabidopsis* glycosyltransferase family 8 are xylan glucuronosyltransferases. Plant Physiology, 159(4): 1408-1417.

Saha S, Enugutti B, Rajakumari S, et al. 2006. Cytosolic triacylglycerol biosynthetic pathway in oilseeds. Molecular cloning and expression of peanut cytosolic diacylglycerol acyltransferase. Plant Physiology, 141(4): 1533-1543.

Sano Y. 1984. Differential regulation of waxy gene expression in rice endosperm. Theoretical and Applied Genetics, 68(5): 467-473.

Sano Y, Katsumata M, Okuno K. 1986. Genetic studies of speciation in cultivated rice. 5. Inter- and intra-specific differentiation in the waxy gene expression of rice. Euphytica, 35(1): 1-9.

Scheller H V, Ulvskov P. 2010. Hemicelluloses. Annual Review of Plant Biology, 61: 263-289.

Schlemmer U, Frølich W, Prieto R M, et al. 2009. Phytate in foods and significance for humans: food sources, intake, processing, bioavailability, protective role and analysis. Molecular Nutrition and Food Research, 53(S2): S330-S375.

Selle P H, Ravindran V, Caldwell A, et al. 2000. Phytate and phytase: consequences for protein utilisation. Nutrition Research Reviews, 13(2): 255-278.

Sharma S S, Dietz K J. 2006. The significance of amino acids and amino acid-derived molecules in plant responses and adaptation to heavy metal stress. Journal of Experimental Botany, 57(4): 711-726.

Shewry P R. 1995. Seed storage proteins: structures and biosynthesis. The Plant Cell, 7(7): 945-956.

Shewry P R, Halford N G. 2002. Cereal seed storage proteins: structures, properties and role in grain

utilization. Journal of Experimental Botany, 53(370): 947-958.
Sikka V K, Choi S B, Kavakli I H, et al. 2001. Subcellular compartmentation and allosteric regulation of the rice endosperm ADP-glucose pyrophosphorylase. Plant Science, 161(3): 461-468.
Siloto R M P, Truksa M, He X H, et al. 2009. Simple methods to detect triacylglycerol biosynthesis in a yeast-based recombinant system. Lipids, 44(10): 963-973.
Sotelo A, Hernández M, Montalvo I, et al. 1994. Amino acid content and protein biological evaluation of 12 Mexican varieties of rice. Cereal Chemistry, 71: 605-609.
Sowokinos J R, Preiss J. 1982. Pyrophosphorylases in *solanum tuberosum*: iii. purification, physical, and catalytic properties of ADPglucose pyrophosphorylase in potatoes. Plant Physiology, 69(6): 1459-1466.
Ståhl U, Carlsson A S, Lenman M, et al. 2004. Cloning and functional characterization of a phospholipid: diacylglycerol acyltransferase from *Arabidopsis*. Plant Physiology, 135(3): 1324-1335.
Stitt M, Zeeman S C. 2012. Starch turnover: pathways, regulation and role in growth. Current Opinion in Plant Biology, 15(3): 282-292.
Tester R F, Karkalas J, Qi X. 2004. Starch structure and digestibility enzyme-substrate relationship. World's Poultry Science Journal, 60(2): 186-195.
Tetlow I J, Beisel K G, Cameron S, et al. 2008. Analysis of protein complexes in wheat amyloplasts reveals functional interactions among starch biosynthetic enzymes. Plant Physiology, 146(4): 1878-1891.
Tetlow I J, Emes M J. 2014. A review of starch-branching enzymes and their role in amylopectin biosynthesis. IUBMB Life, 66(8): 546-558.
Tetlow I J, Morell M K, Emes M J. 2004. Recent developments in understanding the regulation of starch metabolism in higher plants. Journal of Experimental Botany, 55(406): 2131-2145.
Tiessen A, Hendriks J H M, Stitt M, et al. 2002. Starch synthesis in potato tubers is regulated by post-translational redox modification of ADP-glucose pyrophosphorylase: a novel regulatory mechanism linking starch synthesis to the sucrose supply. The Plant Cell, 14(9): 2191-2213.
Tzen J T, Huang A H. 1992. Surface structure and properties of plant seed oil bodies. The Journal of Cell Biology, 117(2): 327-335.
Ufaz S, Galili G. 2008. Improving the content of essential amino acids in crop plants: goals and opportunities. Plant Physiology, 147(3): 954-961.
Urbanowicz B R, Peña M J, Ratnaparkhe S, et al. 2012. 4-*O*-methylation of glucuronic acid in *Arabidopsis* glucuronoxylan is catalyzed by a domain of unknown function family 579 protein. Proceedings of the National Academy of Sciences of the United States of America, 109(35): 14253-14258.
Vrinten P L, Nakamura T. 2000. Wheat Granule-bound starch synthase I and II are encoded by separate genes that are expressed in different tissues. Plant Physiology, 122(1): 255-264.
Wang X M, Devaiah S P, Zhang W H, et al. 2006. Signaling functions of phosphatidic acid. Progress in Lipid Research, 45(3): 250-278.
Wu C Y, Adach T, Hatano T, et al. 1998. Promoters of rice seed storage protein genes direct endosperm-specific gene expression in transgenic rice. Plant and Cell Physiology, 39(8): 885-889.
Wu J G, Shi C H, Zhang X M. 2002. Estimating the amino acid composition in milled rice by near-infrared reflectance spectroscopy. Field Crops Research, 75(1): 1-7.
Xu J H, Messing J. 2009. Amplification of prolamin storage protein genes in different subfamilies of the Poaceae. Theoretical and Applied Genetics, 119(8): 1397-1412.

Yang W L, Simpson J P, Li-Beisson Y, et al. 2012. A land-plant-specific glycerol-3-phosphate acyltransferase family in *Arabidopsis*: Substrate specificity, Sn-2 preference, and evolution. Plant Physiology, 160(2): 638-652.

Yen C L E, Stone S J, Koliwad S, et al. 2008. Thematic review series: glycerolipids. DGAT enzymes and triacylglycerol biosynthesis. Journal of Lipid Research, 49(11): 2283-2301.

York W S, O'Neill M A. 2008. Biochemical control of xylan biosynthesis—Which end is up? Current Opinion in Plant Biology, 11(3): 258-265.

Yoshida S, Hara T. 1977. Effects of air temperature and light on grain filling of an indica and a japonica rice (*Oryza sativa* L.) under controlled environmental conditions. Soil Science and Plant Nutrition, 23(1): 93-107.

Zeeman S C, Kossmann J, Smith A M. 2010. Starch: its metabolism, evolution, and biotechnological modification in plants. Annual Review of Plant Biology, 61: 209-234.

Zeeman S C, Tiessen A, Pilling E, et al. 2002. Starch synthesis in *Arabidopsis*. granule synthesis, composition, and structure. Plant Physiology, 129(2): 516-529.

Zhang G Y, Cheng Z J, Zhang X, et al. 2011. Double repression of soluble starch synthase genes SSIIa and SSIIIa in rice (*Oryza sativa* L.) uncovers interactive effects on the physicochemical properties of starch. Genome, 54(6): 448-459.

Zhang J W, Chen L L, Xing F, et al. 2016. Extensive sequence divergence between the reference genomes of two elite indica rice varieties Zhenshan 97 and Minghui 63. Proceedings of the National Academy of Sciences of the United States of America, 113(35): E5163-E5171.

Zhang P, Chen G Y, Peng G, et al. 2017. Effects of high temperature during grain filling period on superior and inferior Kernels' development of different heat sensitive maize varieties. Scientia Agricultura Sinica, 50: 2061-2070.

Zheng Z, Xia Q, Dauk M, et al. 2003. *Arabidopsis AtGPAT1*, a member of the membrane-bound glycerol-3-phosphate acyltransferase gene family, is essential for tapetum differentiation and male fertility. The Plant Cell, 15(8): 1872-1887.

第四章　种 子 萌 发

第一节　种子萌发的特征与测量

一、种子萌发的特征

种子萌发开始于水分吸收（吸胀作用），结束于胚轴（常常是胚根）突破其周围结构。胚根突破周围结构有时被称为“可见萌发”，此时种子已经完成萌发（或者已经萌发）。为简洁起见，萌发一词通常用于表示其完成，例如，50%萌发表示种子群体中 50%的种子已完成发芽。萌发时间进程实际上反映了在特定的时间点已完成萌发种子的百分数（Bewley et al., 2013）。

狭义萌发不包括幼苗生长，在萌发完成后幼苗开始生长。“萌发的幼苗”这种说法显然是错误的。种子检验员通常将萌发理解为从土壤中出苗，因为他们的兴趣在于监测具有农艺价值的生长植株的形成。虽然植物生理学家不支持这种观点。然而，一个更好的术语是“出苗”。新生幼苗中发生的过程，例如，胚乳中主要贮藏物的广泛动员也不是萌发的一部分，而是萌发后的事件。遗憾的是，在一些科学文献中，萌发一词被随意使用，把已萌发的种子用作材料，错误地得出种子萌发的结论，因此澄清萌发的含义是重要的（Bewley et al., 2013）。

成熟的干种子被称为静止种子（quiescent seed），通常水分含量较低（5%～15%），代谢活动几乎处于停滞状态。种子的一个显著特性是它们能够在静止状态下存活，通常持续多年，随后能恢复正常的高水平的代谢作用。当合适的温度和 O_2 存在时，许多静止的种子仅仅需要水合条件能够支持其代谢作用就能萌发（Black et al., 2006）。静止不应与休眠混淆，休眠与具有代谢活性的种子在有利的条件下吸胀与不能完成萌发有关。

当干燥的活种子吸水时，一系列与萌发有关的事件开始发生，最终导致胚（通常是胚根）的伸出，这意味着萌发已经成功地完成。萌发过程中发生的细胞变化是复杂的，因为吸胀时代谢作用必须开始，使成熟脱水和干燥期间的氧化所引起的结构损伤恢复，基本的细胞活动必须被重建，在一些物种中休眠必须被解除，胚必须为出苗和随后的早期幼苗生长做准备（Nonogaki et al., 2010; Weitbrecht et al., 2011; Bewley et al., 2013; Sajeev et al., 2024）（图 4-1）。因此，很难区分与萌发完成本身直接相关的事件和正在发生的其他变化所必需的事件。这有几个原因，一方面与种子的性质有关，另一方面与所采用的研究方法有关。利用整粒种子进行萌发研究可能会引起一些问题，因为种子是一个多细胞生物体，具有几种不同的器官和组织类型，但只要胚轴区域的一部分伸长就能完成萌发。在许多种子中，大部分是贮藏组织，它们对萌发本身并不起主要作用，其主要作用在于为随后生长的幼苗供应营养。然而，在整个种子萌发的分析中事实上包括了贮藏组织。在一些实验中，即使从较大的种子中分离胚（胚轴），胚轴也包含许多不同类型的细胞，这些细胞相对于少数参与伸长以影响胚根伸出的细胞，潜在地掩盖了最终决定萌发行为所必需的重要变化。研究表明，在休眠种子中与萌发相关的细胞事件可能发生，但不能完成胚根伸出；即当萌发条件明显有利于萌发时，吸胀作用、呼吸作用、核酸和蛋白质的合成以及许多其他代谢事件都发生，但导致胚出现的细胞伸长也不发生，其原因目前仍然不清楚（徐恒恒等, 2014; 邓志军等, 2019; Nonogaki et al., 2010; Nonogaki, 2014; Sajeev et al., 2024）。

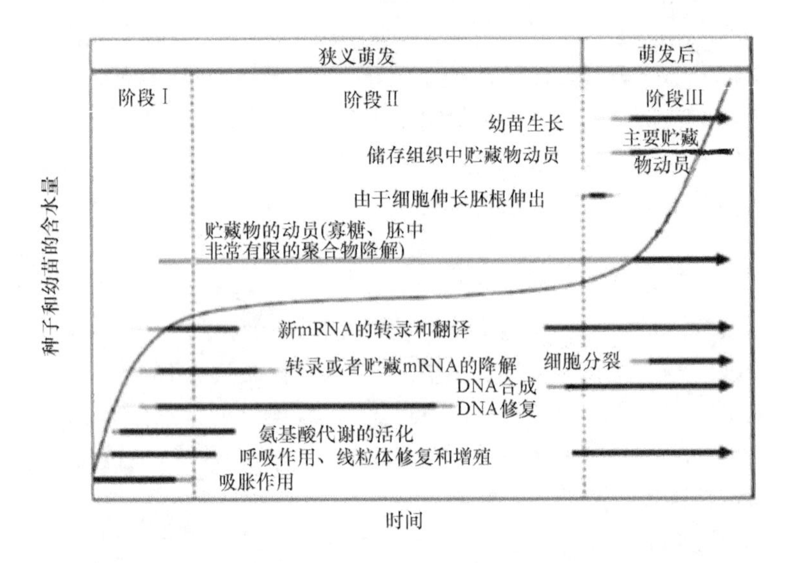

图 4-1 水分吸收的时间进程以及一些重要的与萌发和早期幼苗生长有关的变化（改自 Nonogaki et al., 2010; Weitbrecht et al., 2011; Bewley et al., 2013）

阶段Ⅰ的吸胀作用主要是一种物理过程；生理活性可能在细胞变为水合后的几分钟内、所有的种子组织都被充分吸胀之前发生。在阶段Ⅱ，种子的含水量比较恒定，代谢活性随着大量新基因的转录增加。在阶段Ⅱ后期，胚根通过周围结构伸出标志着萌发完成。在阶段Ⅲ，随着幼苗的生长和主要贮藏物的利用，有进一步的水分吸收。图 1 中的曲线表示模式化的水分吸收的时间进程。完成这些事件所需要的时间因物种和种子的萌发条件而改变。

二、萌发的测量

如上所述，狭义萌发完成的可见标志是胚根（或者胚的其他组织）从周围组织中伸出。这一现象标志着萌发的结束和幼苗生长的开始。在胚根伸出之前，很难或者不可能通过测量水分吸收或者呼吸作用等方法来预测一粒给定的种子萌发完成的程度。此外，科学试验和生产实践中常常关注的不是单粒种子的萌发，而是大量种子或者种子群体的萌发特性，例如，一株植物或者一个花序产生的所有种子，或者在一个土壤样品中收集的所有种子，或者受到某种实验处理的所有种子。因此，一个种子群体萌发能力的衡量指标是在给定的时间内已经完成萌发的种子百分比。实际上，由于个体差异，一个群体中的所有种子很少同时完成萌发，因此，随着萌发的进行，反复观察胚根的伸出，并绘制种子群体在每个时间点完成萌发的百分比，才能得出特征性的种子萌发进程（Bewley et al., 2013）（图 4-2）。种子萌发的时间进程曲线通常是在种子萌发试验中绘制的，它提供了关于萌发速率（germination rate）和萌发整齐度（germination uniformity）的大量信息。

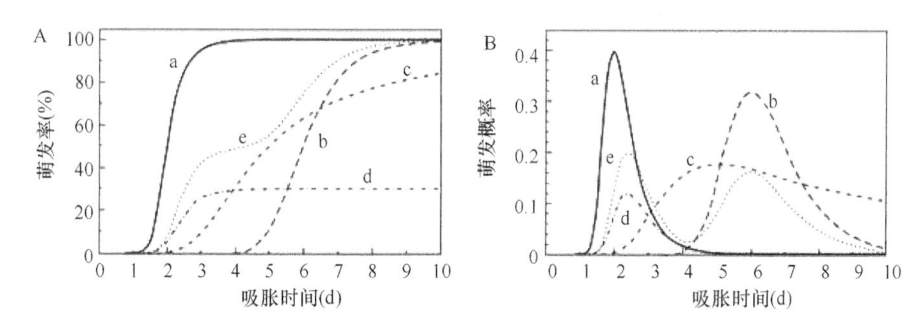

图 4-2 一些典型的萌发时间进程（a～e）和萌发分布（引自 Bewley et al., 2013）

A：时间进程曲线说明了种子群体萌发时经常发生的一些不同模式。B：基于 A 中相应的时间过程，在不同时间点的萌发分布或者概率

随着时间进程，种子群体往往以一种特征性的模式萌发，当绘制完成萌发的种子百分比与时间的关系图时，会得到一条 S 形曲线（图 4-2）。像许多生物学特性一样，萌发率近似正态分布或者呈钟形分布。一个群体中的一些种子会迅速完成萌发，大多数种子会在平均时间前后完成萌发，而另一些种子的萌发时间会比平均时间长得多，从而导致累积萌发时间进程曲线整体呈 S 形。事实上，该曲线通常稍微偏向较长的萌发时间，这意味着种群的前一半种子完成萌发所需的时间比后一半种子短（图 4-2）。基于种子中萌发时间阈值的正态分布，将种子群体的萌发模型描述为非对称模式。

萌发时间进程揭示了种子群体的萌发时间、一致性和程度的信息。例如，图

4-2A 中的曲线 a 说明了种子群体迅速、一致和彻底地完成萌发的时间进程。相应的萌发概率分布狭窄（图 4-2B 中曲线 a），稍微偏右，但近似对称。分布的宽度表明了萌发时间的范围（与一致性成反比），这也与接近中点的萌发时间进程曲线的斜率成正比。即萌发曲线越陡，种子萌发的一致性越高，或者萌发完成的时间分布越狭窄。萌发时间进程曲线的斜率是一种萌发一致性的标志，而不是萌发率的标志。萌发的一致性有时也用两个萌发百分位数之间的时间来表示，例如 10%到 90%萌发之间的时间，或者 25%到 75%萌发之间的时间，值越小表示一致性越大。统计时，最好使用 16%～84%作为该方法的范围，因为这代表了一个正态分布均值两侧的一个标准偏差。图 4-2A 中的曲线 b 表明了一个具有较长阶段Ⅱ吸胀作用和较小一致性萌发的种子群体，仍然达到 100%萌发。相应的时间分布（图 4-2B 中的曲线 b）向更宽的范围改变，比曲线 a 更宽。图 4-2A 中的曲线 c 表明了一种中间情况，即种子群体萌发非常不一致，一些种子相对较早地完成了萌发，而另一些种子萌发需要更长的时间。为了确定该群体中活种子的百分比需要延长试验时间，超过图中所示的 10 d。野生植物（非作物）种子群体通常表现出这种萌发时间进程，表明群体内的种子之间具有宽范围的萌发势（germination potential）。这也是当水分可用性减少时所发生的萌发时间进程类型，即萌发完成延迟，一致性降低。

在吸胀条件下，当群体中只有一小部分种子能够萌发时，正如在部分休眠或者死种子批（nonviable seed lot）中的情况一样，可能产生图 4-2A 中曲线 d 所示的萌发时间进程。非休眠的活种子将完成萌发，但休眠或者死种子不萌发，导致一个最终百分比小于 100%的时间进程。种子的萌发时间进程也可能表现出更为复杂的模式，正如图 4-2A 中曲线 e 所示。这种类型的曲线表明，整个种子群体由两个具有不同萌发特性的亚群体组成。在这种情况下，50%的种子具有像曲线 d 中非休眠种子的萌发特性，而其他 50%的种子具有与曲线 b 中类似的萌发特性。整个群体的萌发反映了两个亚群体行为的总和，萌发分布表现出两个峰值（图 4-2B）。这种类型的萌发模式可以在一些植物中观察到，这些植物的特点是产生具有不同休眠深度或者萌发要求的种子，或者具有不同萌发特性的种子批被混合在一起。在吸胀开始时最初处于休眠状态的种子也可能在吸胀的温度和光照条件下丧失休眠能力，从而在萌发试验期间获得萌发能力。这可能导致像曲线 e 的时间进程或者更为复杂模式的时间进程。关于休眠和环境条件如何影响种子群体萌发的更多信息参见第六章和第七章。

萌发时间进程也揭示了萌发速率的信息。萌发速率可以定义为从播种开始到萌发完成所需时间的倒数，以 h^{-1} 或者 d^{-1} 为单位。一些有关种子的文献中经常使用“速率（rate）”一词来描述萌发率[例如，“萌发率为 90%（germination rate was 90%）”]，这明显是不正确的（Bewley et al., 2013）。百分比始终是指种子群体中已经完成或者未完成萌发的个体的比例，而速率仅仅与群体的一个特定百分比完成萌发所需时间的倒数有关。重要的是，正如本书所定义的，萌发是一个定量的参数，意味着一粒给定的种子在一个给定的时间内或者已经完成萌发或者没有完成萌发。因此，任何给定的种子都有一个唯一的萌发速率，它是从吸胀开始直到胚根伸出的时间的倒数。由于群体中的所有种子不会同时完成萌发（图 4-2），因此必须指定一个给定百分比的速率，通常为中位数或者 50%的百分位数，但实际上使用的百分位数是任意的。50%种子萌发的时间（t）为 t_{50}，第 50 百分位的萌发速率为 $1/t_{50}$（Bewley et al., 2013）。

计算萌发速率的一种常用方法是确定 50%的种子完成萌发的时间（Black et al., 2006; Bewley et al., 2013）。在该方法中，萌发的平均时间等于$\sum(t.n)/\sum n$，其中 t 是以 d 为单位的时间，从第 0 天（播种的当天）开始，n 是第 t 天完成萌发的种子数。因此，平均萌发速率（mean germination rate）等于$\sum n/\sum(t.n)$。然而，如果两个群体的总的萌发百分数不同，这意味着根据最终萌发百分数对整个群体的不同百分位数进行比较，这可能低估了萌发速率的差异。如图 4-3 所示，可以用不同的方法分析相同萌发时间进程组的萌发速率。在图 4-3A 中，50%种子萌发的时间（t_{50}）是基于整个种子群体。当萌发延迟时，t_{50} 值显著增加；当最终萌发率不能达到 50%时，t_{50} 值变得无限大（图 4-3C）。然而，当 t_{50} 是基于给定时期内的最终萌发率时，t_{50} 的值增长较慢，并且是基于整个群体的不同百分比。例如，图 4-3 中种子群体 1 和 2 达到 100%的萌发时，因此，两个群体应该在群体萌发率达到 50%时进行比较。然而，在试验结束时，群体 5 仅达到 40%的萌发，因此 t_{50} 是基于整个群体的第 20 百分位。因此，当最终萌发率差异很大时，该方法导致了不同群体中不同百分位的比较，这本身就是误导（Bewley et al., 2013）。相反，如果一些群体不能达到 50%的萌发率，所有的群体都可以在较低的百分位进行比较。例如，所有的群体都能够在 20%进行比较（图 4-3B），使其相对萌发速率与图 4-3C 中整个种群的萌发速率相似。

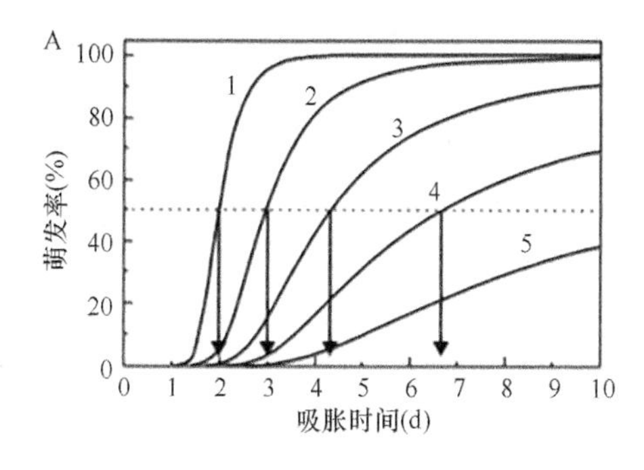

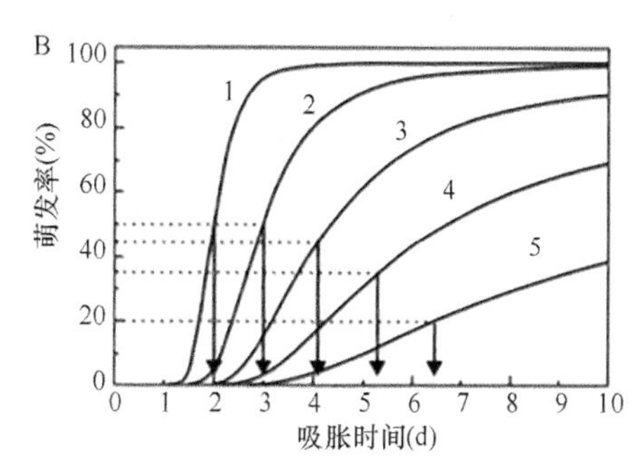

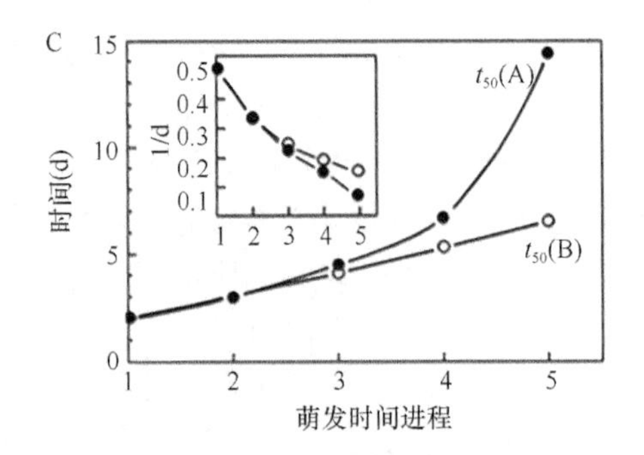

图 4-3 萌发时间进程和平均萌发时间的测定（引自 Bewley et al., 2013）

A：显示所有群体 50%种子萌发的时间（t_{50}）进程（1～5），群体 5 直到超过图中所示的时间段 14 d 后才达到 50%的萌发率。B：与 A 中的萌发时间进程相同，但表明 10 d 后最终萌发 50%的时间（t_{50}）。C：图 A 或图 B 的 t_{50} 值的比较。对于一个给定的种群百分位数，t_{50} 呈指数增长（A），但作为最终萌发率的一部分，t_{50} 呈线性增长 t_{50}（B）

一般来说，在定量或者比较种子群体的萌发特性时，最好检查完整的萌发时间进程，并进行独立的百分比、一致性和萌发速率的测量。

第二节 吸 胀 作 用

对于成熟的干燥种子，水分吸收或者吸胀作用是代谢恢复和引起胚根伸出的细胞事件所必需的。本节描述与种子吸收水分有关的物理、结构和生理变化，以及它们是如何影响萌发的。

一、种子从土壤中吸收水分

种子对水分的吸收是种子萌发过程中必不可少的最初步骤。风干种子的含水量（以干重为基础）通常在 5%～15%，取决于种子的含油量和周围空气的相对湿度，而充分吸胀的种子含水量可能为 75%～100%。这些值对应于以鲜重为基础的含水量为 5%～13%和 40%～50%。初始的水合速率（阶段Ⅰ）和最终达到的平台期含水量（阶段Ⅱ）都会影响种子的萌发（图 4-1）。

控制水分从土壤进入种子的运动主要考虑种子和土壤的水分关系。水势（water potential, ψ）是指水的自由能状态，在植物生理学中通常用压力单位巴（bar）表示（1 bar = 0.987 大气压），兆帕（megapascal, MPa）是目前普遍使用的单位（1 MPa = 10 bar）。纯水具有最高的潜能，按照惯例，它的水势值为零。因此，其他的水势为正值（即＞0）或者负值（即＜0）。水分的净流动沿着能量梯度从高 ψ 到低 ψ 发生（Taiz et al., 2015）。种子中细胞的水势（ψ_{cell}）由以下三个成分组成：

$$\psi_{cell} = \psi_s + \psi_p + \psi_m \tag{4.1}$$

溶质势（solute potential）或者渗透势（osmotic potential, ψ_s）表明了细胞中溶解的溶质浓度对水分能量状态的影响。所有类型的溶质浓度越高（即非离子型溶质，如糖和离子型溶质如 K^+），ψ_s 下降，ψ_{cell} 也越低。因此，如果细胞外水分的 ψ 较高，细胞内溶质的存在就能够为水分吸收产生一个 ψ 梯度。压力势（pressure potential）或者膨胀势（turgor potential, ψ_p）的产生原因是：当水分进入细胞时，相对刚性的细胞壁抵抗膨胀。由于水分本质上是不能压缩的，水分进入细胞的运动导致内部压力增加，从而增加水分的能量状态。因此，ψ_p 值为正值，ψ_{cell} 升高。由于溶质的存在，所产生的负 ψ_s 吸收水分进入细胞中，直到由于水分流入而形成的 ψ_p 升高，使水势平衡。因此，在一个与过量纯水（ψ = 0 MPa）平衡的非生长细胞中，ψ_s 和 ψ_p 的值相等但方向相反（例如，–1 MPa 对 1 MPa），水分的净流动停止。衬质势（matric potential, ψ_m）解释了水分与微小毛细管（例如，在构成细胞壁的聚合物之间）和大分子（如淀粉和蛋白质）表面紧密结合的效应。这种结合降低了水分的能量状态，因此，ψ_m 值为负值。ψ_m 是干种子中 ψ 的重要组成部分，负责最初驱动水分吸收的 ψ 梯度。在水合的植物组织中，ψ_m 通常极小或者可以被忽略，因为一旦有足够的水分可产生自由液态水（free liquid water），ψ_m 就会下降到可忽略的值（Bewley et al., 2013）。

土壤也有其自身的水势，它是土壤 ψ_s、ψ_p 和 ψ_m 的总和，有时还包括重力效应。然而，在对大气开放的土壤中，ψ_p 为零。由于土壤水分中溶质的浓度通常较低（盐碱土壤除外），土壤中的 ψ_s 也可以忽略不计。因此，土壤水势（ψ_{soil}）主要是由土壤颗粒的毛细管作用和与土壤表面结合的水分引起的。土壤和种子之间的 ψ 差异也是决定水分流入种子的有效性和速率的主要因素。风干种子的 ψ 值（ψ_{seed}）为–50 MPa 至–350 MPa，具有大的负 ψ_m；而田间持水量（field capacity）（即仅仅由于重力作用而排水）的 ψ_{soil} 约为–0.03 MPa。因此，有一个非常大的初始 ψ 梯度，用于种子从潮湿的土壤中吸收水分。在吸胀过程中，当种子的含水量增加时，衬质变得水合，ψ_{seed} 升高（即负值变小）；当水分被种子吸收时，ψ_{soil} 降低。种子对水分的吸收取决于种子周围土壤区域的 ψ，以及水分通过土壤补充的速率，即土壤的导水性（hydraulic conductivity）。在湿润土壤中，种子水合所需的水分通常容易通过土壤中的水分运动得到补充。然而，当土壤干燥时，土壤的导水性呈指数下降，这成为一个种子水合的限制因素。种子与周围土壤的接触程度也影响种子的吸胀作用，这一点对大种子比小种子更为关键，因为小种子能够与较小的土壤孔隙更紧密地接触。

二、阶段 I：吸胀作用与吸胀伤害

在最适水分供应条件下，种子对水分的吸收可分为三个阶段（图 4-1，图 4-4），这反映了在每个阶段驱动水分运动的不同物理和代谢过程。当干燥种子与水分接触时，非常大的 ψ 梯度使水分进入种子。水稻种子的种皮（实际上为果皮+种皮）是透水的，为响应干燥种子的低 ψ_m，水分迅速地进入种子（图 4-4）。阶段Ⅰ或者吸胀作用本身主要取决于种子的 ψ_m，不管种子处于休眠状态还是非休眠状态，是活种子还是死种子，水分吸收都发生。事实上，死种子通常比活种子吸收更多的水分，因为活种子的细胞会产生膨压，由此产生的 ψ_p 将对抗进一步的水分吸收。在死种子中，细胞膜是不完整的，ψ_p 保持为零，溶质被释放到质外体中，允许持续的水分吸收。

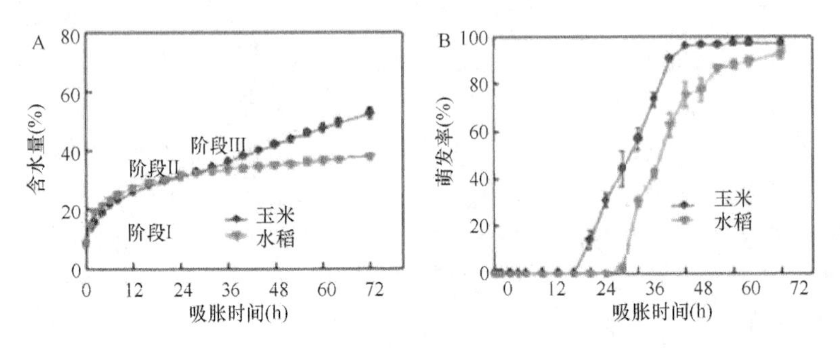

图 4-4　水稻‘日本晴’和玉米‘郑丹 958’种子的（A）水分吸收和（B）萌发时间过程（宋松泉未发表资料）

A：干种子吸胀过程中含水量的变化（吸胀温度 25℃，吸胀时间 72 h）；B：干种子在暗培养中萌发率的变化（萌发温度 25℃，暗培养时间 72 h，以胚根伸出 2 mm 作为萌发完成的标准）。所有种子均为新鲜收获，所得数值均为 50 粒种子三次重复的平均值±标准差

种子开始吸收水分后不久，通常会有溶质（如糖、有机酸、离子、氨基酸和蛋白质）渗漏到周围的介质中。当水分渗入种子时，将形成湿润的前沿，即湿润细胞和即将湿润的细胞之间有一个明显的含水量边界，物理张力能够在水合并因此膨胀的外部组织和仍然是干燥的内部组织之间形成。当吸胀过快时，如当种皮被去除或者被损坏时，这些内部张力可能导致细胞壁的破裂和细胞内容物的挤出。除这种直接的挤压外，在水合过程中细胞膜也可能漏出溶质。通过测量种子浸泡液的电导率，能够容易地定量这两种来源的电解质渗漏，电导率越高（渗漏越大），种子批的质量越差。电导率试验已经发展成为一种种子质量检验的方法。

在液态水进入之前，在相对湿度高的大气中完全或者部分水合的种子，以及在最后成熟阶段未经历干燥的种子，在放入水中时不会有溶质渗漏。这表明，吸胀损伤和溶质渗漏与初始含水量较低的种子迅速吸收液态水有关。此外，吸胀时的温度也影响吸胀损伤的严重程度，当在低温下发生初始吸水时更为严重

（图 4-5）。当干种子播种在寒冷的土壤中时，这种吸胀冷害是早春季节播种的一个主要问题。“冷试验（cold test）”通常被用于活力检测，以评估种子批对吸胀冷害的敏感性。在“冷试验”中，种子首先被吸胀，并在 10℃下保留 7 d，然后在给幼苗评分之前再移到 25℃下保留 4 d。低温和高温以及在每种温度下的天数根据不同品种的应用情况进行调整。

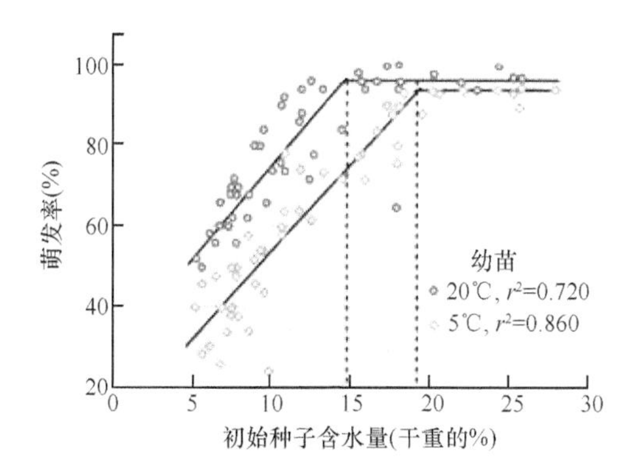

图 4-5　初始含水量和温度对种子吸胀伤害的影响（引自 Wolk et al., 1989）

种子持续在 20℃或者在 5℃下 24 h，然后移到 20℃萌发。低于阈含水量（垂直虚线），种子的生活力随着种子初始含水量的进一步降低而线性下降。在较低温度（5℃）下的阈含水量（19%; ◇，橙色）比在较高温度（20℃）下的阈含水量（15%; ○，蓝色）更高。决定系数（r^2）是指低于阈值的斜率

细胞膜结构与水分含量和温度的关系的研究为低温吸胀冷害提供了解释。细胞膜由磷脂双分子层组成。分子的亲水性头部基团（hydrophilic head group）向外，而疏水性的脂质链（hydrophobic lipid chain）在膜的内部相联系。这种结构依赖于水来维持疏水/亲水的排列方向。在脱水过程中，当水分被去除时，由于分子的紧密堆积，膜从较多的流动相或者液晶状态转变为较少流动的凝胶状态，从而限制了它们的运动。因此，干燥种子的膜主要处于凝胶状态，这对于细胞内容物的渗漏不是好的屏障。在吸胀过程中，如果种子被迅速地暴露于水中，水分在膜恢复到液晶状态之前进入，渗漏和细胞损伤发生（图 4-6A）。液晶态和凝胶态之间的转变也取决于温度。如果干燥的膜被加热，它们可能“融化”成为液晶状态，然后当水分进入时，很少发生渗漏或者损伤（图 4-6B）。在液态水进入之前，通过气相水的加湿也会使膜的状态发生转变，甚至在较低的温度下（图 4-6C）。这就解释了为什么在较低的温度下吸胀损伤更大，以及为什么在低温吸胀之前预加湿增加含水量也能够减轻伤害（图 4-7）。在较高的温度和/或者较高的水分含量下，膜已经处于液晶状态，因此能够耐受迅速的水分流入。

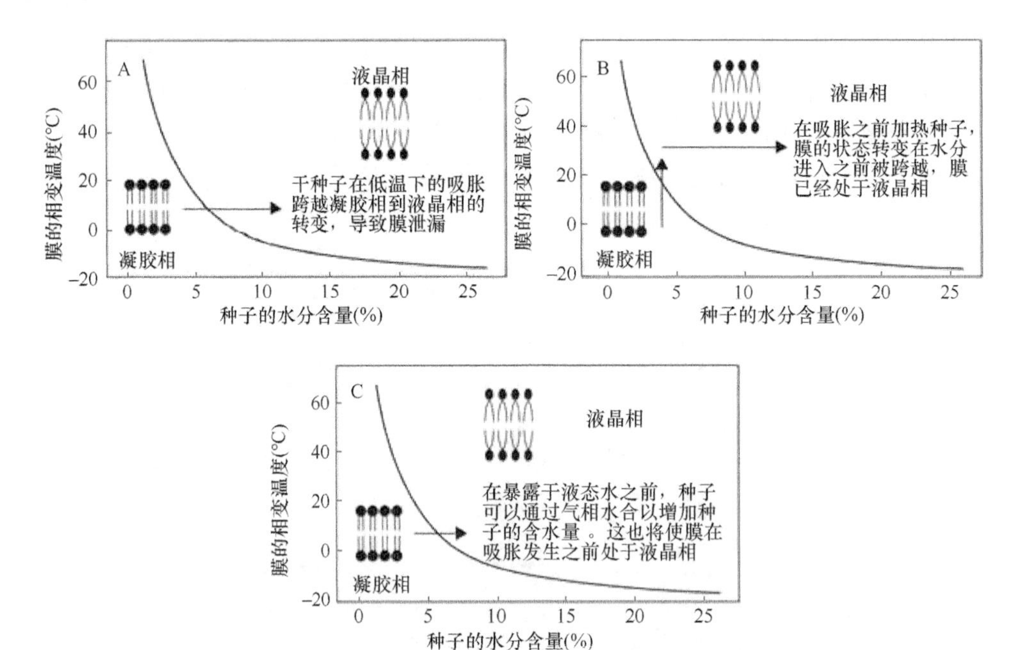

图 4-6　种子吸胀过程中膜状态的转变（引自 Bewley et al., 2013）

曲线显示了不同温度（*y* 轴）和种子含水量（*x* 轴）组合下细胞膜的凝胶态和液晶态之间的边界。A：当水分被吸收时，低温下的迅速吸胀引起凝胶态突然转变为液晶态，从而导致渗漏和细胞损伤；B：在较高的温度下迅速吸胀，即使在含水量较低的情况下也不会产生损害，因为膜已经处于液晶态；C：即使在较低的温度下，种子也能够通过气相水进行水合，在液态水进入之前引起膜状态的变化

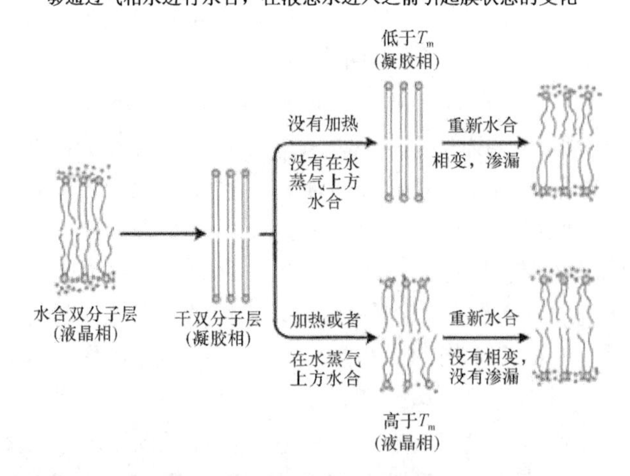

图 4-7　吸胀渗漏机制的示意图（引自 Crowe et al., 1989）

在水合的活细胞中，细胞膜以水合的双分子层形式存在，磷脂的极性头部基团朝外（水分子由小的开放圆表示），疏水的脂肪酸链位于中间。干燥后，根据温度，流动性较强的液晶相转变为凝胶相。凝胶相的膜与液态水的直接水合作用导致相变返回到液晶相，在该相变过程中发生渗漏（上面的路径）。如果凝胶相的膜在返回水中之前被加热到高于转变温度（T_m），它在重新水合之前将经历相变，当暴露于液态水时不会渗漏（下面的路径）。水蒸气的水合作用也将导致向液晶相的转变，并防止重新水合时的损伤

三、阶段Ⅱ：滞后期

当水分被吸收进入种子时，ψ_m变为较小的负值，因为细胞组分和细胞壁变得水合，以及水分吸收的ψ梯度减小。这会降低水分吸收速率，使其接近一个平台期或者仅仅缓慢增加含水量的时期。ψ_{seed}将与外部水分的ψ接近平衡，几乎没有净的水分进入种子。实际上，当细胞接近完全水合时，种子细胞的ψ_s被ψ_p平衡。阶段Ⅱ的进一步水分吸收必须是细胞内贮藏的聚合物的有限动员所导致的ψ_s降低而引起的，因为贮藏的聚合物能转化为更具渗透活性的组分，例如淀粉转化为糖或者蛋白质转化为氨基酸。这一现象被种子萌发过程中蛋白质组学的研究所证实（He and Yang, 2013）。植酸钙镁（phytin）的分解也能释放离子，这些离子是细胞中的重要渗透物质（Bewley et al., 2013）。

在阶段Ⅱ，即使净水分吸收很少，但主要的代谢事件在休眠和非休眠种子中发生（图 4-1）。在休眠种子中，这些仅限于细胞完整性的恢复、线粒体修复、呼吸作用的启动和 DNA 修复，但具有很少的贮藏物分解（除非种子长时间处于水合休眠状态），或者与萌发相关的 mRNA 或者蛋白的合成（Black et al., 2006; Bewley et al., 2013）。在非休眠种子中，阶段Ⅱ还包括细胞骨架的重新形成以及修复干藏过程中积累的 DNA 损伤。在干种子中，形成细胞骨架的微管（microtubule）对许多细胞过程是重要的，包括胞质流动、细胞器运动、细胞壁形成、在细胞内解聚和形成离散的颗粒体。在吸胀的 8 h 内，微管蛋白亚单位重新组织成为细胞骨架。同样，在 DNA 复制或者细胞分裂之前，核苷酸掺入 DNA 表明 DNA 修复是阶段Ⅱ发生的一种早期事件（Black et al., 2006）。

四、阶段Ⅲ：萌发的完成

虽然休眠种子可以达到吸胀作用的阶段Ⅱ，但只有完成萌发的种子才能进入吸胀的阶段Ⅲ，这是与胚根伸出有关的细胞扩大所致（图 4-4）。因此，阶段Ⅲ的水分吸收不是真正的吸胀作用本身，而是萌发完成的最初结果。当植物细胞通过吸收水分和细胞壁伸展而扩大时，种子完成萌发，胚开始生长成为幼苗。水分吸收是由渗透活性物质的产生（降低ψ_s）以及由胚及其周围组织的细胞壁松弛（降低ψ_p）形成ψ梯度所驱动。胚乳和盾片不会扩大，因此不出现阶段Ⅲ的水分吸收（Bewley et al., 2013）。

胚根从周围组织中伸出也取决于胚的生长势（growth potential）和周围组织的机械阻力（mechanical resistance）之间的平衡。这种平衡可能通过胚的生长势增加或者周围组织的机械阻力降低打破，或者被二者同时发生打破（Bewley et al.,

2013; Nonogaki, 2014)。成熟种子中，特别是其胚乳细胞壁中富含甘露聚糖的多聚物对种子萌发时的胚根伸出产生强的机械阻力（Iglesias-Fernández et al., 2011）。研究表明，水稻种子胚乳细胞壁中甘露糖和半乳糖的含量约占细胞壁总糖量的6%，主要以半乳甘露聚糖的形式存在（任艳芳等, 2007）。细胞壁半乳甘露聚糖（galactomannan）的彻底降解需要 β-甘露聚糖酶（β-mannanase）、β-甘露糖苷酶（β-mannosidase）和 α-半乳糖苷酶（α-galactosidase）的共同作用。在干种子和萌发前的种子中 β-甘露糖苷酶和 α-半乳糖苷酶活性就已经存在，而 β-甘露聚糖酶的活性只有在萌发后才能检测到；这 3 种酶的活性均随着萌发进程而增加。GA_3 对 β-甘露聚糖酶和 α-半乳糖苷酶的活性具有一定的促进作用，而 ABA 对 β-甘露糖苷酶和 α-半乳糖苷酶活性的影响不明显，但可以明显地抑制 β-甘露聚糖酶的活性（任艳芳等, 2007）。在许多物种中, 胚乳细胞的分离发生在种子完成萌发之前，胚乳细胞的分离被 GA 促进，并与 GA 调控的细胞壁重塑酶（cell-wall remodeling enzyme）的协同表达有关（Sechet et al., 2016）。值得注意的是，胚乳细胞壁多聚糖的降解在胚周围组织机械阻力降低中的作用以及对胚根伸出的贡献有待进一步研究。

五、吸胀的动力学

在 3 个吸胀阶段中，每一阶段的持续时间取决于种子的某些固有特性（例如，可水合基质的含量、种皮的渗透性、种子大小）和水合过程中的主要条件（例如，温度、初始含水量、水分和 O_2 的可用性）。种子的不同部分可能以不同的速率经历并完成这些阶段；例如，胚的吸胀速率比胚乳快。种子和种子内单个组织的含水量也取决于贮藏物的组成，因为含油量较高的组织在任何 ψ 下都比含油量较低的组织具有较低的含水量。

此外，吸胀阶段的持续时间显著地受温度和外部 ψ 影响，尤其是阶段Ⅱ的持续时间以及阶段Ⅲ是否发生。温度和 ψ 的降低对阶段Ⅰ的吸胀作用具有相对较小的影响，因为水分吸收的最初 ψ 梯度非常高。然而，阶段Ⅱ的持续时间随着温度或者 ψ 的降低而延长，此阶段达到的最终含水量取决于环境的 ψ。温度和 ψ 的下降也降低呼吸速率，延长阶段Ⅱ为生长做准备所需的时间。如图 4-8 所示，相对较小的 ψ 下降减少了种子在阶段Ⅱ的含水量，ψ 下降低于−1.0 至−1.5 MPa 通常会完全阻止进入阶段Ⅲ。显然，种子能够降低其 ψ_s 以吸收足够的水分来驱动完成萌发所需的细胞扩大是有限的，低于胚细胞不能扩大的最低含水量，则阶段Ⅱ无限期地延长。这种现象被用于一种称为种子引发（seed priming）的技术，该技术允许水分吸收到与萌发相关的代谢所需的程度（阶段Ⅱ），但阻止胚根的伸出（阶段Ⅲ）。

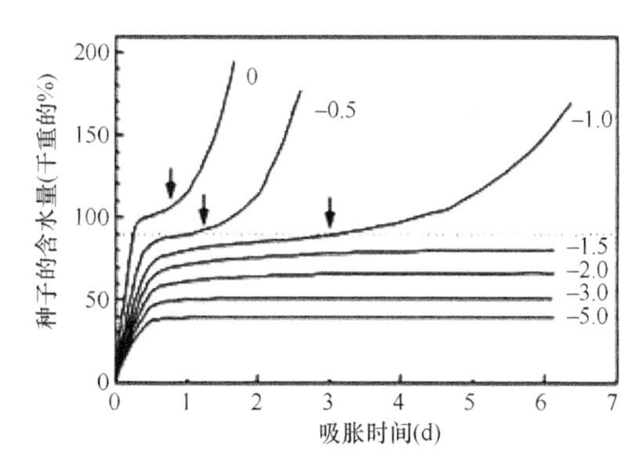

图 4-8 种子在不同 ψ 的溶液中吸收水分的时间过程（每条曲线表明了 MPa 值）（引自 Bradford, 1986）

在高 ψ 时，所有 3 个吸胀阶段都是明显的，而在低 ψ 时仅出现阶段 I 和阶段 II。箭头表示在每种溶液中胚根伸出的时间（完成萌发）。虚线表示胚根伸出所需的近似最小含水量

总之，种子对水分吸收的动力学受种子的特性和所处环境的影响。种子与其周围环境（萌发基质或者土壤基质）之间的 ψ 梯度是水分吸收的驱动力，但种子对水分的渗透性决定了水分吸收的速率。种子的渗透性受形态、结构、组分、初始含水量和吸胀温度的影响。在没有渗透障碍的情况下，最初的水分吸收速率很快，但当种子与其周围环境的 ψ 接近平衡时，水分吸收速率下降到非常低的值。进一步的水分吸收主要取决于与完成萌发和随后幼苗生长相关的胚生长。

第三节 呼吸作用：氧消耗与线粒体发育

一、途径与产物

在吸胀的种子中，有 3 条呼吸途径是活跃的，即糖酵解（glycolysis）、戊糖磷酸途径（pentose phosphate pathway）和柠檬酸循环（citric acid cycle）[也称 Krebs 循环（Krebs cycle）或者三羧酸循环（tricarboxylic acid cycle）]。糖酵解在有氧（aerobic）和厌氧（anaerobic）条件下进行，产生丙酮酸（pyruvate）；但在缺乏足够的 O_2 时，丙酮酸被进一步还原为乙醇（ethanol）和 CO_2，或者如果不发生脱羧作用（decarboxylation）则被还原为乳酸（lactic acid）。厌氧呼吸（anaerobic respiration）也称为发酵（fermentation），每消耗 1 分子葡萄糖只产生 2 个 ATP 分子，而在有氧条件下在丙酮酸形成过程中产生 6 个 ATP 分子。在 O_2 存在下，丙酮酸的进一步氧化在线粒体内发生：丙酮酸的氧化脱羧产生乙酰-CoA，乙酰-CoA 通过柠檬酸循环完全氧化成为 CO_2 和 H_2O；当电子通过定位于线粒体内膜上的一系列电子载体（electron carrier）沿着电子传递链（electron transport chain）转移到分子 O_2 时，ATP 在氧化磷酸化（oxidative phosphorylation）过程中生成；每个葡

萄糖分子再产生 30 个 ATP 分子（Millar et al., 2011; Taiz et al., 2015）。另一条不涉及细胞色素（cytochrome）的电子传递途径也可能在线粒体中运转。戊糖磷酸途径是 NADPH 的一种重要来源，NADPH 在还原性生物合成中，特别是脂肪酸的生物合成中作为氢和电子供体。戊糖磷酸途径的中间产物是各种生物合成过程的起始化合物，例如氨基酸、多酚、核苷酸和核酸的合成。此外，己糖通过戊糖磷酸途径和柠檬酸循环的完全氧化也能够产生高达 29 个 ATP（Taiz et al., 2015）。

二、吸胀和萌发过程中的呼吸作用

与发育中或者萌发中的种子相比，成熟的干燥种子（含水量通常<15%）的呼吸作用非常弱，测量结果常常被污染的微生物群影响。当干种子被放入水中时，会立即释放出气体，这称为湿润爆发（wetting burst）。湿润爆发可能持续几分钟，但与呼吸作用无关，而是当水分被吸收时，从胶体吸附到干燥种子基质上所释放的气体。当死种子或者它们的内含物（如淀粉）吸胀时，也会释放这种气体。

呼吸作用本身在吸胀开始的几分钟内发生。最初，耗氧量急剧增加，部分原因是参与柠檬酸循环和电子传递链的线粒体酶的激活和水合作用。随着种子中更多的细胞水合，呼吸作用呈线性增强（图 4-9）。在吸胀作用完成后，呼吸作用会出现一个滞后期或者仅仅缓慢增加；此时种子的水合作用已经基本完成，所有预先存在的酶都被激活。在这一阶段，呼吸酶或者线粒体的数量几乎没有

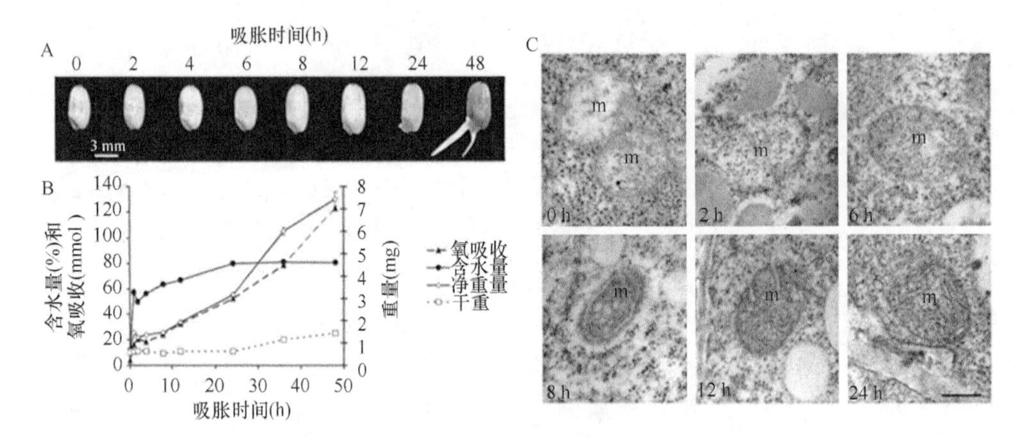

图 4-9 水稻种子萌发过程中胚的呼吸作用和线粒体发育（引自 Howell et al., 2006）

A：水稻胚的萌发。B：在吸胀的 0～48 h，水稻胚的耗氧量、含水量和重量。水稻胚的鲜重、干重和含水量的测定值为每个时间点的平均值±标准误（$n=4$）。用氧电极测定整个水稻胚的耗氧量。每个数据点代表两次独立测量的平均值。C：水稻胚茎尖线粒体的透射电子显微照片。在使用透射电子显微镜观察线粒体（m）之前，不同萌发阶段的水稻胚（在每个面板的左下角显示）被固定、脱水和包埋，然后被切片和染色。24 h 面板中的比例尺代表 200 nm，适用于所有的显微照片

进一步的增加。滞后期发生的部分原因是种皮或者其他周围结构限制了对吸胀

胚或者贮藏组织的 O_2 供应，导致胚或者贮藏组织暂时处于部分厌氧状态。例如，从吸胀的种子中除去种皮可以明显地减少呼吸滞后。这种滞后的另一个可能原因是萌发过程中糖酵解途径的激活比线粒体的发育更快。由于柠檬酸循环或者氧化磷酸化（电子传递链）的缺陷，这可能导致丙酮酸的积累；因此，一些丙酮酸会暂时转移到发酵途径，而发酵途径不需要 O_2。在周围结构被胚突破后，出现第二次呼吸爆发（图 4-9）。这可能是由于生长胚的增殖细胞中新合成的线粒体和呼吸酶活性的增加。

三、线粒体发育和氧化磷酸化

在干燥和新近吸胀的种子中，其线粒体在结构和功能上是有缺陷的，内部分化较差；随着萌发过程的进行，线粒体的内部结构逐渐发育（图 4-9）。ATP 最初可能是通过糖酵解产生的，但效率低；在萌发过程中，ATP 的产生是利用线粒体电子传递链通过氧化磷酸化进行的。因此，从吸胀作用开始，ATP 的合成和 O_2 的消耗是对氰化物（cyanide）敏感的，氰化物是细胞色素 c 氧化酶（cytochrome c oxidase）的一种抑制剂，细胞色素 c 氧化酶是电子从 NADH 传递到分子 O_2 的一种重要中间物（Millar et al., 2011）。无论呼吸作用的初始模式如何，种子萌发的一个普遍特征是线粒体的效率随着吸胀的时间增加。这可能是由于现有线粒体的效率提高和/或者其数量的增加。吸胀种子中线粒体的发育似乎有两种不同的模式：① 成熟干燥种子中已经存在的线粒体的修复和激活；② 新线粒体的产生。在干种子中，称为前线粒体（pro-mitochondria）的不完整细胞器缺乏清晰的内部结构，但到吸胀后 24 h，在萌发过程中，许多前线粒体重新分化为更典型的线粒体结构，与新线粒体的生物合成一起，二者都在吸胀后 48 h、在萌发结束后完成。前线粒体的重新组装需要线粒体和核基因组的表达，从而导致新的结构蛋白和酶的合成。在吸胀的水稻胚中，随着前线粒体的成熟，其组织和功能的增加伴随着线粒体转录本和输入线粒体的蛋白的核转录本提高，输入机制在吸胀后 2 h 内运行。在厌氧和有氧条件下萌发的水稻籽粒之间，其线粒体蛋白的丰度具有显著性差异；在厌氧条件下，蛋白存在较少，但这不一定反映在它们的转录物丰度上。这可能表明，在厌氧条件下由于转录本降解、转录因子活性、蛋白合成能力或者蛋白降解的改变，这些蛋白存在转录后调节。

此外，在一些种子中，在吸胀早期的线粒体中存在一条交替氧化酶（alternative oxidase）途径（Song et al., 2009）。该途径产生较少的 ATP，NADH 氧化产生的电子直接传递给 O_2，但该途径在种子萌发过程中的重要性尚不清楚。

四、低氧条件下的呼吸作用

如上所述，许多种子在吸胀早期经历暂时的低 O_2 环境。因此，厌氧呼吸的发酵产物——乙醇和乳酸在种子中积累；它们在不同的物种中以不同的比例存在。当胚根突破周围结构时，这些厌氧产物在 O_2 增加的条件下随着代谢下降。乳酸脱氢酶（lactate dehydrogenase, LDH）和乙醇脱氢酶（alcohol dehydrogenase, ADH）分别负责乳酸和乙醇的合成与去除。在有氧条件下，LDH 将乳酸转化为丙酮酸，然后丙酮酸通过柠檬酸循环被利用；ADH 将乙醇转化为乙醛，乙醛脱氢酶（acetaldehyde dehydrogenase）将乙醛氧化为乙酸，乙酸被活化成为乙酰-CoA，可用于许多代谢过程。在一些物种的种子中，ADH 和 LDH 的活性在萌发过程中显著增加（10 倍或者更多）。萌发完成后，在有氧条件下，ADH 和 LDH 可以忽略不计，因为种子中乙醇和乳酸的丧失与 ADH 和 LDH 的下降平行。

萌发过程中种子的自然低氧（hypoxia）时期可能从几小时持续到几天。一些物种的种子在被水淹没时实际上能完成萌发，尽管随后的胚根生长受到抑制，如果萌发的种子被继续水淹，它们就会死亡。水稻种子能在缺氧（anoxia）的环境下萌发，尽管只有胚芽鞘伸长，此时根的生长被抑制，叶片从胚芽鞘中伸出也受到抑制（图 4-10，图 4-11）。在缺氧条件下，水稻幼苗会产生大量的乙醇，其含量可能是通气对照的近 100 倍，其中大部分（高达 95%）扩散到周围的水中。在缺氧条件下，在水稻中由于 ADH 基因的诱导和酶的从头合成，线粒体 ADH 活性随着乙醇的产生而升高。乳酸的增加也会发生，但与乙醇相比，乳酸的增加量非常小。

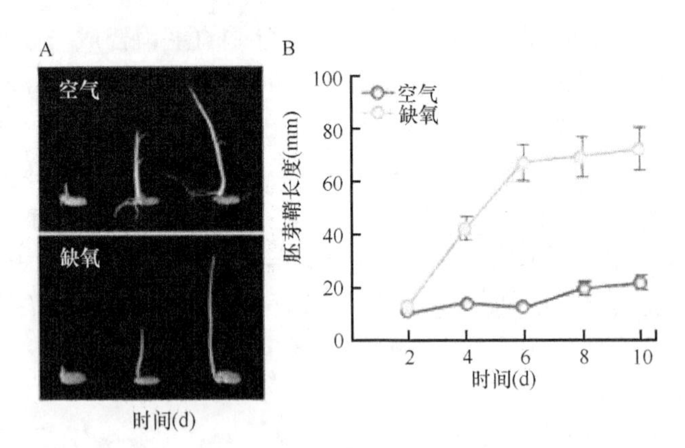

图 4-10　水稻的有氧和厌氧萌发与幼苗生长（引自 Magneschi and Perata, 2009）

A：播种后 2 d、4 d 和 6 d 的幼苗。在有氧条件下产生根、胚芽鞘和初生叶，而缺氧的幼苗缺少初生叶和根，只有胚芽鞘生长。B：在有氧（空气）和厌氧（缺氧）条件下胚芽鞘的长度。在缺氧条件下，播种后 10 d 的胚芽鞘的平均长度是在有氧条件下的三倍

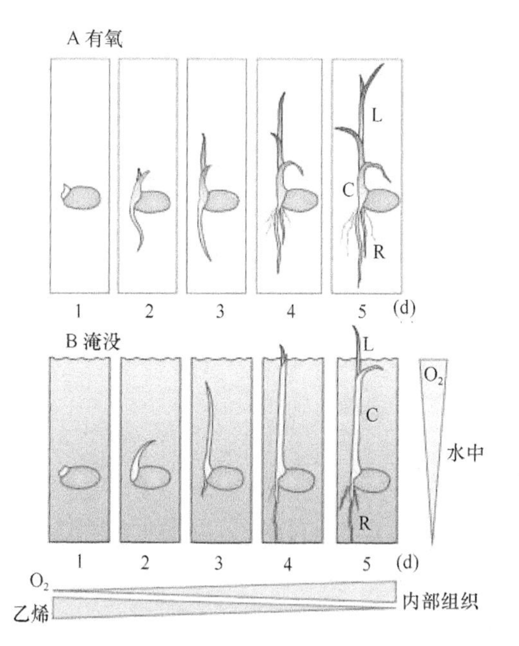

图 4-11　水稻幼苗在有氧和淹水条件下的不同发育过程（引自 Yu et al., 2021）

吸胀后第 1～5 d 的水稻幼苗。图示水稻品种为‘泰农 67’，生长在不含糖的琼脂培养基的试管中。（A）在有氧条件下，胚芽鞘和根在第 2 d 产生，叶片在第 3 d 产生。（B）在水淹没的条件下，胚芽鞘在第 2 d 产生，根在第 4 d 产生，叶片在第 5 d 胚芽鞘到达水面后产生。在水的表面氧气（O_2）的水平较高，并且随着低于水面的距离而降低。当空心的胚芽鞘接近水面时，内部的 O_2 和乙烯的水平分别上升和降低，导致通气组织发育、滞留的乙烯释放以及叶和根生长。C：胚芽鞘；L：叶子；R：根

水稻在低氧或者缺氧的条件下已进化出各种生存策略（Lee et al., 2009）。“代谢适应（metabolic adaptation）”和“逃逸（escape）”是水稻在淹没条件下迅速厌氧萌发（anaerobic germination）或厌氧幼苗发育（anaerobic seedling development）的主要策略（图 4-12）。然而，大多数水稻品种表现出较差的厌氧萌发/厌氧幼苗发育能力（Miro and Ismail, 2013）。了解水稻厌氧萌发/厌氧幼苗发育的具体调控机制不仅具有重要的科学意义，而且对水稻直播栽培与育种具有重要意义。

在水稻和稗草中，在没有 O_2 的情况下，ATP 的合成在吸胀后不久开始，可能是通过糖酵解途径进行，结束于丙酮酸转化为乙醇。这两个物种幼苗中的线粒体发育在缺氧条件下与完全通气条件下没有很大的不同。例如，在缺氧条件下，两者都表现出许多柠檬酸循环酶显著增加。虽然在吸胀的籽粒中氧化磷酸化在缺乏 O_2 的情况下明显不会发生，但线粒体发育并有 ATP 的产生，因为当幼苗恢复到有氧条件时，氧化磷酸化几乎立即开始。最后，值得注意的是，除与线粒体活性直接相关的反应外，水稻种子在低氧下的代谢和转录反应也发生了很大的变化。例如，与有氧条件相比，在厌氧条件下的萌发过程中，与碳氮代谢和一些脂质代谢有关的蛋白的转录本发生了很大的变化。然而，其中的一些变化与通过增加糖酵

解和发酵途径的通量来补偿厌氧条件下 ATP 产生的损失有关，这是通过上调其中涉及的酶来实现的（Bewley et al., 2013）。

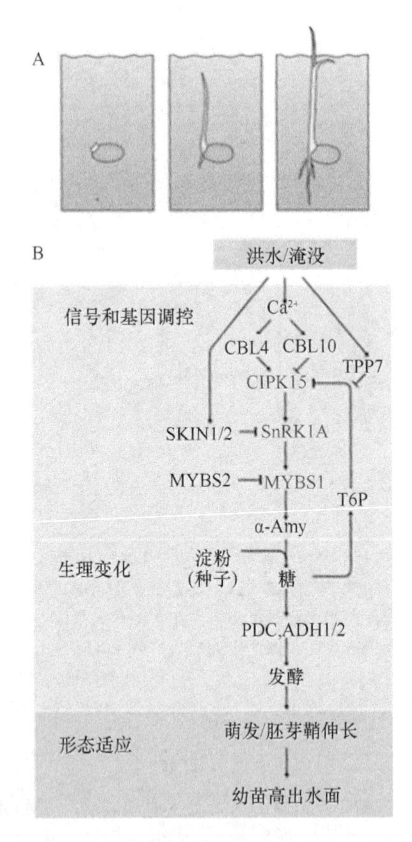

图 4-12 调节水稻厌氧萌发和幼苗发育的机制（引自 Yu et al., 2021）

水稻利用了一种在静止的水中迅速萌发和胚芽鞘伸长的“代谢适应” 和“逃逸”策略。三个水平的反应包括信号和基因调控、生理变化和形态适应，构成了该策略的基础。(A) 在胚芽鞘到达水面后，具有叶和根的幼苗被建立。(B) 为了启动厌氧萌发/厌氧幼苗发育，与类钙调神经磷酸酶 B 亚基（calcineurin B-like, CBL）蛋白相互作用的 Ser/Thr 蛋白激酶将 O_2 缺乏信号与 SnRK1A- MYBS1 依赖的信号相联系，以诱导或者抑制 α-淀粉酶（α-amylase, α-Amy）的表达。种子中的淀粉被 α-Amy 水解生成糖，从而通过发酵产生能量，促进水下厌氧萌发/厌氧幼苗发育。淹没诱导 SKIN1/2 被抑制，而 TPP7 解除 T6P 介导的 SnRK1A 活性的抑制。在淹没条件下，MYBS2 与 MYBS1 竞争与 α-Amy 启动子的结合并抑制其转录。

SnRK1A：sucrose nonfermenting 1-related protein kinase 1A，蔗糖非发酵 1 相关蛋白激酶 1A；MYBS1：myeloblastosis sucrose 1，成髓细胞血症蔗糖 1；SKIN1/2：SnRK1A-interacting negative regulator 1/2，SnRK1A 相互作用负调控因子 1/2；TPP7：trehalose-6-phosphate phosphatase 7，海藻糖-6-磷酸磷酸酶 7；T6P：trehalose-6-phosphate，海藻糖-6-磷酸；ADH1/2：乙醇脱氢酶 1/2；PDC：丙酮酸脱羧酶

第四节 RNA 和蛋白质的合成

从干种子的代谢静止和生长停滞转变为萌发过程中的代谢恢复需要许多由酶

和其他功能蛋白催化的生化变化。这一时期的强烈的细胞活动也需要结构蛋白的变化。因此，RNA 和蛋白的从头合成是导致种子萌发的关键过程。本节讨论吸胀种子中从静止到萌发转变的种子转录组和蛋白质组的变化。

一、干种子和种子萌发的转录组

水稻、拟南芥、大麦和莴苣的干种子含有 10 000 多个基因的转录本（Bewley et al., 2013），这些转录本被称为贮藏或者残留的 mRNA，它们很可能与信使核糖核蛋白复合物（messenger ribonucleoprotein complexe, mRNP）有关。正如所预期的那样，它们在很大程度上反映了种子发育后期的基因表达活性，具有为种子贮藏物、热休克蛋白、LEA 蛋白和贮藏物生物合成酶编码的高丰度 mRNA。大多数这些由种子成熟基因编码的残留 mRNA 在吸胀后被迅速降解，并不会被替换。值得注意的是，ABA 应答元件（ABA-responsive element, ABRE），一个通常存在于基因启动子区域的 DNA 基序，在胚发育后期表达，在残留 mRNA 基因中过量存在，反映了 ABA 在种子成熟过程中调控其基因表达的关键作用。在干种子中，一些以 mRNP 形式存在的残留 mRNA 可能在吸胀后被翻译成为蛋白质，支持基本的“管家（housekeeping）”功能，直到被从头合成的转录本代替，但没有实验证据表明它们在萌发完成中具有重要的作用（Bewley et al., 2013）。

吸胀的水稻种子转录组分析表明，在吸胀开始后 1～3 h，分别有 1000 多个基因上调或者下调，而在吸胀开始后的第一个小时，只有有限数量（＜50）的 mRNA 发生变化（Bewley et al., 2013）。

Yang 等（2020）以籼稻‘YZX’和粳稻‘02428’为材料，分别采用 RNA 测序和广泛的靶向代谢组学方法，大规模地检测了种子萌发和幼苗生长期间转录物和代谢物的变化（图 4-13）。转录组研究表明，在种子萌发和幼苗生长过程中，产生了 25 087 077 条高质量序列，其中平均 20 207 242 条序列可以匹配到粳稻‘日本晴’参考基因组 IRGSP-1.0 中注释的转录本。在‘日本晴’参考基因组中，‘02428’和‘YZX’样本的平均匹配比例分别为 80.94%和 80.27%。种子萌发和幼苗生长过程中（0～4 d），在‘02428’和‘YZX’中分别鉴定了总共 20 582 和 19 770 个差异表达基因（differentially expressed gene，DEG）。当对连续时间点进行比较时，大多数 DEG 在 0～2 d 被鉴定，而在 2～3 d 和 3～4 d 鉴定的 DEG 数量显著减少。随着萌发时间的延长，上调的 DEG 数量高于下调的 DEG 数量（图 4-13A）。尽管品种‘02428’和‘YZX’属于两个不同的亚种，在萌发和幼苗生长中的 DEG 是有差异的，但它们都存在一些重叠的 DEG（16 116）（图 4-13B）。这些重叠的 DEG 可能是水稻种子萌发和幼苗生长所必需的“核心 DEG”（Yang et al., 2020）。

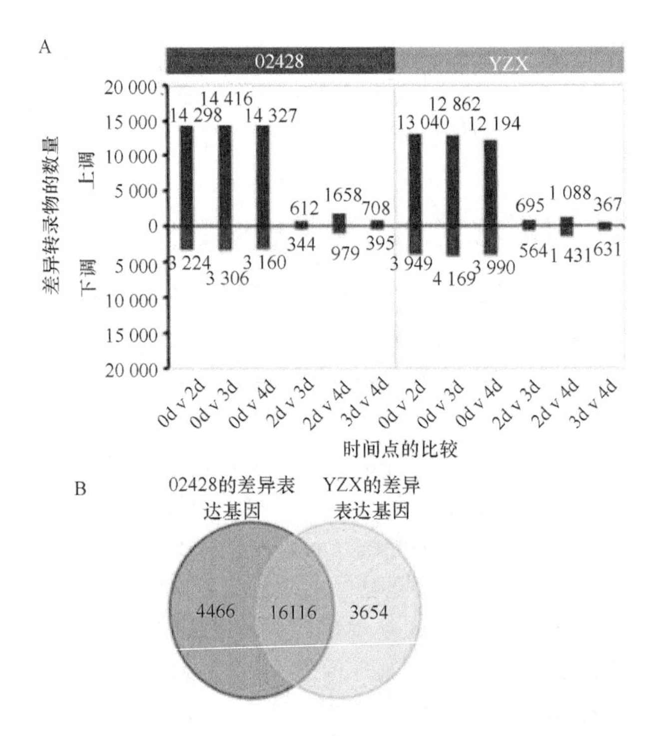

图 4-13 籼稻‘YZX’和粳稻‘02428’种子萌发和幼苗生长过程中转录物的丰度变化（改自 Yang et al., 2020）

A：不同时间点转录物显著变化的数量；B：‘02428’和‘YZX’的差异表达基因

核心 DEG 的 GO（Gene Ontology）term 富集分析表明：根据细胞定位，这些核心 DEG 在 8 个区域中被显著富集，包括细胞外区域、质体和细胞外周；根据生物学过程，这些核心的 DEG 主要参与 12 个过程，包括单一生物体代谢过程、碳水化合物代谢过程和脂质代谢过程；根据分子功能，这些核心 DEG 主要与 12 项功能有关，包括催化活性、转运体活性和受体活性。KEGG（Kyoto Encyclopedia of Genes and Genomes）富集分析显示，水稻萌发和幼苗生长过程中的核心 DEG 共参与 34 个途径，主要包括氨基酸代谢、碳水化合物代谢、能量代谢、其他次生代谢产物的生物合成、脂质代谢和信号转导（Yang et al., 2020）。

此外，Mangrauthia 等（2016）研究了高温下水稻种子萌发的转录组，发现与 ABA 和茉莉酸（jasmonate）信号转导、抗氧化酶（过氧化物酶和抗坏血酸过氧化物酶）、热休克蛋白（HSP20 和 HSP70 家族）、HSP 结合蛋白 1（HSPBP1、HSP70 相互作用用蛋白）以及其他胁迫相关途径有关的转录物表达发生了改变。Narsai 等（2017）研究了缺氧和重新加氧条件下水稻种子萌发和发育的胚芽鞘中转录组和表观基因组的动态和迅速变化。Dasgupta 等（2020）通过比较转录组分析研究了 IR64 籼稻品种的早期冷反应机制，发现与改变膜刚性、电解质渗漏、钙信号起始、ROS

产生和胁迫反应转录因子激活有关的基因较丰富。

二、种子萌发的代谢组

Yang 等（2020）在‘02428’和‘YZX’种子萌发和幼苗生长过程中共鉴定出 730 个代谢物，包括 32 种物质及其衍生物（图 4-14E）。在‘02428’和‘YZX’中分别鉴定出 157 和 144 个差异表达代谢物（differentially expressed metabolites,

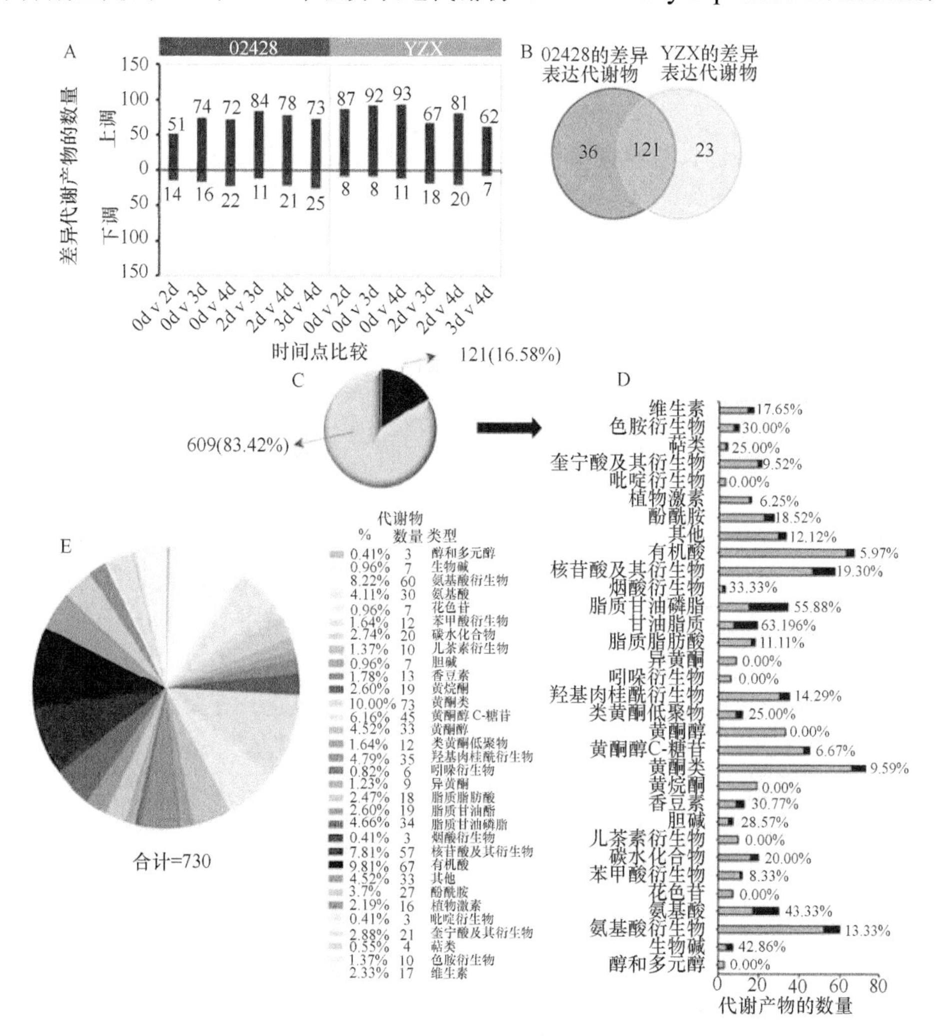

图 4-14　籼稻‘YZX’和粳稻‘02428’种子萌发和幼苗生长过程中代谢物丰度变化的总结（改自 Yang et al., 2020）

A：不同时间点代谢物显著变化的数量；B：‘02428’和‘YZX’之间 DEM 的维恩图；C：共 121 种核心代谢物占总代谢物的比例；D：121 种核心代谢物在各种代谢物及其衍生物中的数量和比例，黑匣子代表核心代谢物。E：730 种代谢物的分类

DEM）。随着时间的延长，上调的 DEM 数量多于下调的 DEM 数量。与转录谱不同，在每个时期鉴定的差异代谢物的数量变化很小（图 4-14A）。值得注意的是，在这两个亚种中都存在一些重叠的 DEM（121）（图 4-14B）。这些重叠的 DEM 也可能是水稻种子萌发和幼苗生长所必需的“核心 DEM”。这些核心 DEM（121）占总代谢物的 16.6%，占 32 种代谢物中的 24 种。DEM 中的甘油脂质、甘油磷脂和氨基酸的数量相对较多，在所有不同种类的代谢物中占较高的比例（图 4-14C, D）。

三、种子萌发的蛋白组

蛋白质组分析提供了一种重要的工具，可用于比较分析复杂的蛋白质混合物，并获得参与特定生物学反应和/或者过程的单个蛋白质的信息（Rajjou et al., 2008; Miernyk and Hajduch, 2011）。此外，蛋白质组学提供了一个机会来同时检测在复杂的发育和萌发过程中发生的蛋白质积累的变化，并对其时间模式进行分类（Bove et al., 2005; Wang et al., 2015a, b）。水稻种子萌发过程中的蛋白质组分析表明，许多蛋白（包括代谢、能量、蛋白合成与定位、细胞生长与分裂、细胞防御与救援以及贮藏蛋白）与种子萌发有关（Yang et al., 2007; Kim et al., 2008; He et al., 2011a, b; Han et al., 2014a, b; Liu et al., 2015）。

Xu 等（2016）以非休眠的栽培稻‘雁农 S’和休眠的东乡野生稻种子为实验材料，比较研究了两种类型种子在萌发过程中胚和胚乳的差异蛋白质组变化（图 4-15，图 4-16）。胚和胚乳中分别有 231 个和 180 个蛋白斑点在萌发过程中表现出显著的丰度变化。与种子萌发相关的重要蛋白包括代谢、能量、蛋白合成与定位、贮藏蛋白、细胞生长与分裂、信号转导、细胞防御与救援等蛋白。胚和胚乳对种子萌发的贡献是不同的。在胚中，参与氨基酸激活、蔗糖裂解、糖酵解、发酵和蛋白质合成的蛋白质增加；在胚乳中，参与蔗糖分解和糖酵解的蛋白质减少，与 ATP 和 CoQ 合成以及蛋白质水解有关的蛋白质增加。

Liu 等（2016）以水稻培矮 64S（*Oryza sativa*，‘Peiai 64S’）种子为材料，分别在种子萌发的不同阶段——静止期、狭义萌发、完全萌发和幼苗期取样，研究了胚蛋白质组的变化。共有 88 个蛋白斑点的丰度在萌发过程中显示出显著的变化，与细胞分裂、细胞壁合成和次生代谢有关的过程在种子萌发后期被激活。70 μmol/L 的环己酰亚胺（cycloheximide, CHX）抑制幼苗的建立，对种子萌发没有明显的负面影响，而 500 μmol/L 的 CHX 完全抑制了种子的萌发。利用这一结果，与种子萌发（胚芽鞘伸出）和幼苗形成（胚芽鞘和胚根伸出）有关的潜在重要蛋白被鉴定。26 个蛋白斑点，主要与糖/多糖代谢和能量产生有关，在种子萌发过程中表现出显著的丰度差异；49 个蛋白斑点，主要参与细胞壁的生物合成、蛋白水解以及细胞防御与救援。

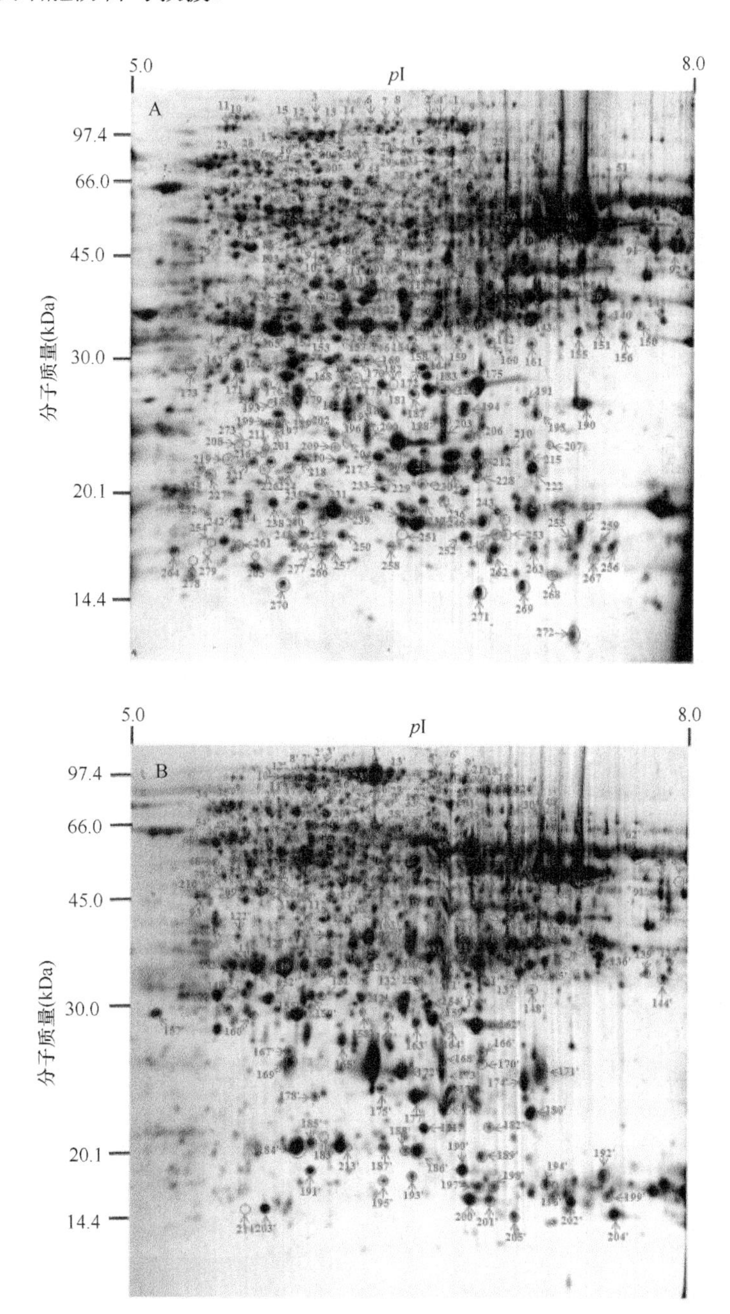

图 4-15　差异变化和已鉴定的蛋白的凝胶图谱（引自 Xu et al., 2016）

500 mg 蛋白从干种子和吸胀（25℃和黑暗中吸胀 12 h）种子的胚或者胚乳中提取，通过 2D 胶分离，并用考马斯亮蓝 R-250 进行可视化。差异变化的蛋白斑点用箭头表示

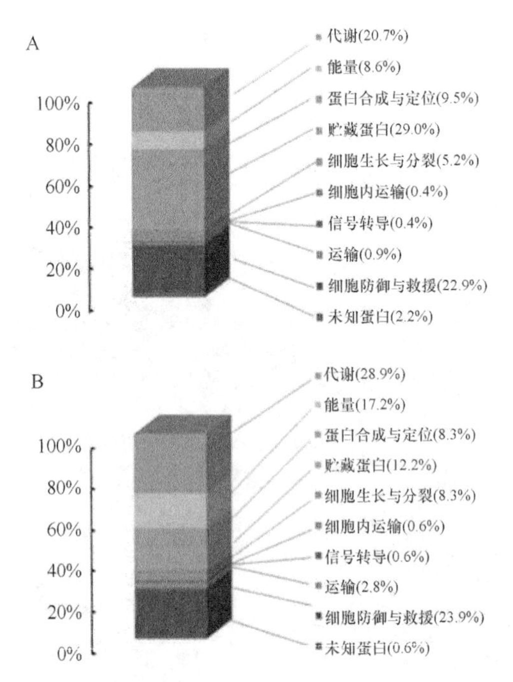

图 4-16　差异变化和已鉴定蛋白的功能分类与分布（引自 Xu et al., 2016）

A：胚，231 个蛋白斑点被分为 10 个功能组和 24 个亚功能组；B：胚乳，180 个蛋白斑点分为 10 个功能组和 24 个亚功能组。因数据修约，百分数加和不为 100%

第五节　DNA 合成与细胞分裂

在萌发过程中，DNA 合成有两个时期（图 4-17）：第一个时期与干种子吸胀后的 DNA 修复有关，第二个时期为萌发后细胞分裂的前期。DNA 复制开始的时间可能是种子活力的一个指标，因为低质量的种子在成功复制 DNA 之前需要更长的时间来完成初始的 DNA 修复。线粒体 DNA 的合成也在萌发过程中发生，尽管在细胞 DNA 合成中所占的比例非常小。

胚根通过细胞伸长从种子中伸出后，由于细胞分裂和新形成细胞的伸长几乎立即生长。所以，细胞分裂是一种萌发后的现象，有助于胚轴生长和幼苗建立。β-微管蛋白（β-tubulin）是微管细胞骨架（有丝分裂纺锤体）的一种组分，在细胞分裂过程中与染色体的排列有关，在萌发过程中胚根顶端细胞随着细胞周期（cell cycle）的进行而增加。在具有未成熟胚的脱落种子中，细胞分裂将在其发育完成期间发生，直到萌发后才停止。

细胞周期是所有真核生物在生长过程中增加其细胞数量的基本手段，包含一段 DNA 合成期和有丝分裂（mitosis）期（细胞核和细胞质分裂）（图 4-17）。有丝分裂后，当细胞核含有 2C DNA 时，有一段正常的细胞生长期[间期 1（Gap1

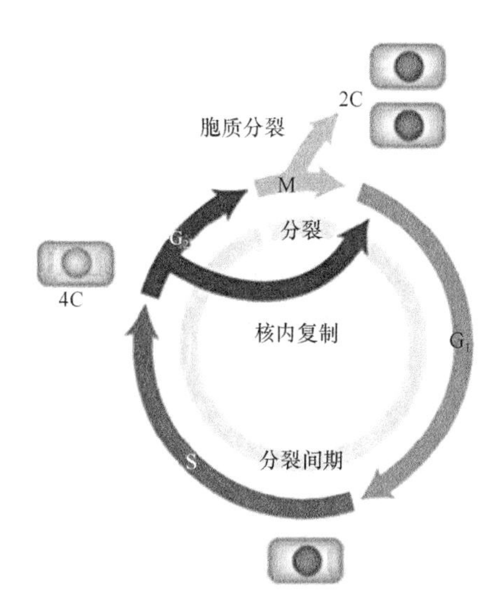

图 4-17　真核细胞周期模式图（引自 Bewley et al., 2013）

在间期 1（G_1，2C DNA 含量）和间期 2（G_2，4C）阶段，细胞可以在细胞周期的间期早期和晚期阶段生长。DNA 的复制限于称为 S 期的间期部分。有丝分裂期（M 期）包括染色体的分裂（染色体浓缩并在显微镜下可见）和随后的细胞质分裂（胞质分裂），以产生两个子细胞。DNA 的核内复制在没有细胞分裂的情况下发生，细胞从 4C 逐渐增加到 8C、16C 和 32C 等

或者 G_1）]，在此期间合成事件包括那些为随后的 DNA 合成做准备的事件。G_1 期通常是细胞周期的最长时期；随后，一些细胞离开 G_1 期并进入细胞周期的静止期（G_0），在这一阶段，细胞保持代谢活性，但不增殖。在活性周期中，在 G_1 期后有 DNA 合成（S），导致染色体加倍（DNA 含量为 4C），无细胞分裂；在第二个准备期（G_2），细胞能够生长，在有丝分裂前进行蛋白质合成。如果 G_2 期很长，那么 DNA 合成和细胞分裂之间的滞后期也会很长；事实上，一些细胞合成 DNA 但从不分裂，而另一些细胞在合成和分裂之间可能有许多小时的暂停。在有丝分裂后有两个二倍体的子细胞，每个子细胞的 DNA 含量为 2C；这些细胞在随后的 G_1 期生长，细胞周期重复。

第六节　引发和萌发促进

随着对萌发过程的理解，已经研发出了改进萌发过程的方法以提高种子在农业生产中的性能。其中最广泛使用的一种方法称为“种子引发（seed priming）”或者种子的预水合（prehydration），以促进其萌发代谢，之后在播种前脱水。正如所预期的那样，引发处理导致更迅速、更一致地萌发和出苗，并能在逆境条件下改善作物的生长。

种子引发基于吸胀作用和 ψ 之间的关系（图 4-8）。使用渗透溶质（如聚乙二醇

或盐）使吸胀介质的 ψ 被显著降低时，或者限制提供给种子的总水量时，胚根伸出被阻止。然而，在阶段Ⅱ发生的许多萌发代谢过程可以继续，包括 DNA 和线粒体修复、贮藏 mRNA 的降解以及新蛋白的转录和翻译（图 4-1）。DNA 合成（复制）、细胞分裂和胚的扩大被阻止，脱水耐性被维持，在引发处理后的种子能被脱水用于储藏、分配和种植。引发过程如图 4-18 所示，表明吸胀作用的阶段Ⅱ由于 ψ 降低能够被延长。一般来说，如果胚根没有伸出，种子仍然能够保持脱水耐性；在引发处理后能够被干燥而不受伤害，尽管处理时间过长（过度引发）可能导致胚根尖端伤害和随后的幼苗生长不良。在储藏和分配后，在有足够水分的条件下，引发的种子能迅速吸水，缩短阶段Ⅱ的持续时间，从水合到胚根伸出和生长的转变相对较快。这样就大大缩短了从播种到出苗的时间，提高了出苗的一致性（图 4-19）。这些优

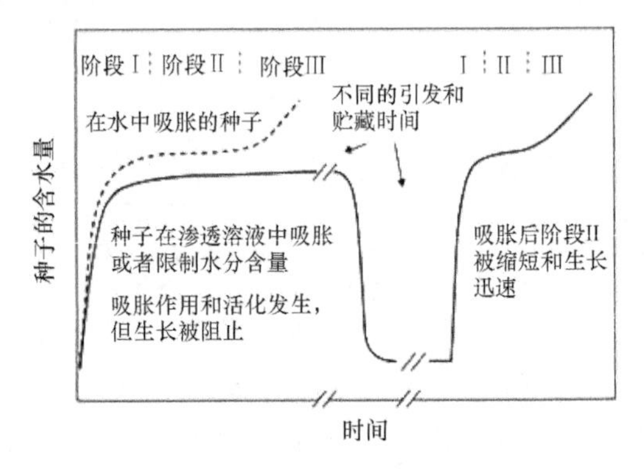

图 4-18 种子引发促进萌发的过程（引自 Bewley et al., 2013）

置于水中的种子经过三个吸胀阶段，包括胚根的伸出和生长（阶段Ⅲ）。在引发过程中，种子的水分吸收受到在渗透溶液中吸胀或提供给种子的水量限制，这样可以延长阶段Ⅱ，同时阻止种子进入阶段Ⅲ。种子保持脱水耐性，能够被干燥、储存和分配，用于种植。当种子吸胀时，引发萌发过程，阶段Ⅱ被缩短，导致更迅速地向阶段Ⅲ过渡并完成萌发

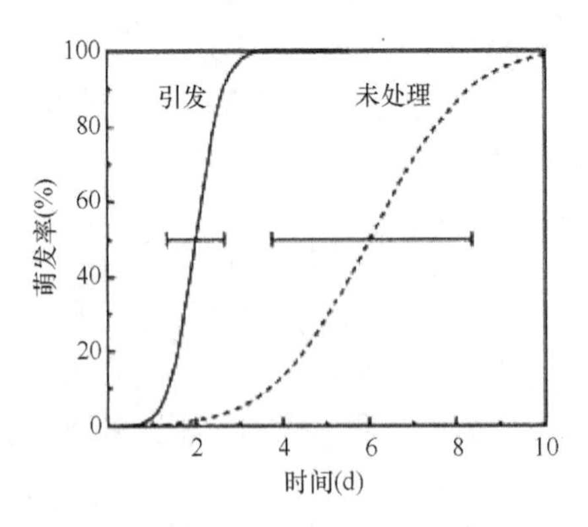

图 4-19 种子引发对萌发动力学的影响（引自 Bewley et al., 2013）

通过缩短吸胀作用的阶段Ⅱ，萌发被促进，并减少萌发时间。当萌发被低温或者其他胁迫延迟时，萌发速率和一致性的改善可能特别明显

势使得种子引发技术被广泛地应用于大农业，其中迅速和一致的萌发改善了移栽和直接播种作物的生产；引发也能够提高种子在胁迫条件例如低温或者盐碱下的萌发能力（Fujino et al. 2004; Wang et al. 2011）。

Ruttanaruangboworn 等（2017）研究了不同浓度的 KNO_3 引发对水稻种子吸胀和萌发模式的影响，结果表明 1% KNO_3 引发比 2% KNO_3 引发有更好的作用，能提高种子的萌发速率和一致性。Cheng 等（2017）比较了干燥和吸胀（24 h）种子之间的蛋白变化，成功地鉴定出 10 个显著变化的蛋白，这些蛋白可分为与碳水化合物和蛋白生物合成与代谢、信号转导、贮藏蛋白和胁迫相关的蛋白。实时定量 PCR 分析表明，在种子引发过程中（0～48 h），胚中的基因表达（除 FAD 依赖的氧化还原酶外）存在显著的差异。与胁迫有关的基因的表达出现在吸胀早期，而与碳水化合物代谢、蛋白合成和信号转导有关的基因的表达在吸胀后期增加。胚中 3 个已鉴定的蛋白（葡糖-1-磷酸腺苷转移酶大亚基、氨基转移酶和醇溶谷蛋白前体）具有相似的转录和蛋白表达模式。根据表型和基因表达，种子引发的最佳停止时间为 24 h，此时这 3 个基因的表达丰度相对较低，然后被显著诱导。这 3 个基因是水稻种子引发的理想候选生物标记。

引发的一个副作用是导致种子储藏寿命下降。研究表明，引发后的干燥速率和干燥程度影响随后的储藏寿命，缓慢或者分阶段的干燥比迅速干燥可获得更好的种子储藏能力。相同干燥速率下分阶段降低种子含水量也能够恢复刚萌发种子的脱水耐性，这表明干燥方式可能影响或者重新诱导有助于种子寿命的脱水耐性机制（Black et al., 2006; Bewley et al., 2013）。

主要参考文献

邓志军, 宋松泉, 艾训儒, 等. 2019. 植物种子保存和检测的原理与技术. 北京: 科学出版社.

任艳芳, 何俊瑜, 王晓峰. 2007. 水稻种子萌发过程中降解半乳甘露聚糖的三个酶活性的动态变化. 中国水稻科学, 21 (3): 275-280.

徐恒恒, 黎妮, 刘树君, 等. 2014. 种子萌发及其调控的研究进展. 作物学报, 40 (7): 1141-1156.

Bevan M, Bancroft I, Bent E, et al. 1998. Analysis of 1.9Mb of contiguous sequence from chromosome 4 of *Arabidopsis thaliana*. Nature, 391: 485-488.

Bewley J D, Bradford K J, Hilhorst H W M, et al. 2013. Physiology of Development, Germination and Dormancy. 3rd Edition. New York: Springer.

Black M J, Bewley J, Halmer P, et al. 2006. The Encyclopedia of Seed. Science, Technology and Uses. Oxfordshire: CAB International.

Bove J, Lucas P, Godin B, et al. 2005. Gene expression analysis by cDNA-AFLP highlights a set of new signaling networks and translational control during seed dormancy breaking in *Nicotiana plumbaginifolia*. Plant Molecular Biology, 57(4): 593-612.

Bradford K J. 1986. Manipulation of seed water relations via osmotic priming to improve germination under stress conditions. HortScience, 21(5): 1105-1112.

Cheng J, Wang L, Zeng P, et al. 2017. Identification of genes involved in rice seed germination in the early imbibition stage. Plant Biology, 19(1): 61-69.

Crowe J H, Hoekstra F A, Crowe L M. 1989. Membrane phase transitions are responsible for imbibitional damage in dry pollen. Proceedings of the National Academy of Sciences of the United States of America, 86(2): 520-523.

Dasgupta P, Das A, Datta S, et al. 2020. Understanding the early cold response mechanism in IR64 indica rice variety through comparative transcriptome analysis. BMC Genomics, 21(1): 425.

Fujino K, Sekiguchi H, Sato T, et al. 2004. Mapping of quantitative trait loci controlling low-temperature germinability in rice (*Oryza sativa* L.). Theoretical and Applied Genetics, 108(5): 794-799.

Han C, He D L, Li M, et al. 2014a. In-depth proteomic analysis of rice embryo reveals its important roles in seed germination. Plant and Cell Physiology, 55(10): 1826-1847.

Han C, Wang K, Yang P F. 2014b. Gel-based comparative phosphoproteomic analysis on rice embryo during germination. Plant and Cell Physiology, 55(8): 1376-1394.

He D L, Han C, Yang P F. 2011a. Gene expression profile changes in germinating rice. Journal of Integrative Plant Biology, 53(10): 835-844.

He D L, Han C, Yao J L, et al. 2011b. Constructing the metabolic and regulatory pathways in germinating rice seeds through proteomic approach. Proteomics, 11: 2693-2713.

He D L, Yang P F. 2013. Proteomics of rice seed germination. Frontiers in Plant Science, 4: 246.

Howell K A, Millar A H, Whelan J. 2006. Ordered assembly of mitochondria during rice germination begins with promitochondrial structures rich in components of the protein import apparatus. Plant Molecular Biology, 60(2): 201-223.

Iglesias-Fernández R, Rodríguez-Gacio M C, Barrero-Sicilia C, et al. 2011. Three endo-β-mannanase genes expressed in the micropylar endosperm and in the radicle influence germination of *Arabidopsis thaliana* seeds. Planta, 233(1): 25-36.

Kim S T, Kang S Y, Wang Y M, et al. 2008. Analysis of embryonic proteome modulation by GA and ABA from germinating rice seeds. Proteomics, 8(17): 3577-3587.

Lee K W, Chen P W, Lu C G, et al. 2009. Coordinated responses to oxygen and sugar deficiency allow rice seedlings to tolerate flooding. Science Signaling, 2(91): ra61.

Liu S J, Xu H H, Wang W Q, et al. 2015. A proteomic analysis of rice seed germination as affected by high temperature and ABA treatment. Physiologia Plantarum, 154(1): 142-161.

Liu S J, Xu H H, Wang W Q, et al. 2016. Identification of embryo proteins associated with seed germination and seedling establishment in germinating rice seeds. Journal of Plant Physiology, 196/197: 79-92.

Magneschi L, Perata P. 2009. Rice germination and seedling growth in the absence of oxygen. Annals of Botany, 103(2): 181-196.

Mangrauthia S K, Agarwal S, Sailaja B, et al. 2016. Transcriptome analysis of *Oryza sativa* (rice) seed germination at high temperature shows dynamics of genome expression associated with hormones signalling and abiotic stress pathways. Tropical Plant Biology, 9(4): 215-228.

Miernyk J A, Hajduch M. 2011. Seed proteomics. Journal of Proteomics, 74(4): 389-400.

Millar A H, Whelan J, Soole K L, et al. 2011. Organization and regulation of mitochondrial respiration in plants. Annual Review of Plant Biology, 62: 79-104.

Miro B, Ismail A M. 2013. Tolerance of anaerobic conditions caused by flooding during germination and early growth in rice (*Oryza sativa* L.). Frontiers in Plant Science, 4: 269.

Narsai R, Secco D, Schultz M D, et al. 2017. Dynamic and rapid changes in the transcriptome and epigenome during germination and in developing rice (*Oryza sativa*) coleoptiles under anoxia and re-oxygenation. The Plant Journal, 89(4): 805-824.

Nonogaki H. 2014. Seed dormancy and germination-emerging mechanisms and new hypotheses. Frontiers in Plant Science, 5: 233.

Nonogaki H, Bassel G W, Bewley J D. 2010. Germination—still a mystery. Plant Science, 179(6): 574-581.

Rajjou L, Lovigny Y, Groot S P C, et al. 2008. Proteome-wide characterization of seed aging in *Arabidopsis*: a comparison between artificial and natural aging protocols. Plant Physiology, 148(1): 620-641.

Ruttanaruangboworn A, Chanprasert W, Tobunluepop P, et al. 2017. Effect of seed priming with different concentrations of potassium nitrate on the pattern of seed imbibition and germination of rice (*Oryza sativa* L.). Journal of Integrative Agriculture, 16(3): 605-613.

Sajeev N, Koornneef M, Bentsink L. 2024. A commitment for life: decades of unraveling the molecular mechanisms behind seed dormancy and germination. The Plant Cell, 36(5): 1358-1376.

Schiltz S, Gallardo K, Huart M, et al. 2004. Proteome reference maps of vegetative tissues in pea. An investigation of nitrogen mobilization from leaves during seed filling. Plant Physiology, 135(4): 2241-2260.

Sechet J, Frey A, Effroy-Cuzzi D, et al. 2016. Xyloglucan metabolism differentially impacts the cell wall characteristics of the endosperm and embryo during *Arabidopsis* seed germination. Plant Physiology, 170(3): 1367-1380.

Song S Q, Tian M H, Kan J, et al. 2009. The response difference of mitochondria in recalcitrant *Antiaris toxicaria* axes and orthodox *Zea mays* embryos to dehydration injury. Journal of Integrative Plant Biology, 51(7): 646-653.

Taiz L, Zeiger E, Møller I M, et al. 2015. Plant Physiology and Development. 6th Edition. Sunderland: Sinauer Associates.

Wang W Q, Liu S J, Song S Q, et al. 2015a. Proteomics of seed development, desiccation tolerance, germination and vigor. Plant Physiology and Biochemistry, 86: 1-15.

Wang W Q, Song B Y, Deng Z J, et al. 2015b. Proteomic analysis of lettuce seed germination and thermoinhibition by sampling of individual seeds at germination and removal of storage proteins by polyethylene glycol fractionation. Plant Physiology, 167(4): 1332-1350.

Wang Z F, Wang J F, Bao Y M, et al. 2011. Quantitative trait loci controlling rice seed germination under salt stress. Euphytica, 178(3): 297-307.

Weitbrecht K, Müller K, Leubner-Metzger G. 2011. First off the mark: early seed germination. Journal of Experimental Botany, 62(10): 3289-3309.

Wolk W D, Dillon P F, Copeland L F, et al. 1989. Dynamics of imbibition in *Phaseolus vulgaris* L. in relation to initial seed moisture content. Plant Physiology, 89(3): 805-810.

Xu H H, Liu S J, Song S H, et al. 2016. Proteomics analysis reveals distinct involvement of embryo and endosperm proteins during seed germination in dormant and non-dormant rice seeds. Plant Physiology and Biochemistry, 103: 219-242.

Yang J, Su L, Li D D, et al. 2020. Dynamic transcriptome and metabolome analyses of two types of rice during the seed germination and young seedling. BMC Genomics, 21(1): 603.

Yang P F, Li X J, Wang X Q, et al. 2007. Proteomic analysis of rice (*Oryza sativa*) seeds during germination. Proteomics, 7(18): 3358-3368.

Yu S M, Lee H T, Lo S F, et al. 2021. How does rice cope with too little oxygen during its early life? New Phytologist, 229(1): 36-41.

第五章　贮藏物的动员

种子储存组织中主要贮藏物的动员是在胚根伸出后开始的，即这是一个萌发后事件。在萌发完成之前，这些贮藏物的部分动员可能在胚轴和胚乳的有限区域如珠孔（micropyle）发生；在这些区域，贮藏物的含量通常较低，尽管其水解产物对于萌发和早期的幼苗建立可能是重要的。

当储存组织中含有的贮藏物被动员时，它们被转化成容易运输到所需部位（通常是幼苗最迅速代谢和生长的器官）的形式，以支持能量产生和合成事件。当幼苗出土和具有光合活性（即自养）时，对贮藏物的依赖性降低。本章讨论主要类型的贮藏物的动员。然而，应该注意的是，储存器官通常含有大量的两种或者两种以上的主要贮藏物，这些贮藏物的水解和利用是同时发生的。

第一节　贮藏淀粉的动员

一、糊粉层中 α-淀粉酶和其他水解酶的合成与释放

虽然淀粉酶（amylase）是淀粉动员的核心，但也需要其他酶的协同，以促进关键酶——α-淀粉酶的合成；从盾片（scutellum）和糊粉层（aleurone layer）的活细胞迁移到储存淀粉的死的胚乳细胞，进而有利于淀粉粒的分解。盾片和糊粉层中 α-淀粉酶的合成需要与该酶有关的几个基因的参与。在糊粉层细胞中，大约 60%新合成的蛋白质是 α-淀粉酶，因此，需要足够的氨基酸供应来维持这种高水平的合成。氨基酸的供应是通过水解成熟糊粉层细胞中蛋白贮藏液泡（PSV）内的蛋白[主要是球蛋白（globulin），但也有白蛋白（albumin）和少量的醇溶蛋白（prolamin）]来实现的（Bewley et al., 2013）。

许多与淀粉胚乳中碳水化合物贮藏物动员有关的酶也在糊粉层中被合成，其中一些酶促进 α-淀粉酶的释放，另一些酶则伴随 α-淀粉酶释放，以确保淀粉和其他贮藏物的水解。这些酶包括将淀粉降解为葡萄糖（glucose）的极限糊精酶（limit dextrinase）和 α-葡糖苷酶[α-glucosidase，也称麦芽糖酶（maltase）]，以及水解淀粉胚乳细胞壁的酶[例如，β-1→3,1→4 葡聚糖酶（glucanase）水解混合连接的葡聚糖（glucan）]。水稻和玉米胚乳细胞壁富含半纤维素，而不是葡聚糖。为了降解这些富含阿拉伯木聚糖（arabinoxylan）的细胞壁以及其他禾谷类糊粉层细胞的细胞壁，戊聚糖酶（pentosanase）如 β-木聚糖酶（β-xylanase）和 α-阿拉伯呋喃糖

苷酶（α-arabinofuranosidase）在糊粉层中合成和释放，从而促进水解酶从该区域进入淀粉胚乳（糊粉层和淀粉胚乳之间没有胞间连丝连接）。

在糊粉层中合成并释放到淀粉胚乳中的其他酶包括内肽酶（endopeptidase）和外肽酶（exopeptidase），水解主要的贮藏蛋白醇溶谷蛋白；磷酸酶（phosphatase）和核酸酶（nuclease）用于大分子的去磷酸化（dephosphorylation）和残余核酸的水解。糊粉层细胞和盾片细胞也富含三酰甘油（triacylglycerol, TAG），它们被隔离在油体（oil body）中，并通过脂肪酶（lipase）被动员，生成的脂肪酸转化为糖，作为合成事件和膜脂质合成的能源。植酸酶（phytase）也是含植酸钙镁球状体动员所必需的（Bewley et al., 2013）。

上述合成和释放模式的一个例外是 β-淀粉酶，至少存在于水稻、大麦、黑麦、小麦和高粱籽粒中。在种子发育过程中，β-淀粉酶在淀粉胚乳中合成，在成熟干籽粒中以高达总蛋白 1%的比例存在，并在成熟干燥过程中与淀粉粒周围的蛋白结合，也可能与其他的胚乳蛋白结合。当 β-淀粉酶被（从糊粉层合成和释放的）选择性蛋白水解酶释放或者通过减少与其他蛋白连接的二硫键被释放时，它就会被激活。然而，玉米籽粒在发育过程中不积累 β-淀粉酶，因为此酶是萌发后在糊粉层中从头合成的。

二、淀粉的结构与分解代谢途径

淀粉主要由支链淀粉（amylopectin）和直链淀粉（amylose）组成，它们共同形成具有内部层状结构的半结晶、不溶性颗粒（图 5-1）。其中，支链淀粉为主要成分，通常占淀粉颗粒的 75%或更多。支链淀粉是一种大的支链分子，其分子量为 10^4～10^6 kDa。支链淀粉的葡萄糖残基通过 α-1,4-糖苷键连接，形成长度为 6～100 个葡萄糖残基的主链。支链通过 α-1,6-糖苷键（分支点）连接。支链淀粉决定淀粉的颗粒性质。尽管其确切的分子结构尚不清楚，但链的长度、分支频率和分支模式的组合形成了一种总状分支的或者树状结构；在这种结构中，链的簇（cluster）沿着分子轴以规则的间隔出现。通常，这些簇内的链平均在 12～15 个葡萄糖残基之间。涵盖 2 个簇的较少丰度的链包含 35～40 个残基，而涵盖 3 个簇的链包含 70～80 个残基。在淀粉颗粒内，支链淀粉分子呈放射状排列，链的游离（非还原）端指向外围。簇内成对的相邻近链形成双螺旋，以有组织的阵列聚集在一起，在颗粒内形成同心的结晶层[crystalline layer，也称为片层（lamella）]。这些片层与包含分支点的支链淀粉分子区域形成的无定形片层交替。片层组织以 9～10 nm 的周期重复。这种半晶态（semicrystalline）结构占淀粉颗粒基质的大部分，在高等植物淀粉中高度保守（图 5-1）。淀粉颗粒中也存在高阶结构（higher-order structure）（图 5-1）。大多数颗粒含有同心生长环（growth ring），在用酸或者水解酶蚀刻颗粒基质后，通过光学显微镜和扫描电子显微镜都可以看到这些同心生长环；这些环具有几百纳米的周期性重复（Zeeman et al., 2010）。

直链淀粉是淀粉的第二种葡聚糖组分（glucan component），比支链淀粉小，相对分子量为 10^2～10^3 kDa，主要以无组织的形式存在于颗粒的无定形区域内。

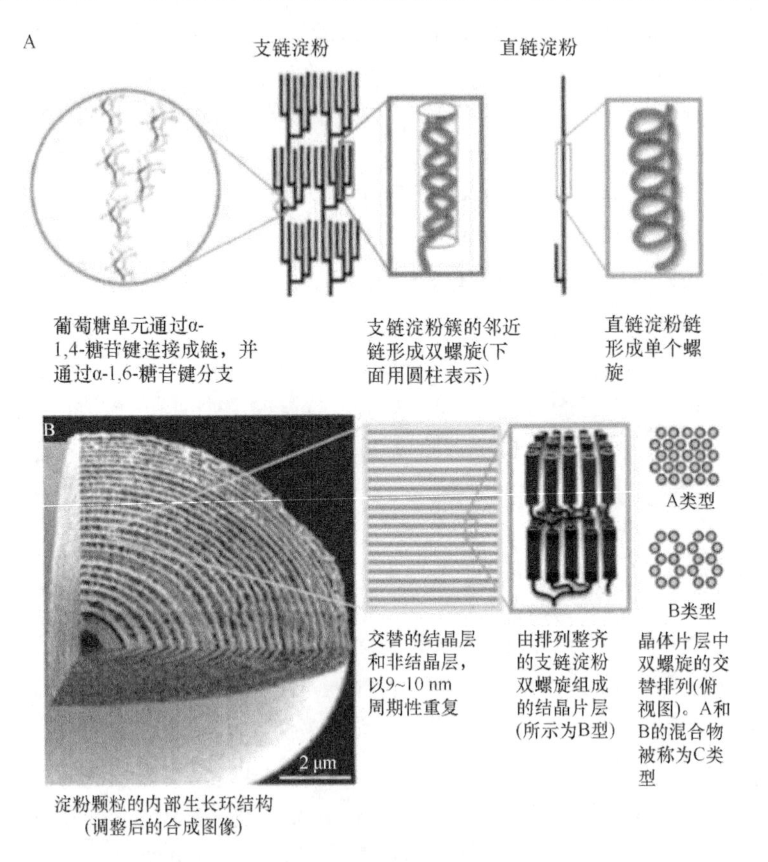

图 5-1　淀粉颗粒的组成和结构（引自 Zeeman et al., 2010）

A：直链淀粉和支链淀粉的示意图，以及由组成链形成的结构。B：淀粉颗粒（左边）与支链淀粉结构之间的关系。结晶层和非结晶层排列以形成组成生长环的小块

淀粉的分解代谢途径包括水解途径（hydrolytic pathway）和磷酸降解途径（phosphorolytic pathway）（Smith et al., 2005; Bewley et al., 2013）。

1. 水解途径

天然淀粉粒中的直链淀粉和支链淀粉首先被α-淀粉酶水解，该酶是一种在整个淀粉链中随机裂解葡萄糖残基之间的α-1,4-糖苷键的内切水解酶（endohydrolase）。释放的低聚糖被α-淀粉酶（或者与α-葡糖苷酶配合）进一步水解，直到产生葡萄糖和麦芽糖（maltose）。

$$\text{直链淀粉}\xrightarrow{\alpha\text{-淀粉酶}}\text{麦芽-寡聚糖}\xrightarrow{\alpha\text{-淀粉酶}}\text{葡萄糖}+\text{麦芽糖}$$

禾谷类（如水稻和大麦）籽粒中存在两组α-淀粉酶。HvAMY1（大麦α-淀粉酶1）对直链麦芽低聚糖（linear malto-oligosaccharide）具有更强的亲和力，而HvAMY2在初始淀粉降解中起更大的作用。但α-淀粉酶不能水解支链淀粉的α-1,6-分支点，因此产生葡萄糖单元的高度分支核心，称为极限糊精（limit dextrin）。

$$\text{支链淀粉} \xrightarrow{\alpha\text{-淀粉酶}} \text{麦芽-寡聚糖} \xrightarrow{\alpha\text{-淀粉酶}} \text{葡萄糖} + \text{麦芽糖} + \text{极限糊精}$$

在水解为单体之前，这些小分支必须由对α-1,6-糖苷键专一的酶[脱支酶（debranching enzyme），或者称为极限糊精酶]水解。

$$\text{极限糊精} \xrightarrow{\text{脱支酶}} \text{麦芽-寡聚糖} \xrightarrow{\alpha\text{-淀粉酶}} \text{麦芽糖} + \text{葡萄糖}$$

$$\text{麦芽糖} \xrightarrow{\alpha\text{-葡糖苷酶}} \text{葡萄糖}$$

另一种β-淀粉酶是一种不能水解天然淀粉粒的外切水解酶（exohydrolase）；相反，它从α-淀粉酶水解释放的大低聚物的非还原端连续裂解麦芽糖单元。同样，支链淀粉不能被完全水解，必须有脱支酶的参与。β-淀粉酶在禾谷类淀粉动员中的重要性有待证实，因为一些完全缺乏这种酶的大麦品种仍然能够生长成为正常的幼苗。

由α-淀粉酶和β-淀粉酶作用产生的二糖麦芽糖被α-葡糖苷酶（麦芽糖酶）转化成2分子葡萄糖。该酶也能将低分子量麦芽低聚糖分解产生葡萄糖。在特定的禾谷类胚乳中存在几种不同的α-葡糖苷酶，尽管麦芽糖不是在那里被水解，而是通过盾片被运输到生长的胚中裂解为葡萄糖。

$$\text{麦芽糖} \xrightarrow{\alpha\text{-葡糖苷酶}} \text{葡萄糖}$$

2. 磷酸降解途径

淀粉磷酸化酶（starch phosphorylase）通过在多糖链非还原端倒数第二个和最后一个葡萄糖之间的α-1,4-糖苷键上掺入1个磷酸基团而不是1分子水来释放葡萄糖-l-磷酸（glucose-1-phosphate, G1P）。理论上，直链淀粉可能被这种外切水解酶完全磷酸化降解，支链淀粉可以降解为2个或者3个葡萄糖残基的α-1,6-分支链；然而，它很可能作用于由α-淀粉酶释放的聚合物链。这种酶不能水解淀粉粒，淀粉粒必须先被其他酶部分降解。

$$\text{直链淀粉/支链淀粉} + \text{Pi} \xrightarrow{\text{淀粉磷酸化酶}} \text{葡萄糖-1-P} + \text{极限糊精}$$

值得注意的是，在种子中，这种淀粉降解途径尚不清楚，尽管它在叶片质体和马铃薯块茎的临时淀粉动员中起重要作用。它不可能在禾谷类胚乳中发挥作用，因为胚乳细胞是无生命的，因此，没有办法持续供应所需的Pi。然而，在一些萌发的豆科植物（如豌豆）子叶的淀粉动员过程中有明显的磷酸化酶活性。

淀粉的分解代谢产物最终以蔗糖的形式运输到生长幼苗的根和芽中。磷酸降解途径释放的GlP可直接用作蔗糖合成的底物，但水解途径释放的葡萄糖必须先被磷酸化为葡萄糖-6-磷酸（glucose-6-phosphate, G6P），然后异构化为G1P。G1P与尿苷三磷酸（uridine triphosphate, UTP）结合产生尿苷二磷酸葡萄糖（uridine diphosphoglucose, UDPG）和焦磷酸（pyrophosphate, PPi），UDPG依次将葡萄糖转化为游离果糖或者果糖-6-磷酸。

$$\mathrm{G1P + UTP} \xrightleftharpoons{\text{UDPG焦磷酸化酶}} \mathrm{UDPG + PPi}$$

$$\mathrm{UDPG} + \text{果糖} \xrightleftharpoons{\text{蔗糖合酶}} \text{蔗糖} + \mathrm{UDP}$$

$$\mathrm{UDPG} + \text{果糖-6-P} \xrightleftharpoons{\text{蔗糖-6-P-合酶}} \text{蔗糖-6-P} + \mathrm{UDP}$$

普遍认为，后一种反应如果不是参与蔗糖合成的唯一反应，也是一种主要的反应，而蔗糖合酶（sucrose synthase）对蔗糖分解代谢是重要的。蔗糖-6-P的磷酸基团由蔗糖磷酸酶（sucrose phosphatase）裂解。在幼苗组织中，蔗糖能够被β-呋喃果糖苷酶（β-fructofuranosidase）和蔗糖酶（sucrase）水解为游离葡萄糖和果糖，或者被蔗糖合酶转化为UDPG和果糖。

三、淀粉降解产物的命运

在淀粉合成形成颗粒的过程中，形成了许多穿过淀粉粒结构的通道，从表面上的孔隙延伸到内部。当淀粉被动员时，在淀粉颗粒表面被降解之前，这些通道变宽，孔隙变深，成为α-淀粉酶和其他水解酶进入淀粉颗粒的途径。为了进一步帮助水解酶到达淀粉，包围造粉体（amyloplast，合成淀粉粒的细胞器）的膜破裂；这可能在成熟胚乳干燥过程中和/或者随后的籽粒吸胀过程中发生。

淀粉降解的产物葡萄糖、麦芽糖和小分子麦芽低聚糖，以及蛋白质和细胞壁的水解产物被吸收进入盾片进行修饰并运输到生长的胚。在一些禾谷类籽粒中，当降解进行时，盾片延伸到胚乳中，从而大量增加表面积以吸收水解产物进入生长的胚。盾片的上皮层细胞延长和分离，形成指状突起（finger-like projection）并进入淀粉胚乳。这些细胞的代谢非常活跃，其线粒体及质膜上有许多运载体，用于糖、氨基酸和肽的吸收。在盾片中存在水解二糖或者低聚糖成为葡萄糖的酶，以及合成蔗糖的酶；糖通过从盾片到生长胚的连续维管传导系统被运输。在水稻中，当有过量的糖流入盾片时，它会在维管组织周围细胞的淀粉颗粒内暂时转化为淀粉。然后，淀粉被水解，转化为蔗糖，并通过蔗糖运载体装载入韧皮部，分配到胚中。

四、淀粉动员的激素控制

研究表明，尽管种子中存在多种形式的GA，但大多数GA是无生物活性的，而是作为生物活性形式的前体或者作为失去生物活性的代谢物。生物活性GA包括GA_1、GA_3、GA_4和GA_7（Davière and Achard, 2013; Salazar-Cerezo et al., 2018; 宋松泉等, 2020)。糊粉层本质上是一种分泌组织，与胚合成和释放的 GA 起反应，从而导致 α-淀粉酶和其他酶的合成和分泌，促进淀粉胚乳及其内含物的动员（Taiz and Zeiger, 2010; Damaris et al., 2019）（图 5-2）。

由于 α-淀粉酶的从头合成（*de novo* synthesis）需要现有的氨基酸供应，一个对 GA 的早期反应是糊粉层内贮藏蛋白的水解。蛋白酶存在于成熟干燥和早期吸胀细胞的 PSV 中，但它们很少或者没有活性，因为 PSV 内部的 pH 高于这些酶的最适 pH 值。然而，GA 能诱导 H^+通过包围 PSV 的膜主动泵入 PSV，使 pH 从大约 7 降至 5 或更低（图 5-3）从而激活蛋白酶，导致贮藏蛋白发生水解，产生

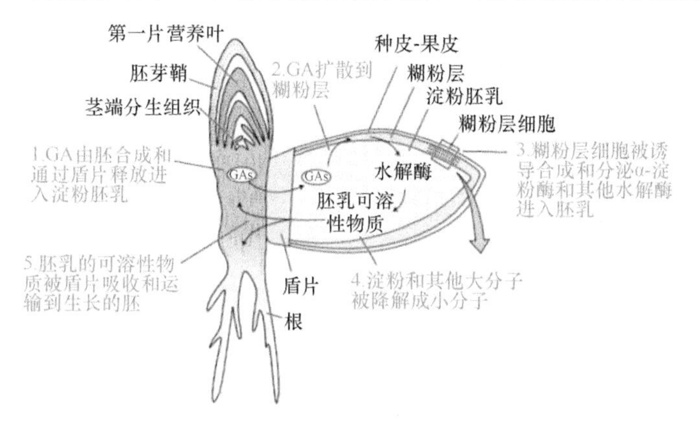

图 5-2　禾谷类谷粒中 GA 产生和作用的位点（引自 Taiz and Zeiger, 2010）

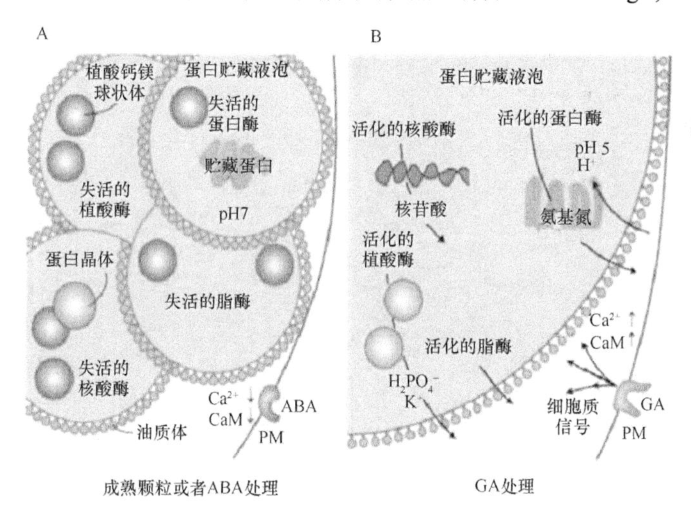

图 5-3　暴露于 GA 后，糊粉层蛋白贮藏液泡（PSV）发生变化的模型（引自 Bethke et al., 1998）

A：为了方便起见，在成熟的糊粉层细胞（以及暴露于抑制剂 ABA 的糊粉层细胞）中，无活性的酶及其底物被描述为处于不同的液泡中；在体内，它们处于相同的 PSV 中。B：激素在细胞的质膜（PM）表面被感知，细胞质信号包括 Ca^{2+}及其结合蛋白钙调素（CaM）促进 PSV 的合并、液泡腔的酸化（pH 的下降是由于 H^+的流入）、水解酶的活化以及降解产物释放到细胞质中。该模型基于糊粉层细胞壁被酶促去除后获得的离体原生质体研究的结果

的氨基酸释放到细胞质中合成蛋白复合物。其他的水解酶，例如脂肪酶、核酸酶和磷酸酶也被激活。

图 5-4 描述了 GA（以活性 GA_1 为例）在糊粉层细胞中诱导 α-淀粉酶（或者其他水解酶）合成的信号转导途径（Taiz and Zeiger, 2010）。GA_1 首先被细胞质膜中的受体复合物感知（步骤 1），该复合物启动两条独立的信号转导途径（步骤 2）。其中，Ca^{2+}不依赖的途径导致 α-淀粉酶（步骤 3～10）和其他 GA 诱导的水解酶基因的转录；而另一条途径可能通过从质外体（apoplast）输入，促进细胞质 Ca^{2+}浓度稳态增加 2 倍到 3 倍（步骤 12），Ca^{2+}对 α-淀粉酶的活化是重要的。

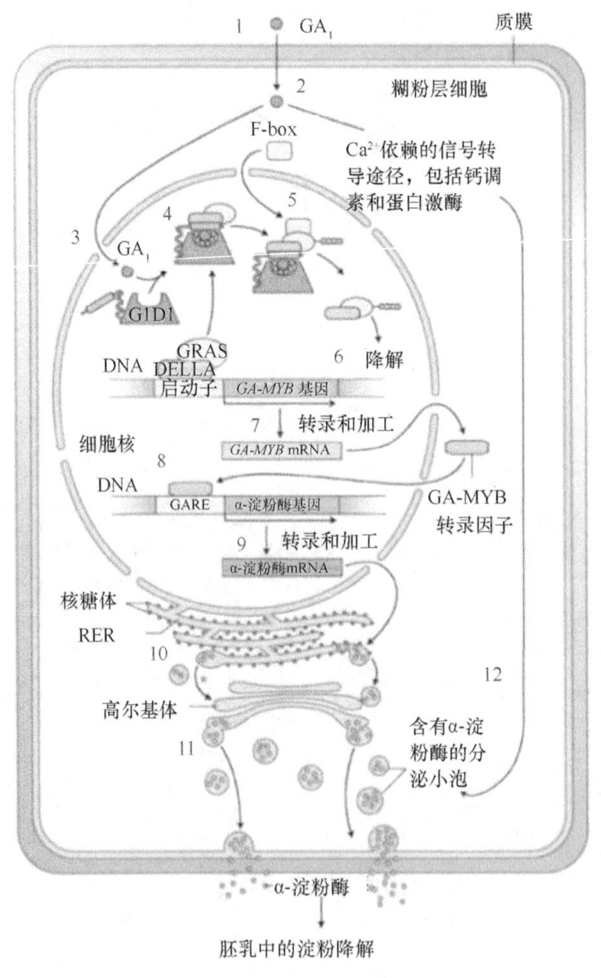

图 5-4　在糊粉层细胞中 GA_1 诱导 α-淀粉酶合成的示意图

（引自 Taiz and Zeiger, 2010; Bewley et al., 2013）

钙不依赖的途径（步骤 1～11）诱导 α-淀粉酶（和其他水解酶）的转录，而该酶的激活和分泌需要钙依赖的途径（步骤 12）。这些步骤在正文中解释

（1）Ca^{2+}不依赖的途径

GA_1与细胞核中可溶性的 GA 受体蛋白（GID1）结合（步骤 3），从而导致其构型变化，促进其与 DELLA-GRAS 蛋白复合物结合（步骤 4 中分别用蓝色和黄色表示）。F-box 蛋白（包含一个促进蛋白-蛋白相互作用的氨基酸的 F-box 结构域）进入细胞核并与该复合物结合，这允许几个泛素（ubiquitin）分子添加到 GRAS 蛋白（泛素化）（步骤 5）。掺入 GID1 的 DELLA-GRAS 蛋白（步骤 4）来自 *GA-MYB* 基因的上游启动子区域，在那里，它们形成阻止其转录的阻遏蛋白复合物（repressor-protein complex）。DELLA 蛋白已经在许多植物组织中被鉴定为 GA 反应的负调控因子，阻断 GA 反应基因的启动子区域；去除 DELLA 是 GA 诱导启动子所必需的。当泛素化的 DELLA-GRAS 蛋白被存在于核内蛋白酶体复合物中的一组特定的蛋白酶靶向和降解时，DELLA 蛋白被水解（步骤 6）。

因此，当阻遏蛋白复合物被去除时，*GA-MYB* 基因就能被转录（步骤 7），其 mRNA 迁移到细胞质中的蛋白合成复合物，在那里 GA-MYB 转录因子被翻译，然后输入细胞核。GA-MYB 转录因子与 α-淀粉酶基因（步骤 8）和其他 GA 诱导基因的启动子区域中的特定 GA 应答元件（GA-response element, GARE）结合，并使其转录（步骤 9）。转录物离开细胞核，在内质网相关的多核糖体上翻译；合成的蛋白进入粗面内质网（rough endoplasmic reticulum, RER）的内腔，并通过内膜系统经默认途径运输到高尔基体（步骤 10）。当这个过程发生时，酶蛋白可能经历翻译后修饰。这些酶被包装成为分泌囊泡（步骤 11），迁移到质膜并与质膜融合，从糊粉层细胞释放（图 5-4）。

（2）Ca^{2+}依赖的途径

在 Ca^{2+}依赖的信号转导途径（步骤 12）中，α-淀粉酶的激活起重要作用。α-淀粉酶是一种含 Ca^{2+}的金属蛋白（metalloprotein），必须在内质网或者高尔基体的内腔中与 Ca^{2+}结合，以便在分泌时保持活性。GA 刺激的 Ca^{2+}-钙调素（calmodulin, CaM）依赖的途径也在确保 α-淀粉酶的分泌中起作用。此外，还存在复杂的涉及 Ca^{2+}-感受器的信号转导途径（例如，CaM 和 Ca^{2+}活化的蛋白激酶），作为偶联激素诱导的第二信使复合物（second messenger complex）的一部分。这些过程也在 GA 诱导的细胞变化调控中起作用。

值得注意的是，虽然本节主要讨论 GA 对 α-淀粉酶和其他水解酶合成诱导的正调节，但在 ABA 存在时，这一作用受到抑制。例如，PSV 的酸化被 ABA 阻止（图 5-3A），α-淀粉酶和其他水解酶基因的转录受到抑制。在种子萌发过程中和萌发后，GA 和 ABA 都是由胚合成并扩散到糊粉层中的；因此，这两种激素的信号及其转导在调控水解酶的产生和分泌中具有重要作用。

五、糊粉层和其他组织的细胞程序性死亡

当淀粉胚乳中的贮藏物被动员完成后，糊粉层会经历细胞程序性死亡（PCD），盾片也会发生PCD。因此，它们的细胞会自溶，营养物从细胞中动员并转移到生长的胚。糊粉层的PCD从最靠近胚的细胞开始，然后延伸到邻近的细胞。糊粉层的死亡被GA刺激，但被ABA显著地延迟或者阻止。一氧化氮（NO）在糊粉层细胞的质外体中由NO_2^-合成，也可以作为抗氧化剂延缓PCD的发生。

细胞死亡是氧化胁迫的结果，GA通过两种方式刺激氧化胁迫：①促进糊粉层中贮藏油脂的分解，以及油脂转化为糖的过程。脂肪酸在乙醛酸循环体（glyoxysome）中被β-氧化释放过氧化氢（H_2O_2），即为一种引起大分子损害的活性氧（reactive oxygen species, ROS）。②抑制能够保护细胞免受ROS攻击的酶的基因表达，例如超氧化物歧化酶、过氧化氢酶和抗坏血酸过氧化物酶。当细胞变得高度空泡化并伴随质膜完整性丧失时，细胞死亡；然后膨压丧失和细胞质塌陷。相反，ABA维持或者促进防御酶基因的高表达，阻止贮藏油脂的水解，以及减少线粒体产生ROS。PCD也引起禾谷类淀粉胚乳细胞的代谢完整性丧失，从而在成熟时变为死细胞。

PCD也受植物激素ABA和乙烯的影响，前者延迟PCD，后者加速PCD；因此，ABA可能通过影响乙烯的合成来调控PCD的进程（Bewley et al., 2013）。

第二节　贮藏三酰甘油的动员

在种子中，油体是由单层磷脂包围的三酰甘油液滴，磷脂的疏水酰基部分与三酰甘油相互作用，亲水性的头部基团面向细胞质；油体还含有油质蛋白（oleosin）（图5-5）。油质蛋白是一种低分子量的蛋白（15～25 kDa），含有70～80个疏水的氨基酸序列，位于蛋白质中间。这种疏水结构域的序列在不同植物的油质蛋白中是保守的，尽管疏水结构域（β-链或者β-折叠）的蛋白质二级结构仍然不清楚，但普遍认为它伸入油体的三酰甘油核心。更亲水的N端和C端结构域可能在油体表面形成两亲性螺旋（amphipathic helice）。油质蛋白只存在于种子和花粉的油体中，它们在成熟过程中都经历脱水。因此，当表面磷脂的水合作用不足以阻止油体结合和融合时，油质蛋白可以在低水势下稳定成熟种子和花粉中的油体。油质蛋白也可以通过赋予表面一个明确的曲率来调节油体的大小，这对于调节表面体积比以促进萌发过程中油体的迅速分解是重要的（Buchanan et al., 2015）。

三酰甘油的分解代谢涉及储存细胞内几种细胞器中的许多酶（Graham, 2008; Theodoulou and Eastmond, 2012）。如图5-6所示，最初的TAG水解（脂解作用）是由脂肪酶催化的，该酶催化脂肪酸酯键的三阶段水解，最终产生甘油和游离脂

肪酸（free fatty acid, FFA）。FFA 进入过氧化物酶体（peroxisome，在种子中通常称为乙醛酸循环体）并转化成草酰乙酸（oxaloacetic acid, OAA），然后 OAA 进入线粒体，最后进入细胞质转化成蔗糖，蔗糖从储存胚乳运输到子叶，或者从储存子叶运输到幼苗的生长区域，再从子叶到整个幼苗。

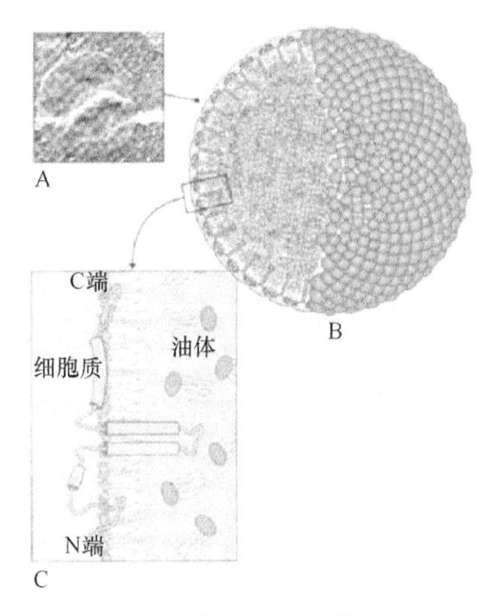

图 5-5　油体的结构模式图

A：油体的透射电子显微照片特写镜头；B：油体的比例模型；油质蛋白分子的形状被描述为一个 11 nm 长的疏水柄，附着在两亲性和亲水性的球状结构上，形成油体的外表面；C：18 kDa 油质蛋白构象的假定模型。圆柱体表示螺旋（引自 Buchanan et al., 2015）

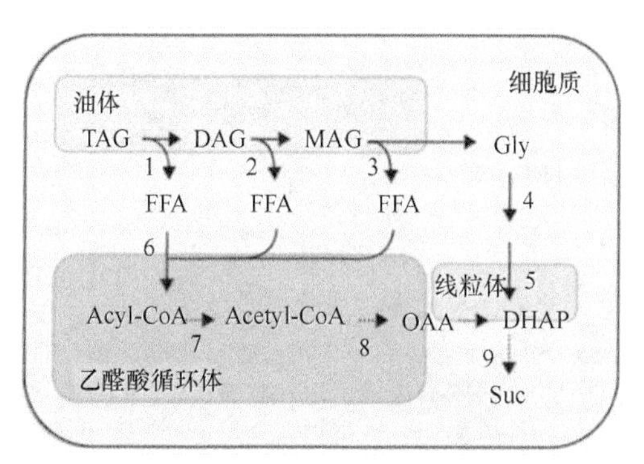

图 5-6　萌发后种子储存组织中三酰甘油（TAG）动员的一般示意图（引自 Bewley et al., 2013）

油体中的 TAG 可能通过几种脂肪酶的顺序作用（步骤 1～3）经历二酰基甘油（DAG）和单酰基甘油（MAG）形式被水解为游离脂肪酸（FFA）和甘油（Gly）。甘油通过甘油激酶（4）和甘油-3-P 脱氢酶（5）转化为二羟丙酮磷酸（DHAP）。FFA 被运输到乙醛酸循环体并被激活为酰基辅酶 A（6），然后进入 β-氧化螺旋（7）。乙酰辅酶 A 通过乙醛酸循环转化为有机酸，随后在线粒体和细胞质中（8）产生草酰乙酸（OAA），OAA 与 DHAP 一起通过糖异生作用（9）转化为蔗糖（Suc）

图 5-7 描述了 TAG 的分解代谢和蔗糖合成的详细途径。由脂肪酶释放的 FFA（步骤 1）被用于乙醛酸循环体中的氧化反应，以产生含有较少碳原子的化合物。

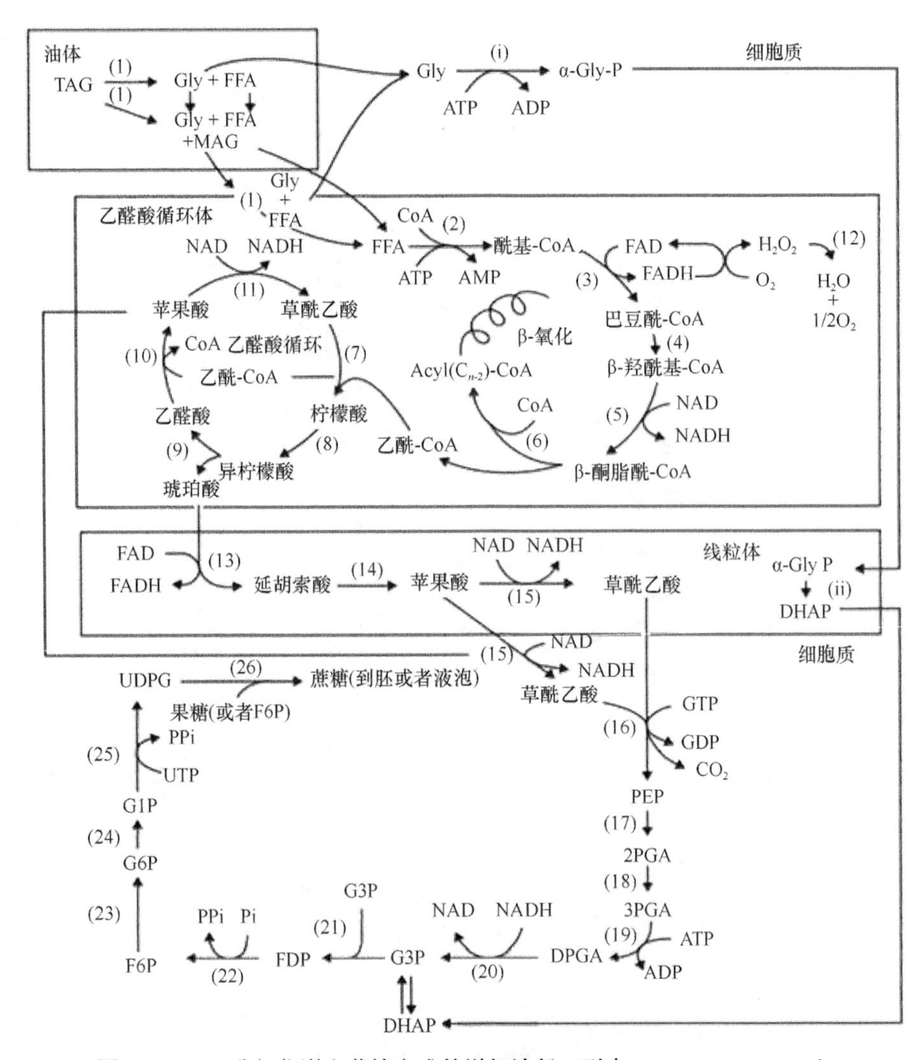

图 5-7 TAG 分解代谢和蔗糖合成的详细途径（引自 Bewley et al., 2013）

酶：（1）脂肪酶，例如 SDP1；（2）脂肪酸硫激酶；（3）酰基辅酶 A 脱氢酶；（4）烯酰辅酶 A 水合酶（巴豆酸酶）；（5）β-羟酰基辅酶 A 脱氢酶；（6）β-酮脂酰辅酶 A 硫解酶；（7）柠檬酸合酶；（8）顺乌头酸酶*；（9）异柠檬酸裂解酶；（10）苹果酸合酶；（11）苹果酸脱氢酶**；（12）过氧化氢酶；（13）琥珀酸脱氢酶；（14）延胡索酸酶；（15）苹果酸脱氢酶；（16）磷酸烯醇式丙酮酸羧激酶；（17）烯醇化酶；（18）磷酸甘油酸变位酶；（19）磷酸甘油酸激酶；（20）甘油醛-3-磷酸脱氢酶；（21）醛缩酶；（22）果糖-1,6-二磷酸酶；（23）磷酸己糖异构酶；（24）磷酸葡萄糖变位酶；（25）UDPG 焦磷酸化酶；（26）蔗糖合酶或者蔗糖-6-P 合酶和蔗糖磷酸酶。（i）甘油激酶；（ii）α-甘油磷酸氧化还原酶。底物：TAG，三酰甘油；MAG，单酰甘油；Gly，甘油；FFA，游离脂肪酸；PEP，磷酸烯醇式丙酮酸；2PGA，2-磷酸甘油酸；3PGA，3-磷酸甘油酸；DPGA，1,3-二磷酸甘油酸；G3P，甘油醛-3-磷酸；FDP，果糖-1,6-二磷酸；F6P，果糖-6-磷酸；G6P，葡萄糖-6-磷酸；G1P，葡萄糖-1-磷酸；UDPG，尿苷二磷酸葡萄糖；α-Gly-P，α-甘油磷酸；DHAP，二羟丙酮磷酸。辅酶和能量提供者：FAD/（H），黄素腺嘌呤二核苷酸/（还原）；NAD/（H），烟酰胺腺嘌呤二核苷酸/（还原）；GTP，鸟苷三磷酸；ATP，腺苷三磷酸；UTP，尿苷三磷酸；GDP，鸟苷二磷酸；ADP，腺苷二磷酸；AMP，腺苷一磷酸；CoA，辅酶 A；*定位于细胞质中；**存在于乙醛酸循环体和细胞质中，但后者是乙醛酸循环的一部分

主要的氧化途径是 β-氧化（β-oxidation），其中 FFA 在一个需要 ATP 的反应中首先与辅酶 A（CoA）一起被酯化，然后通过一系列的步骤，涉及连续去除 2 个碳原子，酰基 CoA 被分解为乙酰 CoA（步骤 2～6）。这需要 β-氧化途径中每一步骤的酶循序接受长度逐渐缩短 2C 的底物；因此，它们或者具有不同链长特异性的多种异构体，或者具有广泛的底物特异性（Bewley et al., 2013; Buchanan et al., 2015）。

具有偶数碳原子的饱和脂肪酸只产生乙酰辅酶 A（acetyl-CoA, CH_3CO-S-CoA）。含有奇数碳原子的脂肪酸链，如果通过 β-氧化完全降解，将产生 2 个碳的乙酰基部分（乙酰辅酶 A）和一个 3 个碳的丙酰基部分（CH_3CO-S-CoA，CH_3CH_2CO-S-CoA）。这可以在一个多步骤的过程中依次被降解为乙酰辅酶 A。乙酰基可以在柠檬酸循环中被完全氧化为 CO_2 和 H_2O，或者最初通过乙醛酸循环（glyoxylate cycle）用于碳水化合物的合成（步骤 8～11）。乙醛酸循环在幼苗的建立过程中最为重要。

不饱和脂肪酸（unsaturated fatty acid, 如油酸，18:1Δ9*cis*）的氧化除了通过相同的一般途径外，还需要一些额外的步骤。天然存在的不饱和脂肪酸基于双键可能是顺式构型（*cis* configuration），这是 β-氧化的一个障碍，它们必须转换为反式构型（*trans* configuration）。因此，在涉及至少 4 种酶（3 种异构酶和 1 种还原酶）的反应中，FFA 被转化成为可氧化的形式：

$$\Delta 3,4\text{顺式烯脂酰-CoA} \xrightarrow{\text{异构化作用}} \Delta 3,4\text{反式烯脂酰-CoA}$$

这是 β-氧化途径中烯酰辅酶 A 水合酶（enoyl CoA hydratase）的正常底物（步骤 4）。含有两个或者多个双键的多不饱和脂肪酸（polyunsaturated fatty acid）（例如，亚油酸，18:2；亚麻酸，18:3）也不能通过 β-氧化途径简单地降解，但乙醛酸循环体内存在持续 β-氧化需要的酶[2,3 烯酰辅酶 A 异构酶（2,3 enoyl CoA isomerase）、3-OH 酰基辅酶 A 差向异构酶（3-OH acyl CoA epimerase）和 2,4 二烯酰辅酶 A 还原酶（2,4 dienoyl CoA reductase）]。对于蓖麻油酸（ricinoleic acid, 12-OH 18:1）的 β-氧化，C_8-中间物（2-羟基 8:0）脂肪酸需要通过 α-羟基酸氧化酶（α-hydroxy acid oxidase）的转换和氧化脱羧作用（oxidative decarboxylation）来避免由羟基引起的代谢障碍。由此形成的庚酰辅酶 A 可通过 β-氧化被进一步分解代谢。

β-氧化的副产物是 H_2O_2，一种对大分子如蛋白质和核酸有害的 ROS。H_2O_2 在乙醛酸循环体中被过氧化氢酶分解为 H_2O 和分子氧（步骤 12）。此外，还有一组与乙醛酸循环体膜结合的清除 H_2O_2 的酶。

与 β-氧化途径直接偶联的是乙醛酸循环，该循环利用乙酰辅酶 A，并在一系列酶促反应中将其与糖酵解途径相联系，然后糖酵解途径运转产生己糖。产生这种联系的关键酶是苹果酸合酶（malate synthase, MLS）和异柠檬酸裂解酶（isocitrate lyase, ICL），它们是乙醛酸循环所特有的。乙酰辅酶 A 首先被转化为柠檬酸（步骤 7），然后转化为异柠檬酸（isocitrate），异柠檬酸被裂解生成琥珀酸（succinate）和乙醛酸（glyoxylate）。另一分子乙酰辅酶 A 进入循环中（步骤 10），以及通过 MLS 与乙醛酸缩合产生苹果酸。每循环一次，一分子的琥珀酸被释放（步骤 9），并通过线粒体中的柠檬酸酶转化为 OAA（步骤 13～15），然后作为磷酸烯醇式丙酮酸（phosphoenolpyruvate）进入糖酵解途径（步骤 16）并转化成为蔗糖。为简单起见，图 5-7 中所有乙醛酸循环酶的定位被描绘在乙醛酸循环体内；然而，所涉及的 5 种酶中的 2 种酶，顺乌头酸酶（aconitase, 步骤 8）和苹果酸脱氢酶（malate dehydrogenase, 步骤 11）存在于细胞质中（尽管 NADH 再循环为 NAD 发生在该细胞器内）。这需要在乙醛酸循环体膜中存在有效的穿梭机制，以便循环中的中间产物能够容易地往返细胞质。

在糖原异生作用（gluconeogenesis）过程中的一种重要酶是焦磷酸酶（pyrophosphatase, V-H^+PPase），它位于液泡膜中，转换细胞质中步骤 22 和 25 产生的焦磷酸成为磷酸。细胞质 PPi 的积累可能导致抑制步骤 22 和 25 的反馈反应，从而干扰糖原异生作用的完成，并导致幼苗生长所必需的蔗糖供应减少。

TAG 降解产生的甘油在细胞质中被甘油激酶（glycerol kinase）磷酸化后进入糖酵解途径，并在线粒体中氧化为二羟丙酮磷酸（dihydroxyacetone phosphate）。二羟丙酮磷酸被释放进入细胞质，在转化为甘油醛-3-磷酸（glyceraldehyde-3-phosphate, G3P）后，在逆糖酵解过程中被醛缩酶（aldolase）缩合为另一分子的 G3P，然后生成已糖单元（步骤 21），最终生成蔗糖（步骤 26）。另外，磷酸丙糖（triose phosphate）可以转化为丙酮酸，然后通过线粒体中的柠檬酸循环被氧化。

第三节　贮藏蛋白的动员

蛋白储存液泡中贮藏蛋白（多肽）被水解为氨基酸需要一类蛋白酶（protease），其中一些酶使整个蛋白水解，而另一些酶水解蛋白产生的小分子多肽必须由肽酶（peptidase）进一步降解（Ashton, 1976; Tan-Wilson and Wilson, 2012; Bewley et al., 2013）。根据蛋白酶水解其底物的方式，它们可以分为以下几类：

1）内肽酶（endopeptidase）：这些酶在蛋白质内裂解内部肽键以产生较小的多肽，可分为四大类：①丝氨酸内肽酶（serine endopeptidase），在肽键断裂的活性部位有 1 个丝氨酸；②半胱氨酸内肽酶（cysteine endopeptidase），其活性部位有 1 个半胱氨酸；③天冬氨酸内肽酶（aspartic endopeptidase），活性部位有 2 个天冬氨酸；④金属内肽酶（metalloendopeptidase），其活性部位含有金属离子（通常为 Zn^{2+}）。

2）氨肽酶（aminopeptidase）：这类酶从多肽链的游离氨基端依次裂解末端氨基酸。它们有多种形式，定位于细胞质中；它们在中性或者微碱性环境下具有活性。

3）羧肽酶（carboxypeptidase）：像氨肽酶一样，但单个氨基酸从肽链的羧基端被依次水解。PSV内有多种形式的羧肽酶，它们的活性部位都含有丝氨酸，因此它们是丝氨酸羧肽酶。氨肽酶和羧肽酶都是外肽酶，它们从多肽末端裂解的氨基酸许多都是相对非特异性的。

$$\text{多肽} \xrightarrow[\text{羧肽酶}]{\text{氨肽酶}} \text{氨基酸}$$

$$\text{多肽} \xrightarrow{\text{内肽酶}} \text{小分子多肽} \xrightarrow{\text{肽酶}} \text{氨基酸}$$

释放的氨基酸可以重新用于蛋白质的合成，或者被脱氨，为呼吸氧化提供碳骨架或者转化为其他代谢物。氨（ammonia）通过脱氨作用（deamination）产生，但通过转化成为谷氨酰胺和天冬酰胺（两种常见的氨基酸运输形式）可阻止达到有毒的浓度。

一、萌发后蛋白质的动员

贮藏蛋白存在于禾谷类籽粒的两个独立区域中：糊粉层和淀粉胚乳；少量存在于盾片和胚轴中，在胚乳主要贮藏物动员之前，这些蛋白质可能被水解，为萌发过程中和幼苗生长早期的蛋白合成提供氨基酸。

淀粉胚乳中储存在PSV中的主要蛋白贮藏物水解所需的蛋白酶在糊粉层合成和分泌，糊粉层也释放苹果酸，使储存细胞酸化至pH 5左右，从而优化酶发挥活性的条件。在胚乳成熟干燥过程中，PSV的被膜往往失去完整性，这有助于贮藏蛋白在随后的重新水合过程中暴露给其水解酶。

参与淀粉胚乳蛋白动员的蛋白酶数量通常很多。在吸胀开始的前6 d，禾谷类籽粒中至少能检测到15种不同的内肽酶活性。根据它们出现的时间，已经鉴定出4组酶。第Ⅰ组酶存在于干种子中，包含两种金属内肽酶，在吸胀后不久活性下降。它们似乎不参与主要贮藏蛋白——玉米醇溶蛋白（zein）的最初动员。第Ⅱ组内肽酶在萌发过程中活性增加，在吸胀开始后3 d其活性达到峰值。这些酶是SH-(半胱氨酸) 内肽酶，对γ-玉米醇溶蛋白（位于PSV外周的贮藏蛋白）具有高度的亲和力，因此是第一个被水解的蛋白。第Ⅲ组酶在吸胀开始后5 d达到最大活性，主要是半胱氨酸内肽酶，裂解位于PSV内部的α-玉米醇溶蛋白。第Ⅳ组酶仅仅在吸胀开始后3 d活性增加，对α-玉米醇溶蛋白具有特异性；它们不能水解γ-玉米醇溶蛋白，但当它们在胚乳中出现时，γ-玉米醇溶蛋白可能已经被完全动员。水解玉米醇溶蛋白的内肽酶在盾片或者糊粉层中被合成。除这些内肽酶外，可能还有几种氨肽酶和羧肽酶及降解寡肽的肽酶参与完成蛋白水解。

禾谷类和双子叶植物中蛋白质水解的一般时间模式似乎是，首先出现金属内肽酶，然后是一系列半胱氨酸内肽酶，最后是末端水解的（氨基和羧基）肽酶以及水解寡肽的酶。这些酶出现时的不同底物特异性可以用来解释贮藏蛋白及其组分被动员的顺序。有研究表明，在萌发的大麦籽粒中，有 42 种不同的蛋白酶，其中大多数（27）是半胱氨酸内肽酶，还有丝氨酸内肽酶（8）、天冬氨酸内肽酶（4）和金属内肽酶（3）。

二、氨基酸和肽被吸收进入胚

禾谷类籽粒淀粉胚乳内的蛋白水解活性导致氨基酸、二肽（di-peptide）和一些小分子寡肽的产生。这些可溶性产物被胚通过盾片迅速地吸收，二肽或者三肽（tri-peptide）的吸收效率比游离氨基酸高。在禾谷类籽粒的盾片中已经鉴定出许多转运蛋白，其中一些在胚乳内在蛋白动员开始之前或者在动员过程中被从头合成。在小麦和大麦盾片中，至少有 4 种氨基酸转运蛋白：2 种是非特异性的，1 种是对脯氨酸专一的，另 1 种是对碱性氨基酸专一的。

三、蛋白酶抑制剂

在单子叶和双子叶植物种子中都含有专一的抑制动物体内蛋白酶作用的蛋白，在较小程度上也含有抑制植物体内蛋白酶的蛋白。蛋白酶抑制剂（protease inhibitor）有几个家族，包括：①Bowman-Birk 抑制剂，它们是具有许多链内二硫键的小分子蛋白（8～9 kDa），普遍存在于水稻的糊粉层和胚中，与丝氨酸蛋白酶结合并使其失活。②Kunitz 蛋白酶（Kunitz 家族胰蛋白酶）抑制剂，它们抑制丝氨酸蛋白酶。它们的分子量约为 21 kDa，存在于禾谷类籽粒的胚和糊粉层中，其中一个亚家族是双功能的禾谷类胰蛋白酶/α-淀粉酶抑制剂。③植物半胱氨酸蛋白酶抑制剂（phytocystatin），是抑制半胱氨酸蛋白酶大家族的一部分，广泛存在于禾谷类籽粒和豆类种子中。

种子蛋白酶抑制剂有 2 种主要功能：①作为贮藏蛋白。在一些禾谷类植物和豆科植物的成熟种子中，它们占到总蛋白的 5%～15%，在萌发过程中和萌发后比不溶性的球蛋白或者醇溶谷蛋白更容易被动员；抑制剂蛋白通常富含含硫氨基酸。②种子蛋白酶抑制剂通常不抑制其本身的蛋白酶。因此，其作用很可能是保护自身。一些抑制剂能够抑制昆虫的蛋白水解消化酶或者入侵真菌和其他微生物分泌的蛋白酶，从而阻止昆虫捕食或病原体的入侵；此外，还有 α-淀粉酶抑制剂以及那些对淀粉酶和蛋白酶具有双功能的抑制剂，进而提供了广泛的保护作用。

第四节　植酸钙镁的动员

植酸，也称为肌醇六磷酸，是许多种子中主要的磷酸贮藏物，其储藏形式是一种含有 K^+、Mg^{2+}和 Ca^{2+}等的混合盐。植酸酶是一种特殊的磷酸酶，用于水解植酸钙镁以释放磷酸、相关的阳离子和肌醇。种子萌发后，植酸钙镁的分解是迅速和彻底的，因为少于 6 个磷酸基团的肌醇磷酸酯不在种子中积累。释放的肌醇可用于幼苗的细胞壁合成，因为该化合物是一种戊糖基（pentosyl）和醛酸基（uronosyl）糖单元的已知前体，通常与果胶（pectin）和其他细胞壁多糖有关。这些离子何时从磷酸中分离出来还不清楚，尽管它们很可能是一起从肌醇环上断裂的，也许是通过与 H^+交换得以释放，因为磷酸在细胞代谢中被利用。

从植酸钙镁中去除磷酸有两条途径，它们的主要区别在于最初去除的磷酸所在肌醇环上的位置，即最初去除的磷酸是位于肌醇环位置 4 的磷酸还是位置 3 的磷酸（图 5-8）。在禾谷类植物如水稻、黑麦、大麦和燕麦中，先去除位置 4 的磷酸，然后去除位置 3 的磷酸；此外，可能存在活性较低的植酸酶，它通过位置 3 途径起作用，即先去除位置 3 的磷酸，然后去除位置 4 的磷酸。糊粉层释放的磷酸和离子可能被盾片吸收并分布到生长的幼苗中。

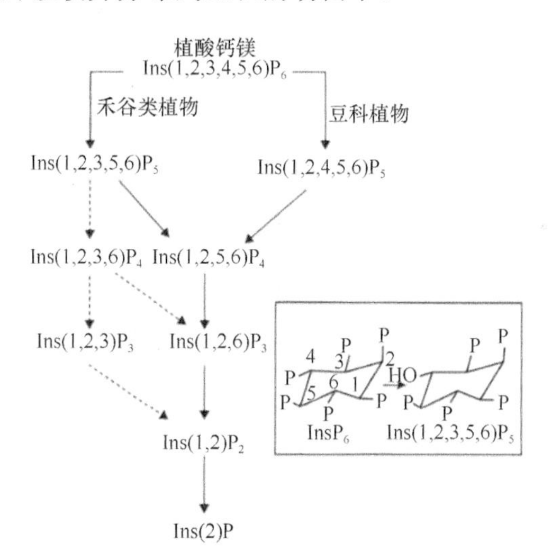

图 5-8　在禾谷类籽粒和豆科植物种子植酸钙镁动员过程中磷酸从植酸钙镁中去除的途径（引自 Greiner et al., 2002）

从 Ins (1,2,3,4,5,6) P_6（植酸钙镁）中，磷酸分别从禾谷类和豆科植物肌醇环的位置 4（左侧）或位置 3（右侧）去除磷酸，然后继续从位置 3 或者位置 4 生成一种共同的中间物，四磷酸 Ins (1,2,5,6)P_4。四磷酸 Ins (1,2,5,6)P_4 然后转化为 P_3、P_2，最后为 P_1 形式磷酸肌醇（Ins (2)P），位置 2 处的磷酸被裂解，释放游离肌醇。次要的植酸酶途径最初也通过禾谷类和豆科植物中的替代途径去除第一个磷酸。此外，在这两种情况下都有一条替代途径，用于去除随后的磷酸（虚线），但与主要途径（实线）相比，这种途径的活性较低。插图表明从肌醇环上的位置 4 去除第一个磷酸。Ins：肌醇

主要参考文献

宋松泉, 刘军, 黄荟, 等. 2020. 赤霉素代谢与信号转导及其调控种子萌发与休眠的分子机制. 中国科学(生命科学), 50(6): 599-615.

Ashton F M. 1976. Mobilization of storage proteins of seeds. Annual Review of Plant Physiology, 27: 95-117.

Bethke P C, Swanson S J, Hillmer S, et al. 1998. From storage compartment to lytic organelle: the metamorphosis of the aleurone protein storage vacuole. Annals of Botany, 82(4): 399-412.

Bewley J D, Bradford K J, Hilhorst H W M, et al. 2013. Seeds: Physiology of Development, Germination and Dormancy. 3rd Edition. New York: Springer.

Buchanan B B, Gruissem W, Jones R L. 2015. Biochemistry and Molecular Biology of Plant. 2nd Edition. West Sussex: John Wiley and Sons, Ltd.

Damaris R N, Lin Z Y, Yang P F, et al. 2019. The rice alpha-amylase, conserved regulator of seed maturation and germination. International Journal of Molecular Sciences, 20(2): 450.

Davière J M, Achard P. 2013. Gibberellin signaling in plants. Development, 140(6): 1147-1151.

Graham I A. 2008. Seed storage oil mobilization. Annual Review of Plant Biology, 59: 115-142.

Greiner R, Alminger M L, Carlsson N G, et al. 2002. Pathway of dephosphorylation of myo-inositol hexakisphosphate by phytases of legume seeds. Journal of Agricultural and Food Chemistry, 50(23): 6865-6870.

Salazar-Cerezo S, Martínez-Montiel N, García-Sánchez J, et al. 2018. Gibberellin biosynthesis and metabolism: a convergent route for plants, fungi and bacteria. Microbiological Research, 208: 85-98.

Smith A M, Zeeman S C, Smith S M. 2005. Starch degradation. Annual Review of Plant Biology, 56: 73-98.

Taiz L, Zeiger E. 2010. Plant Physiology. 5th Edition. Sunderland: Sinauer Associates, Inc.

Tan-Wilson A L, Wilson K A. 2012. Mobilization of seed protein reserves. Physiologia Plantarum, 145(1): 140-153.

Theodoulou F L, Eastmond P J. 2012. Seed storage oil catabolism: a story of give and take. Current Opinion in Plant Biology, 15(3): 322-328.

Zeeman S C, Kossmann J, Smith A M. 2010. Starch: its metabolism, evolution, and biotechnological modification in plants. Annual Review of Plant Biology, 61: 209-234.

第六章　种子休眠及其控制

具有生活力的种子是否萌发，以及萌发所需的时间由许多因素决定，包括种子所处的环境。首先，支持萌发的条件如水分和氧气是必需的，因为种子必须呼吸，而抑制萌发的化合物应该是缺乏的。此外，温度、光的质量和数量也必须合适。然而，在许多情况下，尽管这些条件都能得到满足，但种子仍然不能萌发。原因是在萌发完成前种子（或者散布单位）本身存在着一些必须清除或者克服的障碍，这样的种子被称为休眠种子（dormant seed）。为了释放休眠，种子必须在最短的时间内经历一些环境因素的变化，以诱导种子萌发。因此，种子休眠（seed dormancy）被定义为（有活力的）种子在适宜的条件下暂时不能完成萌发的现象（Bewley et al., 2013）。

休眠是许多物种在长期进化过程中在不利环境（例如，高温、寒冷和干旱）下通过选择存活而获得的一种特性。休眠的起源可能与地球历史上发生的气候变化有关。产生休眠种子的植物物种的数量往往随着距赤道的地理距离增加而上升，即随着降水量和温度的季节性变化而增加。因此，为了适应它们所处的气候和生境多样性，种子已经进化出了一系列的萌发特性。休眠和萌发之间的关系及其控制点如图 6-1 所示（Bewley et al., 2013）。

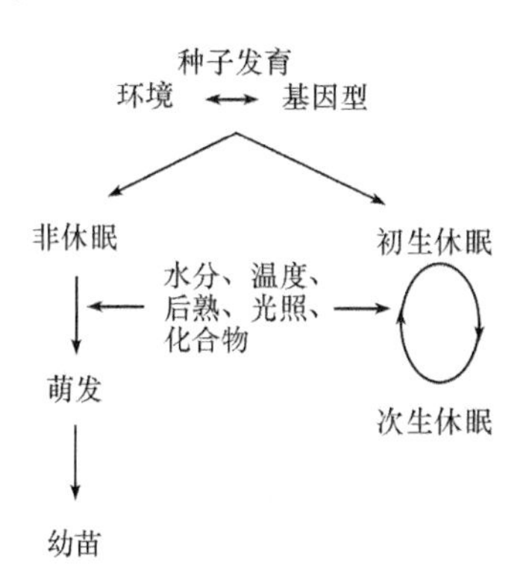

图 6-1　种子休眠与萌发的关系（改自 Bewley et al., 2013）

在发育末期，种子可能处于休眠（初生休眠）或非休眠状态，这取决于基因型和母体环境。休眠能够被各种环境因子解除；同样，非休眠的种子能够被一些相同的因子诱导进入休眠（次生休眠）。种子可以在休眠和非休眠之间进行季节性循环。非休眠种子的萌发也受到一些相同环境因子的影响

Baskin 和 Baskin（2014）报道了 15 种主要生境下的 13 634 种植物种子的休眠发生频率。在休眠发生频率最低的热带雨林，也有高达 50%以上的植物产生

休眠种子；在其他生境下，半数以上甚至几乎全部植物都能产生休眠种子，如在干旱草原和沙漠地带。当考虑全球降水和温度时，在热带和亚热带地区随着降水量增加和温度的降低，种子休眠的发生频率增加；在温带和北极区，产生休眠种子的物种数量大约是产生非休眠种子物种的四倍（Baskin and Baskin, 2014）（图 6-2）。

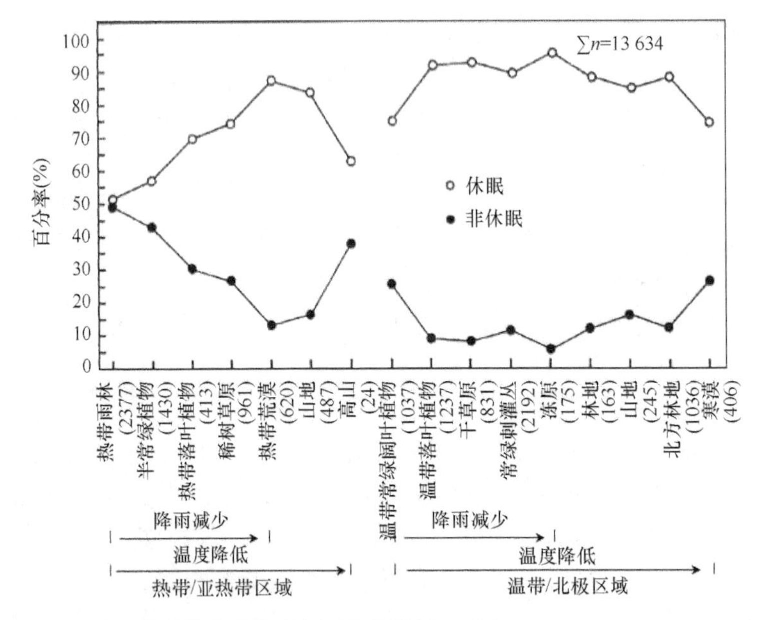

图 6-2　种子休眠的全球分布与环境的关系（引自 Baskin and Baskin, 2014）
括号中的数字表示物种的数量

第一节　种子休眠的生物学意义及其在农业生态系统中的作用

一、种子休眠的生物学意义

种子的生物学功能是将亲代的遗传信息传递给子代，建立新的植物，但种子的萌发只有一次，而且其本质上是不可逆的。为了降低萌发后的幼苗在不利环境中过早死亡的风险，植物在长期的进化过程中形成了不同的休眠机制，以确保物种的生存与繁衍（Baskin and Baskin, 2014；邓志军等, 2019）。休眠为种子延迟萌发提供了一种适应性策略，这种策略以三种方式发生（Bewley et al., 2013）。

1）同一亲本植株上具有不同休眠程度的种子通常称为多态性（polymorphism）、异形性（heteromorphy）或者异型性（heteroblasty）现象。通常，休眠特性的变化反映在种子或者散布单位的外形上，如种子的大小、种皮的颜色和厚度。这也可能是种子处于不同成熟水平的表征，因为在一个给定的时间，它们可能在亲本植株上处于不同的发育阶段，因此，具有不同的休眠水平。例如，在禾本科植物的许多成员中，来自不同的小穗或者小花的颖果具有不同水平的休眠。如果一个发育中的颖果被去掉，它会影响那些剩余颖果的休眠。研究表明，不管新鲜采收的种子还是采收后干燥的种子，在授粉后 8 d 和 10 d 的水稻‘9311’（*Oryza sativa*，‘9311’）种子都不能萌发；种子的萌发率随着发育逐渐增加，在授粉后 28 d 的萌发率达到最高（新鲜采收的种子和采收后干燥的种子的萌发率分别为 70%和74%），在授粉后 30 d 的种子萌发率不发生变化（图 6-3）；但这些种子经干藏 30 d 后，萌发率都为 98%（宋松泉等，未发表数据）。这些结果表明，水稻‘9311’种子具有部分休眠能力。在藜（*Chenopodium album*）种子发育后期，成熟植株上存在四种类型的种子，网状或者光滑种皮的棕色或者黑色种子，其中光滑黑色种皮的种子具有深休眠能力（宋松泉等，未发表数据）。当物种具有多态性种子时，萌发在时间上隔开，新的幼苗不定期地出现，从而减少竞争和降低环境传播风险，增加一些个体的生存可能性。显然，这种时间分布对于物种的延续和传播有重要意义（Bewley et al., 2013）。

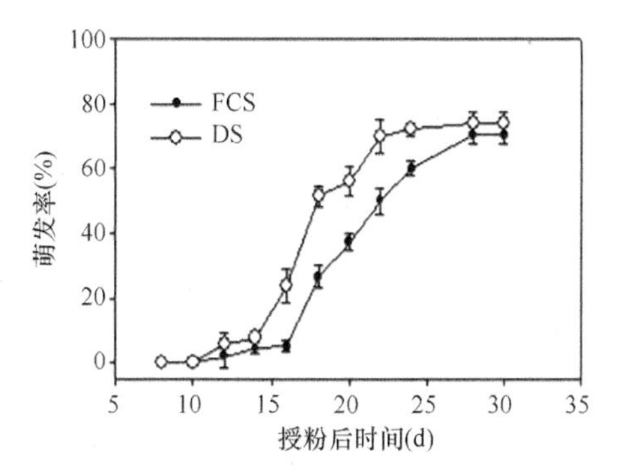

图 6-3　水稻‘9311’种子发育过程中新鲜采收种子（FCS）和采收后干燥种子（DS）的萌发率（宋松泉等，未发表数据）

种子采收后在 15℃和 50%相对湿度下干燥至含水量为 10.2%±0.5%（湿重为基础），FCS 和 DS 在 25℃和黑暗中萌发 168 h，将胚根长度为 2 mm 作为萌发完成的标准

2）休眠释放依赖于环境因素，而环境因素又有它们各自的时间分布，休眠也导致萌发在时间上呈不同的分布。例如，种子通常被冷处理释放休眠，有时在 1～5℃处理几个星期或者几个月就能释放休眠。由于这样的温度仅仅在冬季发生，依赖这种方式释放休眠的种子必须经历一个寒冷的季节才能萌发。这种策略的优点是，在春季长出的幼苗能在随后的适宜条件下生长发育；而在冬季前长出的幼苗将遭遇严峻的季节风险（Bewley et al., 2013）。

3）休眠也会引起种子萌发在空间上的分布，这是休眠的另一个重要的生物学意义。休眠的种子能够被风、水和动物长距离地传播；这些散布类型被分别称为风力散播（anemochory）、水传播（hydrochory）和动物传播（zoochory）（Bewley et al., 2013）。

因此，休眠为种子萌发和随后的幼苗生长提供了一种准确的测时（Graeber et al., 2012）。为了选择这种测时，种子的休眠水平不断地对一系列环境信号做出反应，这些信号告知种子所处的季节、在土壤中的深度以及竞争个体的存在（Footitt et al., 2013）。在生产实践中，低水平的种子休眠常常引起收获前萌发（preharvesting sprouting）和高的幼苗死亡率；而高水平的种子休眠则延迟萌发，导致生长时间减少和降低产量。

二、种子休眠在农业生态系统中的作用

在农业生态系统中，作物和杂草种子的休眠会严重影响作物的产量和质量。整齐和迅速地萌发通常是作物种子的理想特性；因此，大多数作物特别是禾谷类作物的种子休眠特性在驯化和育种过程中被选择性丧失。然而，在某些情况下，作物种子保持一定程度的休眠性对作物本身是有利的。例如，水稻、大麦、小麦和高粱的一些品种在成熟后期遇到连续阴雨时，种子容易出现收获前萌发，从而显著降低种子的质量和产量（Black et al., 2006; Bewley et al., 2013）（图 6-4）。

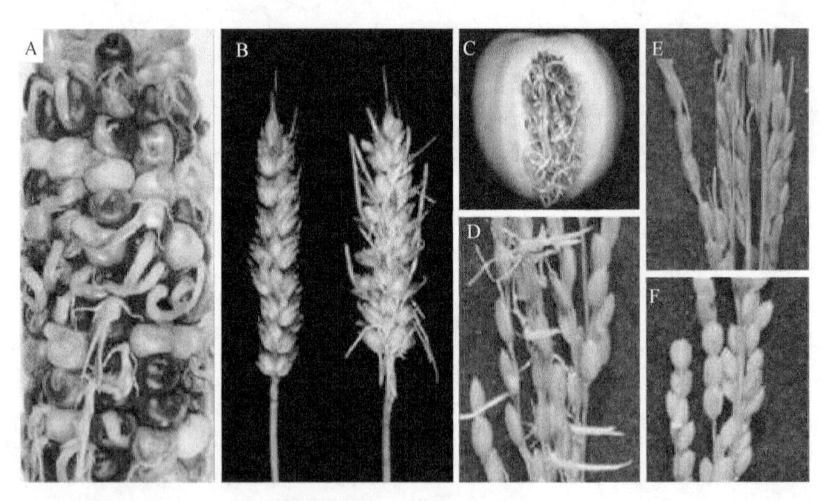

图 6-4　发育的玉米（A）、小麦（B）、番茄（C）和水稻（D～F）种子的胎萌或者提前萌发（引自 Bewley et al., 2013）

A：*vp14* ABA 缺陷的玉米；B：未发生和发生胎萌的小麦；C：未成熟的 *rin* 番茄突变体中的极端胎萌，其中果实未腐烂；D：胎萌敏感的粳稻 ‘Nipponbare’；E：抗胎萌的籼稻 ‘Kasalath’；F：‘Kasalath’ 携带一个休眠 QTL (*Sdr4-k*) 的近等基因系 Npb

宋松泉等发现，水稻‘雁农 S’和‘9311’在种子成熟后期遇持续阴雨时，穗萌发率分别为 74%和 17%，显著地降低种子的质量与产量（图 6-5）。在杂交稻制种和繁种过程中，赤霉素（GA）的应用使得穗萌发显著增加。正常年份穗萌发率为 5%左右，特殊年份可达 20%～30%，甚至更高，严重地降低了杂交稻制种的质量。同时，在水稻常规育种中，利用籼粳交培育的高产品种也大多容易发生穗萌发（江玲等, 2005）。已经发生穗萌发的稻谷易发霉、发热、不耐储藏，严重影响稻谷的播种、食用和加工品质，给农业生产造成巨大的损失（周玉亮等, 2016）。

另一方面，虽然低水平的休眠能够减少因穗萌发而引起的经济损失，但也降低收获后种子的萌发速率和一致性，使得部分种子成苗困难，从而缩短部分植株的生长发育时间，最终影响作物的产量。如果栽培品种具有深休眠特性，由于收获与播种之间的时间较短而不能通过后熟（after-ripening）打破休眠，则必须利用上一年生产的种子；如果种子活力（vigor）被延长储藏时间而降低，也可能导致成苗困难和产量降低（Black et al., 2006）。

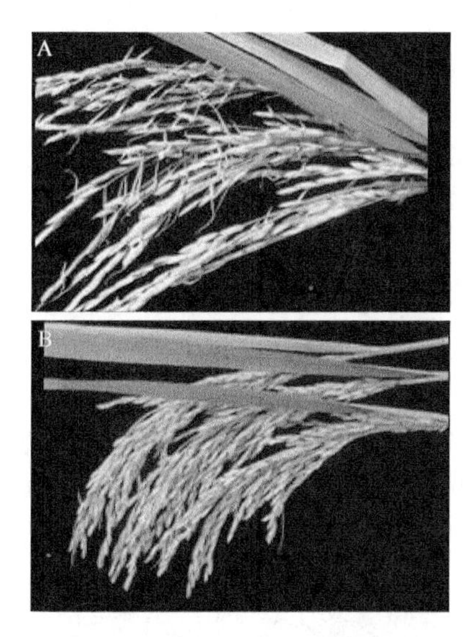

图 6-5 水稻‘雁农 S’（A）和‘9311’（B）在种子成熟后期发生收获前萌发（宋松泉等，未发表数据）

此外，稻田中的杂草如稗草（*Echinochloa crus-galli*）干扰水稻的生长发育，因为它们与水稻植株竞争空间、光照、水分和养分；稗草种子与水稻种子混杂，影响水稻种子的质量和商品价值。稗草也是稻飞虱和稻叶蝉等的中间寄主，具有增加水稻病虫害的风险（俞晓平等, 1996）。新鲜采收的稗草种子在交替光照（14 h 光照和 10 h 黑暗）和 10～35℃下，萌发率为 0（图 6-6）；但种子的萌发率经干藏（后熟）150 d（图 6-6）和层积处理后显著增加（未列出数据），0.0001～1 mmol/L

赤霉素和6-苄基腺嘌呤对种子萌发无明显的促进作用（未列出数据）；这些结果表明，稗草种子具有深生理休眠特性（Song et al., 2015）。这种休眠特性使得稗草种子在土壤中形成持久性种子库（persistent seed bank），并在相对较长的时间内干扰水稻的生长发育。

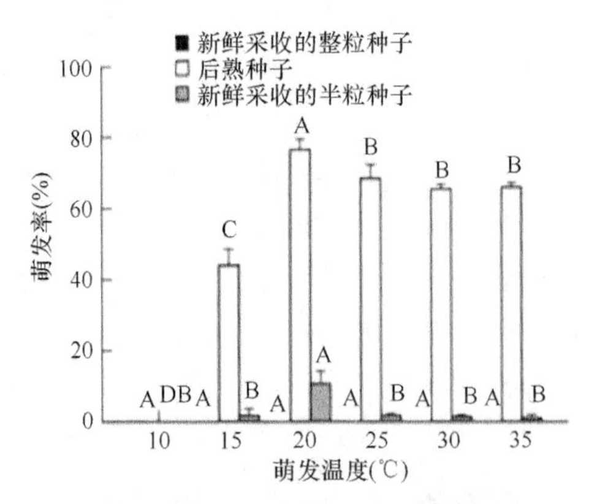

图 6-6　温度对新鲜采收的整粒、带胚的半粒和后熟的稗草种子萌发的影响

（引自 Song et al., 2015）

种子在图中标明的温度和交替光周期[45 μmol/(m^2 • s) 光照 14 h，黑暗 10 h]下萌发 30 d。将胚根长度为 2 mm 作为种子萌发完成的标准。柱子上方不同的大写字母表示相同处理的种子在不同温度下的萌发具有显著性差异（$P = 0.05$）

第二节　种子休眠的类型

一、种子休眠的分类

在 Nikolaeva（2001）研究的基础上，Baskin 和 Baskin（2004, 2014）将种子休眠分为 5 种类型，包括生理休眠（physiological dormancy）、形态休眠（morphological dormancy）、形态生理休眠（morphophysiological dormancy）、物理休眠（physical dormancy）和复合休眠（物理休眠+生理休眠），其中各种休眠类型还可细分为不同的亚类和水平。

Baskin 和 Baskin（2014）根据以下信息制作了一个检索表以识别种子是否具有休眠特性及其休眠类型（表 6-1）：①胚的形态，即胚是否已分化为器官或者仅仅是细胞团；②在萌发前胚是否生长；③种子或者散布单位是否具有透水性；④在 4 个星期左右种子萌发的能力（有或没有）；⑤胚根和芽是否在大约相同的时间出现，或者芽在胚根出现后延迟几周出现。

表 6-1 区别非休眠和休眠种子的检索表（改自 Baskin and Baskin, 2014）

检索项	结果
1. 胚分化和充分发育	2
2. 种子吸收水分	3
3. 约 4 星期内（常常几天）根的出现发生	4
4. 根出现后，芽的出现在几天内发生	非休眠
4. 根出现后，芽的出现被延迟 3～4 星期或者更长	上胚轴生理休眠
3. 根的出现需要多于 4 星期	5
5. 根出现后，芽的出现在几天内发生	正常的生理休眠
5. 根出现后，芽的出现被延迟 3～4 星期或者更长	上胚轴生理休眠
2. 种子不吸收水分	6
6. 划伤的种子能充分吸胀（通常在 1 d）并在约 4 星期（通常在几天）内萌发	物理休眠
6. 划伤的种子能充分吸胀（通常在 1 d），但在约 4 星期内不能萌发	复合休眠
1. 胚未分化或者如果分化但未发育	7
7. 胚未分化	8
8. 种子散布后，胚在吸胀的种子中分化和生长	9
9. 种子在约 4 星期内萌发	形态休眠
9. 种子在约 4 星期内不能萌发	形态生理休眠
8. 种子散布后，胚不分化成为一个根–茎轴	10
10. 种子在约 4 星期内萌发	专一的形态休眠
10. 种子在约 4 星期内不萌发	专一的形态生理休眠
7. 胚分化但未发育	11
11. 种子被放在潮湿的基质后，胚生长，种子在约 4 星期内萌发	形态休眠
11. 种子被放在潮湿的基质后，胚不生长，种子在约 4 星期内不萌发	形态生理休眠

注：种子休眠可分为生理休眠、形态休眠、形态生理休眠、物理休眠、复合（物理+生理）休眠，以及两种（上胚轴和正常）生理休眠的亚类型。新鲜成熟的自然散布单位（种子）在适宜萌发的温度下培养，如 20℃/10℃或者 25℃/15℃

1. 生理休眠

生理休眠是一种最普遍的休眠类型，广泛存在于裸子植物和大多数被子植物的种子中。生理休眠又分为深度生理休眠、中度生理休眠和浅生理休眠（表 6-2）（Baskin and Baskin, 2004, 2014）。

深度生理休眠（deep physiological dormancy）。离体胚不能正常生长或者产生畸形苗；GA_3 处理不能促进种子萌发；种子需要冷层积（cold stratification）3～4 个月才能萌发。

中度生理休眠（intermediate physiological dormancy）。离体胚能产生正常的幼苗；GA_3 处理促进部分物种的种子萌发；冷层积 2～3 个月能够释放休眠；干藏能够缩短冷层积的时间。

表 6-2　浅、中度和深度生理休眠种子的休眠与萌发特征（改自 Baskin and Baskin, 2014）

特征	浅生理休眠	中度生理休眠	深度生理休眠
GA_3处理促进萌发	是	是或者否	否
离体胚产生正常的幼苗	是	是	否或者产生矮小的植株
休眠释放需要的时间	几天到几个月	1～6 个月	几个月到 2 年
休眠释放需要的温度	W 或者 C	C 或者 W＋C	C
当休眠被释放时，萌发温度范围加宽	是	是	否
休眠循环	是	否	否

注：W 表示暖层积（warm stratification）；C 表示冷层积（cold stratification）

浅生理休眠（non-deep physiological dormancy）。大多数生理休眠的种子都具有浅生理休眠。离体胚能产生正常的幼苗；GA_3 处理能释放休眠；休眠能被冷层积（0～10℃）或者暖层积（≥15℃）以及后熟作用释放，种皮划伤（scarification）促进萌发（Baskin and Baskin，2004, 2014）。

2. 形态休眠

一些物种的种子成熟和散布时，胚可能已经分化，即具有胚根和子叶，但未发育，在胚根出现之前必须生长；或者未分化，在散布后分化，但不发育，在胚根出现之前必须生长；或者未分化和从不分化，成为胚本身的胚芽–胚根轴（Baskin and Baskin, 2014）。

3. 形态生理休眠

形态生理休眠存在于那些胚已分化但未发育的种子中，这些胚是线形的、未发育的或者是匙形的。正如这种休眠类型的名称所表述的那样，它是形态休眠和生理休眠的组合。具有形态生理休眠的种子在萌发之前必须发生两个常规的事件：一是胚在种子内必须生长到临界体积，二是胚的生理休眠必须被打破。在一些物种中，胚的生长和休眠的释放被相同的环境条件促进；而在另一些物种中，它们需要不同的条件。根据物种的不同，胚的生长和休眠的释放仅仅需要：①暖层积（warm stratification）（≥15℃）；②冷层积（cold stratification）（0～10℃）；③暖层积+冷层积；④冷层积+暖层积；⑤冷层积+暖层积+冷层积。在一些物种中，胚的生理休眠先被释放，然后胚生长；而在另一些物种中，生理休眠的释放和胚的生长同时发生（Baskin and Baskin, 2014）。

4. 物理休眠

种皮或者果皮的不透水性阻碍种子的萌发，称为物理休眠。果皮或者种皮具有不透水性是由于细胞存在一层或者几层不透水的栅栏层（palisade layer）。这些栅栏层是由石细胞（sclereid）组成的。石细胞具有厚的木质化的次生壁，种子栅栏层中最常见的石细胞类型是大型厚壁细胞（macrosclereid）或者马氏细胞（Malpighian cell）。大型厚壁细胞不透水是因为它们充满了疏水性物质，包括角质（cutin）、木质素（lignin）、醌类（quinones）、果胶不溶性材料（pectin-insoluble material）、软木脂（suberin）和蜡（wax）。除种皮或者果皮中不透性层的发育外，种子的所有自然开口，包括珠孔、种脐和合点区也是不透水的。在种子萌发之前，必须形成一个通过栅栏层或者其他不透性层的开口或者通道，使水进入种子。不透性层的开口类型随植物科的不同而变化（Baskin and Baskin，2014）。

5. 复合休眠

在一些物种的种子中具有不透水的种皮或者果皮（物理休眠）以及生理休眠的胚。单粒种子中，物理休眠和生理休眠的存在被称为复合休眠，具有复合休眠的种子只有这两种类型的休眠都被打破后才能萌发（Baskin and Baskin, 2014）。

二、种子休眠的进化

根据成熟种子的内部形态特征，Martin（1946）用胚与胚乳的比例来定义种子的类型，在植物系统发生树上排列不同休眠类型的位置，并提出了种子休眠的进化趋势。随后，Baskin 和 Baskin（2004, 2005, 2014）在 Takhtajan（1980）的系统发生树上绘制了 5 种休眠类型，并提出了种子休眠的一般进化趋势，主要内容包括：形态休眠/形态生理休眠存在于基部被子植物中；生理休眠、物理休眠和复合休眠为衍生类型；物理休眠和复合休眠是系统发生树上分布最窄的休眠类型；生理休眠是进化最高的、系统发生上分布最广的休眠类型。

Forbis 等（2002）的研究结果强有力地支持了上述进化顺序，他们计算了不同种子类型的胚与种子（enbryo/seed, E/S）的比值。这些 E/S 值表明了一种明显的趋势，它们沿着系统发生树从低的 E/S 值到高的 E/S 值。尽管不同的胚形态之间缺乏功能差异的证据，但是胚的相对体积是种子休眠进化的重要决定因子。在原始被子植物的成熟种子中，小的胚被包埋在丰富的胚乳组织中；这种类型在基部被子植物中非常普遍。高等被子植物种子的一般进化趋势是从具有线性轴（linear axile, LA）的种子类型（胚为 LA、发育，胚乳从中等丰度到高丰度）到具有叶状轴（foliate axile, FA）的种子类型（胚为 FA、发育，常具有子叶，胚乳少或无）。原始裸子植物的胚较小，进化裸子植物的 E/S 值较大。因此，胚的相对体积增加似乎是被子植物和裸子植物中的一般进化趋势（Finch-Savage and Leubner-Metzger, 2006）（图 6-7）。

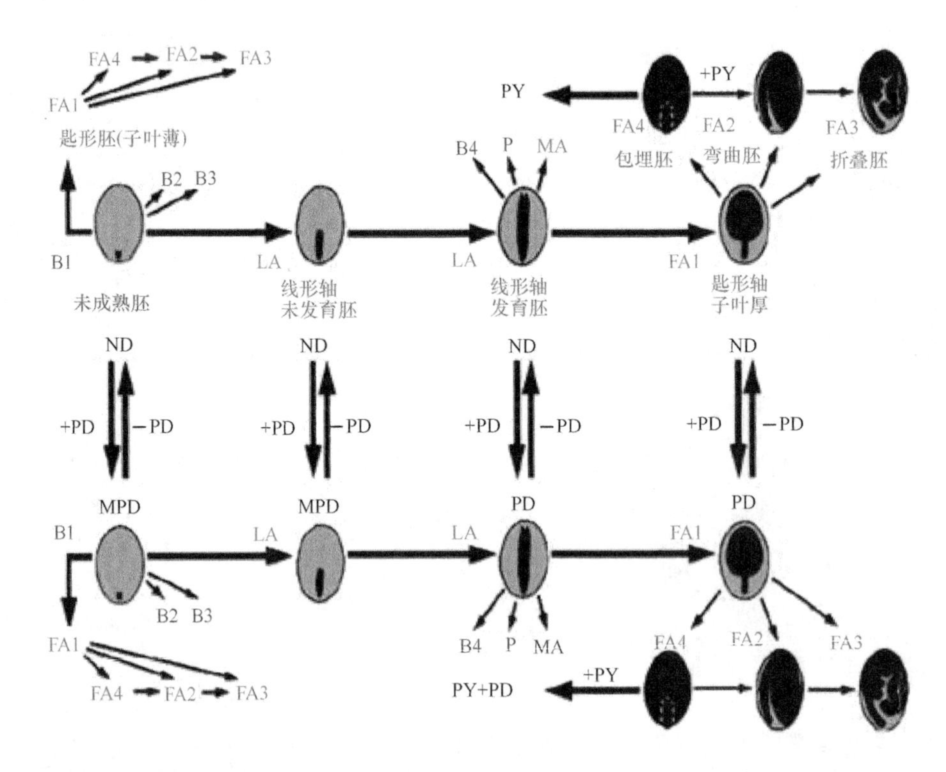

图 6-7 被子植物种子休眠进化的一般趋势（引自 Finch-Savage and Leubner-Metzger, 2006）

具有一个小的胚和丰富胚乳的种子（B1 种子类型）是原始的，进化的一般趋势（由箭头表示）是向有很少或者没有胚乳的成熟种子演变，其中胚占种子的大部分 [从线形轴（LA）到叶状轴（FA）种子类型]。在这些种子类型（B1、LA 和 FA1）中，生理休眠（PD）的获得或者丧失改变了图中表明的休眠类型。类似的变化也可能在其他种子类型中发生。作为特定物种中所存在的一个分支，物理休眠（PY）与 FA4 类型的非休眠（ND）或者 PD 种子组合。这种组合可能被逆转，物理休眠也可能与其他种子类型组合（图中未标明）。MPD：形态生理休眠；P, MA：不同的种子类型

形态休眠被认为是种子植物中古老的、最原始的休眠类型，具有未发育的、需要较长时间生长的胚，种子散布后的适应策略是在不同的时间分散萌发。形态休眠和形态生理休眠不仅存在于典型的原始被子植物种子中，而且存在于原始的裸子植物中，如泽米铁科（Zamiaceae）、银杏科（Ginkgoaceae）、罗汉松科（Podocarpaceae）和红豆杉科（Taxaceae）植物。生理休眠是系统发生树上分布最广的休眠类型，几乎分布在整个系统发生树上，从裸子植物、基部被子植物到高等的核心真双子叶植物蔷薇类都存在生理休眠。非休眠种子也分布在整个系统发生树上。Baskin 和 Baskin（2004, 2014）提出，在种子进化的几个水平上发生了几次物理休眠的获得与丧失。系统发生上最有限的和衍生的种子休眠类型是物理休眠和复合休眠。不透水的种皮或者果皮（物理休眠）与非休眠胚或者生理休眠胚（物理休眠 + 生理休眠）结合可能是对专一生活策略或者生境的一种适应。在裸子植物中未发现物理休眠和复合休眠。

三、水稻种子的休眠类型

水稻（*Oryza sativa*）有两个不同的亚种，即籼稻（*Oryza sativa* subsp. *indica*）和粳稻（*Oryza sativa* subsp. *japonica*）。尽管它们在形态、发育与生理等方面表现出不同的特征，但公认它们均来源于普通野生稻（*Oryza rufipogon*）（Sang and Ge, 2007, 2013）。普通野生稻种子具有明显的休眠特性（Veasey et al., 2004），而栽培水稻在长期的驯化和栽培过程中，其休眠特性部分和大部分丧失，以至于在种子成熟时如遇持续阴雨容易发生穗萌发（图 6-5）（宋松泉，未发表数据）。

成熟的东乡野生稻（*O. rufipogon*，'Dongxiang wild rice'）种子具有黑褐色的内稃和外稃简称外壳；种子的长度和宽度分别为 9.2±0.3 mm 和 2.6±0.1 mm，千粒重为 20.1±0.7 g。壳上有灰褐色的芒（awn），芒的长度为 54.2±11.5 mm（Xu et al., 2016a）。栽培稻'雁农 S'（*O. stava*，'Yannong S'）种子的外壳呈黄色，千粒重为 27.5±0.5 g，壳上没有芒（宋松泉，未发表数据）。

当在 28℃下吸胀时，'雁农 S'种子的吸水表现为三个阶段，阶段Ⅰ（吸胀的 0.5～10 h）的迅速吸水，阶段Ⅱ（吸胀的 10～20 h）的缓慢吸水，以及阶段Ⅲ（吸胀的 20 h 开始）的重新迅速吸水（图 6-8A）。然而，东乡野生稻种子的吸水表现为两个阶段，阶段Ⅰ（0.5～20 h）的迅速吸水，以及阶段Ⅱ（20～48 h）的缓慢吸水，但没有观察到吸水的阶段Ⅲ（图 6-8A）（Xu et al., 2016b）；表明东乡野生稻胚的覆盖结构（外壳、果皮和种皮）是透水的，以及东乡野生稻种子的休眠是非物理休眠。阶段Ⅰ的水分吸收可能是被种子的衬质势所驱动，因为干种子具有非常低的水势（Obroucheva and Antipova, 1997）；而缺乏阶段Ⅲ的吸水可能是因为东乡野生稻种子没有萌发。研究表明，在 28℃和黑暗条件下，'雁农 S'种子在吸胀 12～14 h 开始萌发，萌发率在吸胀 20 h 达到 56%，在 24 h 达到 100%（图 6-8B）。

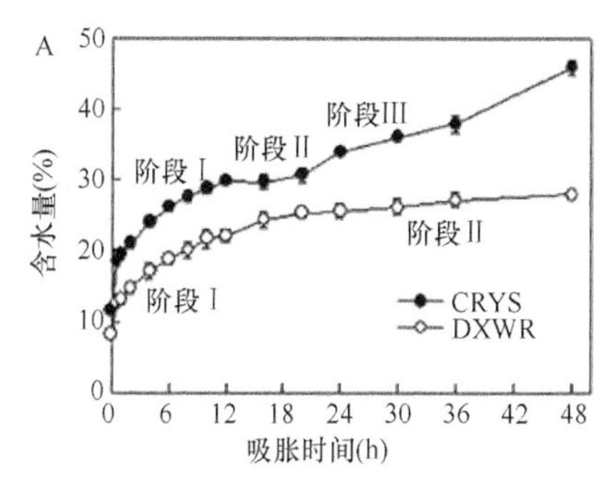

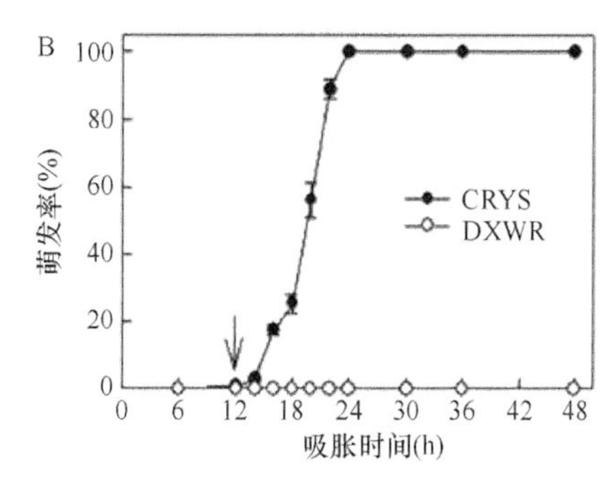

图 6-8　栽培稻'雁农 S'（CRYS）和东乡野生稻（DXWR）种子的水分吸收（A）和萌发进程（B）（引自 Xu et al., 2016b）

A：干种子在吸胀过程中含水量的变化（吸胀温度 28℃，吸胀时间 48 h）；B：干种子在暗培养中萌发率的变化（萌发温度 28℃，暗培养时间 48 h，以胚根伸出 2 mm 作为萌发完成的标准）。所有种子均为新鲜收获

而东乡野生稻种子在吸胀 48 h 的萌发率为 0（Xu et al., 2016b; 图 6-8B）。这些结果表明，‘雁农 S’种子为非休眠的种子，而东乡野生稻种子为休眠种子。

未（冷）层积的东乡野生稻种子在 28℃和黑暗条件下不萌发，层积 30 d 的种子开始萌发，层积 90 d 后萌发率达到 89%（图 6-9A）。对于层积 30 d 的种子，外壳明显地抑制种子的萌发；而对于层积 45～90 d 的种子，外壳对种子的萌发没有影响（图 6-9A）。在相同的萌发时间内，无论是否带壳，层积 90 d 的种子萌发速率和萌发率均高于层积 60 d 的种子；不带壳种子的萌发速率高于带壳种子（图 6-9）。Graeber 等（2012）提出，种子休眠是一种数量性状，其休眠深度随着时间而变化。初生休眠（primary dormancy）在种子成熟过程中被诱导，在生理成熟的种子中达到最高水平；在收获后的干藏（后熟）和层积过程中，种子的休眠水平被缓慢降低（Finch-Savage and Leubner-Metzger, 2006; Holdsworth et al., 2008）。值得注意的是不管是否层积或者层积时间长短如何，离体胚都能在 28℃和黑暗条件下萌发，萌发率接近 100%（Xu et al., 2016b）；这表明果皮、种皮和胚乳对胚的萌发都有抑制作用（Xu et al., 2016b）（图 6-9A）。因此，根据 Baskin 和 Baskin（2004, 2014）和 Finch-Savage 和 Leubner-Metzger（2006）的建议，东乡野生稻种子被认为具有中度生理休眠特性。

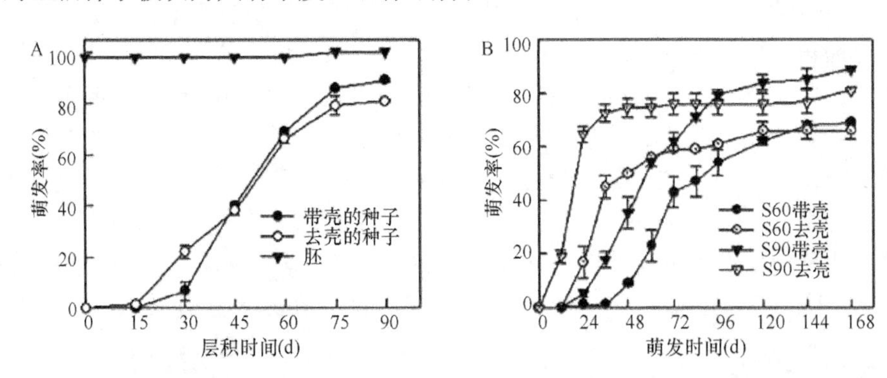

图 6-9　东乡野生稻种子冷层积过程中，离体胚、带壳种子和去壳种子的萌发率变化（A），以及冷层积 60 d 或者 90 d 的带壳种子和去壳种子的萌发率变化（B）（引自 Xu et al., 2016b）

在 4℃层积后，离体胚、带壳种子和去壳种子在 28℃和黑暗中萌发 30 d（A）或者 7 d。以胚根伸出 2 mm 作为萌发完成的标准

第三节　种子休眠的机制

一、种子休眠的数量性状位点

种子休眠通常被认为是一种复杂的遗传或者数量性状，这种复杂性和相关的变异来源于许多相互作用位点上的等位基因的分离，称为数量性状位点（quantitative trait loci, QTL），以及来源于这些等位基因对环境因子的敏感性和基因型（genotype）与环境的相互作用。种子的组成部分或者是母体起源，或者是合子起源，其遗传组成和倍性水平是不同的。可能影响休眠的组成部分包括胚、胚乳、外胚乳（perisperm）、种皮、果皮和外壳。个别物种可能缺乏一个或者多个这些组分或者组织，它们对胚轴的重要性和距离差异很大。例如，水稻种子的外壳来源于小花的外稃和内稃。由于雌雄配子融合的结果，胚几乎总是二倍体的，以及在配子的遗传背景不同的情况下胚具有子一代（F_1）的遗传结构。胚乳为三倍体，是雌配子体（female gametophyte）的两个极核与一个雄配子（male gamete）融合的结果。种皮、果皮、外胚乳和壳为二倍体，是母体来源并具有母体的遗传结构。因此，水稻种子或者颖果的胚和胚乳是同一代的，种皮、果皮和外壳是上一代（母体）的；但在休眠研究中，种皮、果皮和外壳的世代难以鉴定。种子的结构或者组织可以独立地和共同地起作用以决定休眠和萌发。例如，种子的休眠可能是由果皮/种皮强加的休眠，或者胚休眠，或者由二者引起的休眠。为了防止由于不同类型的休眠所引起的遗传效应混淆，研究单个组分对休眠的贡献是重要的。单个组分的作用可以通过萌发完整的种子、去除外壳的种子、去除果皮/种皮和外壳的种子，以及离体胚来确定。通常，休眠表型（dormant phenotype）是通过休眠的或者部分后熟的种子、颖果或者胚与非休眠的或者完全后熟的同一品种或者复份（accession）在相同环境条件下的萌发差异来测定的（Black et al., 2006）。

传统遗传学研究证实，种子休眠为典型的数量性状（quantitative trait），且休眠对非休眠为显性。近年来，水稻高密度遗传图谱的构建为定位种子休眠 QTL、研究单个 QTL 的效应、探讨 QTL 之间以及 QTL 与环境之间的相互作用提供了可能性，但由于方法、材料和外界环境的差异，不同的研究组定位 QTL 的数量、位置和效应有较大的差异。到目前为止，利用栽培稻（Wan et al., 2005, 2006; Sasaki et al., 2013; Wang et al., 2014）、野生稻（Cai and Morishima, 2000, 2002）和杂草稻（Gu et al., 2004, 2005; Ye et al., 2010）定位了约 228 个与水稻种子休眠相关的 QTL，这些 QTL 广泛地分布在水稻的 12 条染色体上。其中，在第 1、3、5、6、7 和 11 号染色体上检测到的 QTL 数量较多，分别有 34、27、22、22、25 和 24 个；而在 9、10 和 12 号染色体上分布的 QTL 数量较少，分别为 10、7 和 9 个（周玉亮等, 2016）。进一步分析发现，这些 QTL 大多效应较小，但也发现了一些效应较大的 QTL，其中贡献率超过 20% 的 QTL 有 33 个（周玉亮等, 2016）。这些主效 QTL（major QTL）主要分布在 1、3、4、5、7 和 8 号染色体上，表明这些染色体在控制种子休眠中起重要作用。此外，Gu 等（2004, 2005, 2006）和 Ye 等（2010）利用双基因和三基因模型，检测到 8 个休眠 QTL 之间存在上位性作用（epistasis）。Gu 等（2004）检测到 9 对上位性位点；Wang 等（2014）和 Cheng 等（2014）分别检测到 2 对和 8 对上位性位点。这些上位性 QTL 效应较小，互作位点（crosstalk locus）通常发生在不同的染色体之间（周玉亮等, 2016）。

1. 水稻种子休眠的 QTL 整合分析

周玉亮等（2016）利用 Gramene 数据库（http://www.gramene.org），检索了 228 个已经报道的种子休眠 QTL 的物理位置，并结合文献中的定位群体信息，将 181 个 QTL 整合到 1 张染色体图谱上（图 6-10）。值得注意的是，对于种子休眠相关的单核苷酸多态性（single nucleotide polymorphism, SNP）位点，在作图时以

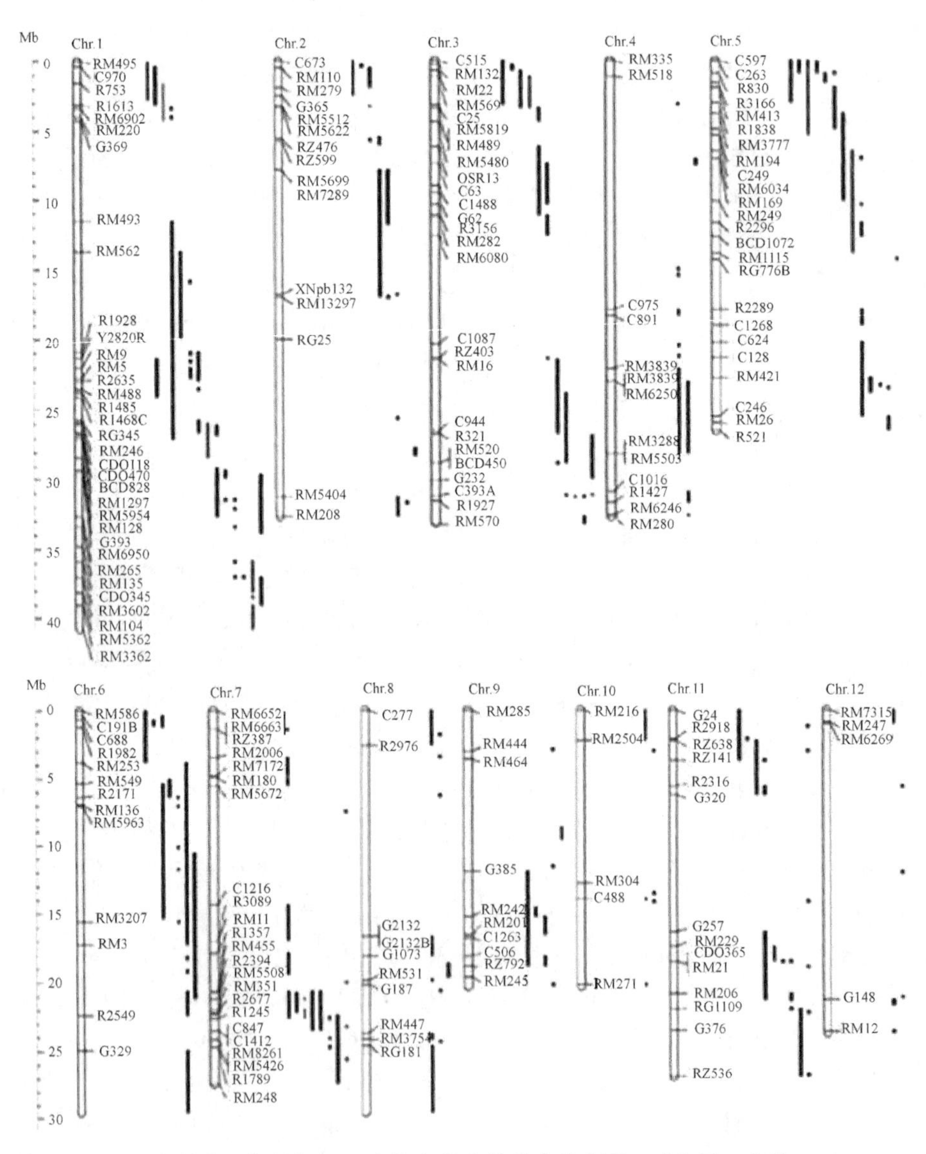

图 6-10　水稻种子休眠的 QTL 在染色体上的整合分布图（引自周玉亮等, 2016）

SNP的物理位置为中心，取其上下游各100 kb范围的染色体区段来表示。从图6-10中可以看出，第1、3、5、7、11号染色体上分布的与种子休眠有关的QTL数量较多，且呈现出成簇分布的特点。

通过对228个种子休眠QTL的连锁分子标记进行分析，发现有35个标记在不同文献中被报道与水稻种子休眠QTL连锁，其中包括了17个简单重复序列（simple sequence repeat, SSR）标记和18个限制性片段长度多态性（restricted fragment length polymorphism, RFLP）标记，标记R830和R1245的出现次数更是高达6次，表明这2个位点是种子休眠基因的热点区域；这些高频次出现的分子标记所对应的QTL能够在不同的研究中被反复检出，也表明其属于稳定表达的QTL。从染色体分布来看，这些稳定表达的QTL主要分布在1、3、5、7和11号染色体上，再次证明这些染色体对水稻种子休眠的重要作用。

2. 水稻种子休眠QTL的精细定位和图位克隆

在QTL初步定位的基础上，通过构建近等基因系（coisogenic strain）等次级作图群体对一些种子休眠的主效QTL进行了精细定位（fine mapping）和图位克隆（map based cloning）。Takeuchi等（2003）利用高世代回交群体（advanced backcross population），将*Sdr1*定位于3号染色体短臂RFLP标记的R10942和C2045之间，与C1488共分离。Hori等（2010）通过代换作图（substitution mapping），将位于3号染色体短臂上的1个抗穗萌发的主效QTL定位于RM14240和RM14275之间的474 kb区间，并发现其与种子低温萌发的*qLTG3-1*共定位。Lu等（2011）利用Nanjing35×N22的高世代回交材料BC_4F_2对*qSdn-1*和*qSdn-5*进行了精细定位，将*qSdn-1*定位于1号染色体SSR标记的RM11669和RM1216之间约655 kb区间内，将*qSdn-5*定位在5号染色体SSR标记的RM480和RM3664之间约122 kb的区间内。Gu等（2010）将来自杂草稻SS18-2的主效基因（major gene）*qSD12*的物理区间缩短到75 kb，基因注释发现该区间有9个基因，包括6个转座子（transposon）/逆转座子（retrotransposon）的基因簇、1个*PIL5*基因、1个假定蛋白、1个bHLH转录因子，推测*PIL5*和*bHLH*是候选基因，并认为*qSD12*主要在种子发育早期促进体内ABA的积累而诱导种子的初生休眠。

目前已经成功地克隆了3个水稻种子休眠基因，分别是*Sdr4*、*Sd7-1*/*qPC7*和*qSD1-2*。Sugimoto等（2010）对位于7号染色体的休眠主效基因*Sdr4*进行了分子克隆，证明Os07g0585700是*Sdr4*的基因序列，其全长为1032 bp，编码1个343个氨基酸的具备转录因子活性的未知蛋白。*Sdr4*受种子成熟调控因子OsVP1的正调控，而*Sdr4*正调控种子休眠的相关因子并且抑制种子萌发后相关基因的表达，从而间接引起种子的休眠，但其分子机理还有待进一步研究。

Gu等（2011）通过基因内重组将种子休眠基因*Sd7-1*/*qPC7*定位到*Rc*基因座

Os07g11020 中，结果表明这 2 个性状的相关性是由一多效基因（pleiotropic gene）引起的。*Sd7-1*/*qPC7* 在发育早期的种子中表达，促进 ABA 生物合成的关键基因表达，从而导致 ABA 的积累；同时，*Sd7-1*/*qPC7* 也能激活类黄酮生物合成途径的基因，促进红色素在种皮的下表皮细胞中积累，并且提高种子重量。

Ye 等（2015）将种子休眠基因 *qSd1-2* 定位在 20 kb 的区域内，将目标基因锁定为 *OsGA20ox2*。该基因 CDS 全长为 3183 bp，包含 3 个外显子和 2 个内含子。*OsGA20ox2* 在背景片段 EM93-1 中与供体片段 SS18-2 相比有 382 bp 的缺失，其中第 2 个外显子 18 bp 的缺失产生了终止密码子，导致 2 个蛋白域的丧失。这些变异不仅能够增强种子休眠，还能够降低植株高度。

3. 影响水稻种子休眠 QTL 定位的因素

研究表明，亲本类型、群体遗传结构、实验材料与方法、种子收获时间以及材料的种植地点与年份等都会影响 QTL 定位的结果。此外，种子成熟期的温度、抽穗期等环境因素也是影响水稻种子休眠 QTL 定位的重要因素。下面主要介绍亲本类型、作图群体和环境因素对 QTL 定位的影响（周玉亮等, 2016）。

（1）亲本类型

种子休眠 QTL 定位材料的亲本包括栽培稻、野生稻和杂草稻。其中，利用栽培稻定位的 QTL 数量最多，占总数的 64%，野生稻和杂草稻分别占 24%和 12%。在利用栽培稻定位的 QTL 中，72 个 QTL 来源于籼稻，41 个 QTL 来源于粳稻；籼稻来源的 QTL 明显多于粳稻，其主要原因是籼稻亲本往往比粳稻亲本表现出更强的休眠特性，且籼稻的多态性比粳稻更丰富。然而，粳稻材料中也蕴含丰富的种子休眠基因（周玉亮等, 2016）。

（2）作图群体

Wan 等（1997）和江玲等（2003）利用亲本材料 Miyang23 和 Todorokiwase，Cai 和 Morishima（2000）、王松凤等（2006）和 Sasaki 等（2013）利用 Nipponbare 和 Kasalath，Gu 等（2004, 2005）和 Ye 等（2010）利用 Em93-1 和 SS18-2，Wan 等（2006）和 Xie 等（2011）利用 Nanjing35 和 N22，Hori 等（2010）和 Marzougui 等（2012）利用相同的亲本 Koshihikari；但由于作图群体的遗传结构和表型鉴定方法不尽相同，所导致的 QTL 定位结果存在差异。通常，大多数研究都通过萌发率的高低来判断种子的休眠水平，但由于休眠和萌发是两个不同的但又相互联系的事件以及在实际操作中还存在一些差异。这些差异首先表现在种子成熟收获的时间不同，从抽穗后 15～56 d 不等；其次，对实验材料，有些是直接用穗子做萌发实验，但大多数是将种子脱粒后做萌发实验。

（3）环境因素

温度和抽穗期被认为是影响种子休眠的重要环境因子。研究表明，通常情况下高温会减弱种子休眠，低温则会增强种子休眠（Gu et al., 2006; Sasaki et al., 2013）。而作图群体内不同个体抽穗期的差异是种子成熟期间受温度影响的一个重要原因，因此，抽穗期和种子休眠 QTL 之间往往表现出紧密的连锁关系（井文等, 2008；Sasaki et al., 2013; Wang et al., 2014）。Wang 等（2014）发现种子休眠主效基因 *qSD-7.1* 与抽穗期基因 *qHD7-4* 紧密连锁；Sasaki 等（2013）也发现种子休眠基因 *qSD-6.1* 和抽穗期基因 *qDTH-6.1* 紧密连锁。然而，Takeuchi 等（2003）的研究则表明种子休眠和抽穗期没有相关性。Wang 等（2014）的研究指出，在种子发育的早中期，种子休眠与抽穗期呈负相关，与温度呈正相关，但在种子发育的后期，情况却与之相反。因此，由于外界环境的复杂性，种子休眠、温度和抽穗期三者之间的关系还有待进一步明确。

尽管通过 QTL 定位鉴定了 200 多个与种子休眠和穗萌发相关的基因位点，且对一些主效 QTL 进行了精细定位和图位克隆，但穗萌发的研究还没有取得突破性进展，也没有利用种子休眠 QTL 培育出水稻优良新品种的报道。未来该领域研究的热点可能包括：①对已鉴定的主效 QTL 和稳定表达的 QTL 开展精细定位和图位克隆；②利用单片段代换系（single segment substitution line, SSSL）开展休眠 QTL 的定位和基因克隆；③研究种子休眠 QTL 之间、QTL 与环境之间的相互作用，并通过聚合育种培育抗穗萌发的水稻优良品种。

二、与种子休眠相关的基因

利用模式植物水稻、拟南芥和玉米进行的分子遗传学研究已经提供了许多关于控制休眠释放的生化途径类型和相互作用的信息。从休眠到萌发转变的位点中突变等位基因的行为分析已导致了这样的假设：种子从休眠到萌发的转变是由两组具有相反作用的非重叠位点（基因座）控制的。一组位点起增强萌发潜力和激活从胚向幼苗转变的作用（促进萌发的位点，表 6-3），包括已知能够促进休眠释

表 6-3　拟南芥中影响胚休眠和萌发的遗传位点（引自 Black et al., 2006）

功能分类	促进休眠和/或者抑制萌发的位点	促进萌发的位点
激素生物合成/信号转导		
ABA	*ABA1*、*ABA2*、*ABA3*、*ABI1*、*ABI2*、*ABI3*、*ABI4*、*ABI5*	*ERA1*、*AFP*
GA	*GIN5*、*RGL1*、*RGL2*	*GA1*、*GA2*、*GA3*、*GAI*、*SLY1*、*SPY1*、*PKL*
BR		*DET2*、*BRI1*
乙烯	*CTR1*	*ETR*、*EIN2*
leafy cotyledon 类型	*LEC1*、*LEC2*、*FUS3*	
增加休眠		*CTS*
减少休眠	*RDO1*、*RDO2*、*RDO3*、*RDO4*	

放（如GA和乙烯）、代谢（*COMATOSE*位点，*CTS*）和与信号转导有关的生长调节。含有这些位点的突变等位基因的种子表现出萌发潜力降低，吸胀的种子类似于休眠种子的状态；在一些情况下，这种状态能够被改变，例如将GA应用于*ga*突变体，或者去除周围的种皮和胚乳层。另一组位点起抑制萌发潜力和增强休眠的作用，抑制从胚向幼苗的转变（促进休眠/抑制萌发的位点，表6-3）。对于这组位点，突变体的表型包括萌发潜力增加（种子表现为非休眠，甚至刚收获的种子）。与ABA生物合成和信号转导有关的位点的突变会降低种子的休眠水平，表明ABA在抑制萌发中起作用（Black et al., 2006）。

1. 与ABA相关的基因

ABA存在于种子和果实组织中，也与其他发育过程有关，包括贮藏蛋白的合成和脱水耐性的获得。通常，ABA缺陷的突变体（ABA-deficient mutant）产生非休眠的种子，这些种子也可能不耐脱水，这取决于突变的严重程度（表6-3）。当胚缺乏显性的ABA等位基因时（即*aba*突变体），ABA缺陷的拟南芥和番茄种子不具有休眠特性。此外，编码玉米黄质氧化酶（zeaxanthin oxidase，ABA合成途径中的一种酶）的基因在烟草中的过表达导致更深的休眠表型，而该基因的抑制产生较浅的休眠表型。因此，种子发育过程中胚ABA含量的（短暂）上升是诱导休眠所必需的（Black et al., 2006）。

对ABA的敏感性增加也促进休眠的表达。拟南芥ABA不敏感突变体（ABA-insensitivity mutant）*abi1*～*abi3*都表现出种子休眠显著降低。相反，ABA过敏感突变体（ABA-hypersensitive mutant）*era1*（*enhanced response to ABA1*）的种子表现出休眠增强。一些水稻、玉米和小麦品种在潮湿条件下表现出胎萌（vivipary）或者提前萌发（precocious germination）。这些萌发敏感的品种对ABA的敏感性降低。对拟南芥和玉米中胎萌突变体的分析已经分别鉴定了*ABI3*和*VP1*基因，它们可作为负责这些表型特征的ABA反应基因。这些直系同源基因（orthologous gene）编码B3结构域家族的转录因子[一组ABA反应转录因子，其特征是含有三个保守的C端碱性DNA结合结构域（B1、B2、B3）中的一个]，它们在种子发育过程中激活调控基因表达的ABA诱导基因的转录。*ABI3*参与维持种子的发育状态和抑制向营养或者生长阶段的过渡。因此，缺乏这些基因的突变体种子表现出生长（萌发）的特征（Black et al., 2006）。

拟南芥*leafy cotyledon 1/2*（*lec1/2*）和*fusca*（*fus3*）突变体表现出营养状态的特征，包括脱水耐性降低、分生组织活跃、表达萌发相关基因和缺乏休眠（表6-4）。*ABI3*、*LEC1*、*LEC2*和*FUS3*位点在种子成熟的整个调控中具有部分重叠功能，这些基因的缺失或突变将产生成熟种子有缺陷的基因型。*LEC1*、*LEC2*和*FUS3*位点可能调控发育停滞，因为这些基因（如*fus*、*lec*）的突变会导致未成熟胚的持续生长。

表 6-4　具有改变种子休眠/萌发特性的拟南芥突变体（引自 Black et al., 2006）

突变体	基因	萌发表型	编码蛋白
种子发育突变体			
abi	*ABI3*	+	带有 B1 和 B2 结构域的 B3 结构域蛋白
fus3	*FUS3*	+	带有 B2 结构域的 B3 结构域蛋白
lec1	*LEC1*	+	CCAAT 盒结合蛋白的 HAP3 亚基
lec2	*LEC2*	+	B3 结构域转录因子
ABA 生物合成和信号转导突变体			
abi1	*ABI1*	+	丝氨酸/苏氨酸磷酸酶 2C
abi2	*ABI2*	+	丝氨酸/苏氨酸磷酸酶 2C
abi4	*ABI4*	+	APETALA2 结构域蛋白
abi5	*ABI5*	+	碱性亮氨酸拉链转录因子
aba1	*ABA1*	+	玉米黄质环氧化酶
aba2	*ABA2*	+	黄氧素氧化酶
aba3	*ABA3*	+	钼辅因子硫化酶
era1	*ERA1*	−	法尼基转移酶
GA 生物合成和信号转导突变体			
ga1	*GA1*	−	柯巴基二磷酸合酶
ga2	*GA2*	−	内根-贝壳杉烯合酶
ga3	*GA3*	−	内根-贝壳杉烯氧化酶
spy	*SPY*	+	苏氨酸-*O*-连接 *N*-乙酰葡糖胺转移酶
sly1		−	未知
种皮突变体			
ats		+	未知
tt1		+	未知
tt2	*TT2*	+	R2R3 MYB 结构域蛋白
tt3	*DRF*	+	二氢黄酮醇-4-还原酶
tt4	*CHS*	+	查耳酮合酶
tt5	*CHI*	+	查耳酮异构酶
tt6	*F3H*	+	黄酮醇 3′-羟化酶
tt7	*F3′H*	+	黄酮醇 3′-羟化酶
tt8	*TT8*	+	碱性螺旋-环-螺旋结构域蛋白
tt9		+	未知
tt10		+	未知
tt11		+	未知
tt12	*TT12*	+	MATA 家族蛋白
tt13		+	未知
tt14		+	未知
tt15		+	未知
tt16	*TT16*	+	ARABIDOPSIS BSISTER MADS 结构域蛋白
ttg1		+	WD40 重复蛋白
ban	*LAR*	+	无色花色素还原酶

在 *abi3*、*lec1*、*lec2* 和 *fus3* 突变体中，由于它们的成熟期不正常，种子没有休眠，可能提早萌发，特别是在 ABA 缺乏的情况下。*fus3*、*lec* 和 *abi3* 突变体对 ABA 的敏感性不同，但这些差异似乎与每个基因型的胎萌程度无关，胎萌的发生主要取决于空气的相对湿度。此外，*fus3* 突变体种子的萌发具有 GA 依赖性，但 *lec1* 突变体种子的萌发不依赖于 GA，表明这些突变体以不同的方式影响种子的萌发潜力。

与野生型种子比较，拟南芥 *ats*（*aberrant testa shape*）突变体的种皮厚度减小，萌发率更高，萌发速度更快。这种突变体产生珠被发育不正常的胚珠。*tt*（*transparent testa*）突变体 [*tt1*～*tt17*、*ttg1* (*transparent testa glabra 1*)、*ttg2* 和 *ban* (*banynls*)]的种子表现出种皮类黄酮色素缺乏，其种子的颜色在黄色到浅棕色之间变化（表 6-4）。*ttg1* 突变体也缺乏黏液和毛状体，种皮外层的形态也受到影响。*ban* 突变体在未成熟种子的内种皮中积累粉红色的类黄酮色素，以及产生灰绿色、斑点状的成熟种子。种皮的物理和化学修饰可能影响种子的水分和氧气吸收，以及抑制物质的渗出。此外，种皮的厚度变薄可能降低胚生长的机械抑制。

ABA 对休眠调控的作用机制是极其复杂的。拟南芥全基因组基因表达谱显示，超过 1000 个基因可能被 ABA 上调或者下调。这是因为 ABA 信号参与植物的许多功能，包括发育、胁迫反应、能量和代谢、蛋白质合成、转录和运输。

2. 与赤霉素相关的基因

GA 缺陷突变体（GA-deficient mutant）在没有外源 GA 的情况下不能萌发（表 6-3，表 6-4）。GA 生物合成的抑制剂如多效唑（paclobutrazol）和四环唑（tetcyclacis）会抑制野生型种子的萌发。因此，在种子吸胀过程中需要进行 GA 的重新生物合成以促进萌发。GA 也在开花诱导中起作用，但似乎不参与任何随后的种子发育过程，因为 GA 缺乏的突变体种子发育正常。由此推断，GA 不可能参与种子发育过程中对休眠的控制。然而，ABA 缺陷突变体的种子萌发不需要 GA 的生物合成。这表明，GA 是克服 ABA 诱导的休眠状态所必需的。在休眠与萌发的激素平衡理论（hormone balance theory）中，这一概念已扩展到种子的初生休眠，它解释了 ABA 和 GA 的净作用导致休眠丧失或者萌发促进。

DAG1 基因编码一个 DOF（DNA-binding with one finger）转录因子（一个 GA 反应的 DOF 转录因子家族成员），该因子在维管组织中表达。它通常来源于母体植株，并传给正在发育中的种子。*dag1* 突变体的种子休眠性降低，影响萌发对光照的需要和种皮的结构。*DAG2* 基因具有类似于 *DAG1* 的表达模式（维管），但 *dag2* 突变体表现出休眠性增强。

第四节　种子休眠的调节

研究表明，种子的休眠与萌发是由遗传和环境因素共同决定的，其中激素调控可能是种子植物中的一种高度保守的机制（Nonogaki, 2014, 2017; Matilla, 2020; Sohn et al., 2021）。ABA 诱导和维持种子休眠，抑制种子萌发，在种子休眠的调控中起主导作用；GA 促进种子萌发和拮抗 ABA 对种子萌发的抑制作用。除 ABA 和GA外，其他植物激素如乙烯(ethylene)、生长素(auxin)和细胞分裂素(cytokinin)也在种子的休眠和萌发中起作用（Shu et al., 2016; Nonogaki, 2019; Matilla, 2020; Sohn et al., 2021; Sajeev et al., 2024）（图 6-11）。下面主要讨论 ABA、生长素和 GA 对种子休眠与萌发的调控。

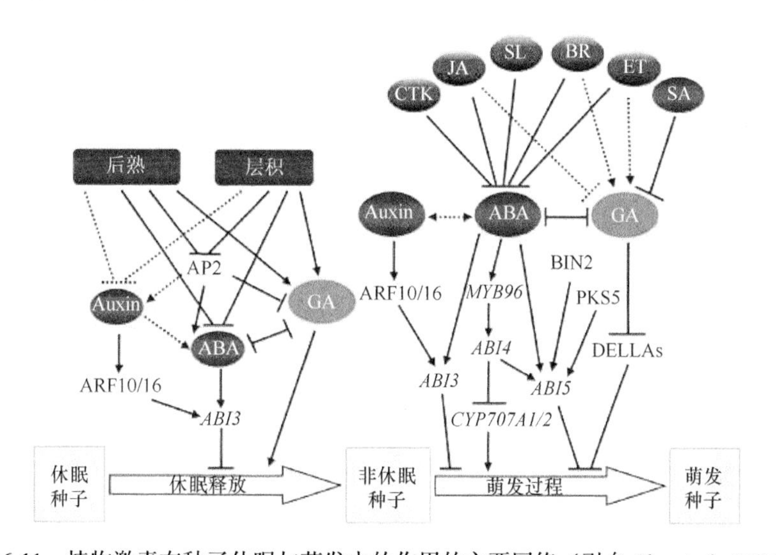

图 6-11　植物激素在种子休眠与萌发中的作用的主要网络（引自 Shu et al., 2016）

种子的休眠释放和萌发是两个独立但连续的阶段。新鲜成熟的种子具有休眠特性，含有高水平的 ABA 和生长素，以及低水平的 GA，这是由种子发育过程中激素生物合成的变化引起的。作为种子萌发的最初阶段，后熟或者层积处理通过调节 ABA、GA 和生长素的生物合成和/或信号打破种子休眠（休眠释放）。这三种激素可能相互作用以精确调控种子休眠。特别是 ABA 和生长素以相互依赖的方式，与生长素促进的 *ABI3* 的转录一起正调控种子休眠。此外，含有 AP2 结构域的转录因子包括 ABI4、DDF1、OsAP2-39 和 CHO1，通过促进 ABA 的生物合成和抑制 GA 的生物合成/积累正调控种子休眠。此外，含有 AP2 结构域的转录因子是否也调控生长素的生物合成和/或者信号转导。在种子休眠被解除后，非休眠种子启动阶段Ⅱ的萌发。不同的激素通过在生物合成或者信号转导水平上调控 ABA/GA 平衡来影响这一过程。转录因子 ARF、MYB96、ABI3、ABI4 和 ABI5，下游靶基因包括 *CYP707A1* 和 *CYP707A2*，以及 GA 信号转导负调控因子 DELLA 蛋白在这一过程中起关键作用。ABI5 作为一个关键因子，在转录和转录后水平被精确调控（ABI4 增强其表达，而 BIN2 和 PKS5 磷酸化 ABI5）。在种子萌发的最后步骤，GA 诱导但 ABA 抑制种皮的破裂，使胚根能够穿过种皮和完成萌发。ABA/GA 平衡是这两个步骤的核心决定节点。ET：乙烯；BR：油菜素甾醇；JA：茉莉酸；SA：水杨酸；CTK：细胞分裂素；SL：独脚金内酯；→表示正调控；⊣表示负调控

一、脱落酸

1. ABA 生物合成和分解代谢

（1）ABA 生物合成

ABA 是一种倍半萜化合物。在陆生植物中，C40 环氧类胡萝卜素（epoxycarotenoid）是 ABA 生物合成的前体，是由质体中甲基赤藓糖醇磷酸（methylerythritol phosphate, MEP）途径合成的异戊烯二磷酸（isopentenyl diphosphate, IPP）产生的（图 6-12）。玉米黄质环氧化酶（zeaxanthin epoxidase, ZEP）催化全反式玉米黄质（all-*trans*-zeaxanthin）环氧化成为全反式紫黄质（all-*trans*-violaxanthin）（Finkelstein, 2013）。全反式紫黄质被转化为 9-顺式紫黄质（9-*cis*-violaxanthin），或者被转化为全反式新黄质（all-*trans*-neoxanthin）。拟南芥 ABA4 催化全反式紫黄质转化成为全反式新黄质（North et al., 2007）。然而，转化全反式环氧类胡萝卜素（all-*trans*-epoxycarotenoid）、紫黄质和新黄质形成其相应

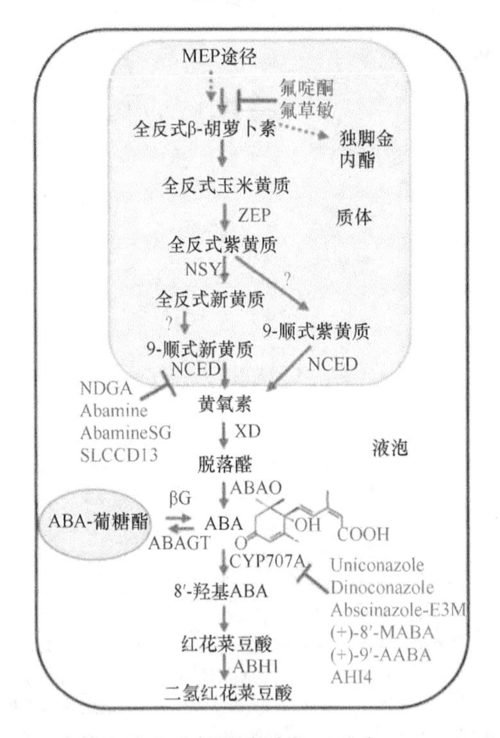

图 6-12　ABA 生物合成和分解代谢途径（改自 Dejonghe et al., 2018）

ABA 前体是由甲基赤藓糖醇磷酸（MEP）途径合成的。酶用红色表示。ZEP：玉米黄质环氧化酶；NSY：新黄质合酶；NCED：9-顺式-环氧类胡萝卜素双加氧酶；XD：黄氧素脱氢酶；ABAO：脱落醛氧化酶；CYP707A：ABA 8'-羟化酶；ABH1：红花菜豆酸还原酶 1；ABAGT：ABA 葡糖基转移酶；βG：β-葡糖苷酶。酶的抑制剂用蓝色表示。(+)-9'-AABA：(+)-9'-乙炔-ABA；AHI4：ABA 8'-羟化酶抑制剂 4；(+)-8'-MABA：(+)-8'-次甲基-ABA；NDGA：去甲二氢愈创木酸；SLCCD13：类倍半萜类胡萝卜素裂解双加氧酶抑制剂 13

的9-顺式异构体的异构酶的机制仍然不清楚（Dejonghe et al., 2018）。尽管环氧类胡萝卜素和紫黄质的 9-顺式异构体可能是 9-顺式-环氧类胡萝卜素双加氧酶（9-*cis*-epoxycarotenoid dioxygenase, NCED）的底物，但 9'-顺式-新黄质（9'-*cis*-neoxanthin）被认为是 NCED 的主要底物（North et al., 2007）。

NCED 将 9-顺式-环氧类胡萝卜素氧化裂解为黄氧素（xanthoxin），是 ABA 生物合成的关键调控步骤（Finkelstein, 2013）。因此，内源 ABA 水平的变化与 *NCED* 的表达密切相关。在陆生植物中，NCED 酶由多基因家族编码，不同的家族成员在植物发育过程和胁迫反应中起独特的作用（Tan et al., 2003）。*AtABA2* 编码短链脱氢酶/还原酶，该酶催化黄氧素转化为脱落醛（abscisic aldehyde）（Cheng et al., 2002; González-Guzmá et al., 2002）（图 6-12），脱落醛经脱落醛氧化酶（abscisic aldehyde oxidase）转化为 ABA（Finkelstein, 2013）。

ABA 是由类胡萝卜素合成的，类胡萝卜素生物合成抑制剂能够降低内源 ABA 水平。氟啶酮（fluridone）和氟草敏（norflurazon）是八氢番茄红素去饱和酶（phytoene desaturase）的抑制剂，用这些化合物处理能降低内源 ABA 水平（Gamble and Mullet, 1986）（图 6-12）。去甲二氢愈创木酸（nordihydroguaiaretic acid, NDGA）是一种脂氧合酶的抑制剂，脂氧合酶催化多聚不饱和脂肪酸的脱氧作用（deoxygenation），在受到渗透胁迫的大豆（*Glycine max*）悬浮细胞中抑制 ABA 的积累（Creelman et al., 1992）。NDGA 抑制脂肪的合成和植物生长（Mérigout et al., 2002），因此，需要研发更专一的 NCED 抑制剂。Abamine 及其类似物 AbamineSG 是 NCED 的专一性抑制剂，在拟南芥渗透胁迫处理过程中可抑制 ABA 的积累和 ABA 诱导基因的表达，但这些化合物对植物生长没有负面影响（Kitahata et al., 2006）。类倍半萜类胡萝卜素裂解双加氧酶（sesquiterpene-like carotenoid cleavage dioxygenase, SLCCD）抑制剂 13（SLCCD13）抑制拟南芥中由渗透胁迫诱导的 ABA 积累和 ABA 反应基因的表达（Body et al., 2009）（图 6-12）。

（2）ABA 分解代谢

ABA 的分解代谢包括羟基化作用和与葡萄糖结合（图 6-12），其中，8'-羟基化作用是 ABA 分解途径中的关键步骤。ABA C-8'位置上的羟基化被 CYP707A 家族催化，产物 8'-羟基-ABA 是不稳定的，能自发地异构化成为红花菜豆酸（phaseic acid, PA）（Saito et al., 2004）。CYP707A 家族属于 Cyt P450 单加氧酶（monooxygenase），在高等植物中被多基因家族编码（Hanada et al., 2011），家族中的每一个成员在不同的生理或者发育过程中起作用（Okamoto et al., 2009）。PA 是一种弱的 ABA 作用类似物（Weng et al., 2016），被 PA 还原酶转化成为生物学活性丧失的二氢红花菜豆酸（dihydrophaseic acid，DPA）。ABA 的羧基（C-1）和羟基及其氧化分解产物是与葡萄糖结合的潜在靶点（Nambara and Marion-Poll, 2005）。ABA 葡糖酯（ABA glucosyl ester, ABA-GE）是一种最常见的结合物，被认为是 ABA 的一种储存或者远距离运输形式（Nambara and Marion-Poll, 2005; Finkelstein, 2013）。葡糖基转移酶（glucosyltransferase）催化 ABA 羧基的葡糖基化。ABA-GE 被 β-葡糖苷酶水解后释放 ABA，从而调节细胞内局部的 ABA 浓度（Finkelstein, 2013）。

影响 ABA 分解代谢的化合物包括唑类抑制剂（azole-type inhibitor）和 ABA 类似物（ABA analog），它们作用于 Cyt P450 单加氧酶 CYP707A（图 6-12）。唑类抑制剂烯效唑（uniconazole）和烯唑醇（diniconazole）抑制 CYP707A 的活性，提高内源 ABA 水平（Kitahata et al., 2005; Saito et al., 2006）。烯效唑和烯唑醇不但抑制 CYP707A，而且抑制其他的 Cyt P450 单加氧酶，对植物的生长发育有负面影响（Rademacher, 2000）。Abscinazole-E3M 选择性地抑制 CYP707A，从而增加内源 ABA 水平，提高水分胁迫耐性，但对植物的生长影响较小（Takeuchi et al., 2016）（图 6-12）。与唑类抑制剂相反，ABA 类似物能够作为专一的 ABA 分解代谢抑制剂起作用。ABA 分解代谢的第一步是 CYP707A 酶对环上 8'和 9'甲基的羟基化（Nambara and Marion-Poll, 2005）。ABA 类似物(+)-8'-次甲基-ABA [(+)-8'-methylidyne-ABA] 和 (+)-9'- 乙炔 -ABA[(+)-9'-acetylene-ABA] 不可逆地抑制 CYP707A 活性（图 6-12），但这些化合物保留了 ABA 类似物的活性（Benson et al., 2015）。ABA 8'-羟化酶抑制剂 4（ABA 8'-hydroxylase inhibitor 4, AHI4）不表现出 ABA 活性（如停滞生长和抑制种子萌发），但强烈地抑制 CYP707A 活性（Araki et al., 2006）。

2. ABA 信号转导

核心 ABA 信号转导组分主要由 PYR/PYL/RCAR（pyrabactin resistance 1/pyrabactin resistance 1-like/regulatory components of ABA receptor）蛋白、A 组 2C 型蛋白磷酸酶（group A type 2C protein phosphatase, PP2C）、亚类Ⅲ蔗糖非发酵-1-相关蛋白激酶 2（subclass Ⅲ sucrose nonfermenting-1-related protein kinase2，SnRK2）和 ABF（ABA-responsive element (ABRE)- binding factor）/AREB（ABRE-binding protein）转录因子组成（Ma et al., 2009; Park et al., 2009; Cutler et al., 2010; Dejonghe et al., 2018; Nishimura et al., 2018; Nonogaki, 2019)（图 6-13，图 6-14）。ABA 通过与 PYR/PYL/ RCAR 蛋白中高度保守的氨基酸进行直接的、水介导的接触，进入疏水的与配体结合的 ABA 受体（结合）口袋中。结合口袋（binding pocket）含有类似于一只折叠的手的 7 个 β 折叠，以及 1 个大的和 2 个较小的 α 螺旋（Melcher et al., 2009; Santiago et al., 2009）。ABA 的结合促进了包含 β3 和 β4 之间的一个门环（gate-loop）的构象变化，这种构象变化会关闭结合口袋，形成与 ABA 的接触。除 PYR/PYL/RCAR12 和 PYR/PYL/RCAR13 分别含有序列-SDLPA-和-SGFPA-外，所有的 PYR/PYL/RCAR 蛋白的门环都含有序列-SGLPA-（Dejonghe et al., 2018)。β5 和 β6 含有不变的序列-HRL-，它们之间的第二个“门闩（latch）”环也发生构象改变；这种改变使受体-配体复合物对接和抑制 PP2C。PP2C 含有一个高度保守的、定位于 A 组专一识别环中的色氨酸残基，该残基能插入由门环关闭所产生的小口袋中，并与 ABA 的酮基产生水介导的接触。这个水分子位于 ABA、门的脯氨酸（-SGLPA-）、门闩的精氨酸（-HRL-）和 PP2C 的色氨酸锁之间的 H-键网络中心（Melcher et al., 2009; Yin et al., 2009; Cutler et al., 2010）（图 6-13）。

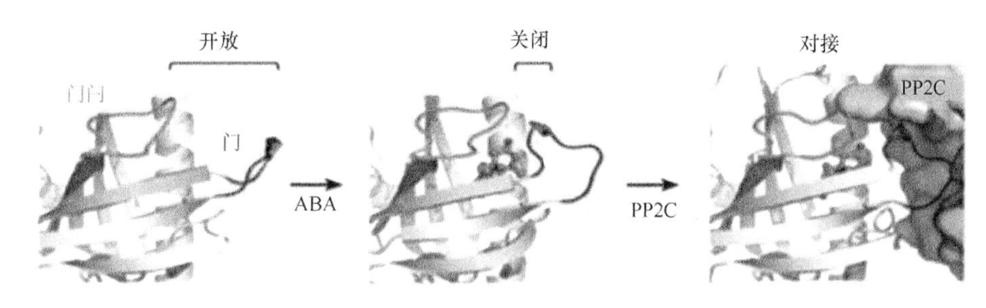

图 6-13　ABA 诱导的受体构象变化（引自 Cutler et al., 2010）

在 ABA 缺乏时，PYR/PYL（pyrabactin resistance 1/pyrabactin resistance 1-like）蛋白具有一个开放的门和门闩环的构型（分别为红色和绿色），它们位于 ABA 结合口袋的侧面。ABA 的结合诱导门和门闩的关闭，依次产生相互作用的表面，从而招募 2C 型蛋白磷酸酶（PP2C）与 ABA 结合受体对接。门中的一个保守的脯氨酸（对应于 PYR1 中的脯氨酸 88 残基，用蓝色表示）在对接位点与 PP2C 形成直接的接触，这解释了用 $PYR1^{P88}$ 观察到的 PP2C 结合的缺陷

PYR/PYL/RCAR 受体能够间接地控制亚类Ⅲ SnRK2 的活性，SnRK2 在对 ABA 的反应中磷酸化许多胁迫活化的靶点（Fujii and Zhu, 2009; Soon et al., 2012）。在对发育信息或者环境胁迫的反应中，当 ABA 在细胞中积累时，ABA 与 PYR/PYL/RCAR 受体结合，触发受体的构象变化，从而使受体-ABA 复合物与 PP2C 结合并抑制其活性（Cutler et al., 2010）（图 6-13, 图 6-14）。因而亚类Ⅲ SnRK2 被释放，SnRK2 磷酸化和控制下游因子的活性以激活生理反应。SnRK2 的靶点主要有两种类型，包括膜通道蛋白和转录因子。膜通道蛋白包括慢阴离子通道 1（slow anion channel 1, SLAC1）、拟南芥钾通道 1（potassium channel in *Arabidopsis thaliana* 1, KAT1）和 NADPH 氧化酶呼吸爆发氧化酶同源物 F（NADPH oxidase respiratory burst oxidase homolog F, RBOHF），它们是质膜蛋白，能被 SnRK2 磷酸化（Cutler et al., 2010; Finkelstein, 2013）。转录因子包括含有碱性亮氨酸拉链（basic leucine zipper, bZIP）结构域的转录因子，如 ABF、AREB 和 ABI5，它们能够在 ABA 诱导的基因启动子中与 ABRE 结合（Cutler et al., 2010; Finkelstein, 2013）（图 6-14）。另外，ABA 诱导的基因还可以调控与相容性溶质的生物合成、晚期胚胎发生丰富蛋白（late embryogenesis abundant protein）和热休克蛋白（heat shock protein）有关的基因的表达，从而增强耐脱水性。ABI5 与植物专一的 VP1/ABI3 转录因子结合，可以控制种子休眠（Nakamura et al., 2001）。

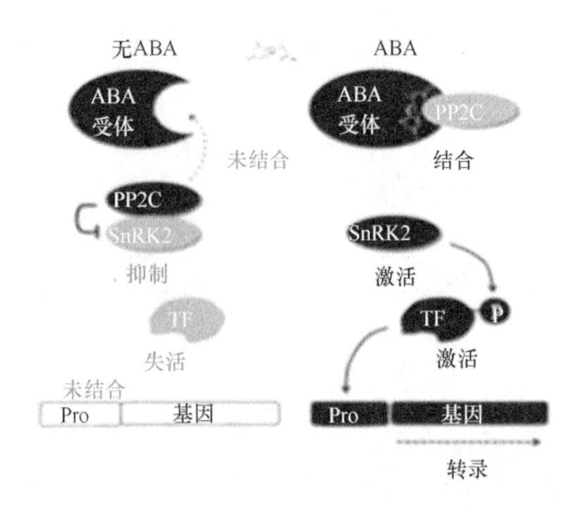

图 6-14　ABA 信号转导途径（根据 Nonogaki, 2019 修改）

在 ABA 感知和信号转导途径中，ABA 受体（PYR/PYL/RCAR）与 ABA 不敏感 1（ABI1）亚家族 2C 类蛋白磷酸酶（PP2C）包括 ABI1、ABI2、ABA 过敏感 1（HAB1）和 HAB2 结合，并使 PP2C 失活，从而导致激酶例如蔗糖非发酵-1 相关的蛋白激酶 2（SnRK2）的去抑制和活化。这些激酶随后磷酸化和活化转录因子（TF），TF 与靶启动子（Pro）结合，诱导下游的 ABA 反应基因

被子植物的 PYR/PYL/RCAR 受体分为 3 个亚家族（Ⅰ、Ⅱ和Ⅲ）（Ma et al., 2009; Hauser et al., 2011）。亚家族Ⅰ和Ⅱ存在于除苔藓植物外的所有陆生植物中（苔藓植物似乎仅仅含有亚家族Ⅰ）；亚家族Ⅲ几乎仅存在于被子植物中（Hauser et al., 2011; Bowman et al., 2017）。大多数亚家族Ⅲ受体形成同源二聚体，它们对 ABA 的敏感性比亚家族Ⅰ/Ⅱ受体低；而亚家族Ⅰ/Ⅱ为单体，对 ABA 具有较高的亲和性。在拟南芥原生质体中表达不同 PYR/PYL/RCAR 受体的实验表明，亚家族Ⅰ和Ⅱ受体介导非胁迫植物对低水平的 ABA 起反应，而亚家族Ⅲ受体需要较高水平的 ABA 来启动信号转导；这些差异与它们具有不同内在的 ABA 亲和力相一致（Tischer et al., 2017）。然而，遗传分析表明拟南芥受体亚家族之间存在广泛的冗余，模拟 ABA 缺失突变体的表型需要去除所有 3 个亚家族受体(Park et al., 2009)。

在拟南芥中，有 9 个 A 组 PP2C 参与 ABA 的信号转导。一些拟南芥 PP2C 突变体表现出 ABA 过敏感表型，PP2C 的活性被 ABA 受体选择性地抑制（Antoni et al., 2012; Tischer et al., 2017）。在 A 组 PP2C 中，仅仅 ABA 过敏感萌发 1（ABA hypersensitive germination 1, AHG1）缺乏保守的色氨酸锁残基，在受体-配体-PP2C 复合物中这个残基是与 ABA 的环己烯酮上的氧形成水介导的氢键所必需的（Antoni et al., 2012; Tischer et al., 2017）。尽管 AHG1 对 ABA 受体介导的抑制是抗性的，但在种子萌发分析中 *ahg1* 突变体的种子对 ABA 过敏感，这表明 AHG1 参与了 ABA 反应（Nishimura et al., 2007; Antoni et al., 2012）。

研究发现，拟南芥中有 9 个 SnRK2，其中 3 个亚类Ⅲ SnRK2（SRK2D/SnRK2.2、SRK2E/SnRK2.6/OST1 和 SRK2I/SnRK2.3）被 ABA 诱导。SnRK2 三重突变体在

种子萌发、植物生长、气孔关闭和 ABA 反应基因表达中几乎表现出完全 ABA 不敏感（Fujita et al., 2009; Fujii and Zhu, 2009; Nakashima et al., 2009; Umezawa et al., 2009）。因此，ABA 的作用是由亚类III SnRK2 介导的底物（靶）蛋白的磷酸化所触发的，尽管只有少量 SnRK2 的直接底物被鉴定。研发者用野生型或者 ABA 处理的 SnRK2 三重突变体的磷酸化蛋白质组分析鉴定了新的 SnRK2 候选底物，包括与开花、核苷酸结合、转录调控、信号转导和叶绿体形成有关的蛋白质（Kline et al., 2010; Umezawa et al., 2013; Wang et al., 2013）。此外，SnRK2 似乎是一个信号中枢，能够被多种途径调控；例如，拟南芥 OST1（SnRK2.6）以不依赖于 ABA 的方式被冷胁迫活化，调节冷诱导的基因表达（Ding et al., 2015）。另外，被调控的 ABA 受体和 PP2C 的蛋白水解，以及受体与不同靶点之间的相互作用已经被报道，表明核心 ABA 途径的复杂调控作用（Belda-Palazon et al., 2016; Wu et al., 2016; Yu et al., 2016; Zhao et al., 2017）。

3. ABA 在种子发育、休眠解除和萌发中的作用

ABA 在种子发育过程中逐渐积累，在成熟中后期达到峰值。拟南芥种子成熟中期积累的 ABA 主要由母体组织（materanl tissue）包括种皮合成（Karssen et al., 1983）；在拟南芥和皱叶烟草（*Nicotiana plumbaginifolia*）中，这种母体来源的 ABA 有助于胚的发育（Frey et al., 2004）。值得注意的是，拟南芥种子初生休眠的诱导和成熟需要合子组织中合成的 ABA，这些 ABA 在成熟后期积累（Koornneef et al., 1989）。拟南芥中有 5 个 NCED，其中 NCED6 和 NCED9 在种子发育过程中起促进 ABA 的积累和诱导休眠的作用（Cadman et al., 2006; Lefebvre et al., 2006）；CYP707A1 是种子成熟中期 ABA 失活的主要同源异构体，而 CYP707A2 则是成熟后期 ABA 失活的主要类型（Okamoto et al., 2006）。在未成熟和成熟种子中，*cyp707a1* 突变体比 *cyp707a2* 突变体积累更多的 ABA，但 *cyp707a2* 突变体由于种子吸胀后 ABA 的缓慢下降表现出更强的休眠特性（Okamoto et al., 2006）。

干种子中存留的 ABA 会在种子吸胀后下降，这在休眠 [佛得角群岛生态型（Cape Verde Islands ecotype, Cvi）] 和非休眠 [哥伦比亚生态型（Columbia ecotype, Col）]的拟南芥种子中都有发生，主要取决于 CYP707A2 的活性（Millar et al., 2006; Okamoto et al., 2006; Liu et al., 2009; Preston et al., 2009）。在 Col 和 Cvi 种子中，*CYP707A2* 在种子吸胀开始后的 2～3 h 被诱导（Preston et al., 2009），导致 ABA 含量迅速下降，这种下降与 CYP707A2 蛋白的从头合成（*de novo* synthesis）有关（Liu et al., 2009）。ABA 缺陷突变体的种子比野生型的种子萌发更快（Frey et al., 2012），组成性表达 ABA 生物合成基因的转基因植株保持种子的深休眠特性（Martínez-Andújar et al., 2011; Nonogaki, 2014）。相反，ABA 分解代谢突变体积累高水平的 ABA，从而导致种子的过休眠（hyperdormancy）（Matakiadis et al., 2009）。

研究表明，早期CYP707A2蛋白的诱导能被一些因素如硝酸盐（Matakiadis et al., 2009）、一氧化氮（nitric oxide, NO）（Liu et al., 2009）和后熟（Millar et al., 2006）调控。就整个萌发过程而言，虽然休眠的Cvi种子和热抑制的Col种子在吸胀早期表现出ABA含量下降，但此后ABA含量有所增加（Toh et al., 2008）。

除ABA的生物合成外，ABA信号依赖的途径也影响种子休眠。在种子萌发过程中，ABA信号必须被去敏感，膜有关的转录因子肽酶S1P（transcription factor peptidase site-1 protease）和S2P加工来自ER的bZIP17蛋白，并转运到高尔基体，再到细胞核；随后，活化的bZIP17调控下游ABA信号负调控因子的转录（Zhou et al., 2015a）。PP2C蛋白、ABI1和ABI2与ABA受体结合以抑制信号转导。它们的显性负突变体*abi1-1*和*abi2-1*由于突变的蛋白和受体之间不能相互作用表现出种子休眠减弱（Ma et al., 2009; Park et al., 2009）。另一种PP2C蛋白HONSU也通过同时抑制ABA信号转导和激活GA信号转导，作为种子休眠的负调控因子起作用（Kim et al., 2013），这表明HONSU是介导与种子休眠有关的ABA和GA交互作用的关键因子。

作为ABA信号转导的主要下游组分，ABI3是种子休眠和萌发的主要调控因子（Bentsink and Koornneef, 2008）。*ABI3*的表达被*DEP*（*DESPIERTO*）调节，在种子发育过程中*DEP*与ABA的敏感性有关，*dep*种子表现出休眠特性完全丧失（Barrero et al., 2010）。在拟南芥种子成熟和萌发过程中，WRKY41也通过直接控制*ABI3*的转录来调节种子的休眠（Ding et al., 2014）。ABA信号转导途径中的另一个关键组分ABI4也被认为是种子初生休眠的一种正调控因子（Shu et al., 2013）。随后的研究表明，MYB96（ABA反应的R2R3型MYB转录因子）通过介导*ABI4*和ABA生物合成基因（包括*NCED2*和*NCED6*）的表达，正调控种子休眠和负调控种子萌发（Lee et al., 2015a, b）。

尽管ABI5对种子休眠没有影响，也不影响休眠水平（Finkelstein, 1994），但这个转录因子负调控种子萌发（Piskurewicz et al., 2008; Kanai et al., 2010）。MAP3K（mitogen-activated protein kinase kinase kinase）基因*RAF10*和*RAF11*通过影响*ABI3*和*ABI5*的转录来调控种子休眠（Lee et al., 2015c）。在转录后水平，PKS5（SOS2-like protein kinase 5，也称为CIPK11或者SnRK3.22）磷酸化ABI5中的特殊残基（Ser42）和调控ABA反应基因的转录，从而精准调控ABA信号和萌发过程（Zhou et al., 2015b）。钙也通过影响控制ABA信号转导的*ABI4*的转录来调控种子萌发（Kong et al., 2015）。这些研究表明，在种子从休眠到萌发的转变过程中，正调控因子在ABA信号转导中起关键作用。总之，内源ABA水平和ABA信号正调控种子休眠，负调控种子萌发，还有一些关键基因参与这些生理过程。

此外，在一些物种中胚的周围组织（胚乳或者外胚乳和种皮）是胚根伸出的物理障碍（Finch-Savage and Leubner-Metzger, 2006）。在大麦种子中，这些组织也会引起胚缺氧，从而抑制ABA的分解代谢和增强对ABA的敏感性（Benech-Arnold et al., 2006）。一些物种如莴苣（*Lactuca sativa*）、番茄（*Lycopersicum esculentum*）和拟南芥的胚乳都是由活细胞组成的，它们的弱化对于萌发的完成是必需的。研究发现，ABA 调控细胞壁松弛酶的表达或者活性氧（reactive oxygen species，ROS）的积累，ROS 可能氧化细胞壁多糖（Finch-Savage and Leubner-Metzger, 2006; Müller et al., 2009）。

ABA 是调控种子发育、休眠与萌发，以及耐脱水性的重要激素，也显著影响种子的产量与质量，以及幼苗的形成（Bewley et al., 2013; 邓志军等, 2019）；因此，自 1960 年以来，ABA 的代谢、生理作用和信号转导就得到了广泛的研究（Ohkuma et al., 1963; Cutler et al., 2010; Nishimura et al., 2018; Wang et al., 2018）。尽管近年来，这些领域已取得了重要的突破，但仍然有一些重要的科学问题尚不清楚。例如，ABA 分解代谢中 ABA 被 CYP707A 家族催化成为 8'-羟基-ABA，然后自发地异构化成为 PA；ABA 葡糖基转移酶能将 ABA 转化成为 ABA-GE，作为 ABA 的储存池；β-葡糖苷酶又能将 ABA-GE 水解为 ABA 和葡萄糖（图 6-12）。那么，这些酶及其基因怎样响应发育和环境变化以维持正常的 ABA 浓度是不清楚的。尽管图 6-14 能够解释核心 ABA 信号转导途径，但未涉及 ABA 生理的许多重要调控因子，包括第二信使（Cutler et al., 2010）。因此，研究已知因子如 Ca^{2+}或者 ROS 与 PYR/PYL/RCAR 信号机制的相互关系将是今后的任务之一。

二、赤霉素

GA 是一个四环二萜类的植物激素家族，调控植物的许多生长发育过程，包括种子萌发、茎伸长、叶片扩大、开花诱导、花粉成熟和种子发育（Davière and Achard, 2013; Chen and Tan, 2015; Ito et al., 2018; 黎家和李传友, 2019）。

1. GA 的生物合成和分解代谢

（1）GA 的生物合成

植物中 GA 的生物合成通过 IPP 从牻牛儿基牻牛儿基二磷酸（geranylgeranyl diphosphate，GGDP）开始，IPP 是所有类萜化合物/类异戊二烯化合物的 5-C 组成部分（Sponsel and Hedden, 2010）。在大多数植物组织中，基本的类异戊二烯单位 IPP 由两条途径产生：细胞质中的甲羟戊酸（mevalonic acid）途径和质体中的甲基赤藓醇磷酸（methyl erythritol phosphate）途径（Hedden and Thomas, 2012）。根据亚细胞定位和所参与的酶，整个 GA 生物合成途径可分为 3 个阶段。第一阶段由前质体（proplastid）中的可溶性酶催化，产生内根-贝壳杉烯（*ent*-kaurene）。第二阶段，内根-贝壳杉烯在内质网（endoplasmic reticulum）中被氧化成 GA_{12}-醛，这是 GA 生物合成的共同前体，可被细胞色素 P450 单加氧酶（mono-oxygenase）

进一步催化。第三阶段由细胞质中 2-酮戊二酸依赖的双加氧酶（2-oxoglutarate-dependent dioxygenase, 2ODD）催化（Sun, 2008; Chen and Tan, 2015; Hedden, 2016）（图 6-15）。

GA 生物合成途径中，第一个专一的中间产物内根-贝壳杉烯从 GGDP 通过内根-柯巴基二磷酸（*ent*-copalyl diphosphate，CPP）的两个环化作用步骤生成。内根-贝壳杉烯在 C-19 位置的顺序氧化，依次生成内根-贝壳杉烯醇（*ent*-kaurenol）、内根-贝壳杉烯醛（*ent*-kaurenal）和内根-贝壳杉烯酸（*ent*-kaurenoic acid），内根-贝壳杉烯酸被进一步氧化生成内根-7α-羟基贝壳杉烯酸（*ent*-7α- hydroxykaurenoic acid）。C-6β 位置的最后氧化产生 GA_{12}-醛，然后 GA_{12}-醛被转化成为 GA_{12}（图 6-15）。由于 C-13 位置上的羟基化（13 羟基化），GA_{12} 被转化为 GA_{53}。GA_{12} 和 GA_{53} 分别是非 13-羟基化和 13-羟基化途径的前体，可通过 C-20 位置上的氧化被分别转化为 GA_9 和 GA_{20}（Hedden and Thomas, 2012）。植物中生物活性 GA 形成

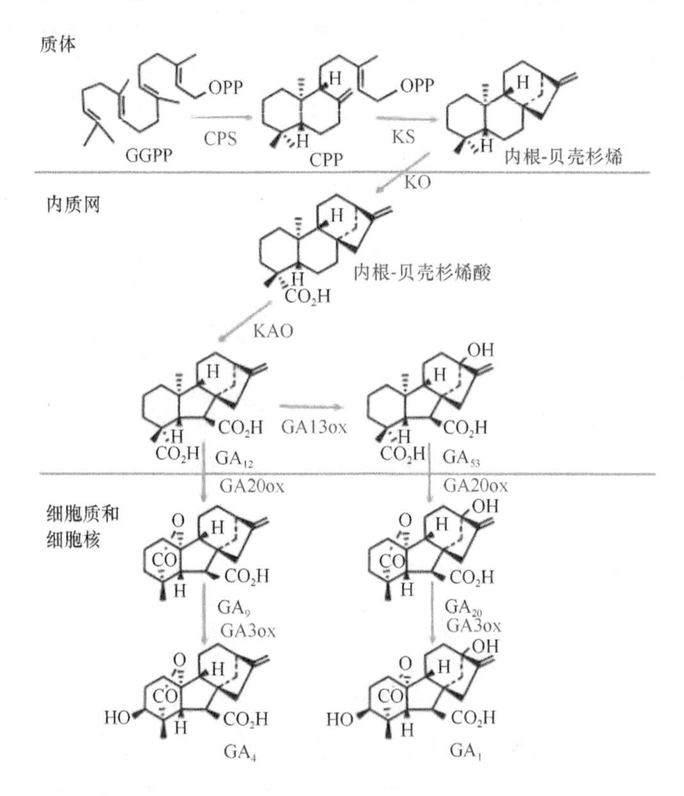

图 6-15　从反式牻牛儿基牻牛儿基二磷酸到生物活性末端产物 GA_4 和 GA_1 的生物合成途径（改自 Chen and Tan, 2015; Hedden, 2016）

CPP：内根-柯巴基二磷酸；CPS：内根-柯巴基二磷酸合酶；GA3ox：GA 3-氧化酶；GA13ox：GA 13-氧化酶；GA20ox：GA 20-氧化酶；GGDP：牻牛儿基牻牛儿基二磷酸；KAO：内根-贝壳杉烯酸氧化酶；KO：内根-贝壳杉烯氧化酶；KS：内根-贝壳杉烯合酶

的最后步骤分别是 GA_9 和 GA_{20} 的 3β-羟基化作用，最终生成 GA_4 和 GA_1（Bömke and Tudzynski, 2009; Chen and Tan, 2015; Hedden, 2016）（图 6-15）。

（2）GA 生物合成基因

拟南芥的完整基因组信息已经描述了与 GA 生物合成途径有关的大多数基因（Bömke and Tudzynski, 2009），水稻 GA 13-羟化酶的克隆也提供了一些补充数据（Magome et al., 2013），这为鉴定植物中与 GA 生物合成有关的所有酶的基因提供了详细的信息。从 GGDP 合成具有生物活性的 GA 共需要 7 个酶（图 6-15），可分为三种不同的类型：萜烯合酶、细胞色素 P450 单加氧酶和 2-酮戊二酸依赖的双加氧酶。GGDP 转化成为内根-贝壳杉烯的两个步骤分别由内根-柯巴基二磷酸合酶（*ent*-copalyl diphosphate synthase, CPS）和内根-贝壳杉烯合酶（*ent*-kaurene synthase, KS）催化，这两个酶在水稻（分别为 *OsCPS1* 和 *OsKS1*）（Yamaguchi, 2008）和拟南芥（分别为 *GA1* 和 *GA2*）（Regnault et al., 2014）中被单个基因编码。

内根-贝壳杉烯转化成为 GA_{12}-醛，并被内根-贝壳杉烯氧化酶（*ent*-kaurene oxidase，KO）和内根-贝壳杉烯酸氧化酶（*ent*-kaurenoic acid oxidase，KAO）催化。研究人员已经在拟南芥中发现并在功能上鉴定了 1 个 *KO* 基因（*GA3*）和 2 个 *KAO* 基因（*KAO1* 和 *KAO2*），其中 *ga3* 功能缺失突变体表现出严重矮化（Helliwell et al., 2001a, b）。在水稻中已经发现了 5 个类 *KO* 基因簇，在酵母中异源表达证明，其中 1 个具有 KO 活性。此外，*OsKO2* 基因的突变引起严重的 GA 缺陷和矮化表型，表明其在 GA 合成中起重要作用（Sakamoto et al., 2003）。研究人员在玉米中鉴定了 2 个已知的 *KO* 基因，并发现 *CYP701A26* 表现出 KO 活性的底物复杂性（Mao et al., 2017）；而在大麦中只鉴定出 1 个 *KAO* 基因；豌豆（*Pisum sativum*）拥有 2 个 *KAO* 基因，一个具有通常的 *KAO* 活性，另一个仅在发育的种子中表达（Davidson et al., 2003）。

从 GA_{12}/GA_{53} 转化成为 GA_4/GA_1 是通过两条平行的途径完成的：非 13-羟基化和 13-羟基化途径。在水稻中，13-羟基化途径涉及 13-羟化酶活性，它由 *CYP714B1* 和 *CYP714B2* 基因编码（Magome et al., 2013）。He 等（2019）发现，*CYP72A9* 编码 GA 13-氧化酶，该酶催化 13-H GA（GA_{12}、GA_9 和 GA_4）转化为相应的 13-OH GA（GA_{53}、GA_{20} 和 GA_1），从而降低 13-H GA 的生物活性。*cyp72a9* 突变体表现出 GA_1 缺乏和 GA_4 水平增加，而 *CYP72A9* 过表达的植株显示出半矮化表型和 GA_4 水平显著降低；重组的 CYP72A9 蛋白催化 13-H GA 转化为相应的 13-OH GA。GA_{53} 的连续转化分别被 GA 20-氧化酶（GA20ox）和 GA 3-氧化酶（GA3ox）催化（Sakamoto et al., 2004）。研究人员已经在拟南芥中发现了 5 个 *GA20ox*（Hedden et al., 2001）和 4 个 *GA3ox*（Yamaguchi et al., 1998）基因，但仅在 *AtGA20ox1*（*ga5*）和 *AtGA3ox1*（*ga4*）突变体中观察到半矮化的生长表型（Chiang et al., 1995）。此外，研究人员在水稻中发现了 4 个 *GA20ox* 和 2 个 *GA3ox* 基因

（Plackett et al., 2011）。

（3）GA 分解代谢与失活

植物对发育和环境信号的响应必须具有迅速改变 GA 含量的能力。在植物中存在几种 GA 失活的机制，包括被 GA 2-氧化酶（GA2ox）失活、被甲基转移酶催化成为 GA 甲基酯、被 GA 16,17-氧化酶转化成为 16α,17-环氧化物以及与葡萄糖结合生成 GA 葡糖酯（图 6-16）。GA2ox 也是一种 2ODD，根据其作用底物，GA2ox 可被分为两组，其中一组对 C19-GA 起作用，包括生物活性化合物和它们直接的非 3β-羟基化前体（Hedden and Thomas, 2012）；另一组作用于 C20-GA（Hedden and Thomas, 2012; Salazar-Cerezo et al., 2018）。人们已经在拟南芥中发现了 5 个 C19-GA2ox（*AtGA2ox1*、*AtGA2ox2*、*AtGA2ox3*、*AtGA2ox4*、*AtGA2ox6*）和 2 个 C20-GA2ox（*AtGA2ox7*、*AtGA2ox8*）基因（Rieu et al., 2008）。在水稻中发现了 7 个 C19-GA2ox（*OsGA2ox1*、*OsGA2ox2*、*OsGA2ox3*、*OsGA2ox4*、*OsGA2ox7*、*OsGA2ox8*、*OsGA2ox10*）和 3 个 C20-GA2ox（*OsGA2ox5*、*OsGA2ox6*、*OsGA2ox9*）基因（Lo et al., 2008）。在其他植物中也发现了这些基因的同源物，包括多花菜豆（*Phaseolus coccineus*）（Thomas et al., 1999）、玉米（Bolduc and Hake, 2009）和松属（*Pinus*）（Niu et al., 2014）植物。C20-GA2ox 被认为是一个不同于 C19-GA2ox 的家族（Han and Zhu, 2011）。与其他的 ODD 一样，编码 GA2ox 的基因是 GA 失活的一个主要调控位点。

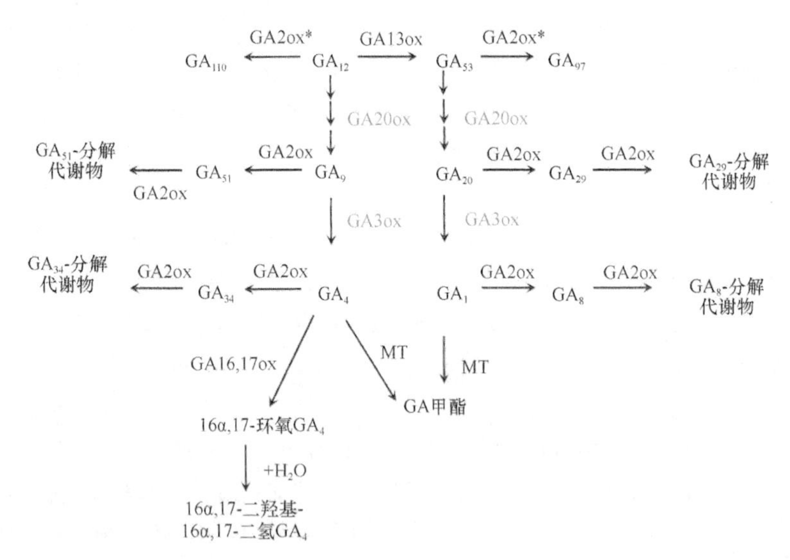

图 6-16 高等植物中赤霉素的失活途径（改自 Hedden and Thomas, 2012; Magome and Kamiya, 2016）

由 GA 2-氧化酶（GA2ox，C19-GA 2-氧化酶；GA2ox*，C20-GA 2-氧化酶）、GA 甲基转移酶（MT）和 GA 16, 17 氧化酶（GA16, 17ox）催化的三种类型的 GA 失活途径。MT 催化 13-羟基和非 13-羟基 GA 前体以及生物活性 GA 的甲基化成为 GA 甲基酯。GA 16,17ox 催化非 13-羟基 GA 的氧化，包括 GA_4。GA20ox：GA 20-氧化酶；GA3ox：GA 3-氧化酶；GA13ox：GA 13-氧化酶

生物活性 GA 也能被细胞色素 P450 单加氧酶（CYP714D1）失活。在水稻中，CYP714D1 由 *EUI*（*ELONGATED UPPERMOST INTERNODE*）基因编码，在体外转化 GA 成为 16α,17-环氧化物（16α,17-epoxy GA）（Zhu et al., 2006）。CYP714D1 以 GA_{12}、GA_9 和 GA_4 作为底物，但对 13-羟基化 GA 的作用要小得多。水稻中 *EUI* 的过表达会引起植株的极端矮化和最上端节间中 GA_4 含量降低，表明环氧化作用（epoxidation）导致 GA 失活。拟南芥含有两种 CYP714 酶（CYP714A1 和 CYP714A2），其中 CYP714A2 在 C-13 位置羟基化内根-贝壳杉烯酸成为甜菊醇（steviol）。两个 *CYP714* 基因的过表达导致植株矮化，其中 *CYP714A1* 产生最严重的矮化表型（Zhang et al., 2011b）。人们发现，GA 二氢化二醇（GA dihydrodiol）天然存在于许多植物中，这意味着环氧化作用可能是一种普遍的 GA 失活机制（Zhu et al., 2006）。

拟南芥中 GA 甲基转移酶 1（GA methyl transferase 1, GAMT1）和 GAMT2 是对 GA 专一的，它们甲基化 C19-GA 的 6-羧基，使 GA 丧失生物活性。这些 *GAMT* 基因在拟南芥中的异位过表达导致植株矮化（Varbanova et al., 2007）。*GAMT* 基因在发育的种子中表达，可显著调控 GA 含量，其基因敲除系能积累 GA，因此，它们的生理作用可能被限于种子发育和控制种子提前萌发（Varbanova et al., 2007）。

在许多物种中已经发现了酯类和醚类 GA 结合物，其中葡萄糖是主要的结合物（Schneider and Schliemann, 1994）。GA 结合物的可逆性证据表明，它们可能具有储藏/运输作用，这就提供了一种迅速释放生物活性 GA 和促进种子萌发的机制（Schneider and Schliemann, 1994）。β-葡糖苷酶（β-glucosidase）在转基因烟草（*Nicotiana tabacum*）中的异位表达导致几种 GA 水平的增加，包括 GA_1 和 GA_4（Jin et al., 2011），表明 GA 结合物可能作为一种储藏池起作用。GA 结合物也可能提供一种潜在的可逆的失活机制，例如 2β-羟基 GA 通过 2β-羟基与葡萄糖结合形成葡糖基醚（Schneider and Schliemann, 1994）。

（4）GA 稳态与反馈调节

植物中生物活性 GA 的水平还可以通过 GA 代谢的反馈机制（feedback mechanism）进行调节。研究表明，早期 GA 生物合成基因 *CPS*、*KS* 和 *KO* 的表达不受反馈机制的影响（Helliwell et al., 1998）。在拟南芥中，GA 处理或者引起 GA 信号增加的突变下调 *GA3ox1*、*GA20ox1*、*GA20ox2* 和 *GA20ox3* 的转录水平，而 GA 处理上调 GA 分解代谢基因 *GA2ox1* 和 *GA2ox2* 的转录水平（Sun, 2008）；相反，GA 缺陷或者降低 GA 信号转导的突变导致 *GA3ox* 和 *GA20ox* 表达的上调以及 *GA2ox* 表达的下调（Sun, 2008; Yamaguchi, 2008）。植物中 GA_1 的生物活性约为 GA_4 的 1/1000（Eriksson et al., 2006; Magome et al., 2013）。在拟南芥中，*CYP72A9* 主要在发育的种子中表达，参与种子的初生休眠，新鲜收获的 *cyp72a9* 突变体种子比野生型种子萌发更快，而经层积处理和长期储藏的种子，其萌发率与野生型种子相同。这些结果表明，*CYP72A9* 在发育的拟南芥种子的生物活性 GA_4 的稳态中起调节作用（He et al., 2019）。

在水稻 *gid1* 和 *gid2* 突变体中，*OsGA20ox2* 基因的表达被上调并且生物活性 GA_1 的水平明显增加（Ueguchi-Tanaka et al., 2005）。在拟南芥 *DELLA* 功能缺失突变体中，*AtGA3ox1* 的表达水平降低（Yamaguchi, 2008）。OsYAB1 可能是水稻 DELLA（Asp-Glu-Leu-Leu-Ala）蛋白下游 GA 稳态的介导因子，因为其表达依赖于 DELLA 蛋白。*OsYAB1* 的过表达导致半矮化表型和 GA_1 水平的降低，这可能是由于 *OsGA3ox2* 基因下调和 *OsGA2ox3* 基因上调引起的（Dai et al., 2007）。*GAS2*（gain-of-function in ABA-modulated seed germination 2）过表达可减少拟南芥种子萌发和早期幼苗发育对 ABA 的敏感性，其功能丧失突变增强对 ABA 的敏感性。GAS2 是一种 Fe^{2+} 依赖的 2ODD 超家族蛋白，可催化 GA_{12} 水合作用产生 GA_{12} 16,17-二氢-16α-醇（GA_{12} 16,17-dihydro-16α-ol, $DHGA_{12}$）。与生物活性 GA_4 相比，$DHGA_{12}$ 具有非典型的 GA 结构，但能与 GA 受体结合，也能促进种子萌发、下胚轴伸长和子叶变绿。GAS2 被认为在拟南芥种子萌发和幼苗早期发育过程中起调节激素平衡的作用（Liu et al., 2019）。

2. GA 信号转导

核心 GA 信号转导途径中主要有 GA 受体（GID1）、DELLA 蛋白、F-box 蛋白和 DELLA 调控的靶因子（Hauvermale et al., 2012; Davière and Achard, 2013; Nelson and Steber, 2016; Ito et al., 2018）（表 6-5，图 6-17）。在 GA 信号转导模型中，GA 与 GID1 的结合促进 GID1 与 DELLA 蛋白的相互作用，从而通过泛素-蛋白酶体途径（ubiquitin proteasome pathway）引起 DELLA 的降解和 GA 响应（表 6-5，图 6-17）。

（1）GA 与 GID1 的结合

1）GA 受体（GID1）

GID1 是一种哺乳动物激素敏感的脂肪酶（hormone sensitive lipase, HSL）家族的同源物，在植物中其脂质结合结构域已变为 GA 结合结构域（Nakajima et al., 2006; Ueguchi-Tanaka et al., 2007; Hirano et al., 2008; Murase et al., 2008）。通过对水

表 6-5　水稻、拟南芥和大麦的 GA 信号转导组分（引自 Hauvermale et al., 2012; Nelson and Steber, 2016）

物种	拟南芥	水稻	大麦
GA 受体	GID1a、GID1b、GID1c	GID1	GSE1
DELLA 蛋白	GAI、RGA、RGL1、RGL2、RGL3	SLR1	SLN1
F-box 蛋白	SLY1、SNE	GID2、SNE	–
DELLA 调控的靶因子	JAZ1、PIF3、PIF4、SCL3、ALC、PIF1/PIL5、PIL2、SPT、BZR1、SWI3C		–

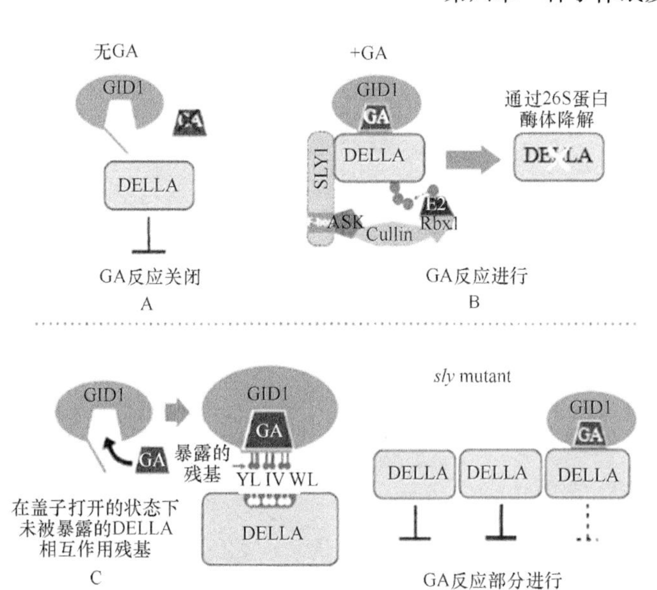

图 6-17　依赖和不依赖蛋白降解的 GA 信号转导模型（引自 Nelson and Steber, 2016）

A, B：DELLA 降解模型。A：GA 缺乏时，DELLA 蛋白是稳定的，抑制 GA 的反应。B：GID1 与 GA 的结合促进 GID1-GA-DELLA 复合物的形成，依次促进其与 SLY1/GID2 F-box 蛋白结合和多泛素化 DELLA，从而通过 26S 蛋白酶体靶向降解 DELLA。这样就解除了 GA 反应的 DELLA 抑制。SCF^{SLY1} E3 泛素连接酶复合物由 Skp1 同源物 ASK1、Cullin、SLY1 F-box 蛋白和 RBX1 组成。SCF E3 催化泛素（暗灰色圆圈）从 E2 转移到 DELLA。C：GID1 盖子关闭模型。GA 缺乏时，GID1 的盖子被认为是打开的，不能与 DELLA 结合。当 GA 被结合时，GID1 的盖子关闭，暴露出与 DELLA 蛋白相互作用所需的疏水残基（L、W、V、I、L 和 Y）。D：非蛋白降解的 DELLA 下调。在 *sly1* 突变体中，DELLA 不能被靶定降解，DELLA 的过量积累抑制 GA 反应。GID1-GA-DELLA 复合物的形成下调一些 DELLA 蛋白，部分解除 GA 反应的抑制

稻严重矮化突变体 *gid1* 的图位克隆，研究人员首次发现了 GA 受体——GID1（Ueguchi-Tanaka et al., 2005）。GID1 是一种可溶性 GA 受体，在水稻和拟南芥细胞中定位于细胞核和细胞质（Ueguchi-Tanaka et al., 2005; Willige et al., 2007）；但 GID1 蛋白缺乏水解酶活性，可能是因为 Val 或者 Ile 取代了 Ser-His-Asp 催化三联体（catalytic triad）中的 His 残基（Nakajima et al., 2006; Nelson and Steber, 2016）（图 6-18）。相反，这个位点形成了生物活性 GA 包括 GA_1、GA_3、GA_4 和 GA_7 的结合核心（Murase et al., 2008; Shimada et al., 2008）。生物活性 GA 在 C-4 和 C-10 之间含有一个 γ-内酯环，在 C-6 含有一个羧基且在 C-3 含有一个羟基。催化三联体的 Val/Ile 残基通过与生物活性 GA 分子的 γ-内酯环的非极性相互作用在 GA 结合中起关键作用（Shimada et al., 2008; Ueguchi-Tanaka and Matsuoka, 2010）。

水稻中 GID1 功能的丧失导致其不能响应 GA 的促进作用，包括叶片伸长、开花、育性，以及种子萌发过程中 α-淀粉酶的表达。虽然水稻中只有单个 GID1 GA 受体基因，但在拟南芥中有 3 个 GA 受体基因 *GID1a*、*GID1b* 和 *GID1c*（Nakajima et al., 2006; Hauvermale et al., 2012; Yano et al., 2015; Nelson and Steber,

GID1(345残基)

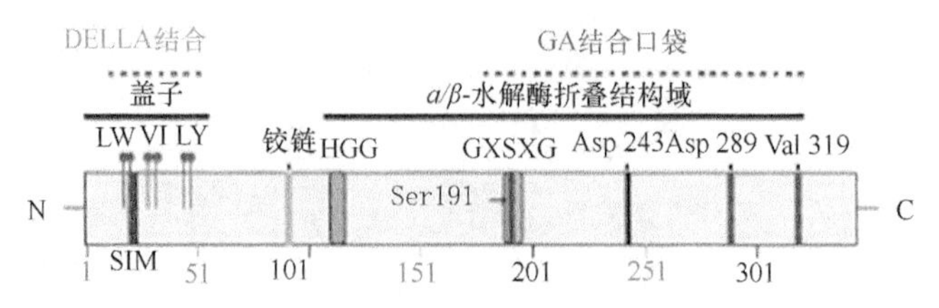

DELLA(533残基)V

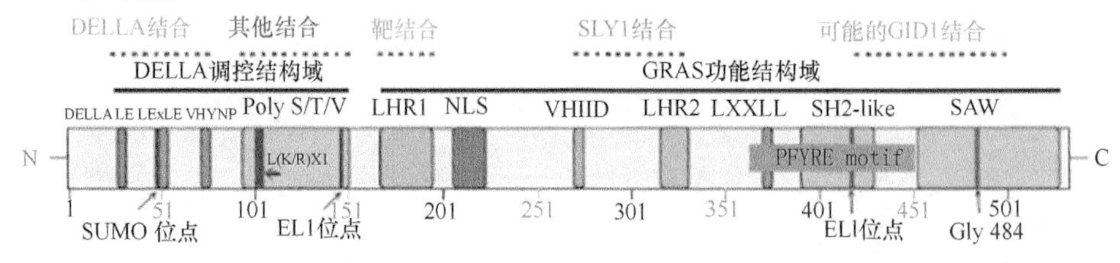

SLY1(151残基)

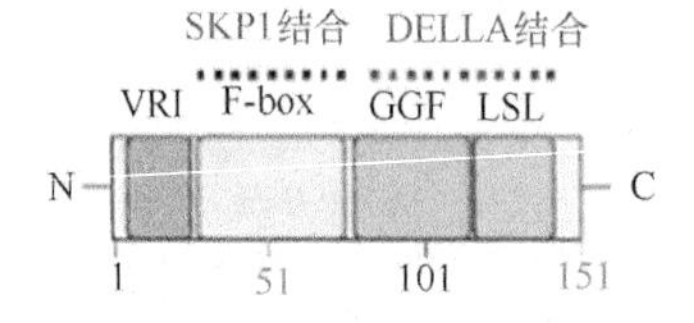

图 6-18　GID1、DELLA 和 SLY1 中的结构域、基序和关键氨基酸残基的图解（引自 Nelson and Steber, 2016）

基于拟南芥 GID1a，DELLA GAI 和 SLY1 的氨基酸序列按比例绘制蛋白。在图的上方，专一的蛋白-蛋白或者蛋白-配体相互作用有关的区域用虚线表示。GID1：图上用黑线标记的两个主要结构域是 GID1 盖子和包括核心 GA 结合口袋的 α/β-水解酶折叠结构域。关键基序和重要的氨基酸残基包括：①铰链残基（GID1a Pro 92，OsGID1 P99 的橙色条）；②与 GA 结合有关的催化三联体（Ser 191、Asp 289、Val 319）；③与 DELLA 结合有关的盖子的 6 个疏水残基（L、W、V、I、L 和 Y 的棒棒糖结构）；④SUMO 相互作用基序（SIM）的结构域（WVLI）；⑤具有激素敏感的脂肪酶特征的 HGG 和 GXSXG 基序。DELLA：图上主要的 DELLA 调控结构域和 GRAS 功能结构域用黑线标记。在 DELLA 调控结构域内，DELLA、LExLE 和 VHYNP 基序参与 GID1 的结合（阴影盒子），多聚 S/T/V 基序含有可能与一个未确定的“其他”GA 信号转导组分结合有关的 L(K/R)XI 基序。GRAS 功能结构域包括两个亮氨酸七肽重复（LHR1 和 LHR2），一个核定位的信号（NLS）、VHIID、PFYRE、LXXLL、类 SH2 和 SAW 基序（阴影盒子）。SLY1：SLY1 和 GID2 包括与 SKP1 结合的 F-box 结构域、与 DELLA 结合有关的 GGF 和 LSL 基序以及一个可变的区域（VR1）

2016）（表 6-5）。拟南芥 *gid1* 三突变体表现出严重的 GA 不敏感表型，包括完整种子不能萌发、严重矮化和完全不育（Griffiths et al., 2006; Iuchi et al., 2007; Willige et al., 2007）。

在 GA 信号转导中，拟南芥的 3 个 *GID1* 基因具有部分重叠的作用，单个 T-DNA 插入的 GID1 等位基因不表现出明显的 GA 不敏感表型；然而，双突变体和三突变体表现出不同程度的 GA 不敏感表型，这表明拟南芥 *GID1* 基因具有不同的功能专一性（Iuchi et al., 2007; Willige et al., 2007）。*gid1a gid1c* 突变体比 *gid1a gid1b* 突变体或者 *gid1b gid1c* 突变体具有较矮的表型，这表明 *GID1a* 和 *GID1c* 在茎的伸长中起重要作用。*gid1a gid1b gid1c* 三突变体比任何 *gid1* 双突变体都表现出更矮的表型，表明 *GID1b* 也在茎的伸长中发挥作用。*gid1a gid1b* 双突变体的角果长度和育性表现出更明显的降低，而 *gid1a gid1c* 双突变体的种子萌发率表现出最显著的下降（4%萌发率）（Griffiths et al., 2006; Voegele et al., 2011）。拟南芥 GID1 蛋白之间的序列比对显示，GID1a 和 GID1c 之间的氨基酸同一性为 85%，但 GID1a 与 GID1b、GID1b 与 GID1c 之间的氨基酸同一性分别为 66%和 67%。根据氨基酸的同源性，高等植物 GID1 同源物能够分为两种类型：GID1ac 类型和 GID1b 类型（Yamamoto et al., 2010; Voegele et al., 2011）。

2）GA 与 GID1 的结合

Murase 等（2008）和 Shimada 等（2008）已经解析了与 GA_3 和 GA_4 结合的水稻 OsGID1（*Oryza sativa* GID1）和拟南芥 GID1a 蛋白的晶体结构。GID1 的结构类似于 HSL，由一个 C 端核心和一个被称为盖子的 N 端延伸组成（图 6-18）。C 端核心也称为 α/β 水解酶折叠结构域，由 α-螺旋包装两侧的 8 股 β-折叠围绕的一条 α/β 水解酶折叠组成，具有 HSL 和其他羧酸酯酶特征的保守的 HGG 和 GXSXG 基序（图 6-18）。在 GID1 核心内的催化三联体形成一个 GA 结合口袋（GA-binding pocket）。在结合口袋底部有 6 个水分子，它们与 GA 的极性侧面形成氢键网络。水稻和拟南芥的 GID1 蛋白对 GA_4 具有最大的亲和力（Nakajima et al., 2006; Ueguchi-Tanaka et al., 2007），但对 GA_1 和 GA_3 的亲和力较低，因为 GA_1 和 GA_3 含有一个 13-羟基，这个羟基插入结合口袋中的一个带负电荷的 Asp 残基（GID1a 中的 Asp 243）（Nakajima et al., 2006; Murase et al., 2008; Shimada et al., 2008）。GID1 的 N 端延伸由 1 个环和 3 个 α-螺旋（αa、αb 和 αc）组成，它们形成一个扁平的覆盖 GA 和 GA 结合口袋的盖子结构域（图 6-19）。

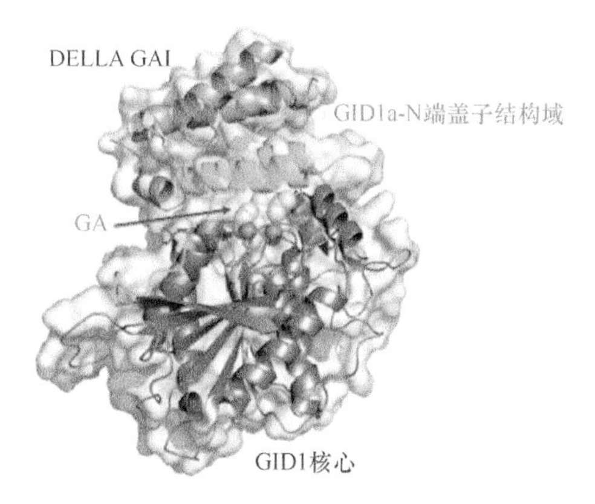

图 6-19 基于 1.8Å 晶体结构的 GID1a-GA_3-DELLA 复合物（引自 Murase et al., 2008）

带有 DELLA GAI 和 GA_3 复合物中 GID1a 的功能区介绍。在具有 GID1a 残基 1～344 复合物中 N 端 GAI DELLA 结构域残基 11～113（粉红色）被显示。GID1a N 端延伸或者盖子结构域（GID1a-N-lid）用蓝色表示，GID1a α/β 核心结构域用紫色表示（GID1a-核心）。GA_3 分子（箭头）在其结合口袋作为一个空间填充模型被显示，其中碳为灰色，氧为红色

GA 的疏水侧面与 GID1 的盖子相互作用诱导稳定的构象变化，GA 分子和盖子之间的疏水相互作用很可能参与拉动盖子关闭。GA 促进的 N 端盖子折叠在 GID1 的外表面，为 DELLA 蛋白创建了一个结合结构域（图 6-17C）。GA 和 DELLA 之间没有直接的相互作用，因此，N 端盖子作为“分子胶水（molecular glue）”，一方面与 GA 核心结合，另一方面与 DELLA 蛋白相互作用（Murase et al., 2008）。

（2）GID1-GA-DELLA 复合物的形成与 DELLA 降解

1）DELLA 蛋白

拟南芥具有 5 个 DELLA 基因，分别命名为 *GAI*（*GA- INSENSITIVE*）、*RGA*（*REPRESSOR OF GA*）、*RGL1*（*RGA-LIKE1*）、*RGL2* 和 *RGL3*（表 6-5），它们编码具有 55.2%～73.9%氨基酸一致性的蛋白。DELLA 蛋白是核定位的 GA 信号转导的负调控因子，由 N 端 DELLA 调控结构域和 C 端 GRAS（GAI, RGA 和 SCARECROW）功能结构域组成（Itoh et al., 2002; Nelson and Steber, 2016）（图 6-18）。GRAS 功能结构域的突变导致 DELLA 抑制因子功能的丧失，产生一种高的或者纤细的植株生长表型。这种隐性表型已经在 *SLN1*（*SLENDER1*）和 *SLR1*（*SLENDER RICE1*）GRAS 结构域突变体中观察到，*SLN1* 和 *SLR1* 分别是大麦和水稻中唯一的 DELLA 基因（Itoh et al., 2002）。GRAS 结构域基因是植物特有的一个大家族转录调控因子，在水稻、拟南芥和苔藓中是保守的（Engstrom, 2011）。C 端 GRAS 结构域包含一个核定位的信号（nuclear localisation signal，NLS），两个位于 VHIID 氨基酸基序侧翼的亮氨酸七肽重复基序（LHR1 和 LHR2）以及 PFYRE 和 SAW 基序（Nelson and Steber, 2016）（图 6-18）。C 端 PFYRE 和 SAW 基序与哺乳动物的 STAT（signal transducer and activator of transcription）转录因子具有一些同源性。

N 端 DELLA 调控结构域包含 DELLA、VHYNP（也称为 TVHYNP）和多聚 S/T/V 基序（图 6-18）。这些基序的缺失导致不能对 GA 起反应，从而增强 DELLA 抑制，引起半显性半矮化表型（semi-dominant semi-dwarf phenotype）（Itoh et al., 2002）。最早分离的 DELLA 突变体 *gai-1* 是拟南芥中的一种 GA 不敏感的半显性半矮化表型，源于 DELLA/LExLE 基序内一段 17 个氨基酸的缺失。2 个拟南芥 DELLA 基因 *GAI* 和 *RGA* 的克隆为小麦（*Triticum aestivum*）和玉米中类似的 GA 不敏感的半显性半矮化 DELLA 突变体的鉴定提供了基础。玉米和小麦半矮化 DELLA 突变体具有较短、较粗的茎，可通过施用化肥提高产量且不引起植株倒伏（Nelson and Steber, 2016）。

DELLA 蛋白作为共活化因子（coactivator）或者共抑制因子（corepressor）与转录因子结合起作用（Hauvermale et al., 2012）。研究表明，DELLA 蛋白与许多转录调控因子相互作用，包括光敏色素相互作用因子 3（PHYTOCHROME INTERACTING FACTOR3, PIF3）、PIF4、PIF1/PIL5（PIF3-LIKE5）、PIL2、茉莉

酸 ZIM 结构域 1（JASMONATE ZIM-DOMAIN1, JAZ1）、ALCATRAZ（ALC）、SPATULA（SPT）、芸薹素唑耐受因子 1（BRASSINOZALE-RESISTANT 1, BZR1），以及 GRAS 蛋白 SCARECROW-LIKE3（SCL3）（Hou et al., 2010; Heo et al., 2011; Zhang et al., 2011a; Bai et al., 2012; Gallego-Bartolomé et al., 2012; Hirano et al., 2012; 黎家和李传友, 2019）。DELLA 蛋白也与染色质重塑因子 SWI3C（chromatin remodelling factor SWI3C, SWITCH3C）相互作用（Sarnowska et al., 2013）。JAZ1、PIF4 和 BZR1 通过 LHR1 基序与 DELLA 蛋白相互作用（Hou et al., 2010; Gallego-Bartolomé et al., 2012）。

2）GID1-DELLA 蛋白-蛋白相互作用

当 GID1 未与 GA 结合时，开放的 GID1 盖子的暴露表面是亲水的；当 GID1 与 GA 结合后经历一种构象变化，暴露出疏水的能与 DELLA 相互作用的残基（Murase et al., 2008; Shimada et al., 2008; Ueguchi-Tanaka and Matsuoka, 2010; Nelson and Steber, 2016）（图 6-17C）。GID1 与 GA 的结合物具有从 N 端盖子的外表面伸出的疏水氨基酸侧链，这为 DELLA 蛋白提供了结合结构域。OsGID1 和 GID1a 的 α-螺旋 αb 中的疏水残基是 Leu-18、Trp-21、Leu-45 或者 Val-29 和 Ile-33，α-螺旋 αc 中的疏水残基是 Leu-45 和 Tyr-48（Murase et al., 2008; Shimada et al., 2008）。丙氨酸扫描表明，在水稻 GID1 中的这些疏水残基对于 DELLA SLR1 的蛋白-蛋白相互作用是必需的，但对 GA 结合是非必需的（Shimada et al., 2008）。此外，拟南芥 GID1a-GA-DELLA 复合物的晶体结构表明，这些残基是 GID1a 关闭的盖子与 DELLA GAI 之间相互作用的主要位点（Murase et al., 2008）。疏水性是蛋白折叠的一种主要作用力，已知在水环境中天然的蛋白结构通常不允许疏水侧链的暴露。DELLA 存在时 GID1 与 GA 的结合活性比 DELLA 缺乏时更强（Nakajima et al., 2006; Ueguchi-Tanaka et al., 2007），可能是 DELLA 的存在促进了稳定的 DELLA 蛋白结合所需的 GID1 盖子疏水残基的暴露。

与 GID1-DELLA 蛋白-蛋白相互作用有关的主要 DELLA 蛋白基序定位于 DELLA 调控结构域。两个邻近的基序 DELLA 和 LExLE（有时统称为 DELLA 基序）是 DELLA 与 GID1 蛋白相互作用所必需的（Murase et al., 2008）。晶体结构分析表明，GID1 在残基 DeLLaΦLxYxV 和 MAxVAxxLExLExΦ 上直接与 DELLA 基序结合（其中，大写的残基代表相互作用的直接位点，Φ 代表一个非极性残基，“x”可以代表任何残基）。突变分析表明，DELLA 基序是与 GID1 结合所必需的，而 LExLE 基序的突变仅仅引起 GA 与 GID1 结合的亲和力下降（Murase et al., 2008; Nelson and Steber, 2016）（图 6-18）。VHYNP 基序也通过残基 TVhynPxxLxxWxxxM 稳定 GID1-DELLA 相互作用，从而在 GID1 的结合中起作用（Nelson and Steber, 2016）。

GRAS 功能结构域中的一些氨基酸残基似乎也参与了与 GID1 的结合（Hirano et al., 2010; Sato et al., 2014; Nelson and Steber, 2016）（图 6-18）。水稻 DELLA

SLR1^{G576V}的半显性突变导致酵母双杂实验中与GID1的结合能力降低，表明SAW基序可能参与GID1-DELLA蛋白-蛋白相互作用（Hirano et al., 2010）。丙氨酸扫描也检测到，由于VHIID基序的变化，DELLA与GID1的结合能力有所下降。SLR1的GRAS结构域与GID1的结合比DELLA结构域具有更低的亲和性（Sato et al., 2014）。根据突变分析，SAW基序的Gly-576在GRAS-GID1相互作用中似乎是一个关键的残基。DELLA SLR1的水稻同源物SLRL1（SLR1-like1）能够像SLR1一样起作用，当其过表达时抑制生长（Itoh et al., 2005）。

在拟南芥中，3个GID1受体都能与5个DELLA抑制因子相互作用（Shimada et al., 2008; Suzuki et al., 2009）。竞争性酵母三杂（competitive yeast 3-hybrid）和体外QCM（*in vitro* quartz crystal microbalance）分析表明，RGA和GAI对GID1b的结合表现出最大的亲和力；RGL1、RGL2和RGL3对GID1a具有最大的亲和力，其次是对GID1b；DELLA蛋白对GID1c的亲和力较低。根据氨基酸的序列同源性以及对GID1的亲和力，拟南芥的DELLA蛋白可以分为两组：①RGA组，对GID1b具有较高的亲和力，包括GAI和RGA；②RGL组，对GID1a具有较高的亲和力，包括RGL1、RGL2和RGL3。

3）DELLA蛋白被SLY1/GID2和泛素-蛋白酶体途径降解

GA信号转导通过泛素-蛋白酶体途径靶定/降解DELLA，下调GA反应的DELLA抑制因子（Griffiths et al., 2006; Ariizumi et al., 2008; Chandler et al., 2008; Wang et al., 2009）。研究发现，GA生物合成突变体的恢复与DELLA蛋白RGA的迅速消失有关，从而提出了GA信号转导的"DELLA降解模型（DELLA destruction model）"（Hauvermale et al., 2012; Nelson and Steber, 2016）（图6-17A和B）。DELLA被SCF（Skp1、Cullin、F-box）E3泛素连接酶泛素化和靶定/降解（Sasaki et al., 2003; Hussain et al., 2005; Ariizumi et al., 2011; Nelson and Steber, 2016）（图6-17B）。拟南芥SLY1和水稻GID2（GA-INSENSITIVE DWARF2）蛋白是专一与DELLA蛋白结合的SCF复合物的F-box亚单位，可导致DELLA蛋白的多泛素化（polyubiquitination）。F-box基因（拟南芥*SLY1*和水稻*GID2*）的突变阻止GA诱导的DELLA蛋白降解，导致GA不敏感的表型，包括*sly1*的矮化、不育和种子休眠增加（Sasaki et al., 2003）。因此，DELLA的过度积累与GA信号转导水平的降低有关（Nelson and Steber, 2016）（图6-17D）。

蛋白质泛素化（protein ubiquitination）通过一个多步骤的过程发生，随着76个氨基酸的泛素肽共价连接到靶蛋白上，这个过程结束（Wang and Deng, 2011）。泛素激活酶（ubiquitin activating enzyme, E1）催化泛素C端的甘氨酸和E1半胱氨酸残基之间形成一个硫酯键。通过转酯反应活化的泛素被转移到泛素结合酶的一个半胱氨酸残基上。泛素结合酶（ubiquitin conjugating enzyme, E2）将泛素转移到靶蛋白的一个赖氨酸残基上。在单个复合物中，泛素连接酶（ubiquitin ligase, E3），

如 $SCF^{SLY1/GID2}$ 能使 E2 和靶蛋白在一起，并催化泛素转移到一个特定的靶点。含有 4 个泛素组分的多泛素链的附加将靶定一种蛋白并通过 26S 蛋白酶体降解。

GID1-GA-DELLA 复合物的形成是引起 $SCF^{SLY1/GID2}$ 多泛素化 DELLA 的信号，从而靶定 DELLA 通过 26S 蛋白酶体降解（图 6-17A 和 B）。虽然通过酵母双杂交最初检测到 SLY1 和 DELLA 蛋白之间的一些相互作用，但后来的研究表明，当 DELLA 处于 GID1-GA-DELLA 复合物中时，SLY1/GID2 对 DELLA 的亲和力大大增强（Willige et al., 2007; Hirano et al., 2010; Ariizumi et al., 2011）。因此，SLY1-DELLA 蛋白-蛋白相互作用和 DELLA 降解都被 GA 感知所促进。正如在体内和无细胞提取物中所证明的那样，在对 GA 的反应中 *GID1* 和 *SLY1* 对有效的 DELLA 蛋白降解都是必需的（Willige et al., 2007; Wang et al., 2009）。26S 蛋白酶体被普遍认为负责 DELLA 蛋白降解，因为 GA 促进的 DELLA 降解被 26S 蛋白酶体抑制剂阻止，从而导致泛素化 DELLA 蛋白的积累（Hussain et al., 2005; Wang et al., 2009）。

（3）不依赖 GA 的 DELLA 蛋白调控和不依赖 DELLA 蛋白降解的 GA 信号转导

1）不依赖 GA 的 DELLA 蛋白调控

水稻 GID1 的突变分析为不依赖 GA 的 GID1b-DELLA 蛋白-蛋白相互作用的结构基础提供了信息，并提出了一个解释这种相互作用的模型（Yamamoto et al., 2010）。在水稻 GID1 N 端盖子结构域与链体（盖子的铰链）之间的环中，引起 P99S 氨基酸替换的错义突变能够模拟 GID1b 的表型，从而通过 $OsGID1^{P99S}$ 在 GA 缺乏时与 DELLA 结合来抑制 *gid1-8* 功能缺失突变的 GA 不敏感表型。在拟南芥 GID1a Pro-92 和 GID1c Pro-91 的环区存在相同的 Pro 残基，但其在 GID1b 中被 His-91 取代。定点突变分析表明，OsGID1 中 P99I、P99V 和 P99A 的氨基酸替代导致不依赖 GA 的 DELLA 结合，而在 GA 缺乏时拟南芥 GID1b 中 H91P 的替代减少了与 DELLA 的结合。在这个模型中，当 GA 不存在时为了关闭 GID1 受体上的盖子，拟南芥 GID1a Pro-92（OsGID1 Pro-99）对于阻止 DELLA 结合是必需的；GID1b 环/铰链区的 His 替代 Pro 引起 GID1b 盖子结构域保持部分关闭，从而在 GA 缺乏时通过盖子与 DELLA 结合。值得注意的是，部分关闭的盖子不能像完全关闭的盖子一样与 DELLA 结合，因此 GA 结合大大增加了 GID1b 类型受体对 DELLA 的亲和力。

2）不依赖 DELLA 蛋白降解的 GA 信号转导

GID1 能够介导 GA 信号转导而不引起 DELLA 蛋白的降解。*GID1* 过表达部分恢复 *sly1* 和 *gid2* 突变体的 GA 不敏感突变体表型，但不引起 DELLA 蛋白水平的下降（Ariizumi et al., 2008, 2013; Ueguchi-Tanaka et al., 2008）。因此，在通过 26S 蛋白酶体无法降解 DELLA 蛋白的 F-box 突变体中，GID1 和 GA 能够下调 DELLA 蛋白的表达水平。此外，由 *GID1* 过表达所引起的恢复因缺失 GID1-DELLA 相互作用需要的 DELLA 基序而被阻断，表明 GID1-GA-DELLA 复合物的形成是必需的，因为 GID1-GA-DELLA 复合物的形成降低了 DELLA 抑制 GA 反应的能力，从而导致 GA 反应增加而没有 DELLA 蛋白的降解（图 6-17）。

GA 是调控种子发育、休眠与萌发的重要激素，显著影响种子萌发、幼苗建成和作物产量（Bewley et al., 2013; 徐恒恒等, 2014; 邓志军等, 2019）。研究表明，GA 诱导的 DELLA 蛋白降解作为 GA 信号转导的调控开关发挥作用，然而，在植物细胞中也存在不依赖 DELLA 蛋白水解的 GA 信号转导(Hauvermale et al., 2012; Nelson and Steber, 2016; Ito et al., 2018）。目前还不清楚的是，在整合生理条件或者对环境信号反应时哪一条途径优先响应，以及这 2 条途径之间怎样联系。此外，GA 受体 GID1 也是细胞质和细胞核双重定位的，那么，它们对 GA 的感知和随后的信号转导有何区别?在植物中，DELLA 蛋白已成为主要的转录调控因子，负责抑制 GA 依赖的生长和发育的各个方面（Thomas et al., 2016）。此外，DELLA 通过与 DNA 结合的转录因子，如结构域不确定蛋白（indeterminate domain protein, IDD）和 B 型拟南芥反应调控因子（type-B *Arabidopsis* response regulator, ARR）被招募到启动子中，以及作为转录共激活因子起作用（Nelson and Steber, 2016; Ito et al., 2018）。DELLA 除起转录控制作用外，还直接参与拟南芥下胚轴微管的重新定向（Nelson and Steber, 2016）。但是，是否还有一些新的下游靶点被 DELLA 蛋白调控，以及多个不同功能的下游 DELLA 靶点之间的关系，目前还不清楚。

3. GA 对种子萌发与休眠的调控

在种子萌发过程中，GA 具有促进种子萌发、释放休眠和拮抗 ABA 的作用（Nonogaki, 2014; 邓志军等, 2019; 徐恒恒等, 2014; Deng et al., 2010; Nonogaki, 2017; Sajeev et al., 2024）。GA 的上述作用主要取决于组织中生物活性 GA 的浓度（GA 代谢）和组织对 GA 的敏感性（GA 信号转导）(Urbanova and Leubner-Metzger, 2016; 高秀华和傅向东, 2018）。

（1）GA 代谢与种子萌发

Sánchez-Montesino 等（2019）提出，种子萌发的一个关键条件是控制胚生长的机械力和周围胚乳组织限制的作用力的相互作用。生物活性 GA 在种子萌发过程中具有两个作用：①增加胚的生长势，促进胚根和下胚轴细胞的生长和伸长；②通过弱化包围胚根的组织（种皮、珠孔端胚乳），克服种子覆盖层的机械抑制（Yamaguchi et al., 2007; Kucera et al., 2005; Nonogaki, 2006; Linkies and Leubner-Metzger, 2012）。生物活性 GA_4 在干燥和后熟种子中存在，在萌发后期进一步增加（Urbanova and Leubner-Metzger, 2016）。拟南芥种子萌发过程中 GA 生物合成的时空表达模式显示，生物活性 GA 仅在胚根伸出前积累，在胚内的两个不同部位合成。在 GA 生物合成早期，由 CPS（拟南芥 *GA1* 基因，At4G02780）和 KO（拟

南芥 *GA3* 基因，At5G25900）催化的步骤在原维管组织中进行；在 GA 生物合成后期，由 GA3ox 催化的生物活性 GA 的形成在根的皮层和内皮层中进行（Urbanova and Leubner-Metzger, 2016）。Ogawa 等（2003）研究表明，*AtKO1* 和 *AtKAO1* 的转录丰度在种子吸胀后 8 h 达到峰值，然后下降，而 *AtKAO2* 在萌发过程中变化很小；*AtGA20ox1* 和 *AtGA20ox3* 分别在种子吸胀后 32 h 和 24 h 达到峰值，然后下降。

AtGA20ox2 在萌发过程中变化较小；*AtGA3ox1* 和 *AtGA3ox2* 分别在吸胀后 8 h 和 32 h 达到峰值，然后下降。*AtCPS* 和 *AtKS* 的转录丰度在胚（包括胚根、下胚轴和子叶）中比胚乳[包括珠孔端胚乳、合点端胚乳（chalazal endosperm）]和外胚乳中更高，*AtKO* 和 *AtKAO* 的转录丰度在胚根和下胚轴中比子叶和胚乳中更高（Dekkers et al., 2013; Hedden and Thomas, 2012），这些结果表明，拟南芥种子萌发过程中胚根和下胚轴是 GA_{12} 产生的主要场所。拟南芥 5 个 *GA20ox* 基因中，3 个在种子萌发过程中表达，但在种子中的表达部位是不同的（Yamaguchi et al., 2007; Ogawa et al., 2003）。*GA20ox1* 主要在胚根和下胚轴中表达，当种皮破裂时其转录丰度明显降低；*GA20ox2* 主要在珠孔端和合点端胚乳中表达，在萌发早期达到峰值；*GA20ox3* 在珠孔端胚乳、合点端胚乳和子叶中表达，在整个萌发过程中都表现出最高的水平（Urbanova and Leubner-Metzger, 2016; Seo et al., 2009）。在拟南芥 4 种 *GA3ox* 基因中，2 种在种子萌发过程中表达。*GA3ox1* 和 *GA3ox2* 转录物在萌发早期在胚根和下胚轴中迅速积累，在萌发后期在所有种子组织中积累；当种皮破裂时，胚根、下胚轴、珠孔端胚乳和合点端胚乳中 *GA3ox1* 的转录物丰度显著增加。*GA2ox* 基因在萌发过程中不表达，但在萌发晚期 *GA2ox6* 在珠孔端和合点端胚乳中被诱导表达，*GA2ox2* 在胚根和下胚轴中被诱导表达（Dekkers et al., 2013; Ogawa et al., 2003; Seo et al., 2009）。

当种皮破裂时，无活性的前体被胚（胚根、下胚轴和子叶）和胚乳（珠孔端和合点端胚乳、外胚乳）中增加表达的 GA3ox 转化成为生物活性 GA，导致珠孔端胚乳弱化必需的 GA_4 含量增加（Dekkers et al., 2013）。GA 缺乏突变体如 *ga1* 和 *ga2* 表现出深的种子休眠，以及在没有外源 GA 处理的情况下不能萌发（Lee et al., 2002; Shu et al., 2013）。相反，GA2ox 缺陷的突变体表现出种子休眠能力降低（Yamauchi et al., 2007）。GA 缺陷突变体种子的萌发依赖于吸胀过程中向培养介质添加 GA（Kucera et al., 2005）。拟南芥 GA 缺陷突变体 *ga1* 种子的休眠解除与萌发需要 GA（North et al., 2010），*ga1* 突变体种子的萌发能力能够通过去除胚周围的种皮和胚乳恢复，不需要任何外源 GA 的作用；此外，当种皮突变减少对胚根伸出的抑制时，萌发必需的胚生长势阈值降低（Kucera et al., 2005）。

（2）GA 信号转导与种子萌发

Voegele 等（2011）对拟南芥 3 个 AtGID1 敲除突变体的研究发现，AtGID1b 受体不能补偿 *gid1a gid1c* 双突变体种子的萌发能力，因此通过 GID1ac 类型受体的 GA 信号转导是种子萌发所必需的。相反，AtGID1a 和 AtGID1c 受体是部分冗余的，能够代替 AtGID1b。根据拟南芥基因敲除突变体的种子萌发表型以及家独行菜（*Lepidium sativum*）珠孔端胚乳、胚根和下胚轴中与 ABA 相关的 *LesaGID1ac* 和 *LesaGID1b* 的转录表达模式，GID1c 受体对种子萌发具有重要的影响。在干燥和吸胀种子中，*AtGID1a* 的转录丰度＞*AtGID1c* 的转录丰度＞*AtGID1b* 的转录丰度。在萌发过程中，*AtGID1a* 和 *AtGID1c* 的时空转录表达模式是类似的，但 *AtGID1b* 不同，即在萌发过程中 *AtGID1b* 的转录丰度增加，而 *AtGID1a* 和 *AtGID1c* 的转录丰度降低（Dekkers et al., 2013）。在拟南芥和家独行菜种子萌发过程中，GA 触发 *AtGID1a* 和 *AtGID1c* 的负反馈循环，但不触发 *AtGID1b* 的负反馈循环（Voegele et al., 2011; Urbanova and Leubner-Metzger, 2016）。

在 GA 处理后 5～60 min，已鉴定的拟南芥和其他植物的所有 DELLA 蛋白发生降解（Wang et al., 2009; Ariizumi and Steber, 2007; Zhang et al., 2010）。因此，普遍认为，GA 通过 DELLA 蛋白的降解来解除其对种子萌发的抑制。4 个 DELLA 基因（*RGL2*、*RGL1*、*RGA* 和 *GAI*）的功能丧失能够使种子在光和 GA 缺乏的条件下萌发，种子中的 GA 能够引起 RGA 和 GAI 的去稳定或者失活（Urbanova and Leubner-Metzger, 2016）。*EXPA2*（*EXPANSIN 2*）编码一种胚乳专一的 α-扩展蛋白（α-expansin），它的表达增加会促进细胞扩大和种子萌发。NAC 转录因子 NAC25 和 NAC1L 被鉴定为 *EXPA2* 表达、GA 介导的胚乳扩大和种子萌发的上游调控因子。DELLA 蛋白 RGL2 通过 NAC25/NAC1L 抑制 *EXPA2* 启动子的活化（Sánchez-Montesino et al., 2019）。水稻 *GID2* 突变体（F-box 基序中携带一个 19 bp 或者 31 bp 缺失）导致一种 GA 不敏感的表型，这种表型与矮化和种子萌发过程中不能产生 GA 诱导的 α-淀粉酶有关（Sasaki et al., 2003）。拟南芥 *sly1* 突变体表现出种子休眠增强，这与种子萌发中 GA 信号转导的作用一致（Ariizumi and Steber, 2007）。此外，*DELLA* 基因包括 *RGL2*（*RGA-LIKE2*）和 *SPY*（*SPINDLY*）（GA 信号途径的负调控因子）的突变能够恢复 *ga1* 的非萌发表型（Jacobsen and Olszewski, 1993; Lee et al., 2002）。DELLA 也通过抑制 TCP14（teosinte branched1/cycloidea/proliferating cell factor）和 TCP15 的活性来控制细胞周期进程，从而维持种子胚处于静止状态，进一步支持了上述胚的“静止状态”假设。

三、脱落酸和赤霉素在种子休眠与萌发中的拮抗作用

研究表明，ABA 和 GA 是拮抗调控种子休眠与萌发的主要激素（Gubler et al., 2005; Finkelstein et al., 2008; Graeber et al., 2012; Hoang et al., 2014; Lee et al., 2015a）。在种子成熟过程中，内源 ABA 在种子中积累，诱导和维持种子休眠，从而抑制胎萌。相反，在种子萌发过程开始前，随着吸胀和层积处理，种子中

的内源 ABA 水平下调，而 GA 水平上调。在非休眠的拟南芥种子萌发初期和后期，GA/ABA 的比例由于 ABA 的降解分别增加了约 3 倍和 10 倍（Ogawa et al., 2003）。

ABA/GA 的平衡决定种子的命运：高水平的内源 ABA 和低水平的 GA 导致种子的深休眠和出苗率降低，而低水平的 ABA 和高水平的 GA 则引起种子在收获前萌发。因此，ABA/GA 的平衡必须被严格地调控。ABA/GA 平衡分为两个主要方面：激素水平的平衡和信号转导级联的平衡。在 *aba2-2* 突变体中，GA 的生物合成水平增加，ABA 抑制种子萌发过程中 GA 的生物合成（Seo et al., 2006）。与野生型比较，*ga1* 突变体中合成的 ABA 更多，降解的更少；外源添加 GA 后，能观察到相反的结果（Holdsworth et al., 2008）。我们的结果也表明 ABA 显著地抑制莴苣种子的萌发，但这种抑制作用能被 GA_3 有效地降低（Dong et al., 2012）。然而，精确控制 ABA/GA 平衡的分子机制目前还不清楚，含有 AP2 结构域的转录因子被认为具有关键的作用（Shu et al., 2016）。

ABI4 是一种含有 AP2 结构域的转录因子，能调控许多信号转导途径，包括对 ABA、葡萄糖、蔗糖、乙烯和盐胁迫的反应（Wind et al., 2013）。有趣的是，ABI4 正调控 ABA 分解代谢基因，但负调控 GA 生物合成基因；因此，*ABI4* 功能的丧失会增加 GA 生物合成基因的表达，但降低 GA 失活基因的表达，从而共同降低 *abi4* 种子的初生休眠水平（Shu et al., 2013）。作为一种含有 AP2 结构域的转录因子，ABI4 直接与 *CYP707A1* 和 *CYP707A2* 的启动子结合，在 ABA 分解代谢中起作用，从而促进 ABA 的积累。然而，到目前为止，ABI4 直接靶定的 GA 代谢基因还没有被发现，这表明 ABI4 不可能直接与 GA 生物合成基因的启动子结合，但可能招募或者激活一个额外的种子特异的转录因子来抑制 GA 生物合成基因的转录（Shu et al., 2016）。

SPT（SPATULA）、CHO1（CHOTTO1）、OsAP2-39、DDF1（DELAYED FLOWERING 1）和 EBE（ERF BUD ENHANCER）都是含有 AP2 结构域的转录因子。SPT 调控 *ABI4* 的转录（Vaistij et al., 2013），在种子成熟过程中 *SPT* 的表达水平增加（Belmonte et al., 2013），表明 *SPT-ABI4* 模块在休眠建立和维持过程中起关键作用。CHO1 正调控种子休眠，在 *ABI4* 基因的上游起作用（Yamagishi et al., 2009; Yano et al., 2009）。在水稻中，OsAP2-39 直接促进 ABA 生物合成基因 *OsNCED1* 的转录和 GA 失活基因 *OsEUI*（*ELONGATED UPPERMOST INTERNODE*）的表达，从而增强 ABA 的生物合成和减少 GA 的积累；因此，*OsAP2-39* 的转基因过表达导致种子的休眠水平增加（Yaish et al., 2010）。这些表型已经在 GA 缺陷的突变体中被证实（Richter et al., 2013），表明 OsAP2-39 在调控 ABA/GA 生物合成的平衡中起关键作用。DDF1 直接促进 GA 失活基因 *GA2ox7* 的转录，从而显著降低内源 GA 的含量（Magome et al., 2008）。EBE 正调控种子的休眠（Mehrnia et al., 2013）。总之，这些含有 AP2 结构域的转录因子负调控 GA 的生物合成，正调控 ABA 的生物合成，从而调控种子的休眠。

四、其他植物激素

除 ABA 和 GA 外，细胞分裂素（cytokinin）、乙烯（ethylene）和生长素（auxin）也在种子的休眠释放和萌发中起重要作用（Shu et al., 2016; 宋松泉等, 2019, 2020, 2021; Sajeev et al., 2024）。研究发现，在 100 μmol/L 氟啶酮（一种 ABA 生物合成抑制剂）存在下，东乡野生稻种子的萌发率约为 30%，而分别在 1 mmol/L IAA、10 nmol/L 油菜素甾醇（brassinosteroid, BR）和 1 mmol/L 乙烯利（乙烯产生剂）存在下，种子的萌发率都为 0（图 6-20）。然而，在 100 μmol/L 氟啶酮 + 1 mmol/L IAA/10 nmol/L BR/1 mmol/L 乙烯利，东乡野生稻种子的萌发率分别为 100%、53% 和 68%（图 6-20），表明只有当 ABA 的生物合成受到抑制时其他植物激素才能发挥促进种子萌发的作用。我们注意到，在添加氟啶酮和 IAA 或者 BR 时，$CoCl_2$（1-氨基环丙烷-1-羧酸氧化酶的抑制剂）和 2,5-降冰片二烯（2,5-norbornadiene, 乙烯作用抑制剂）降低种子的萌发率（数据未标明）。基于这些结果，我们推断，ABA 生物合成的抑制对于东乡野生稻种子的休眠释放与萌发是必要条件之一。

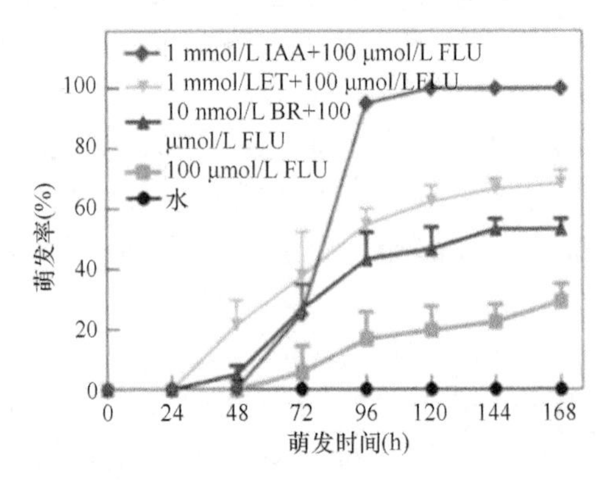

图 6-20 氟啶酮（FLU）、氟啶酮+油菜素甾醇（BR），或者+乙烯利（ET），或者+吲哚乙酸（IAA）对东乡野生稻种子萌发的影响（宋松泉等，未发表数据）

种子在 25℃和黑暗中萌发 7 d，以胚根伸出 2 mm 作为萌发完成的标准

主要参考文献

邓志军, 宋松泉, 艾训儒, 等. 2019. 植物种子保存和检测的原理与技术. 北京: 科学出版社.

高秀华, 傅向东. 2018. 赤霉素信号转导及其调控植物生长发育的研究进展. 生物技术通报, 34(7): 1-13.

江玲, 曹雅君, 王春明, 等. 2003. 利用 RIL 和 CSSL 群体检测水稻种子休眠性 QTL. 遗传学报,

30(5): 453-458.
江玲, 张文伟, 翟虎渠, 等. 2005. 水稻种子休眠性基因座的定位和分析. 中国农业科学, 38 (4): 650-656.
井文, 江玲, 张文伟, 等. 2008. 杂草稻种子休眠数量性状位点的定位. 作物学报, 34 (5): 737-742.
黎家, 李传友. 2019. 新中国成立 70 年来植物激素研究进展. 中国科学: 生命科学, 49 (10): 1227-1281.
宋松泉, 刘军, 唐翠芳, 等. 2020. 生长素代谢与信号转导及其调控种子休眠与萌发的分子机制. 科学通报, 65 (34): 3924-3943.
宋松泉, 刘军, 徐恒恒, 等. 2019. 乙烯的生物合成与信号及其对种子萌发和休眠的调控. 作物学报, 45 (7): 969-981.
宋松泉, 刘军, 杨华, 等. 2021. 细胞分裂素调控种子发育、休眠与萌发的研究进展. 植物学报, 56 (2): 218-231.
王松凤, 贾育红, 江玲, 等. 2006. 控制水稻种子休眠和抽穗期的数量基因位点. 南京农业大学学报, 29 (1): 1-6.
徐恒恒, 黎妮, 刘树君, 等. 2014. 种子萌发及其调控的研究进展. 作物学报, 40 (7): 1141-1156.
俞晓平, 胡萃, Heong K L. 1996. 稻飞虱和叶蝉的寄主范围以及与非稻田生境的关系. 浙江农业学报, 8 (3): 158-162.
周玉亮, 刘春保, 潘招远,等. 2016. 水稻种子休眠的 QTL 定位研究进展. 中国科技论文, 11(24): 2837-2844.
Antoni R, Gonzalez-Guzman M, Rodriguez L, et al. 2012. Selective inhibition of clade A phosphatases type 2C by PYR/PYL/RCAR abscisic acid receptors. Plant Physiology, 158(2): 970-980.
Araki Y, Miyawaki A, Miyashita T, et al. 2006. A new non-azole inhibitor of ABA 8’-hydroxylase: effect of the hydroxyl group substituted for geminal methyl groups in the six-membered ring. Bioorganic and Medicinal Chemistry Letters, 16(12): 3302-3305.
Ariizumi T, Hauvermale A L, Nelson S K, et al. 2013. Lifting della repression of *Arabidopsis* seed germination by nonproteolytic gibberellin signaling. Plant Physiology, 162(4): 2125-2139.
Ariizumi T, Lawrence P K, Steber C M. 2011. The role of two F-box proteins, SLEEPY1 and SNEEZY, in *Arabidopsis* gibberellin signaling. Plant Physiology, 155(2): 765-775.
Ariizumi T, Murase K, Sun T P, et al. 2008. Proteolysis-independent downregulation of DELLA repression in *Arabidopsis* by the gibberellin receptor GIBBERELLIN INSENSITIVE DWARF1. The Plant Cell, 20(9): 2447-2459.
Ariizumi T, Steber C M. 2007. Seed germination of GA-insensitive sleepy1 mutants does not require RGL2 protein disappearance in *Arabidopsis*. The Plant Cell, 19(3): 791-804.
Bai M Y, Shang J X, Oh E, et al. 2012. Brassinosteroid, gibberellin and phytochrome impinge on a common transcription module in *Arabidopsis*. Nature Cell Biology, 14(8): 810-817.
Barrero J M, Millar A A, Griffiths J, et al. 2010. Gene expression profiling identifies two regulatory genes controlling dormancy and ABA sensitivity in *Arabidopsis* seeds. The Plant Journal: for Cell and Molecular Biology, 61(4): 611-622.
Baskin C C, Baskin J M. 2005. Underdeveloped embryos in dwarf seeds and implications for assignment to dormancy class. Seed Science Research, 15(4): 357-360.
Baskin C C, Baskin J M. 2014. Seeds: Ecology, Biogeography, and Evolution of Dormancy and Germination. 2nd edition. San Diego: Academic Press.

Baskin J M, Baskin C C. 2004. A classification system for seed dormancy. Seed Science Research, 14(1): 1-16.

Belda-Palazon B, Rodriguez L, Fernandez M A, et al. 2016. FYVE1/FREE1 interacts with the PYL4 ABA receptor and mediates its delivery to the vacuolar degradation pathway. The Plant Cell, 28(9): 2291-2311.

Belmonte M F, Kirkbride R C, Stone S L, et al. 2013. Comprehensive developmental profiles of gene activity in regions and subregions of the *Arabidopsis* seed. Proceedings of the National Academy of Sciences of the United States of America, 110(5): E435-E444.

Benech-Arnold R L, Gualano N, Leymarie J, et al. 2006. Hypoxia interferes with ABA metabolism and increases ABA sensitivity in embryos of dormant barley grains. Journal of Experimental Botany, 57(6): 1423-1430.

Benson C L, Kepka M, Wunschel C, et al. 2015. Abscisic acid analogs as chemical probes for dissection of abscisic acid responses in *Arabidopsis thaliana*. Phytochemistry, 113: 96-107.

Bentsink L, Koornneef M. 2008. Seed dormancy and germination. The Arabidopsis Book, 6: e0119.

Bewley J D, Bradford K J, Hilhorst H W M, et al. 2013. Seeds: Physiology of Development, Germination and Dormancy. 3rd edition. New York: Springer.

Black M J, Bewley J, Halmer P, et al. 2006. The encyclopedia of seeds: Science, Technology and Uses. Oxfordshire: CAB International.

Body J, Gai Y Z, Nelson K M, et al. 2009. Sesquiterpene-like inhibitors of a 9-*cis*-epoxycarotenoid dioxygenase regulating abscisic acid biosynthesis in higher plants. Bioorganic and Medicinal Chemistry, 17(7): 2902-2912.

Bolduc N, Hake S. 2009. The maize transcription factor KNOTTED1 directly regulates the gibberellin catabolism gene *ga2ox1*. The Plant Cell, 21(6): 1647-1658.

Bömke C, Tudzynski B. 2009. Diversity, regulation, and evolution of the gibberellin biosynthetic pathway in fungi compared to plants and bacteria. Phytochemistry, 70(15/16): 1876-1893.

Bowman J, Kohchi T, Yamato K T, et al. 2017. Insights into land plant evolution garnered from the *Marchantia polymorpha* genome. Cell, 171: 287-304, e15.

Cadman C S C, Toorop P E, Hilhorst H W M, et al. 2006. Gene expression profiles of *Arabidopsis* Cvi seeds during dormancy cycling indicate a common underlying dormancy control mechanism. The Plant Journal, 46(5): 805-822.

Cai H, Morishima H. 2002. QTL clusters reflect character associations in wild and cultivated rice. Theoretical and Applied Genetics, 104(8): 1217-1228.

Cai H W, Morishima H. 2000. Genomic regions affecting seed shattering and seed dormancy in rice. Theoretical and Applied Genetics, 100(6): 840-846.

Chandler P M, Harding C A, Ashton A R, et al. 2008. Characterization of gibberellin receptor mutants of barley (*Hordeum vulgare* L.). Molecular Plant, 1(2): 285-294.

Chen Y, Tan B C. 2015. New insight in the gibberellin biosynthesis and signal transduction. Plant Signaling and Behavior, 10(5): e1000140.

Cheng J P, Wang L, Du W L, et al. 2014. Dynamic quantitative trait locus analysis of seed dormancy at three development stages in rice. Molecular Breeding, 34(2): 501-510.

Cheng W H, Endo A, Zhou L, et al. 2002. A unique short-chain dehydrogenase/reductase in *Arabidopsis* glucose signaling and abscisic acid biosynthesis and functions. The Plant Cell, 14(11): 2723-2743.

Chiang H H, Hwang I, Goodman H M. 1995. Isolation of the *Arabidopsis* GA_4 locus. The Plant Cell, 7(2): 195-201.

Creelman R A, Bell E, Mullet J E. 1992. Involvement of a lipoxygenase-like enzyme in abscisic acid biosynthesis. Plant Physiology, 99(3): 1258-1260.

Cutler S R, Rodriguez P L, Finkelstein R R, et al. 2010. Abscisic acid: emergence of a core signaling network. Annual Review of Plant Biology, 61: 651-679.

Dai M Q, Zhao Y, Ma Q, et al. 2007. The rice *YABBY1* gene is involved in the feedback regulation of gibberellin metabolism. Plant Physiology, 144(1): 121-133.

Davidson S E, Elliott R C, Helliwell C A, et al. 2003. The pea gene *NA* encodes *ent*-kaurenoic acid oxidase. Plant Physiology, 131(1): 335-344.

Davière J M, Achard P. 2013. Gibberellin signaling in plants. Development, 140(6): 1147-1151.

Dejonghe W, Okamoto M, Cutler S R. 2018. Small molecule probes of ABA biosynthesis and signaling. Plant and Cell Physiology, 59(8): 1490-1499.

Dekkers B J W, Pearce S, van Bolderen-Veldkamp R P, et al. 2013. Transcriptional dynamics of two seed compartments with opposing roles in *Arabidopsis* seed germination. Plant Physiology, 163(1): 205-215.

Deng Z J, Cheng H Y, Song S Q. 2010. Effects of temperature, scarification, dry storage, stratification, phytohormone and light on dormancy-breaking and germination of *Cotinus coggygria* var. cinerea (Anacardiaceae) seeds. Seed Science and Technology, 38(3): 572-584.

Ding S, Zhang B, Qin F. 2015. *Arabidopsis* RZFP34/CHYR1, a ubiquitin E3 ligase, regulates stomatal movement and drought tolerance via SnRK2.6-mediated phosphorylation. The Plant Cell, 27(11): 3228-3244.

Ding Z J, Yan J Y, Li G X, et al. 2014. WRKY41 controls *Arabidopsis* seed dormancy via direct regulation of ABI3 transcript levels not downstream of ABA. The Plant Journal, 79(5): 810-823.

Dong T T, Tong J H, Xiao L T, et al. 2012. Nitrate, abscisic acid and gibberellin interactions on the thermoinhibition of lettuce seed germination. Plant Growth Regulation, 66(2): 191-202.

Engstrom E M. 2011. Phylogenetic analysis of GRAS proteins from moss, lycophyte and vascular plant lineages reveals that GRAS genes arose and underwent substantial diversification in the ancestral lineage common to bryophytes and vascular plants. Plant Signaling and Behavior, 6(6): 850-854.

Eriksson S, Böhlenius H, Moritz T, et al. 2006. GA_4 is the active gibberellin in the regulation of *LEAFY* transcription and *Arabidopsis* floral initiation. The Plant Cell, 18(9): 2172-2181.

Finch-Savage W E, Leubner-Metzger G. 2006. Seed dormancy and the control of germination. New Phytologist, 171(3): 501-523.

Finkelstein R R. 1994. Mutations at two new *Arabidopsis* ABA response loci are similar to the *abi3* mutations. The Plant Journal, 5(6): 765-771.

Finkelstein R R. 2013. Abscisic acid synthesis and response. The Arabidopsis Book, 11: e0166.

Finkelstein R R, Reeves W, Ariizumi T, et al. 2008. Molecular aspects of seed dormancy. Annual Review of Plant Biology, 59: 387-415.

Footitt S, Huang Z Y, Clay H A, et al. 2013. Temperature, light and nitrate sensing coordinate *Arabidopsis* seed dormancy cycling, resulting in winter and summer annual phenotypes. The Plant Journal, 74(6): 1003-1015.

Forbis T A, Floyd S K, de Queiroz A. 2002. The evolution of embryo size in angiosperms and other seed plants: implications for the evolution of seed dormancy. Evolution, 56(11): 2112-2125.

Frey A, Effroy D, Lefebvre V, et al. 2012. Epoxycarotenoid cleavage by NCED5 fine-tunes ABA accumulation and affects seed dormancy and drought tolerance with other NCED family members. The Plant Journal, 70(3): 501-512.

Frey A, Godin B, Bonnet M, et al. 2004. Maternal synthesis of abscisic acid controls seed development and yield in *Nicotiana plumbaginifolia*. Planta, 218(6): 958-964.

Fujii H, Zhu J K. 2009. *Arabidopsis* mutant deficient in 3 abscisic acid-activated protein kinases reveals critical roles in growth, reproduction, and stress. Proceedings of the National Academy of Sciences of the United States of America, 106(20): 8380-8385.

Fujita Y, Nakashima K, Yoshida T, et al. 2009. Three SnRK2 protein kinases are the main positive regulators of abscisic acid signaling in response to water stress in *Arabidopsis*. Plant and Cell Physiology, 50(12): 2123-2132.

Gallego-Bartolomé J, Minguet E G, Grau-Enguix F, et al. 2012. Molecular mechanism for the interaction between gibberellin and brassinosteroid signaling pathways in *Arabidopsis*. Proceedings of the National Academy of Sciences of the United States of America, 109(33): 13446-13451.

Gamble P E, Mullet J E. 1986. Inhibition of carotenoid accumulation and abscisic acid biosynthesis in fluridone-treated dark-grown barley. European Journal of Biochemistry, 160(1): 117-121.

González-Guzmán M, Apostolova N, Bellés J M, et al. 2002. The short-chain alcohol dehydrogenase ABA2 catalyzes the conversion of xanthoxin to abscisic aldehyde. The Plant Cell, 14(8): 1833-1846.

Graeber K, Nakabayashi K, Miatton E, et al. 2012. Molecular mechanisms of seed dormancy. Plant, Cell and Environment, 35(10): 1769-1786.

Griffiths J, Murase K, Rieu I, et al. 2006. Genetic characterization and functional analysis of the GID1 gibberellin receptors in *Arabidopsis*. The Plant Cell, 18(12): 3399-3414.

Gu X Y, Foley M E, Horvath D P, et al. 2011. Association between seed dormancy and pericarp color is controlled by pleiotropic gene that regulates abscisic acid and flavonoid synthesis in weedy red rice. Genetics, 189(4): 1515-1524.

Gu X Y, Kianian S F, Foley M E. 2004. Multiple loci and epistases control genetic variation for seed dormancy in weedy rice (*Oryza sativa*). Genetics, 166(3): 1503-1516.

Gu X Y, Kianian S F, Foley M E. 2006. Dormancy genes from weedy rice respond divergently to seed development environments. Genetics, 172(2): 1199-1211.

Gu X Y, Kianian S F, Hareland G A, et al. 2005. Genetic analysis of adaptive syndromes interrelated with seed dormancy in weedy rice (*Oryza sativa*). Theoretical and Applied Genetics, 110(6): 1108-1118.

Gu X Y, Liu T L, Feng J H, et al. 2010. The qSD12 underlying gene promotes abscisic acid accumulation in early developing seeds to induce primary dormancy in rice. Plant Molecular Biology, 73(1): 97-104.

Gubler F, Millar A A, Jacobsen J V. 2005. Dormancy release, ABA and pre-harvest sprouting. Current Opinion in Plant Biology, 8(2): 183-187.

Han F M, Zhu B G. 2011. Evolutionary analysis of three gibberellin oxidase genesin rice, *Arabidopsis*, and soybean. Gene, 473(1): 23-35.

Hanada K, Hase T, Toyoda T, et al. 2011. Origin and evolution of genes related to ABA metabolism and its signaling pathways. Journal of Plant Research, 124(4): 455-465.

Hauser F, Waadt R, Schroeder J I. 2011. Evolution of abscisic acid synthesis and signaling mechanisms. Current Biology, 21(9): R346-R355.

Hauvermale A L, Ariizumi T, Steber C M. 2012. Gibberellin signaling: a theme and variations on DELLA repression. Plant Physiology, 160(1): 83-92.

He J, Chen Q W, Xin P Y, et al. 2019. CYP72A enzymes catalyse 13-hydrolyzation of gibberellins. Nature Plants, 5(10): 1057-1065.

Hedden P. 2001. Gibberellin metabolism and its regulation. Journal of Plant Growth Regulation, 20(4): 317-318.

Hedden P. 2016. Gibberellin biosynthesis in higher plants. In: Hedden P, Thomas S G, eds. Annual Plant Reviews, 49: The Gibberellins. Oxford: John Wiley & Sons, Ltd, 37-72.

Hedden P, Phillips A L, Rojas M C, et al. 2001. Gibberellin biosynthesis in plants and fungi: a case of convergent evolution? Journal of Plant Growth Regulation, 20(4): 319-331.

Hedden P, Thomas S G. 2012. Gibberellin biosynthesis and its regulation. The Biochemical Journal, 444(1): 11-25.

Helliwell C A, Chandler P M, Poole A, et al. 2001a. The CYP88A cytochrome P450, ent-kaurenoic acid oxidase, catalyzes three steps of the gibberellin biosynthesis pathway. Proceedings of the National Academy of Sciences of the United States of America, 98(4): 2065-2070.

Helliwell C A, Sheldon C C, Olive M R, et al. 1998. Cloning of the *Arabidopsis ent*-kaurene oxidase gene *GA3*. Proceedings of the National Academy of Sciences of the United States of America, 95(15): 90199024.

Helliwell C A, Sullivan J A, Mould R M, et al. 2001b. A plastid envelope location of *Arabidopsis ent*-kaurene oxidase links the plastid and endoplasmic reticulum steps of the gibberellin biosynthesis pathway. The Plant Journal, 28(2): 201-208.

Heo J O, Chang K S, Kim I A, et al. 2011. Funneling of gibberellin signaling by the GRAS transcription regulator scarecrow-like 3 in the *Arabidopsis* root. Proceedings of the National Academy of Sciences of the United States of America, 108(5): 2166-2171.

Hirano K, Asano K, Tsuji H, et al. 2010. Characterization of the molecular mechanism underlying gibberellin perception complex formation in rice. The Plant Cell, 22(8): 2680-2696.

Hirano K, Kouketu E, Katoh H, et al. 2012. The suppressive function of the rice DELLA protein SLR1 is dependent on its transcriptional activation activity. The Plant Journal, 71(3): 443-453.

Hirano K, Ueguchi-Tanaka M, Matsuoka M. 2008. GID1-mediated gibberellin signaling in plants. Trends in Plant Science, 13(4): 192-199.

Hoang H H, Sechet J, Bailly C, et al. 2014. Inhibition of germination of dormant barley (*Hordeum vulgare* L.) grains by blue light as related to oxygen and hormonal regulation. Plant, Cell and Environment, 37(6): 1393-1403.

Holdsworth M J, Bentsink L, Soppe W J J. 2008. Molecular networks regulating *Arabidopsis* seed maturation, after-ripening, dormancy and germination. New Phytologist, 179(1): 33-54.

Hori K, Sugimoto K, Nonoue Y, et al. 2010. Detection of quantitative trait loci controlling pre-harvest sprouting resistance by using backcrossed populations of japonica rice cultivars. Theoretical and Applied Genetics, 120(8): 1547-1557.

Hou X L, Lee L Y C, Xia K F, et al. 2010. DELLAs modulate jasmonate signaling via competitive binding to JAZs. Developmental Cell, 19(6): 884-894.

Hussain A, Cao D N, Cheng H, et al. 2005. Identification of the conserved serine/threonine residues important for gibberellin-sensitivity of *Arabidopsis* RGL2 protein. The Plant Journal, 44(1): 88-99.

Ito T, Okada K, Fukazawa J, et al. 2018. DELLA-dependent and -independent gibberellin signaling. Plant Signaling and Behavior, 13(3): e1445933.

Itoh H, Shimada A, Ueguchi-Tanaka M, et al. 2005. Overexpression of a GRAS protein lacking the DELLA domain confers altered gibberellin responses in rice. The Plant Journal, 44(4): 669-679.

Itoh H, Ueguchi-Tanaka M, Sato Y, et al. 2002. The gibberellin signaling pathway is regulated by the appearance and disappearance of SLENDER RICE1 in nuclei. The Plant Cell, 14(1): 57-70.

Iuchi S, Suzuki H, Kim Y C, et al. 2007. Multiple loss-of-function of *Arabidopsis* gibberellin receptor AtGID1s completely shuts down a gibberellin signal. The Plant Journal, 50(6): 958-966.

Jacobsen S E, Olszewski N E. 1993. Mutations at the SPINDLY locus of *Arabidopsis* alter gibberellin signal transduction. The Plant Cell, 5(8): 887-896.

Jin S, Kanagaraj A, Verma D, et al. 2011. Release of hormones from conjugates: chloroplast expression of β-glucosidase results in elevated phytohormone levels associated with significant increase in biomass and protection from aphids or whiteflies conferred by sucrose esters. Plant Physiology, 155(1): 222-235.

Kanai M, Nishimura M, Hayashi M. 2010. A peroxisomal ABC transporter promotes seed germination by inducing pectin degradation under the control of ABI5. The Plant Journal, 62(6): 936-947.

Karssen C M, der Swan D L C B V, Breekland A E, et al. 1983. Induction of dormancy during seed development by endogenous abscisic acid: studies on abscisic acid deficient genotypes of *Arabidopsis thaliana* (L.) Heynh. Planta, 157(2): 158-165.

Kim W, Lee Y, Park J, et al. 2013. HONSU, a protein phosphatase 2C, regulates seed dormancy by inhibiting ABA signaling in *Arabidopsis*. Plant and Cell Physiology, 54(4): 555-572.

Kitahata N, Han S Y, Noji N, et al. 2006. A 9-*cis*-epoxycarotenoid dioxygenase inhibitor for use in the elucidation of abscisic acid action mechanisms. Bioorganic and Medicinal Chemistry, 14(16): 5555-5561.

Kitahata N, Saito S, Miyazawa Y, et al. 2005. Chemical regulation of abscisic acid catabolism in plants by cytochrome P450 inhibitors. Bioorganic and Medicinal Chemistry, 13(14): 4491-4498.

Kline K G, Barrett-Wilt G A, Sussman M R. 2010. In planta changes in protein phosphorylation induced by the plant hormone abscisic acid. Proceedings of the National Academy of Sciences of the United States of America, 107(36): 15986-15991.

Kong D D, Ju C L, Parihar A, et al. 2015. *Arabidopsis* glutamate receptor homolog3.5 modulates cytosolic Ca^{2+} level to counteract effect of abscisic acid in seed germination. Plant Physiology, 167(4): 1630-1642.

Koornneef M, Hanhart C J, Hilhorst H W et al. 1989. *In vivo* inhibition of seed development and reserve protein accumulation in recombinants of abscisic acid biosynthesis and responsiveness mutants in *Arabidopsis thaliana*. Plant Physiology, 90(2): 463-469.

Kucera B, Cohn M A, Leubner-Metzger G. 2005. Plant hormone interactions during seed dormancy release and germination. Seed Science Research, 15(4): 281-307.

Lee H G, Lee K, Seo P J. 2015a. The *Arabidopsis* MYB96 transcription factor plays a role in seed dormancy. Plant Molecular Biology, 87(4): 371-381.

Lee K, Lee H G, Yoon S, et al. 2015b. The *Arabidopsis* MYB96 transcription factor is a positive regulator of ABSCISIC ACID-INSENSITIVE4 in the control of seed germination. Plant Physiology, 168(2): 677-689.

Lee S, Cheng H, King K E, et al. 2002. Gibberellin regulates *Arabidopsis* seed germination via RGL2, a GAI/RGA-like gene whose expression is up-regulated following imbibition. Genes and Development, 16(5): 646-658.

Lee S J, Lee M H, Kim J I, et al. 2015c. *Arabidopsis* putative MAP kinase kinase kinases Raf10 and Raf11 are positive regulators of seed dormancy and ABA response. Plant and Cell Physiology, 56(1): 84-97.

Lefebvre V, North H, Frey A, et al. 2006. Functional analysis of *Arabidopsis NCED6* and *NCED9* genes indicates that ABA synthesiszed in the endosperm is involved in the induction of seed dormancy. The Plant Journal, 45(3): 309-319.

Linkies A, Leubner-Metzger G. 2012. Beyond gibberellins and abscisic acid: how ethylene and jasmonates control seed germination. Plant Cell Reports, 31(2): 253-270.

Liu H, Guo S, Lu M H, et al. 2019. Biosynthesis of DHGA12 and its roles in *Arabidopsis* seedling establishment. *Nature Communications*, 10: 1768.

Liu Y G, Shi L, Ye N H, et al. 2009. Nitric oxide-induced rapid decrease of abscisic acid concentration is required in breaking seed dormancy in *Arabidopsis*. New Phytologist, 183(4): 1030-1042.

Lo S F, Yang S Y, Chen K T, et al. 2008. A novel class of gibberellin 2-oxidases control semidwarfism, tillering, and root development in rice. The Plant Cell, 20(10): 2603-2618.

Lu B Y, Xie K, Yang C Y, et al. 2011. Mapping two major effect grain dormancy QTL in rice. Molecular Breeding, 28(4): 453-462.

Ma Y, Szostkiewicz I, Korte A, et al. 2009. Regulators of PP2C phosphatase activity function as abscisic acid sensors. Science, 324(5930): 1064-1068.

Magome H, Kamiya Y. 2016. Inactivation processes. In: Hedden P, Thomas S G, eds. Annual Plant Reviews, 49: The Gibberellins. Oxford: John Wiley & Sons, Ltd, 73-94.

Magome H, Nomura T, Hanada A, et al. 2013. *CYP714B1* and *CYP714B2* encode gibberellin 13-oxidases that reduce gibberellin activity in rice. Proceedings of the National Academy of Sciences of the United States of America, 110(5): 1947-1952.

Magome H, Yamaguchi S, Hanada A, et al. 2008. The DDF1 transcriptional activator upregulates expression of a gibberellin-deactivating gene, GA2ox7, under high-salinity stress in *Arabidopsis*. The Plant Journal, 56(4): 613-626.

Mao H J, Shen Q Q, Wang Q. 2017. CYP701A26 is characterized as an *ent*-kaurene oxidase with putative involvement in maize gibberellin biosynthesis. Biotechnology Letters, 39(11): 1709-1716.

Martin A C. 1946. The comparative internal morphology of seeds. American Midland Naturalist, 36(3): 513.

Martínez-Andújar C, Ordiz M I, Huang Z L, et al. 2011. Induction of 9-*cis*-epoxycarotenoid dioxygenase in *Arabidopsis thaliana* seeds enhances seed dormancy. Proceedings of the National Academy of Sciences of the United States of America, 108(41): 17225-17229.

Marzougui S, Sugimoto K, Yamanouchi U, et al. 2012. Mapping and characterization of seed dormancy QTLs using chromosome segment substitution lines in rice. Theoretical and Applied Genetics, 124(5): 893-902.

Matakiadis T, Alboresi A, Jikumaru Y, et al. 2009. The *Arabidopsis* abscisic acid catabolic gene CYP707A2 plays a key role in nitrate control of seed dormancy. Plant Physiology, 149(2): 949-960.

Matilla A J. 2020. Seed dormancy: molecular control of its induction and alleviation. Plants, 9(10): 1402.

Mehrnia M, Balazadeh S, Zanor M I, et al. 2013. EBE, an AP2/ERF transcription factor highly expressed in proliferating cells, affects shoot architecture in *Arabidopsis*. Plant Physiology, 162(2): 842-857.

Melcher K, Ng L M, Zhou X E, et al. 2009. A gate-latch-lock mechanism for hormone signalling by abscisic acid receptors. Nature, 462(7273): 602-608.

Mérigout P, Képès F, Perret A M, et al. 2002. Effects of brefeldin A and nordihydroguaiaretic acid on endomembrane dynamics and lipid synthesis in plant cells. FEBS Letters, 518(1/2/3): 88-92.

Millar A A, Jacobsen J V, Ross J J, et al. 2006. Seed dormancy and ABA metabolism in *Arabidopsis* and barley: the role of ABA 8'-hydroxylase. The Plant Journal: for Cell and Molecular Biology, 45(6): 942-954.

Müller K, Carstens A C, Linkies A, et al. 2009. The NADPH-oxidase AtrbohB plays a role in *Arabidopsis* seed after-ripening. New Phytologist, 184(4): 885-897.

Murase K, Hirano Y, Sun T P, et al. 2008. Gibberellin-induced DELLA recognition by the gibberellin receptor GID1. Nature, 456(7221): 459-463.

Nakajima M, Shimada A, Takashi Y, et al. 2006. Identification and characterization of *Arabidopsis* gibberellin receptors. The Plant Journal, 46(5): 880-889.

Nakamura S, Lynch T J, Finkelstein R R. 2001. Physical interactions between ABA response loci of *Arabidopsis*. The Plant Journal: for Cell and Molecular Biology, 26(6): 627-635.

Nakashima K, Fujita Y, Kanamori N, et al. 2009. Three *Arabidopsis* SnRK2 protein kinases, SRK2D/SnRK2.2, SRK2E/SnRK2.6/OST1 and SRK2I/SnRK2.3, involved in ABA signaling are essential for the control of seed development and dormancy. Plant and Cell Physiology, 50(7): 1345-1363.

Nambara E, Marion-Poll A. 2005. Abscisic acid biosynthesis and catabolism. Annual Review of Plant Biology, 56: 165-185.

Nelson S K, Steber C. 2016. Gibberellin hormone signal perception: down-regulating DELLA repressors of plant growth and development. In: Hedden P, Thomas S G, eds. Annual Plant Reviews, 49: The Gibberellins. Oxford: John Wiley & Sons, Ltd, 153-187.

Nikolaeva M G. 2001. Ecological and physiological aspects of seed dormancy and germination (review of investigations for the last century). Botanicheskii Zhurnal, 86: 1-14.

Nishimura N, Tsuchiya W, Moresco J J, et al. 2018. Control of seed dormancy and germination by DOG1-AHG1 PP2C phosphatase complex via binding to heme. Nature Communications, 9: 2132.

Nishimura N, Yoshida T, Kitahata N, et al. 2007. ABA-Hypersensitive Germination 1 encodes a protein phosphatase 2C, an essential component of abscisic acid signaling in *Arabidopsis* seed. The Plant Journal, 50(6): 935-949.

Niu S H, Yuan L, Zhang Y, et al. 2014. Isolation and expression profiles of gibberellin metabolism genes in developing male and female cones of *Pinus tabuliformis*. Functional and Integrative Genomics, 14(4): 697-705.

Nonogaki H. 2006. Seed germination - the biochemical and molecular mechanisms. Breeding Science, 56(2): 93-105.

Nonogaki H. 2014. Seed dormancy and germination-emerging mechanisms and new hypotheses. Frontiers in Plant Science, 5: 233.

Nonogaki H. 2017. Seed biology updates - highlights and new discoveries in seed dormancy and germination research. Frontiers in Plant Science, 8: 524.

Nonogaki H. 2019. Seed germination and dormancy: the classic story, new puzzles, and evolution. Journal of Integrative Plant Biology, 61: 541-563.

North H, Baud S, Debeaujon I, et al. 2010. *Arabidopsis* seed secrets unravelled after a decade of genetic and omics-driven research. The Plant Journal, 61(6): 971-981.

North H M, De Almeida A, Boutin J P, et al. 2007. The *Arabidopsis* ABA-deficient mutant *Aba4* demonstrates that the major route for stress-induced ABA accumulation is via neoxanthin isomers. The Plant Journal, 50(5): 810-824.

Obroucheva N V, Antipova O V. 1997. Physiology of the initiation of seed germination. Russian Journal of Plant Physiology, 44: 250-264.

Ogawa M, Hanada A, Yamauchi Y, et al. 2003. Gibberellin biosynthesis and response during *Arabidopsis* seed germination. The Plant Cell, 15(7): 1591-1604.

Ohkuma K, Lyon J L, Addicott F T, et al. 1963. Abscisin II, an abscission-accelerating substance from young cotton fruit. Science, 142(3599): 1592-1593.

Okamoto M, Kuwahara A, Seo M, et al. 2006. CYP707A1 and CYP707A2, which encode abscisic acid 8'-hydroxylases, are indispensable for a proper control of seed dormancy and germination in

Arabidopsis. Plant Physiology, 141(1): 97-107.

Okamoto M, Tanaka Y, Abrams S R, et al. 2009. High humidity induces abscisic acid 8'-hydroxylase in stomata and vasculature to regulate local and systemic abscisic acid responses in *Arabidopsis*. Plant Physiology, 149(2): 825-834.

Park S Y, Fung P, Nishimura N, et al. 2009. Abscisic acid inhibits type 2C protein phosphatases via the PYR/PYL family of START proteins. Science, 324(5930): 1068-1071.

Piskurewicz U, Jikumaru Y, Kinoshita N, et al. 2008. The gibberellic acid signaling repressor RGL2 inhibits *Arabidopsis* seed germination by stimulating abscisic acid synthesis and ABI5 activity. The Plant Cell, 20(10): 2729-2745.

Plackett A R G, Thomas S G, Wilson Z A, et al. 2011. Gibberellin control of stamen development: a fertile field. Trends in Plant Science, 16: 568-578.

Preston J, Tatematsu K, Kanno Y, et al. 2009. Temporal expression patterns of hormone metabolism genes during imbibition of *Arabidopsis thaliana* seeds: a comparative study on dormant and non-dormant accessions. Plant and Cell Physiology, 50(10): 1786-1800.

Rademacher W. 2000. GROWTH RETARDANTS: effects on gibberellin biosynthesis and other metabolic pathways. Annual Review of Plant Physiology and Plant Molecular Biology, 51: 501-531.

Regnault T, Davière J M, Heintz D, et al. 2014. The gibberellin biosynthetic genes *AtKAO1* and *AtKAO2* have overlapping roles throughout *Arabidopsis* development. The Plant Journal, 80(3): 462-474.

Richter R, Behringer C, Zourelidou M, et al. 2013. Convergence of auxin and gibberellin signaling on the regulation of the GATA transcription factors GNC and GNL in *Arabidopsis thaliana*. Proceedings of the National Academy of Sciences of the United States of America, 110(32): 13192-13197.

Rieu I, Eriksson S, Powers S J, et al. 2008. Genetic analysis reveals that C19-GA 2-oxidation is a major gibberellin inactivation pathway in *Arabidopsis*. The Plant Cell, 20(9): 2420-2436.

Saito S, Hirai N, Matsumoto C, et al. 2004. *Arabidopsis* CYP707As encode (+)-abscisic acid 8'-hydroxylase, a key enzyme in the oxidative catabolism of abscisic acid. Plant Physiology, 134(4): 1439-1449.

Saito S, Okamoto M, Shinoda S, et al. 2006. A plant growth retardant, uniconazole, is a potent inhibitor of ABA catabolism in *Arabidopsis*. Bioscience, Biotechnology, and Biochemistry, 70(7): 1731-1739.

Sajeev N, Koornneef M, Bentsink L. 2024. A commitment for life: decades of unraveling the molecular mechanisms behind seed dormancy and germination. The Plant Cell, 36: 1358-1376.

Sakamoto T, Miura K, Itoh H, et al. 2004. An overview of gibberellin metabolism enzyme genes and their related mutants in rice. Plant Physiology, 134(4): 1642-1653.

Sakamoto T, Morinaka Y, Ishiyama K, et al. 2003. Genetic manipulation of gibberellin metabolism in transgenic rice. Nature Biotechnology, 21(8): 909-913.

Salazar-Cerezo S, Martínez-Montiel N, García-Sánchez J, et al. 2018. Gibberellin biosynthesis and metabolism: a convergent route for plants, fungi and bacteria. Microbiological Research, 208: 85-98.

Sánchez-Montesino R, Bouza-Morcillo L, Marquez J, et al. 2019. A regulatory module controlling GA-mediated endosperm cell expansion is critical for seed germination in *Arabidopsis*. Molecular Plant, 12(1): 71-85.

Sang T, Ge S. 2007. Genetics and phylogenetics of rice domestication. Current Opinion in Genetics and Development, 17(6): 533-538.

Sang T, Ge S. 2013. Understanding rice domestication and implications for cultivar improvement. Current Opinion in Plant Biology, 16(2): 139-146.

Santiago J, Dupeux F, Round A, et al. 2009. The abscisic acid receptor PYR1 in complex with abscisic acid. Nature, 462(7273): 665-668.

Sarnowska E A, Rolicka A T, Bucior E, et al. 2013. DELLA-interacting SWI3C core subunit of switch/sucrose nonfermenting chromatin remodeling complex modulates gibberellin responses and hormonal cross talk in *Arabidopsis*. Plant Physiology, 163(1): 305-317.

Sasaki A, Itoh H, Gomi K, et al. 2003. Accumulation of phosphorylated repressor for gibberellin signaling in an F-box mutant. Science, 299(5614): 1896-1898.

Sasaki K, Kazama Y, Chae Y, et al. 2013. Confirmation of novel quantitative trait loci for seed dormancy at different ripening stages in rice. Rice Science, 20(3): 207-212.

Sato T, Miyanoiri Y, Takeda M, et al. 2014. Expression and purification of a GRAS domain of SLR1, the rice DELLA protein. Protein Expression and Purification, 95: 248-258.

Schneider G, Schliemann W. 1994. Gibberellin conjugates: an overview. Plant Growth Regulation, 15(3): 247-260.

Seo M, Hanada A, Kuwahara A, et al. 2006. Regulation of hormone metabolism in *Arabidopsis* seeds: phytochrome regulation of abscisic acid metabolism and abscisic acid regulation of gibberellin metabolism. The Plant Journal, 48(3): 354-366.

Seo P J, Xiang F N, Qiao M, et al. 2009. The MYB96 transcription factor mediates abscisic acid signaling during drought stress response in *Arabidopsis*. Plant Physiology, 151(1): 275-289.

Shimada A, Ueguchi-Tanaka M, Nakatsu T, et al. 2008. Structural basis for gibberellin recognition by its receptor GID1. Nature, 456(7221): 520-523.

Shu K, Liu X D, Xie Q, et al. 2016. Two faces of one seed: hormonal regulation of dormancy and germination. Molecular Plant, 9(1): 34-45.

Shu K, Zhang H W, Wang S F, et al. 2013. ABI4 regulates primary seed dormancy by regulating the biogenesis of abscisic acid and gibberellins in *Arabidopsis*. PLoS Genetics, 9(6): e1003577.

Sohn S I, Pandian S, Kumar T S, et al. 2021. Seed dormancy and pre-harvest sprouting in rice - an updated overview. International Journal of Molecular Sciences, 22(21): 11804.

Song B Y, Shi J X, Song S Q. 2015. Dormancy release and germination of *Echinochloa crus*-grains in relation to galactomannan-hydrolysing enzyme activity. Journal of Integrative Agriculture, 14(8): 1627-1636.

Soon F F, Ng L M, Zhou X E, et al. 2012. Molecular mimicry regulates ABA signaling by SnRK2 kinases and PP2C phosphatases. Science, 335(6064): 85-88.

Sponsel V M, Hedden P. 2010. Gibberellin biosynthesis and inactivation.//Davies P J. Plant Hormones. Dordrecht: Springer, 63-94.

Sugimoto K, Takeuchi Y, Ebana K, et al. 2010. Molecular cloning of Sdr4, a regulator involved in seed dormancy and domestication of rice. Proceedings of the National Academy of Sciences of the United States of America, 107(13): 5792-5797.

Sun T P. 2008. Gibberellin metabolism, perception and signaling pathways in *Arabidopsis*. The Arabidopsis Book, 6: e0103.

Suzuki H, Park S H, Okubo K, et al. 2009. Differential expression and affinities of *Arabidopsis* gibberellin receptors can explain variation in phenotypes of multiple knock-out mutants. The Plant Journal, 60(1): 48-55.

Takeuchi J, Okamoto M, Mega R, et al. 2016. Abscinazole-E3M, a practical inhibitor of abscisic acid 8'-hydroxylase for improving drought tolerance. Scientific Reports, 6: 37060.

Takeuchi Y, Lin S Y, Sasaki T, et al. 2003. Fine linkage mapping enables dissection of closely linked quantitative trait loci for seed dormancy and heading in rice. Theoretical and Applied Genetics, 107(7): 1174-1180.

Takhtajan A L. 1980. Outline of the classification of flowering plants (magnoliophyta). The Botanical Review, 46(3): 225-359.

Tan B C, Joseph L M, Deng W T, et al. 2003. Molecular characterization of the *Arabidopsis* 9-*cis* epoxycarotenoid dioxygenase gene family. The Plant Journal, 35(1): 44-56.

Thomas S G, Blázquez M, Alabadí D. 2016. Della protein: master regulators of gibberellin-responsive growth and development. In: Hedden P, Thomas S G, eds. Annual Plant Reviews, 49: The Gibberellins. Oxford: John Wiley & Sons, Ltd, 189-228.

Thomas S G, Phillips A L, Hedden P. 1999. Molecular cloning and functional expression of gibberellin 2-oxidases, multifunctional enzymes involved in gibberellin deactivation. Proceedings of the National Academy of Sciences of the United States of America, 96(8): 4698-4703.

Tischer S V, Wunschel C, Papacek M, et al. 2017. Combinatorial interaction network of abscisic acid receptors and coreceptors from *Arabidopsis thaliana*. Proceedings of the National Academy of Sciences of the United States of America, 114(38): 10280-10285.

Toh S, Imamura A, Watanabe A, et al. 2008. High temperature-induced abscisic acid biosynthesis and its role in the inhibition of gibberellin action in *Arabidopsis* seeds. Plant Physiology, 146(3): 1368-1385.

Ueguchi-Tanaka M, Ashikari M, Nakajima M, et al. 2005. *GIBBERELLIN INSENSITIVE DWARF1* encodes a soluble receptor for gibberellin. Nature, 437(7059): 693-698.

Ueguchi-Tanaka M, Hirano K, Hasegawa Y, et al. 2008. Release of the repressive activity of rice DELLA protein SLR1 by gibberellin does not require SLR1 degradation in the *gid2* mutant. The Plant Cell, 20(9): 2437-2446.

Ueguchi-Tanaka M, Matsuoka M. 2010. The perception of gibberellins: clues from receptor structure. Current Opinion in Plant Biology, 13(5): 503-508.

Ueguchi-Tanaka M, Nakajima M, Katoh E, et al. 2007. Molecular interactions of a soluble gibberellin receptor, GID1, with a rice DELLA protein, SLR1, and gibberellin. The Plant Cell, 19(7): 2140-2155.

Umezawa T, Sugiyama N, Mizoguchi M, et al. 2009. Type 2C protein phosphatases directly regulate abscisic acid-activated protein kinases in *Arabidopsis*. Proceedings of the National Academy of Sciences of the United States of America, 106(41): 17588-17593.

Umezawa T, Sugiyama N, Takahashi F, et al. 2013. Genetics and phosphoproteomics reveal a protein phosphorylation network in the abscisic acid signaling pathway in *Arabidopsis thaliana*. Science Signaling, 6(270): rs8.

Urbanova T, Leubner-Metzger G. 2016. Gibberellin and seed germination. In: Hedden P, Thomas S G, eds. Annual Plant Reviews, 49: The Gibberellins. Oxford: John Wiley & Sons, Ltd, 253-284.

Vaistij F E, Gan Y B, Penfield S, et al. 2013. Differential control of seed primary dormancy in *Arabidopsis* ecotypes by the transcription factor SPATULA. Proceedings of the National Academy of Sciences of the United States of America, 110(26): 10866-10871.

Varbanova M, Yamaguchi S, Yang Y, et al. 2007. Methylation of gibberellins by *Arabidopsis* GAMT1 and GAMT2. The Plant Cell, 19(1): 32-45.

Veasey E A, Karasawa M G, Santos P P, et al. 2004. Variation in the loss of seed dormancy during after-ripening of wild and cultivated rice species. Annals of Botany, 94(6): 875-882.

Voegele A, Linkies A, Müller K, et al. 2011. Members of the gibberellin receptor gene family *GID1* (*GIBBERELLIN INSENSITIVE* DWARF1) play distinct roles during *Lepidium sativum* and *Arabidopsis thaliana* seed germination. Journal of Experimental Botany, 62(14): 5131-5147.

Wan J, Nakazaki T, Kawaura K, et al. 1997. Identification of marker loci for seed dormancy in rice (*Oryza sativa* L.). Crop Science, 37(6): 1759-1763.

Wan J M, Cao Y J, Wang C M, et al. 2005. Quantitative trait loci associated with seed dormancy in rice. Crop Science, 45(2): 712-716.

Wan J M, Jiang L, Tang J Y, et al. 2006. Genetic dissection of the seed dormancy trait in cultivated rice (*Oryza sativa* L.). Plant Science, 170(4): 786-792.

Wang F, Deng X W. 2011. Plant ubiquitin-proteasome pathway and its role in gibberellin signaling. Cell Research, 21(9): 1286-1294.

Wang F, Zhu D M, Huang X, et al. 2009. Biochemical insights on degradation of *Arabidopsis* DELLA proteins gained from a cell-free assay system. The Plant Cell, 21(8): 2378-2390.

Wang L, Cheng J P, Lai Y Y, et al. 2014. Identification of QTLs with additive, epistatic and QTL × development interaction effects for seed dormancy in rice. Planta, 239(2): 411-420.

Wang P C, Xue L, Batelli G, et al. 2013. Quantitative phosphoproteomics identifies SnRK2 protein kinase substrates and reveals the effectors of abscisic acid action. Proceedings of the National Academy of Sciences of the United States of America, 110(27): 11205-11210.

Wang Y G, Fu F L, Yu H Q, et al. 2018. Interaction network of core ABA signaling components in maize. Plant Molecular Biology, 96(3): 245-263.

Weng J K, Ye M L, Li B, et al. 2016. Co-evolution of hormone metabolism and signaling networks expands plant adaptive plasticity. Cell, 166(4): 881-893.

Willige B C, Ghosh S, Nill C, et al. 2007. The DELLA domain of *GA INSENSITIVE* mediates the interaction with the *GA INSENSITIVE DWARF1A* gibberellin receptor of *Arabidopsis*. The Plant Cell, 19(4): 1209-1220.

Wind J J, Peviani A, Snel B, et al. 2013. ABI4: versatile activator and repressor. Trends in Plant Science, 18(3): 125-132.

Wu Q, Zhang X, Peirats-Llobet M, et al. 2016. Ubiquitin ligases RGLG1 and RGLG5 regulate abscisic acid signaling by controlling the turnover of phosphatase PP2CA. The Plant Cell, 28(9): 2178-2196.

Xie K, Jiang L, Lu B Y, et al. 2011. Identification of QTLs for seed dormancy in rice (*Oryza sativa* L.). Plant Breeding, 130: 328-332.

Xu H H, Liu S J, Song S H, et al. 2016a. Proteome changes associated with dormancy release of Dongxiang wild rice seeds. Journal of Plant Physiology, 206: 68-86.

Xu H H, Liu S J, Song S H, et al. 2016b. Proteomics analysis reveals distinct involvement of embryo and endosperm proteins during seed germination in dormant and non-dormant rice seeds. Plant Physiology and Biochemistry, 103: 219-242.

Yaish M W, El-Kereamy A, Zhu T, et al. 2010. The APETALA-2-like transcription factor OsAP2-39 controls key interactions between abscisic acid and gibberellin in rice. PLoS Genetics, 6(9): e1001098.

Yamagishi K, Tatematsu K, Yano R, et al. 2009. CHOTTO1, a double AP2 domain protein of *Arabidopsis thaliana*, regulates germination and seedling growth under excess supply of glucose and nitrate. Plant and Cell Physiology, 50(2): 330-340.

Yamaguchi S, Kamiya Y, Nambara E. 2007. Regulation of ABA and GA levels during seed development and germination in *Arabidopsis*.//Seed Development, Dormancy and Germination. Oxford, UK: Blackwell Publishing Ltd: 224-247.

Yamaguchi S, Smith M W, Brown R G, et al. 1998. Phytochrome regulation and differential expression of gibberellin 3β-hydroxylase genes in germinating *Arabidopsis* seeds. The Plant Cell, 10(12): 2115-2126.

Yamaguchi S. 2008. Gibberellin metabolism and its regulation. Annual Review of Plant Biology, 59: 225-251.

Yamamoto Y, Hirai T, Yamamoto E, et al. 2010. A rice *gid1* suppressor mutant reveals that gibberellin is not always required for interaction between its receptor, GID1, and DELLA proteins. The Plant Cell, 22(11): 3589-3602.

Yano K, Aya K, Hirano K, et al. 2015. Comprehensive gene expression analysis of rice aleurone cells: probing the existence of an alternative gibberellin receptor. Plant Physiology, 167(2): 531-544.

Yano R, Kanno Y, Jikumaru Y, et al. 2009. CHO1, a putative double APETALA2 repeat transcription factor, is involved in abscisic acid-mediated repression of gibberellin biosynthesis during seed germination in *Arabidopsis*. Plant Physiology, 151(2): 641-654.

Ye H, Feng J H, Zhang L H, et al. 2015. Map-based cloning of seed Dormancy qSD1-2 identified a gibberellin synthesis gene regulating the development of endosperm-imposed dormancy in rice. Plant Physiology, 169(3): 2152-2165.

Ye H, Foley M E, Gu X Y. 2010. New seed dormancy loci detected from weedy rice-derived advanced populations with major QTL alleles removed from the background. Plant Science, 179(6): 612-619.

Yin P, Fan H, Hao Q, et al. 2009. Structural insights into the mechanism of abscisic acid signaling by PYL proteins. Nature Structural and Molecular Biology, 16(12): 1230-1236.

Yu F F, Wu Y R, Xie Q. 2016. Ubiquitin-proteasome system in ABA signaling: from perception to action. Molecular Plant, 9(1): 21-33.

Zhang Y Q, Liu Z J, Wang L G, et al. 2010. Sucrose-induced hypocotyl elongation of *Arabidopsis* seedlings in darkness depends on the presence of gibberellins. Journal of Plant Physiology, 167(14): 1130-1136.

Zhang Y Y, Zhang B C, Yan D et al. 2011b. Two *Arabidopsis* cytochrome P450 monooxygenases, CYP714A1 and CYP714A2, function redundantly in plant development through gibberellin deactivation. The Plant Journal, 67(2): 342-353.

Zhang Z L, Ogawa M, Fleet C M, et al. 2011a. Scarecrow-like 3 promotes gibberellin signaling by antagonizing master growth repressor DELLA in *Arabidopsis*. Proceedings of the National Academy of Sciences of the United States of America, 108(5): 2160-2165.

Zhao J F, Zhao L L, Zhang M, et al. 2017. *Arabidopsis* E3 ubiquitin ligases PUB22 and PUB23 negatively regulate drought tolerance by targeting ABA receptor PYL9 for degradation. International Journal of Molecular Sciences, 18(9): 1841.

Zhou S F, Sun L, Valdés A E, et al. 2015a. Membrane-associated transcription factor peptidase, site-2 protease, antagonizes ABA signaling in *Arabidopsis*. New Phytologist, 208(1): 188-197.

Zhou X N, Hao H M, Zhang Y G, et al. 2015b. SOS2-LIKE PROTEIN KINASE5, an SNF1-RELATED PROTEIN KINASE3-type protein kinase, is important for abscisic acid responses in *Arabidopsis* through phosphorylation of ABSCISIC ACID-INSENSITIVE 5. Plant Physiology, 168(2): 659-676.

Zhu Y Y, Nomura T, Xu Y H, et al. 2006. ELONGATED UPPERMOST INTERNODE encodes a cytochrome P450 monooxygenase that epoxidizes gibberellins in a novel deactivation reaction in rice. The Plant Cell, 18(2): 442-456.

第七章　种子休眠与萌发的环境控制

休眠的生物学意义在于保证种子在适宜的季节和地点准确地出苗。季节性休眠解除因子，例如低温和后熟之间的相互作用，土壤中的种子对休眠打破因子光照和硝酸盐的敏感性，以及与充足的氧气和水分结合共同决定种子是否在特定的位置和季节萌发。因此，萌发和休眠的机制对于确保种子在最有利的时间和地点出苗具有重要的适应性意义。

种子的休眠机制与当前的和累积的环境条件相互作用决定了种子库中的种子在给定的时间内是否萌发以及萌发的比例（邓志军等, 2019; Bewley et al., 2013; Baskin and Baskin, 2014）（图 7-1）。天气和土壤的物理特性建立了种子能感知的小气候（microclimate）。干种子和湿种子具有不同的减轻休眠的机制，如后熟或低温。一旦种子对微环境信息做出反应减轻了休眠，对当前环境因素（特别是水分、温度、光照和营养）的敏感性决定了非休眠种子的萌发速率和萌发程度。种子萌发后，由于物理因素（土壤结块、深埋）或者捕食或者病害，幼苗可能无法成苗或存活。所有这些因素构成了一个环境信号和生物反应的相互作用网络（图 7-1）。下面讨论这些不同的因素及其相互作用与种子休眠和萌发的关系。

第一节　水　　分

种子萌发所需的最基本的环境因子是水分。种子从周围环境中吸收水分，土壤中的水势（ψ）决定了种子能达到的最大 ψ。在干燥环境中，种子可能主要以干燥状态存在，但在降雨后有可利用的水份时，种子迅速吸胀和并萌发。在潮湿区域，种子大部分以水合状态存在，是休眠机制而不是水分阻止了种子的不适时萌发。

一、萌发的水合时间模型

水分的可用性（或者 ψ）不但影响种子的萌发率，还影响群体中种子萌发的比例。如果 ψ 太低（例如–1.2 MPa），则萌发被阻止。在较高的 ψ 下，萌发速率和萌发率以一种典型的方式增加（图 7-2A）。种子萌发的水分关系能够用水合时

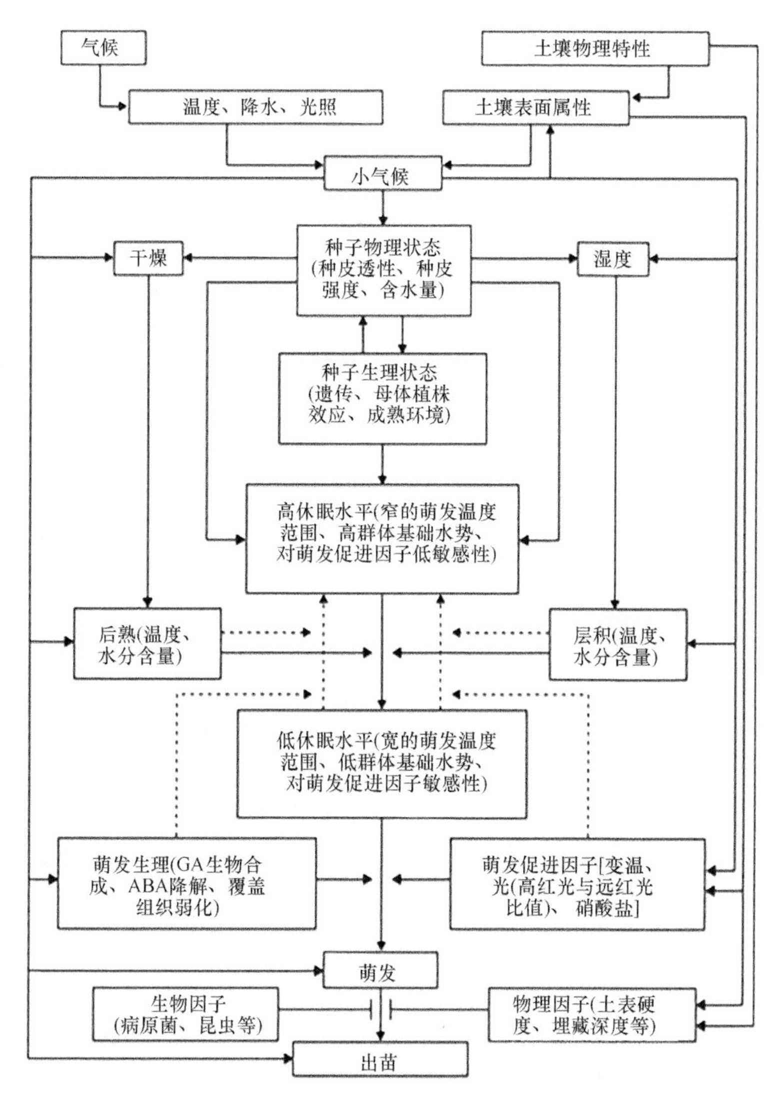

图 7-1　与种子休眠和萌发的环境控制有关的物理和生物因子（引自 Bewley et al., 2013）

天气、土壤的物理特性和土壤表面属性（如凋落物层的存在或者缺乏、地形）决定了种子区域的小气候。小气候主要通过含水量和温度控制种子的休眠状态与萌发。种子的物理属性，例如种皮的透性，可以减轻这些小气候的影响。种子的生理状态，包括其遗传背景以及发育和成熟过程中的母体和环境效应影响初始的休眠水平。打破休眠的过程在干种子（后熟）和吸胀种子（例如低温或者层积）中发生。高休眠水平（无论是初生休眠还是次生休眠）与允许萌发的狭窄热范围、相对高的（更正的）群体基础水势以及对萌发刺激因子的低敏感性有关。相反，低休眠水平与允许萌发的较宽的温度范围、较低的（更负的）群体基础水势以及对萌发刺激因子的敏感性增加有关。在对环境信息的反应中，种子能够通过次生休眠的产生和释放在浅休眠和深休眠状态之间来回转变。即使处于浅休眠状态的种子，其萌发仍然可能依赖于光照、硝酸盐或者变温等因素的刺激。在萌发后，额外的生物和非生物胁迫可能使从土壤中成功出土的幼苗数量减少。→表示环境因子和种子休眠状态之间的相互作用。⊣表示抑制性相互作用。┈►表示当环境条件不利于休眠打破或萌发时，种子能够恢复到较高的休眠水平（次生休眠）

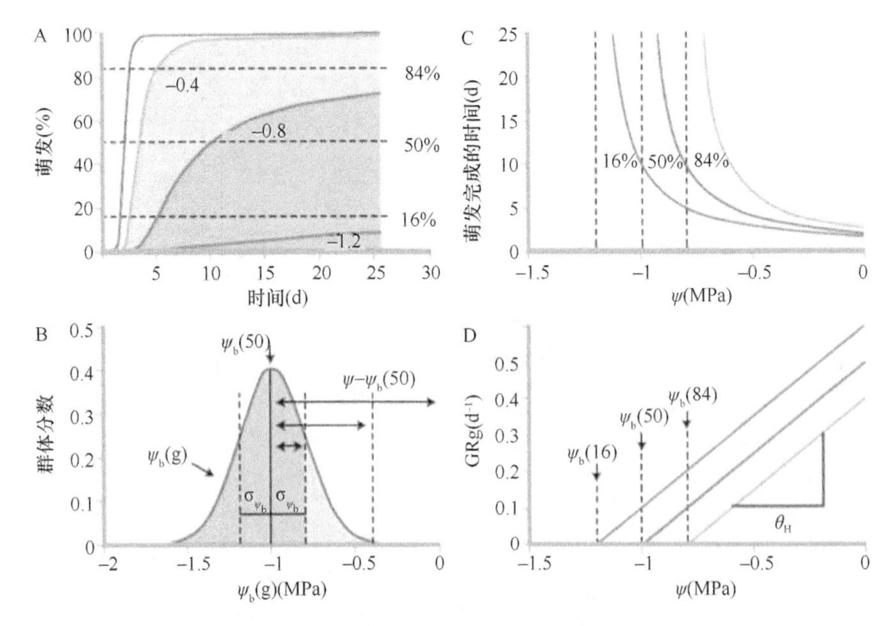

图 7-2　种子萌发模式与水分可用性的关系（引自 Bewley et al., 2013）

A：在 0、–0.4 MPa、–0.8 MPa 或者–1.2 MPa 中吸胀的种子的萌发时间进程，根据水合时间模型，$\theta_H = 2$ MPa·d，$\psi_b(50) = -1.0$ MPa，$\sigma_{\psi_b} = 0.2$ MPa，所有的参数均为非休眠种子的合理值。彩色区域参见图 B，水平虚线表示 84%、50%和 16%的萌发率；这些值代表平均值周围±1 σ_{ψ_b}。B：种子群体阈水势的 $\psi_b(g)$分布。正态分布用钟形曲线表示，它对应于群体中的种子组分，用 $\psi_b(g)$值表示。中位数（$\psi_b(50)$）两边的一个标准差（σ_{ψ_b}）被表明。双向箭头表示的不同 ψ 值代表种子 ψ 和 $\psi_b(50)$之间的差异。在 0 和–0.4 MPa，基本上所有的种子将完成萌发。在–0.8～–0.4 MPa（橙色区域），群体的一部分不能萌发，因为 ψ 低于它们各自的阈值。这一现象用图 A 中橙色阴影区域的萌发百分数降低（和较慢的萌发速率）表示。同样，将 ψ 降低到–1.2 MPa 会阻止群体中 84%的种子萌发（图 A 中的紫色区域），当 ψ 接近它们的 ψ_b 时（图 A 中的绿色区域）剩下的 16%的种子萌发缓慢。C：在不同 ψ 中吸胀的种子群体的不同组分的萌发时间。在高 ψ 下，种子的萌发时间类似；但当 ψ 降低时，萌发时间增加。当 ψ 接近给定种子组分的 ψ_b 时，萌发时间迅速增加，并逐渐靠近 ψ_b 线（垂直虚线）。D：图 C 中曲线的萌发速率（GR_g）或者 $1/t_g$。绘制 t_g 对 ψ 的倒数获得斜率为 $1/\theta_H$ 的直线以及特定萌发组分的 ψ_b 值在 x 轴上的截距。对于所选择的组分，截距因 σ_{ψ_b} 值而不同

间模型（hydrotime model）来描述，这个模型可描述种子响应环境 ψ 发生的萌发模式。它基于这样一个概念，即萌发完成的时间与种子 ψ 和胚根出现的水势阈值（water potential threshold）[也称为基础水势（base water potential, ψ_b）]之间的差值成比例。ψ_b 是给定种子萌发的最小 ψ，从吸胀开始到萌发完成的时间随着种子 ψ 超过这个阈值 ψ_b 的大小成比例变化。此外，群体中单个种子的 ψ_b 值不同，群体中 ψ_b 值最低（最负）的种子萌发最快，其次是 ψ_b 值增加的种子。种子群体中 ψ_b 值通常呈正态分布（normal distribution）或者高斯分布（Gaussian distribution），可以用中位数（median, $\psi_b(50)$）和标准差（standard deviation, σ_{ψ_b}）来定义（图 7-2B），但其他分布形式也是可能的，这取决于种子群体的特征。例如，种子库可能由不同年份生产的种子组成，这些种子经历了不同的后熟或打破休眠的状态，从而产生了具有不同休眠特征的多个亚群体（subpopulation），不同亚群体在整个群体中

的相对比例可能使分布曲线向更高或者更低的 ψ_b 值偏斜。

下面的等式描述了水合时间模型：

$$\theta_H = (\psi - \psi_b(g))t_g \quad (7.1)$$

式中，θ_H 是水合时间常数（MPa·d 或者 MPa·h）；ψ 是种子水势；$\psi_b(g)$是特定萌发组分 g 的基础水势或者阈水势；t_g 是群体中组分 g 的胚根伸出的时间。水合时间模型提出，θ_H 对于给定的种子群体是一个常数，表明当 ψ 和 $\psi_b(g)$之间的差值被减小和接近于零时，t_g 必须成比例地增加。如图 7-2C 中第 16、第 50 和第 84 萌发组分所示，这些组分被选择是因为它们代表了 $\psi_b(g)$分布的中位数（50%）以及一个低于和高于中位数的标准差（图 7-2B）。在正态分布中，中位数两边的一个标准差包含了整个群体的 16%～84%。这些种子群体组分的萌发时间与 ψ 的关系说明了水合时间模型的阈性质，当 ψ 较高时，所有种子具有类似的萌发时间，但当 ψ 降低时，萌发时间急剧增加。由于它们的阈（$\psi_b(g)$）值不同（图 7-2B），萌发时间增加的 ψ 在不同组分之间显著变化。这与萌发时间进程中的偏斜（skewness）相对应（图 7-2A），其中萌发较慢的种子受 ψ 降低的影响更大。因此，在对 ψ 变化的反应中，水合时间模型同时考虑了种子群体的萌发时间和最终萌发率。

$\psi_b(g)$分布与萌发时间的关系由 ψ 与 $\psi_b(g)$之间的差值决定。如果考虑具有 $\psi_b(50)$ 阈值的群体的中位数种子，那么阈值和实际 ψ 之间的差异如图 7-2B 中的箭头所示。当 ψ 从 0 降低到–0.4MPa 到–0.8 MPa 时，$\psi-\psi_b(50)$的值也减少，根据式（7.1），萌发时间 t_g 必须成比例地增加。当 $\psi = \psi_b(50)$时，则组分的 t_g 等于无穷大，即在此 ψ 下萌发不能完成。对于图 7-2B 中的例子，$\psi_b(50) = -1$ MPa，标准差（σ_{ψ_b}）为 0.2 MPa。因此，在–0.8 MPa 时，预期最终的萌发率为 84%；在–1.2 MPa 时，萌发率为 16%。如图 7-2A 所示，各自的萌发时间进程接近图中所示百分比，但渐近线达到该值需要很长的时间（约 350 d），因为当 $\psi - \psi_b(g)$变得非常小时，萌发时间显著增加（图 7-2C）。

为了解释 ψ 与萌发率（GR）之间的关系或者组分 g 胚根出现时间的倒数（$GR_g = 1/t_g$），式（7.1）可改为下式。

$$GR_g = 1/t_g = (\psi - \psi_b(g)) / \theta_H \quad (7.2)$$

因此，GR_g 与 ψ 的曲线图给出了共同斜率为 $1/\theta_H$ 的直线，以及在 ψ 轴上的截距（等于 $\psi_b(g)$）（图 7-2D）。这是一种确定特定萌发组分的 θ_H 和 $\psi_b(g)$值的方法。一种更方便的方法是利用回归模型（regression model）来拟合不同 ψ 下的原始萌发时间进程，从而确定 θ_H、$\psi_b(50)$和 σ_{ψ_b} 的值。另一种称为“虚拟渗透势（virtual osmotic potential）”模型的方法也具有 $\psi_b(g)$的群体分布概念，该模型假设萌发进程中由于渗透性溶质的积累增加了胚的生长势，或者在吸胀后随着时间进程周围组织的抑制作用减弱。

二、干藏对种子休眠与萌发的作用

干藏（dry storage），通常也称为后熟（after-ripening），是指新鲜收获的成熟种子在室温下干燥储藏一段时期，常常是几个月。后熟的作用包括：①种子的萌发温度范围变宽；②ABA 含量和敏感性降低，GA 敏感性增加或者对 GA 的需求丧失；③在黑暗中不萌发的种子对光的需要丧失；④增加种子对光的敏感性；⑤对硝酸盐的需要丧失；⑥增加萌发速率（Finch-Savage and Leubner-Metzger, 2006）。后熟能够解除许多物种的种子休眠，完成后熟所需要的时间与种子的休眠类型和休眠程度密切相关（Finch-Savage and Leubner-Metzger, 2006）。Veasey 等（2004）观察到，野生稻（*Oryza rufipogon* 和 *O. glumaepatula*）种子表现出明显的休眠，这种休眠能够通过后熟解除。

杜文丽（2015）研究了后熟处理解除水稻种子（*Oryza sativa* subsp. *japonica* 'Jiucaiqing'）休眠的机理及休眠性相关的 QTL 定位。研究表明，与未后熟处理的对照相比，后熟处理能显著提高种子的萌发率和成苗率。种子在后熟处理 1 个月后的萌发率和成苗率分别达到 95%和 85%，而对照的萌发率和成苗率分别低于 45%和 20%；比较而言，水稻种子后熟处理 3 个月是水稻种子解除休眠的最适时间。后熟处理解除种子休眠的主要原因是后熟处理的种子在吸胀过程中 ABA 含量迅速下降，而 GA、IAA 含量逐步上升。在种子吸胀过程中，与新鲜种子相比，后熟处理 3 个月的种子中 GA_1/ABA、GA_7/ABA、GA_{12}/ABA、GA_{20}/ABA 和 IAA/ABA 比率显著提高，而 GA/IAA 比率显著降低。上述激素的变化引起种子萌发过程中 α-淀粉酶活性变化，后熟种子中 α-淀粉酶活性出现峰值的时间早于未处理的对照种子。进一步研究表明，种子后熟处理引起种子吸胀过程中 ABA、GA 和 IAA 代谢基因和休眠相关基因的表达发生变化，特别是在种子后熟 3 个月后 *OsCYP707A5*、*OsGA2ox1*、*OsGA2ox2*、*OsGA2ox3*、*OsILR1*、*OsGH3-2*、*qLTG3-1* 和 *OsVP1* 的表达显著上调，而 *Sdr4* 的表达显著下调。此外，种子后熟可能是通过 *qLTG3-1* 基因表达弱化了覆盖种胚上的组织细胞，同时通过 *Sdr4* 和 *OsVP1* 的作用降低了种子对ABA信号和ABA含量的敏感性，从而达到解除种子休眠的目的。

利用韭菜青/IR26 构建的重组自交系（recombinant inbred line, RIL）群体检测到 3 个种子休眠 QTL——qSD4.1、qSD9.1、qSD9.2，分别位于水稻第 4、9 号染色体上，贡献率分别为 28.3%、30.6%和 20.6%。进一步以韭菜青为供体亲本、IR26 为轮回亲本构建的高世代染色体片段置换系（chromosome segment substitution line, CSSL）群体，定位和验证种子休眠 QTL。根据两年 CSSL 萌发率表型结果，从中筛选出萌发率最高的 2 个 CSSL 家系 CSSL36 和 CSSL38，其萌发率显著高于轮回亲本 IR26，表现为弱休眠性，这表明导入的韭菜青染色体片段能降低种子休眠性。分析 CSSL36 和 CSSL38 家系基因型，在水稻第 3、8、9 号染色体上共发现 3 个种子休眠位点（qSD3.1、qSD8.1、qSD9.2）。其中，qSD9.2 同时在 RIL 群体和 CSSL 群体中被鉴定到，可能是一个来源于籼稻 IR26 增强休眠性的稳定存在的主效位点（杜文丽, 2015）。

Manz 等（2005）表明，后熟作用与种子的含水量密切相关。种子的含水量较低时，后熟作用被阻止；后熟作用需要种子的含水量超过某个阈值。在后熟过程中，当空气湿度较大时（较高的平衡含水量）后熟作用也被阻止。对于一些物种，已经确定了产生后熟作用的最适低水合值（optimal low-hydration value）（Hay et al., 2003; Leubner-Metzger, 2005; Steadman et al., 2003）。到目前为止，后熟作用的分子机制是不清楚的。研究提出，在种子后熟过程中涉及萌发抑制剂、活性氧和抗氧化剂、膜结构的改变，以及蛋白体中专一蛋白的降解（Hallett and Bewley, 2002; Bailly, 2004）。东乡野生稻种子后熟过程中的蛋白质组分析表明，种子的休眠释放与胚和胚乳中贮藏蛋白的降解，胚中甲硫氨酸合成、蛋白合成和细胞生长与分裂，以及胚乳中糖运输有关的蛋白增加相关（宋松泉等，未发表资料）。

第二节　温　　度

除水分外，温度是影响种子萌发的最重要的环境因素。温度通过三种方式调控田间的种子萌发：①通过决定非休眠种子的萌发能力和萌发速率；②通过解除初生和/或者次生休眠；③通过诱导次生休眠。温度对休眠诱导和释放的影响主要决定了在合适时间和特定地点具有潜在可萌发的种子的比例（Bewley et al., 2013; Baskin and Baskin, 2014）。

一、种子萌发的基点温度

自 19 世纪中期以来，三个“基点温度（cardinal temperature）”（最低、最适和最高）被用来描述一个特定物种的种子能够萌发的温度（T）范围。萌发的基点温度通常与一个特定物种的环境适应范围有关，以及使萌发时间与随后的幼苗生长与发育的有利条件相匹配。最低或者基本温度（base temperature, T_b）是萌发可能发生的最低温度，最适温度（optimum temperature, T_o）是萌发最迅速的温度，最高或者上限温度（ceiling temperature, T_c）是种子能够萌发的最高温度。T_b 和 T_c 之间的温度范围可能随着种子的休眠状态而变化，通常新鲜或者休眠种子的温度范围较窄，当休眠丧失时种子萌发的温度范围变宽。

水稻种子一般在 13℃以上才能萌发，最适温度为 28℃左右，最高温度为 40℃。这与呼吸作用的“三基点”具有一致性，但又有差别，这是因为种子萌发具有比呼吸作用更为复杂的生理过程，各个代谢环节必须协调配合才能实现（李合生, 1974）。

二、热时间模型

萌发速率（即特定萌发率的萌发时间倒数）对温度也是非常敏感的，通常随着温度升高增加到最大值，然后在温度高于最适温度时显著下降。虽然总的萌发率往往表现出明显的最大范围，但萌发速率能更准确地表明萌发的最适温度（图 7-3）。在相同的温度下，深休眠种子群体的萌发速率也可能比浅休眠种子群体更小。当温度窗口变宽时，萌发速率在较低的温度下是相似的，但在较高的温度下随着 T_o 的上升持续增加。当温度升高超过 T_o 时，萌发速率和萌发率显著下降。

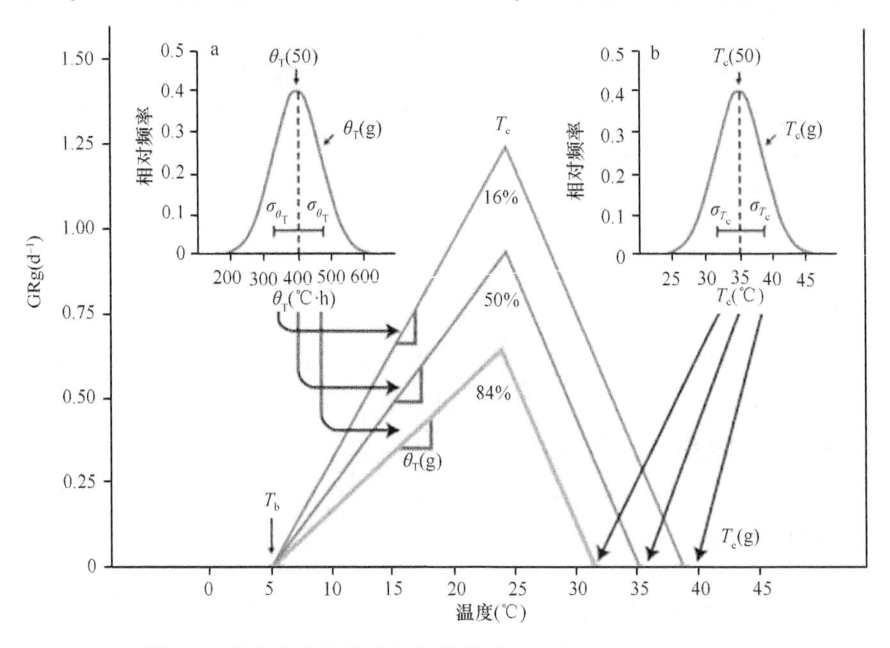

图 7-3　萌发速率与温度之间的关系（改自 Bradford, 2002）

在低温下，种子群体中不同组分（g）的萌发速率（$GR_g = 1/t_g$）随着温度高于共同的基础温度（T_b）而线性增加。这些直线的斜率等于种子萌发的热时间的倒数（$1/\theta_T(g)$），在单个种子中呈正态分布（a）。最大的 GR_g 在最适温度（T_o）下出现，高于最适温度 GR_g 则线性下降。种子萌发的上限温度（$T_c(g)$）在群体内的种子之间呈正态分布（b）。萌发率分别为 16%、50%和 84%，代表各自分布的中位数±标准差

已经构建数学模型来描述对 T 反应的萌发模式。对于亚适温度（suboptimal temperature）（从 T_b 到 T_o），萌发时间可以根据热时间（thermal time）或者热单位（thermal unit）来描述。亚适温度的热时间计算方法是：T 与 T_b 之差乘以组分 g 达到一个给定萌发率的时间（即 t_g），如式 7.3 所示。一个给定萌发率的热时间是常数（热时间常数，$\theta_T(g)$）。

$$\theta_T(g) = (T - T_b)\ t_g \tag{7.3}$$

或者

$$GR_g = 1/t_g = (T - T_b)/\theta_T(g) \tag{7.4}$$

由于 $\theta_T(g)$对于一个给定的萌发率是一个常数，T越接近 T_b，萌发时间越长，或者萌发速率越小。如图 7-4 所示，该模型预测 GR_g将随着温度高于 T_b而线性增加。尽管情况并不总是如此，但对于群体中的所有种子，T_b通常是相同的或者相似的，因此 GR_g对温度作图都在同一点与 x 轴相交（图 7-3）。然而，较低百分比的萌发速率比较高百分比的萌发速率更快，导致高于 T_b的 GR_g线的斜率不同（图 7-3）。对于群体的每一组分，斜率的倒数等于热时间的常数 $\theta_T(g)$（图 7-3）。正如前面提到的水势阈值，$\theta_T(g)$值在种子群体中通常呈正态分布，因此它们能够用钟形曲线来表示，其特征是平均值（$\theta_T(50)$）加标准差（σ_{θ_T}）（图 7-3 插图 a）。因此，虽然群体中的所有种子可能具有相同的 T_b值，但它们表现出一种萌发的时间分布（$\theta_T(g)$值），这导致了常见的“S”形萌发时间进程。当这些时间进程对热时间（℃·h）尺度（$(T-T_b)\ t_g$）作图时，它们都落在同一“S”形曲线上。对于大多数非休眠种子，一旦 T_b、$\theta_T(50)$和 σ_{θ_T}的值被确定，群体的任一组分在亚适温度下的萌发时间就能够被估计。农作物物种的 T_b和 $\theta_T(50)$特征值常与土壤的温度数据相结合被利用来估计田间播种后的出苗天数。在许多地方，天气数据可以在线获得，这些数据已经被转换成各种 T_b值的热单位，使得计算从种植以来累积的热时间变得容易。同样，基于热时间的萌发模型也被用于预测杂草在种植系统和非种植景观中的出苗。

类似的模型已经被构建用来描述在超最适温度（supraoptimal temperature）（从 T_o到 T_c）下的萌发速率。在许多情况下，GR_g在 T_o和 T_c之间随着温度的增加而线性下降（图 7-3）。然而，与群体中所有种子的共同 T_b相反，常常观察到种子群体的不同组分具有不同的 T_c值。以下模型解释了 T_c值的这种变化：

$$\theta_2 = (T_c(g) - T)\ t_g \tag{7.5}$$

或者

$$GR_g = 1/t_g = (T_c(g) - T)\ /\theta_2 \tag{7.6}$$

式中，θ_2是在超最适 T 下的热时间常数；$T_c(g)$表示 T_c值在种子群体的组分（g）之间的变化（图 7-3 插图 b）。在超最适温度下，种子组分之间 GR_g的差异是种子在其上限温度（$T_c(g)$）中变化的结果。对于群体中的所有种子，总的热时间在超最适温度（T）范围内是常数。

Liu 等（2015）的研究表明，温度显著影响水稻培矮 64（*Oryza sativa*，‘Peiai 64S’）种子的萌发（图 7-4A）。在 25℃，种子在培养的 33 h 时开始萌发（萌发率为 1%），在 68 h 达到 50%，在 156 h 达到 97%；在 43℃，种子在培养的 33 h 时也开始萌发，但最终萌发率仅为 10%。当培养温度为 44℃和 45℃时，种子的萌发率为零（数据未显示）。为了研究高温处理对水稻种子萌发的影响，分别在 43℃、44℃和 45℃下对种子萌发 72 h 后，将未萌发的种子转移到 25℃中再萌发 96 h。结果表明，这些种子能够萌发，但最终萌发率是依赖温度的（图 7-4A）。最初在

43℃萌发 72 h 的种子几乎达到与一直在 25℃萌发的种子相同的萌发率（95% vs 97%），而最初在 44℃和 45℃萌发 72 h 的种子其萌发率分别为 55%和 46%（图 7-4A）。在 43℃下萌发 72 h 后再转入 25℃萌发 96 h 的种子所产生的幼苗是正常的，但与一直在 25℃下培养的种子相比，它们的生长和发育受到了抑制，表现为根长、芽长和幼苗鲜重显著降低（图 7-4B）。当种子在 43℃萌发大于或等于 96 h 后再转入 25℃继续萌发 96 h，种子的萌发率明显降低（Liu et al., 2015），这表明种子受到较长的高温处理伤害。

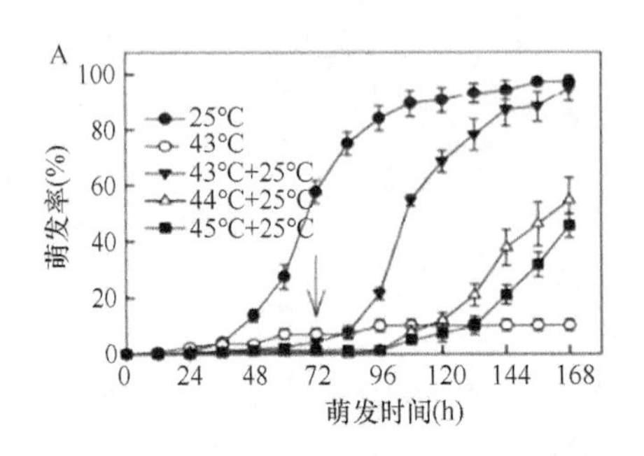

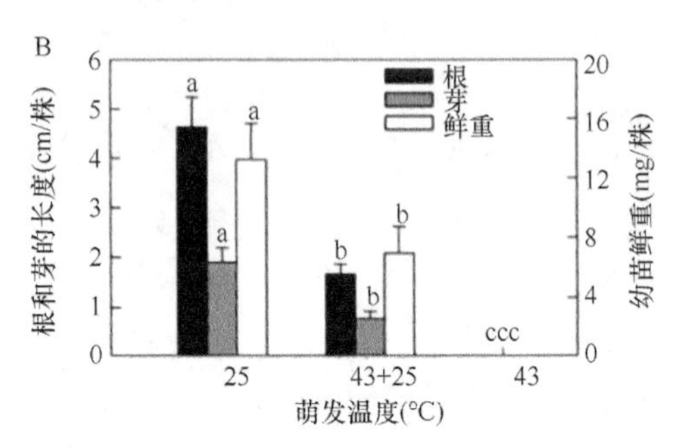

图 7-4　水稻种子萌发和幼苗生长对温度的响应（引自 Liu et al., 2015）

A：萌发。种子在 25℃或者 43℃的水中萌发 168 h；或者种子分别在 43℃、44℃和 45℃的水中萌发 72 h，然后将未萌发的种子转移到 25℃的水中继续萌发 96 h。以胚根伸出 2 mm 作为萌发完成的标准。B：根长、芽长和幼苗鲜重。种子在 25℃、43℃或者 43℃+25℃的水中培养 168 h 后，根长、芽长和幼苗鲜重被测定。幼苗鲜重不包括胚乳、内稃和外稃。所有的值均为 50 粒种子 4 次重复的平均值±SE。在 25℃、43℃和 43℃+25℃培养的种子中，具有不同小写字母的条形图表示差异显著（S-N-K 检验，P=0.05 水平）

三、温度和水分的相互作用：水热时间模型

由于 T 和 ψ 都是种子萌发的关键环境调控因子，因此将它们的作用组合成为一个水热时间（hydrothermal time）模型是方便的。对于亚适温度范围，可按以下公式计算：

$$\theta_{HT} = (\psi - \psi_b(g))\,(T - T_b)\,t_g \tag{7.7}$$

只要将萌发时间乘以（T–T_b），水合时间模型（方程 7.1）就能够转变成为热时间基线，并具有新的水热时间常数（θ_{HT}）。热时间的转化在很大程度上解释了亚适温度的影响，而归一化的方程也能够解释降低 ψ 对萌发的影响。该方程通过对降低 ψ 所引起的萌发延迟进行归一化，将在任一 ψ 的萌发时间进程转化为在水中（ψ = 0 MPa）的等效时间进程：

$$t_g(0) = [1-(\psi/\psi_b(g))]t_g(\psi) \tag{7.8}$$

式中，$t_g(0)$ 是组分 g 在水中萌发的时间；$t_g(\psi)$是组分 g 在较低 ψ 下的萌发时间。ψ 和热时间的归一化函数的组合能够描述在亚适温度和降低 ψ 的组合下的萌发过程。

四、冷湿处理对种子休眠与萌发的影响

冷湿处理释放种子休眠的现象被称为冷层积（cold stratification）。对于具有生理休眠的种子，冷层积是释放种子休眠的有效方式。东乡野生稻种子具有中间性生理休眠（intermediate physiological dormancy），其休眠与胚和胚的周围结构有关（Xu et al., 2016）。未层积的种子在28℃下萌发30 d，萌发率为零。在4℃层积30 d，种子开始萌发；层积90 d后，种子的萌发率达到89%（Xu et al., 2016）。Cardwell等（1978）也发现，新鲜收获的水生菰（*Zizania aquatica*）种子需要在1～3℃下层积3～5个月才能打破休眠，促进萌发。

第三节　氧　　气

土壤的气相占据了那些未被水充满的空隙。此外，气体可能溶解在土壤水分中。气体通过土壤的运动主要靠分子扩散，但当土壤被水淹时，气体的扩散完全是在溶液中进行，导致扩散阻力急剧增加几个数量级。在黏重土壤尤其是在淹水土壤中，气相的含氧量显著低于空气。气相也受到植被的影响。植物的根系主动吸收O_2，产生CO_2。在有机质含量高、微生物区系（microflora）活跃的土壤中，O_2与CO_2的平衡可能发生类似于植物根系的变化。尽管土壤空气中O_2的比例很少下降到19%以下，CO_2的比例也很少超过1%，但极端的情况下可能在微地域（microsite）发生，例如，靠近植物根系或者有机物腐烂的地域，以及在被洪水淹没地区的土壤中。除O_2、CO_2和N_2外，土壤还可能含有其他几种气体和挥发性化合物，主要与厌氧条件和微生物活动有关。

种子萌发和早期幼苗生长通常需要大气水平的O_2。在萌发的滞后阶段，O_2的扩散可能被强烈地限制，因为O_2的扩散速率受其在水中的溶解度限制。此外，O_2常常被发生非呼吸反应的种皮和胚乳利用。因此，胚轴中的O_2浓度在一段时间内可能相当低，种子必须（暂时）耐受厌氧条件；在水下萌发的种子尤其如此。水稻在低氧或者缺氧的条件下已进化出各种生存策略（Lee et al., 2009）。代谢适应（metabolic adaptation）和逃逸（escape）是水稻在淹没条件下迅速厌氧萌发（anaerobic germination）/厌氧幼苗发育（anaerobic seedling development）的主要策略（图4-12）。然而，大多数水稻品种表现出较差的厌氧萌发/厌氧幼苗发育能力（Miro and Ismail, 2013）。了解水稻厌氧萌发/厌氧幼苗发育的具体调控机制不仅具有重要的科学意义，还对水稻直播育种具有重要的实践意义。

第四节　环境因子和植物激素对种子休眠与萌发的调控

种子的休眠与萌发主要由植物激素、外部环境因子和内部发育信息之间的平衡所决定。研究表明，种子对光照、温度、硝酸盐和后熟的响应，尽管随着物种而变化，但也可通过植物激素代谢和信号转导来控制，进而影响种子萌发的适宜时间（图 7-5，图 7-6）（Holdsworth et al., 2008; Seo et al., 2009; Nonogaki, 2019; 宋松泉等, 2020a, b; Klupczyńska and Pawłowski, 2021; Iwasaki et al., 2022）。

在许多物种中，后熟释放种子休眠（Finch-Savage and Leubner-Metzger, 2006）。这种休眠减少和萌发增强的能力是由于种子增加了对萌发刺激信号（例如 GA、光照和硝酸盐）的敏感性以及降低了对萌发抑制信号的敏感性引起的（Finch-Savage and Leubner-Metzger, 2006）。不仅在休眠种子而且在非休眠种子中，后熟

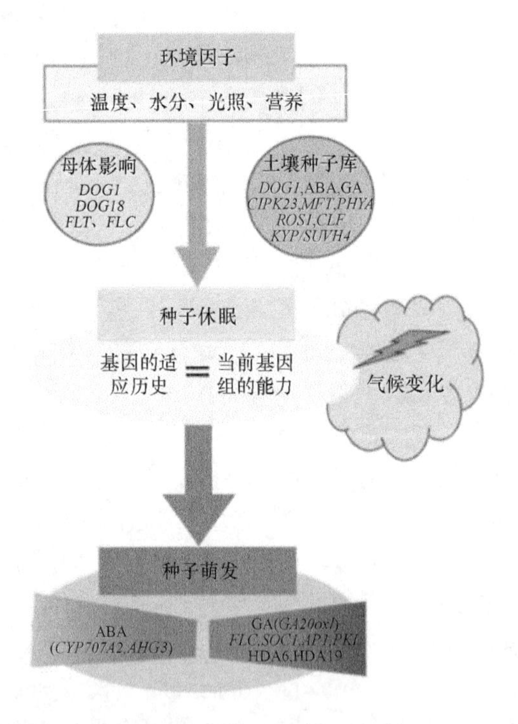

图 7-5　植物种子休眠和萌发的环境调控（引自 Klupczyńska and Pawłowski, 2021）

种子萌发取决于成熟（母体影响）和储存（土壤种子库）过程中的环境条件。如果物种的适应历史（遗传学）和当前生境（生态学）不匹配，气候变化可能干扰种子萌发；生理和分子因素参与这种调控。*AHG3*，ABA 过敏感萌发 3；ABA，脱落酸；*AP1*，无花瓣基因 1；*CIPK23*，Cbl-相互作用蛋白激酶 23；*CLF*，卷曲叶子基因；*CYP707A2*，细胞色素 P450 单加氧酶；*DOG1*，萌发延迟 1；*DOG18*，萌发延迟 18；*FLC*，开花位点 C；*FLT*，开花位点 T；GA，赤霉素；*GA20ox1*，GA20 氧化酶 1；HDA6，组蛋白去乙酰酶 6；HDA19，组蛋白去乙酰酶 19；*KYP/SUVH4*，Kryptonite；*MFT*，开花时间基因；*PHYA*，光敏色素 A；*PKL*，Pickle；*ROS1*，沉默抑制因子 1；*SOC1*，Constans 1 过表达抑制因子

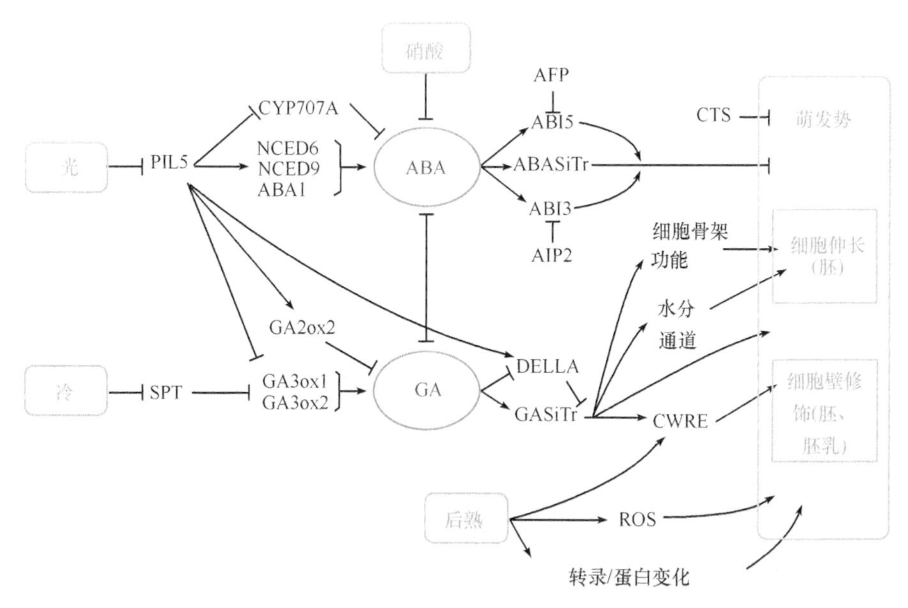

图 7-6 环境因子和植物激素对种子萌发相关基因的调节作用（改自 Holdsworth et al., 2008）

影响萌发的因子用蓝色表示，萌发势用绿色表示，植物激素脱落酸（ABA）和赤霉素（GA）用红色表示。ABASiTr：ABA 信号转导；CWRE：细胞壁重塑酶；GASiTr：GA 信号转导；ROS：活性氧。箭头表示促进作用，短棒表示抑制作用。调节因子、环境因子、激素和不同基因之间的相互作用在正文中描述

的显著特征是改变了吸胀种子的基因表达模式和储藏后对外源 ABA 的响应（Carrera et al., 2008; Yano et al., 2009）；甚至在 ABA 缺乏和不敏感的突变体中也能观察到后熟的作用（Carrera et al., 2008）。后熟过程中，细胞质中 ROS 的积累也在休眠打破中起作用（Bailly, 2004）。

在高温条件下，吸胀种子中 ABA 合成酶基因 *ZEP*、*NCED2*、*NCED5* 和 *NCED9* 的表达上调，ABA 水平上升；GA 合成酶基因 *GA20ox1*、*GA20ox2*、*GA20ox3*、*GA3ox1* 和 *GA3ox2* 受到抑制，GA 水平降低（Toh et al., 2008）。种子发育的主控因子 FUS3 激活热相关的和 ABA 代谢的基因，抑制 GA 代谢基因以延迟在高温下的萌发（Chiu et al., 2012）。同样，DELLA 蛋白 GAI 或者 RGA、ABI3 和 ABI5 直接激活 SOM（SOMNUS），SOM 在拟南芥的高温响应过程中调控 ABA 和 GA 代谢基因的表达（Lim et al., 2014）。

在光介导的种子萌发中，生物活性 GA 的合成被光介导的光敏色素途径上调，这主要是激活了 GA 生物合成基因 *GA3ox1* 和 *GA3ox2* 的转录，抑制了 GA 失活基因 *GA2ox2* 的转录，从而在光调控的种子萌发过程中促进活性 GA 的积累（Yamaguchi et al., 1998; Oh et al., 2007）；同时，光介导的光敏色素途径也下调 ABA 生物合成基因 *NCED6* 和激活 ABA 失活基因 *CYP707A2*（Seo et al., 2006）。

主要参考文献

邓志军, 宋松泉, 艾训儒, 等. 2019. 植物种子保存和检测的原理与技术. 北京: 科学出版社.

杜文丽. 2015. 后熟处理破除水稻种子休眠的机理及休眠性相关 QTL 定位研究. 南京: 南京农业大学硕士学位论文.

李合生. 1974. 水稻种子的萌发生理. 湖北农业科学, 13(3): 35-39.

宋松泉, 刘军, 黄荟, 等. 2020a. 赤霉素代谢与信号转导及其调控种子萌发与休眠的分子机制. 中国科学: 生命科学, 50(6): 599-615.

宋松泉, 刘军, 徐恒恒, 等. 2020b. 脱落酸代谢与信号传递及其调控种子休眠与萌发的分子机制. 中国农业科学, 53 (5): 857-873.

Bailly C. 2004. Active oxygen species and antioxidants in seed biology. Seed Science Research, 14(2): 93-107.

Baskin C C, Baskin J M. 2014. Seeds: Ecology, Biogeography, and Evolution of Dormancy and Germination. 2nd edition. San Diego: Academic Press.

Bewley J D, Bradford K J, Hilhorst H W M, et al. 2013. Seed: Physiology of Development, Germination and Dormancy. 3rd edition. New York, NY: Springer New York.

Bradford K J. 2002. Applications of hydrothermal time to quantifying and modeling seed germination and dormancy. Weed Science, 50(2): 248-260.

Cardwell V B, Oelke E A, Elliott W A. 1978. Seed dormancy mechanisms in wild rice (*Zizania aquatica*). Agronomy Journal, 70(3): 481-484.

Carrera E, Holman T, Medhurst A, et al. 2008. Seed after-ripening is a discrete developmental pathway associated with specific gene networks in *Arabidopsis*. The Plant Journal, 53(2): 214-224.

Chiu R S, Nahal H, Provart N J, et al. 2012. The role of the *Arabidopsis* FUSCA3 transcription factor during inhibition of seed germination at high temperature. BMC Plant Biology, 12: 15.

Finch-Savage W E, Leubner-Metzger G. 2006. Seed dormancy and the control of germination. New Phytologist, 171(3): 501-523.

Hallett B P, Bewley J D. 2002. Membranes and seed dormancy: beyond the anaesthetic hypothesis. Seed Science Research, 12(2): 69-82.

Hay F R, Mead A, Manger K, et al. 2003. One-step analysis of seed storage data and the longevity of *Arabidopsis thaliana* seeds. Journal of Experimental Botany, 54(384): 993-1011.

Holdsworth M J, Bentsink L, Soppe W J J. 2008. Molecular networks regulating *Arabidopsis* seed maturation, after-ripening, dormancy and germination. New Phytologist, 179(1): 33-54.

Iwasaki M, Penfield S, Lopez-Molina L. 2022. Parental and environmental control of seed dormancy in *Arabidopsis thaliana*. Annual Review of Plant Biology, 73: 355-378.

Klupczyńska E A, Pawłowski T A. 2021. Regulation of seed dormancy and germination mechanisms in a changing environment. International Journal of Molecular Sciences, 22(3): 1357.

Lee K W, Chen P W, Lu C G. 2009. Coordinated responses to oxygen and sugar deficiency allow rice seedlings to tolerate flooding. Science Signaling, 2(91): ra61.

Leubner-Metzger G. 2005. β-1,3-Glucanase gene expression in low-hydrated seeds as a mechanism for dormancy release during tobacco after-ripening. The Plant Journal, 41(1): 133-145.

Lim S, Park J, Lee N, et al. 2014. ABA-INSENSITIVE3, ABA-INSENSITIVE5, and DELLAs interact to activate the expression of *SOMNUS* and other high-temperature-inducible genes in imbibed seeds in *Arabidopsis*. The Plant Cell, 25(12): 4863-4878.

Liu S J, Xu H H, Wang W Q, et al. 2015. A proteomic analysis of rice seed germination as affected by high temperature and ABA treatment. Physiologia Plantarum, 154(1): 142-161.

Manz B, Müller K, Kucera B, et al. 2005. Water uptake and distribution in germinating tobacco seeds investigated *in vivo* by nuclear magnetic resonance imaging. Plant Physiology, 138(3): 1538-1551.

Miro B, Ismail A M. 2013. Tolerance of anaerobic conditions caused by flooding during germination and early growth in rice (*Oryza sativa* L.). Frontiers in Plant Science, 4: 269.

Nonogaki H. 2019. Seed germination and dormancy: the classic story, new puzzles, and evolution. Journal of Integrative Plant Biology, 61(5): 541-563.

Oh E, Yamaguchi S, Hu J H, et al. 2007. PIL5, a phytochrome-interacting bHLH protein, regulates gibberellin responsiveness by binding directly to the GAI and RGA promoters in *Arabidopsis* seeds. The Plant Cell, 19(4): 1192-1208.

Seo M, Hanada A, Kuwahara A, et al. 2006. Regulation of hormone metabolism in *Arabidopsis* seeds: phytochrome regulation of abscisic acid metabolism and abscisic acid regulation of gibberellin metabolism. The Plant Journal, 48(3): 354-366.

Seo M, Nambara E, Choi G, et al. 2009. Interaction of light and hormone signals in germinating seeds. Plant Molecular Biology, 69(4): 463-472.

Steadman K J, Crawford A D, Gallagher R S. 2003. Dormancy release in *Lolium rigidum* seeds is a function of thermal after-ripening time and seed water content. Functional Plant Biology, 30(3): 345-352.

Toh S, Imamura A, Watanabe A, et al. 2008. High temperature-induced abscisic acid biosynthesis and its role in the inhibition of gibberellin action in *Arabidopsis* seeds. Plant Physiology, 146(3): 1368-1385.

Veasey E A, Karasawa M G, Santos P P, et al. 2004. Variation in the loss of seed dormancy during after-ripening of wild and cultivated rice species. Annals of Botany, 94(6): 875-882.

Xu H H, Liu S J, Song S H, et al. 2016. Proteome changes associated with dormancy release of Dongxiang wild rice seeds. Journal of Plant Physiology, 206: 68-86.

Yamaguchi S, Sun T, Kawaide H, et al. 1998. The *GA2* locus of *Arabidopsis thaliana* encodes *ent*-kaurene synthase of gibberellin biosynthesis. Plant Physiology, 116(4): 1271-1278.

Yano R, Kanno Y, Jikumaru Y, et al. 2009. CHOTTO1, a putative double APETALA2 repeat transcription factor, is involved in abscisic acid-mediated repression of gibberellin biosynthesis during seed germination in *Arabidopsis*. Plant Physiology, 151(2): 641-654.

第八章　种子储藏、劣变及其修复

水稻是世界上最重要的粮食作物之一，全世界半数以上的人口以其为主食。作为遗传物质的载体，种子是农业的“芯片”，也是植物种质资源长期保存和物种多样性保存的重要材料。种子的质量在很大程度上决定了植株的生长和产量，因此，种子作为增产的第一要素而备受重视（刘军等, 2001）。水稻种子活力在南方高温高湿条件下容易下降，在储藏运输过程中尤其如此，给农业生产造成巨大的损失。因此，种子活力和寿命、遗传特性及其分子机理的研究也成为种子科学研究的重点。

第一节　种 子 活 力

种子活力在生理成熟时达到峰值，随后便经历种子活力的不可逆下降过程，称为老化（aging）或者劣变（deterioration）（傅家瑞, 1985; Bewley et al., 2013）。种子老化时，活力下降与细胞水平、代谢水平和生化水平的各种变化有关，包括膜完整性的丧失、能量代谢下降、RNA 和蛋白的合成受损及 DNA 降解等（Kibinza et al., 2006; Ventura et al., 2012）。种子老化过程中，活力下降的速率主要决定于遗传机制（傅家瑞, 1985; Suzuki et al., 1992）。如在储藏老化过程中，常规稻种子的活力保持能力较杂交稻种子好。另外，种子老化的速率在很大程度上受环境的影响，如储存温度、种子含水量和种子质量等（Walters et al., 2005）。在种子老化过程中，为尽可能延长种子的生存期限，植物进化出一系列复杂的机制，包括保护、脱毒和修复机制（Rajjou and Debeaujon, 2008; Rajjou et al., 2008; Sano et al., 2015）。

一、种子生活力与活力

长时间内，人们将萌发实验作为鉴定种子成苗能力的方法，因此，萌发试验也成为种子质量评价的重要方法之一。然而，研究发现，萌发率很高的种子在田间成苗率却不一定高，种子批的萌发率与田间出苗率之间无相关性。萌发率的测定是在最适合的室内条件下进行的，用于对种子的生活力进行评价，它并没有考虑到影响种子田间出苗的各种因素。通常，种子在田间的出苗率比在实验室内适宜条件下的萌发率要低，而且随着种子的老化，二者之间的差异更为明显。此外，即使是新鲜种子，由于土壤温度、湿度、pH、组成成分及微生物等对种子萌发的影响，种子的室内萌发率也不能准确地反映种子在田间的表现。

由于标准萌发实验不能用来预测高萌发种子批的田间出苗率，特别是在不良的田间条件下的出苗率，因此引入种子活力（seed vigor）的概念（Black et al., 2006）。种子活力是有别于萌发力的决定种子品质的一个重要指标。20 世纪 50 年代，国际种子检验协会（The International Seed Testing Association, ISTA）首次讨论了种子活力的概念，并在 1976 年通过定义：种子活力是种子在萌发和出苗期间的活性强度及特性的综合表现。1983 年，官方种子分析家协会（Association of Official Seed Analysts, AOSA）将种子活力的概念定义为在广泛的田间条件下，决定种子迅速、整齐出苗以及发育成正常幼苗的能力。1995 年，ISTA 出版的《种子活力测定方法手册》中指出，种子活力是指种子各种潜在性能的综合表现，包括田间表现性能和储藏性能（Hampton and TeKrony, 1995）。

种子活力是决定种子在萌发阶段和幼苗发生阶段的活力和表现潜力的一系列性状的总和，主要包括以下几个方面：

1）萌发过程中的生化过程和反应，如酶反应和呼吸作用等；

2）种子萌发和幼苗生长的比率和整齐度；

3）幼苗发生和田间生长的比率和整齐度；

4）在不利田间条件下幼苗发生的能力。活力水平的效力会一直持续到成熟植物生长阶段，影响作物的长势一致性和产量（Ellis et al., 1993）。

高活力种子具有明显的生长优势和产量潜力，如萌发早、出苗迅速整齐、对不良环境的抵抗能力强。低活力种子即使在适宜条件下能够发芽，萌发速度也较缓慢，且在不良环境下成苗不整齐甚至不出苗（Demir et al., 2008）。高活力的种子对田间逆境抵抗能力较强，能够形成健壮幼苗，保证作物的田间密度，是作物增产的前提条件和基本保障。

造成种子活力水平差异的主要因素包括：基因组成，母本植株的生长环境和营养状况，收获时种子所处的成熟阶段，种子大小、重量或比重，种子的机械完整性，种子处理或储藏而导致的劣变或老化及病菌侵染等（Perry, 1978）。

二、种子活力的测定

种子活力的测定方法较多，可分为直接测定法和间接测定法。直接测定法是模拟田间不良环境，观察测定种子表达的直接特性如出苗能力、整齐度等。间接测定法是测定某些与种子活力有关的生理生化指标。目前，国际种子检验协会主要推荐了两种活力测定方法，即电导率法（electrical conductivity test）和人工加速老化法（accelerated aging test）。此外，还推荐了几种活力测定方法，包括冷冻试验（cold test）、低温萌发试验（cool germination test）、控制劣变试验（controlled deterioration test）、复合逆境测定（complex stressing test）、幼苗生长测定（seedling growth test）、四唑测定（tetrazolium test）、希尔特纳测定（Hiltner test）。在过去的十几年中，出现了一些新的种子活力测定方法，如平均萌发时间（mean germination time）（Demir et al., 2008）、胚根突出法（radicle emergence test）（Luo et al., 2015）、近红外和高光谱技术、无损检测技术（吕燕燕, 2018）等。

测定种子活力的基本策略是测定种子劣变的某一方面，即种子活力的对立面。温度和湿度是决定种子劣变的程度和速率的最主要的两个环境因素。加速老化是检测种子活力和耐储性最常用的方法，其原理是模拟自然老化的过程，将种子置于高温高湿的条件下以加速种子的劣变。在加速老化的条件下，种子活力和存活率迅速下降，而在常规的或最佳的储存条件下这个过程需要几年的时间（Schwember and Bradford, 2010），因此人工老化被广泛用于快速测定各种种子的活力。

三、种子活力的形成

随着种子发育，种子的干重显著增加。当干重增加至最大时，种子达到生理成熟，活力最高。生理成熟后，种子在田间可能受到真菌侵袭，以及日晒、雨天等气候损害，随后还可能在采收时遭遇机械损伤、干燥伤害和储藏衰老等，种子的活力逐渐下降、衰老以致死亡（图 8-1）。研究表明，种子在灌浆末期达到最大萌发率，然后开始劣变。储藏能力（storability）也可以作为一个活力指标，种子在成熟干燥过程中提高了储藏能力（Bailly, 2004）。

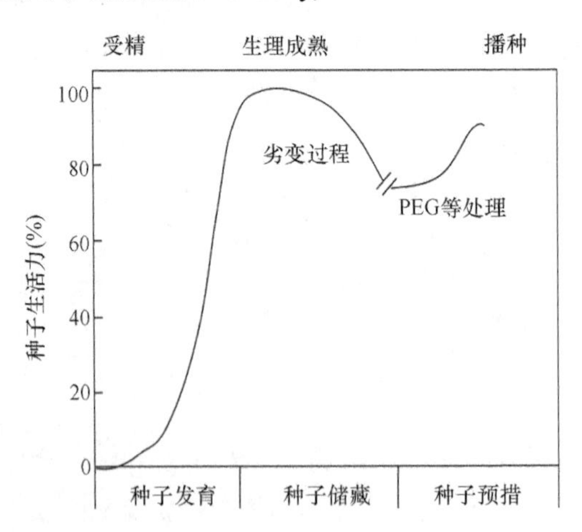

图 8-1 种子活力变化的模式图（改自黄上志和宋松泉, 2004）

种子的活力水平主要由亲本的遗传特性和种子发育时的环境因子所决定。遗传特性决定种子活力峰值的可能性，而发育条件则决定活力水平表达的现实性。因此，种间、品种间甚至品系间的种子活力都有一定程度的差异。水稻品种间的种子活力具有显著的差异，杂交水稻组合间的差异则更大；杂种一代的种子活力具有超亲优势。

种子发育过程中的光照条件、温度、母体植株的营养状况、种子的成熟度和着生部位都显著影响种子的活力水平（傅家瑞, 1985）。母体植株的营养状况对种子活力的影响表明，增加氮素营养能提高种子的干重；高氮（1000 mg/株）和中等磷素（250～500 mg/株）营养能提高种子的活力；钾营养对种子产量和活力的影响较小。

当种子成熟时，温暖湿润的环境可能引起病菌的侵袭，从而降低种子活力。当种子含水量处于低水平时，种子收获时的干燥条件可能增加物理损伤的概率，种子发育期间的干旱逆境也会降低种子的质量。种子生理成熟前的冻害会大幅降低种子活力。高温胁迫导致种子活力和萌发率降低的现象在很多植物中都有报道（楚璞, 2011）。

此外，种子采收、干燥、清选、包装和运输等环节，都会影响种子活力。例如，机械损伤不仅直接加速种子的老化，还增加了微生物侵染的机会。过度干燥和过快的干燥速率，都会危害种胚细胞。

四、种子生活力的丧失

Roberts（1973）定量分析了储藏过程中种子生活力丧失的模式，并提出生活力的丧失通常遵循一个“S”形规律，认为这可能与群体中种子寿命的正态分布有关（图 8-2）。随着老化，种子将在某一时间丧失萌发和形成“正常幼苗”的能力。一些种子能够起始萌发或者完成胚根伸出，但随后不能发育成为正常幼苗，被视为异常苗。没有任何可见萌发的种子被认为是死种子。图 8-2 展示了一个给定的

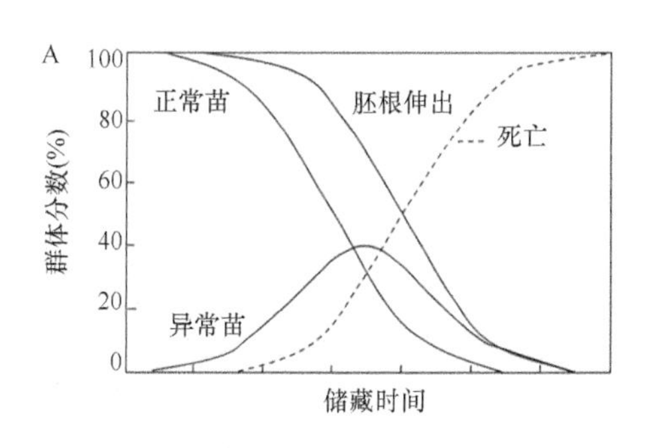

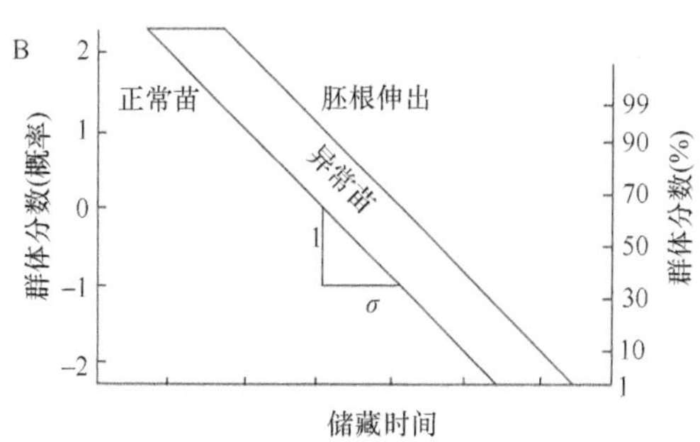

图 8-2　储藏过程中种子质量和生活力丧失的模式（引自 Bewley et al., 2013）

A：当储藏不同时间后，能够产生正常幼苗或者仅表现出胚根伸出的种子百分数下降，如同死种子（即那些胚根不能出现的种子）百分数增加那样遵循“S”形规律。正常幼苗百分数和胚根出现百分数之间的差异代表异常幼苗的百分数，50%正常幼苗和 50%胚根出现的时间之间的峰值呈现正态分布。B：当图 A 中的“S”形曲线对概率分数作图时，采用标准差的单位（σ），它们成为具有 $1/\sigma$ 斜率的直线。右边 y 轴上的数据表示相应百分数的概率值

种子批随着储藏时间的增加从正常萌发到异常萌发再到死亡时，胚根伸出的曲线偏移正常幼苗的曲线。在正常幼苗百分数低于 50%后，异常幼苗的百分数增加到最大（即正常幼苗曲线和胚根伸出曲线之间的差异最大），然后，当死种子的百分数上升时，异常幼苗的百分数下降。

第二节　种子的寿命

一、种子寿命的概念

种子寿命（seed longevity）指的是种子从完全成熟到生命力丧失所经历的时间，在农学上，种子寿命是一个群体的概念，是指种子群体在一定环境条件下保持生活力的期限。种子根据其寿命的长短可分为：短寿命种子（寿命≤3 年）、中寿命种子（寿命大于 3 年，但小于 15 年）和长寿命种子（寿命≥15 年）（汤学军等, 1996）。

种子寿命是衡量种子质量的一个重要指标，是生态学和农艺学上的一个重要性状。种子寿命在很多时候又被描述为种子的生存能力，并且包含了几个显著特征：种子的萌发率和萌发速率、逆境胁迫下的萌发能力和耐储藏性。在种子中，决定种子寿命长短的机制目前尚不清楚，已有的研究表明，其受内部遗传物质和外部环境共同调控（McDonald, 1999）。

二、种子寿命的主要决定因素

研究结果证实，种子老化与细胞水平、代谢水平及生化水平的各种变化有关，包括膜完整性的丧失、能量代谢下降、RNA 和蛋白的合成受损以及 DNA 降解等（Kibinza et al., 2006; Ventura et al., 2012; Bewley et al., 2013）。尽管导致种子劣变的精确机制目前还不清楚，但氧化胁迫引起种子劣变的观点已为人们逐渐接受，自由基水平，膜脂过氧化程度及组织清除自由基的能力被认为是影响种子劣变的主要因素（Bailly, 2004）。为尽可能延长种子生存期限，自然界进化出一系列复杂的保护、脱毒和修复机制（Rajjou and Debeaujon, 2008; Rajjou et al., 2008）。

黄上志和傅家瑞（1992）发现种子寿命与种子的大小和成熟度密切相关。种子的大小通常是由种子中贮藏物质的多少来决定的，其中贮藏蛋白对于种子成熟后的保存、萌发及幼苗的生长具有重要的作用。成熟的种子中含有大量的 LEA 蛋白和 1-半胱氨酸过氧化物氧还蛋白（1-Cys peroxiredoxin）等具有氧化还原能力的蛋白，这类蛋白增强了种子在存储和萌发过程中对不利环境的抵御能力，为保证种子的长期储存和正常萌发提供了物质基础。

自由基清除过程和解毒机制与种子储存和萌发过程中促氧化/抗氧化的平衡紧密相关。植物为了保护细胞免受过量活性氧的伤害，发展了一套完备的防御系统，包括酶促的抗氧化体系和非酶促抗氧化体系。酶促抗氧化体系中重要的酶有SOD、POD、CAT、GR、APX 和 DHAR 等（Gill and Tuteja, 2010），非酶促抗氧化体系中重要的有抗坏血酸和谷胱甘肽等，它们可以通过降解的方法去除 ROS 来抗御逆境胁迫诱导产生的氧化伤害（Gill and Tuteja, 2010）。过量表达 Cu/Zn SOD 和 APX 能提高转基因烟草种子的寿命（Lee et al., 2010）。Suzuki 和 Mittler（2006）认为涉及 HSF 和 HSP 的热胁迫反应信号传导途径和防御机制也与 ROS 密切相关。铜胁迫下水稻种子中的乙二醛酶 I 上调表达（Ahsan et al., 2007）。过氧还蛋白对活性氧所导致的氧化应激损伤有拮抗和修复作用（Meyer et al., 2012），主要通过调节细胞内的氧化还原平衡，维持体内稳定的氧化还原状态。

DNA 与蛋白的保护和修复机制也关系到对种子活力或寿命的控制（Rajjou and Debeaujon, 2008; Rajjouet al., 2008），种子胚中的 DNA 损伤在吸胀早期的修复，对于种子的萌发和寿命有重要意义（Waterworth et al., 2010），而与蛋白修复相关的酶的表达对于种子寿命和逆境下的萌发也有重要贡献（Ogé et al., 2008）。

三、水稻种子寿命的相关基因

20 世纪 90 年代，日本 Suzuki 等（1992）成功地筛选到一份耐储藏水稻材料——Daw Dam，其谷粒不含脂氧合酶（lipoxygenase, LOX）的同工酶III（LOX-3），且 *LOX-3* 缺失呈单基因隐性遗传。南京农业大学利用 *LOX-3* 缺失材料 Daw Dam 与正常材料 IRBB7 构建的群体对基因 *LOX-3* 进行遗传和标记分析，证实 *LOX-3* 缺失呈单基因隐性遗传；进一步将 *LOX-3* 基因定位于水稻第 3 染色体 SSR 标记 RM3405 和 SSR 3-183 之间 27.5kb 的区域内，基因预测其间存在 5 个 ORF，其中包括 2 个编码 LOX 的 ORF。

Miura 等（2002）在 9 号染色体 R79～R1751 区域检测到与种子寿命相关的主效 QTL qLG9，贡献率达 59.5%；Zeng 等（2006）在 9 号染色体、11 号染色体和 12 号染色体上共检测到三个与储藏特性相关的 QTL 位点。Jiang 等（2011）利用 2 组材料分别确定了 qMT-SGC5.1、qMT-SGC7.2 和 qMT-SGC9.1 在 MT-RILs 5 号、7 号、9 号染色体上，qDT-SGC2.1、qDTSGC3.1、qDT-SGC9.1 在 DT-RILs 2 号、3 号、9 号染色体上。其中 qMTSGC5 只在 2 年和 3 年的存储期检测到。Li 等（2012）确定一个新的种子寿命相关 QTL，位于 6 号染色体的 qss-6。Wu 等（2021）通过 GWAS 分析，从 456 个不同水稻种质中发现了 9 个新的 QTL（qSS1-1、qSS1-2、qSS2 -1、qSS3 -1、qSS5 -1、qSS5 -2、qSS7 -1、qSS8-1 和 qSS11-1），其中 qSS1-2

和 qSS8-1 分别与已报道的 qSS1/OsGH3-2 和 OsPIMT1 共定位，这些 QTL 可部分解释水稻籼亚种的种子的耐储藏性优于粳亚种的种子的原因。但由于所用材料不同，与种子耐储藏性和活力有关的 QTL 位点的数量、在染色体上的位置、遗传效应及其与环境互作效应等结果也不尽相同，这些分子标记要应用于分子标记辅助选择育种，尚待进一步研究。

目前有关水稻种子耐储藏基因研究中，LOX 相关基因克隆报道较多。Aibara 等(1986)研究发现在稻米糊粉层中有三种脂氧合酶，即 LOX-1、LOX-2 和 LOX-3，在成熟的种子中最主要的是 LOX-3，水稻种胚脂氧合酶同工酶 LOX-3 占 80%以上。已从栽培水稻品种中克隆了 *LOX-3* 的启动子，长度为 1343 bp，进而用农杆菌介导法转化水稻品种，证实反义 RNA 抑制了 *LOX-3* 基因的表达。南京农业大学与日本研究人员合作将 *LOX-3* 缺失基因转移到日本的水稻品种越光中，育成了 *LOX-3* 缺失的水稻新品系 W017（江玲等, 2007）。同时，南京农业大学对 *LOX* 缺失基因进行定位和克隆研究，成功克隆到 *OsLOX1* 和 *OsLOX3*，并且认为 *OsLOX1* 基因是水稻种子脂氧合酶 LOX-1 的编码基因（汪仁等, 2008）。

研究发现，在人工老化条件下，不同基因型稻谷的耐储藏性表现为 *LOX-1*、*LOX-2*、*LOX-3* 全缺失种子＞*LOX-1*、*LOX-2* 两者缺失种子＞*LOX-2* 或 *LOX-3* 缺失种子。还有人认为，*r9-LOXl* 基因是影响稻谷储藏特性的关键基因。水稻种子脂氧合酶的 3 种同工酶在影响稻谷储藏陈化变质、仓储害虫危害等稻谷储藏特性方面所起的作用有所不同，*LOX-1*、*LOX-2* 的缺失产生的影响更大，*LOX-3* 缺失在减轻稻谷储藏中仓储害虫危害方面可能有独特的作用。*LOX-1*、*LOX-2* 可能是影响种子生活力的关键基因。*LOX-1*、*LOX-2* 的缺失可以大大地延缓水稻种子的陈化变质，延长种子生活力和寿命。但麻浩等（2001）的研究表明，大豆种子 *LOX* 的缺失对种子劣变没有明显影响。

Shin 等（2009）发现，乙醛脱氢酶 7（OsALDH7）参与清除种子干燥过程中形成的氧化胁迫而产生的各种醛类化合物，是水稻种子成熟和维持种子活力所需的。突变体的种子对加快老化处理更加敏感，同时积累的丙二醛比野生型多，表明 *OsALDH7* 在通过清除脂类化合物过氧化反应中产生的乙醛以维持种子活性方面发挥重要作用。Cai 等（2011）发现，转 *cry1Ab/cry1Ac Bt* 基因及其相关的 Bt 蛋白水稻有长期的耐储性。Talai 和 Sen-Mandi（2010）找到一个与乙酰辅酶 A 羧化酶基因高度同源的 *HVAC 19* 作为水稻种子活力相关的 DNA 标记。Wei 等(2015)发现，水稻蛋白质修复 L-异天冬氨酰甲基转移酶 1（PIMT1）通过保持胚的生活力提高种子寿命。Yuan 等（2021）发现，吲哚-3-乙酸（IAA）-酰胺合成酶基因（GRETCHEN HAGEN3-2, OsGH3-2）是一个种子储藏耐性相关基因；OsGH3-2 的过表达显著降低了种子的储藏耐性，而基因敲除或敲低会增强种子的储藏耐性；

OsGH3-2 可能由于调节脱落酸信号途径而作为种子储藏耐性的负调节因子。Gao 等（2016）的蛋白质组学研究发现更多与自然老化过程种子寿命有关的蛋白，包括氧化还原调节蛋白（特别是谷胱甘肽相关蛋白，如过氧还蛋白、乙二醛酶等），DNA-伤害-修复/耐性蛋白（DNA-damage-repair/toleration protein）及 LEA 蛋白等，同时推测水稻种子活力保持能力是多种因子共同作用的结果。

四、种子寿命的影响因子

虽然各种因素可以影响种子的储藏寿命，但两个最重要的因子是种子含水量[或者平衡相对湿度（RH）]和温度。一个通用的种子储藏的实际规则（称为 James 规则）是，对于理想的种子储藏，温度（°F）加空气的 RH（%）总计应小于 100。例如，对于种子的商业（中期）储藏，如果 RH 为 50%，储藏温度应不大于 50°F（10℃）。Harrington 规则提出，在 0℃和 40℃之间的温度，以及在 5%和 14%之间的含水量，温度每降低 10°F（5.6℃）和种子含水量每减少 1%，种子储藏寿命约增加一倍。这两个规则都强调了低含水量和温度在延长种子寿命中的重要性，特别是避免高温和高含水量的同时组合。然而，这些规则是有限的，因为只给出了与温度和种子含水量有关的相对寿命参数。

尽管温度和含水量是影响种子储藏寿命的两个最重要的因素，但许多其他的生物和非生物因子也影响种子储藏寿命。种子收获或者脱落时的成熟度可能影响潜在的储藏寿命，较成熟的种子具有更长的储藏寿命。然而，延迟收获也可能使种子遭受田间老化，尤其是种子的含水量较高时将缩短种子的储藏寿命。种子的干燥条件也可能导致种子质量的降低。例如，在种子含水量较高时，如果它们被过度加热，种子的质量将下降。由于这个原因，用于繁殖的种子通常先在较低的温度下（＜35℃）被干燥，当种子含水量降低时再增加干燥温度，但不应超过 45℃。

生物因素也可能影响种子的储藏寿命，特别是真菌和昆虫。田间真菌的生长需要高的种子含水量（对于禾谷类种子，需要的含水量高达 33%），仅在种子不能进行正常的成熟干燥时感染种子。因此，收获期的高降雨量可能导致广泛的真菌侵染和种子劣变。储藏真菌几乎完全是曲霉属（*Aspergillus*）和青霉属（*Penicillium*）真菌，在储藏条件下寄生于种子中。储藏真菌的主要危害是：①降低种子生活力；②引起种子变色；③产生对哺乳动物有毒性的真菌毒素和副产物；④导致热的产生；⑤使种子发霉和结块。细菌在种子劣变中不起主要作用，因为细菌种群的生长需要自由水，除非含水量非常高，否则不可能在储藏种子中增殖。此外，一些致病细菌和真菌（或者它们的繁殖体）可能在干种子中存活多年，为植物病害在种子中传播提供机会。

第三节　种 子 劣 变

一、种子劣变概述

种子劣变（老化）是指种子活力在生理成熟期达到最大值，随后下降（表现为种子在萌发过程中对逆境变得更加敏感），种子逐渐失去萌发能力，最终死亡的过程（Rajjou and Debeaujon, 2008; Rajjou et al., 2008）。大多数植物的种子在干燥状态下，能耐受极端恶劣的环境。干种子的代谢活动大幅下降并维持在非常低（几乎静止）的水平，同时在相当长时期内保持萌发的能力（Buitink and Leprince, 2008）。然而，种子劣变仍然是一个不可避免和不可逆转的过程。

种子劣变与细胞水平、代谢水平及生化水平的各种变化有关（Kibinza et al., 2006），种子劣变的速率很大程度上受环境和遗传因素的影响，如储存温度、种子含水量和种子质量等（Walters, 1998; Walters et al., 2005）。

种子劣变的一个重要因素是膜脂的过氧化。对水稻乙醛脱氢酶（aldehyde dehydrogenase, ALDH）基因突变体（*osaldh7*）研究发现，*OsALDH7* 通过对脂质过氧化产生的醛类衍生物解毒提高种子寿命（Shin et al., 2009）。在种子劣变过程中，被 ROS 氧化损伤的蛋白质、核酸和脂质等大分子物质必须被修复，才能保证种子顺利完成萌发、成苗，因此种子中的修复系统对于种子寿命和损伤后萌发活力的恢复至关重要。Ogé 等（2008）发现一种蛋白修复酶：L 型异天冬氨酸甲基转移酶（PIMT）与种子的寿命和萌发活力有关。最近的研究表明，参与核酸修复途径的酶与种子的耐藏性有密切的关系。在拟南芥中，DNA 连接酶突变株（lig6-1、lig4-5）均表现出较低的种子寿命和萌发活力（Waterworth et al., 2010）。进一步研究发现，在这三种突变株中参与 DNA 修复的过程被阻断，从而在种子中积累了大量的双链断裂（double-strand break, DSB）的 DNA。

二、种子劣变的形态和超微结构变化

1. 种子劣变的部位

在种子中，劣变不是均质发生的。一些研究提出，种子劣变通常从种子的分生区域开始，胚根尖端最容易受劣变影响（McDonald, 1999）。由于种子劣变不是在整个种子中均质发生的，因此种子劣变的生理研究应该优先分离和检查那些最可能先劣变的部位。

2. 形态变化

在许多物种中，种皮或者果皮随着种子老化而变黑或者着色。在一些情况下，种皮的脱色是由氧化反应引起的，温度和湿度的升高可以促进种皮褪色。在储藏中维持最初颜色的种子常常保持最大的活力，但种子也可被人工紫外线或者冷白荧光诱导而变黑，而种子质量却没有明显的下降（Priestley, 1986）。

3. 超微结构变化

随着种子老化进程，根尖细胞的膜发生变化。这些变化包括：①线粒体和质体的内、外膜异常；②核膜产生缺口；③内质网和高尔基体断裂或者丧失；④液泡和蛋白体的边界膜溶解；⑤脂质滴融合形成较大的小体或者不规则的小池；⑥质膜不连续，与细胞壁分离；⑦外原生质空间偶然出现絮状物（Bewley et al., 2013）。

傅家瑞（1985）提出，种子的活力变化与膜的不完整性密切相关。随后的进一步研究表明，高活力种子的细胞超微结构良好，膜系统完整，各种细胞器清晰可辨。种子一旦发生劣变，细胞器及膜系统均出现损伤，其中线粒体的反应较灵敏，核及内质网也受损伤。失去活力的种子，其脂质体融合成团，占据细胞体积的大部分，线粒体的结构也受到损伤，内质网出现断裂或肿胀。核的双层膜难以辨认，大量脂质体中空，往往沿壁排列。质膜从细胞壁处向内拉开（傅家瑞, 1985）。

三、种子劣变过程中贮藏物质的变化

种子活力与种子内贮藏物质的变化相关，贮藏物质的积累是种子活力形成的基础，也是储藏后种子活力下降的重要原因。随着种子成熟，体内的各种物质逐渐积累，种子的发芽率及活力也逐渐提高。随后在种子储藏阶段，种子内的糖类、蛋白质、脂肪等物质含量总体会减少，导致种子的活力下降（傅家瑞, 1985; Bewley et al., 2013）。

可溶性糖是种子储藏过程中的主要呼吸底物，也是种子萌发转入光合自养前的主要呼吸底物。在水稻种子的储藏过程中，可溶性糖的变化总的来说是随着储藏时间的增加而下降的，但是由于环境胁迫或种子自身的影响，可溶性糖的变化又趋于复杂化。当水稻种子成熟之后，种子中可溶性糖主要由种胚和胚乳已储藏的可溶性糖提供，并且可以通过淀粉等高分子的多糖降解得到补充，伴随着储藏时间的增加，可溶性糖被呼吸作用不断地分解，导致总糖的含量随着储藏时间的增加而不断下降。

贮藏蛋白为种子萌发和幼苗生长提供氮素营养，对种子萌发与胚的生长有着极重要的作用，同时与种子活力的形成和保持有密切的关系。一般认为，种子活力与贮藏蛋白合成能力有关，当活力下降时，蛋白质合成量减少，蛋白质和酶结构遭到破坏。另外，种子中贮藏蛋白还可能与种子的脱水敏感性和环境胁迫有关，如储藏温度、渗透胁迫、人工老化等。在储藏过程中，成熟的种子会经历活力下降的不可逆过程，同时，种子中的贮藏蛋白的含量也呈现不断下降的趋势。刘军等（2000）认为，高活力种子中，贮藏蛋白能够及时动员，为合成新蛋白提供足够的氨基酸，种子活力与种子萌发时胚贮藏蛋白的降解效率及新蛋白合成能力呈正相关，这表明不同活力种子的蛋白质合成能力、贮藏蛋白降解程度等可以作为衡量种子活力的生化指标。

在种子的储藏过程中，脂肪的积累和代谢对于种子寿命有着重要的影响。早期的研究表明，种子中的不饱和脂肪酸的氧化会引起细胞膜的通透性增加，同时氧化形成的自由基和过氧化物会对蛋白质、膜的结构、细胞组织及 DNA 造成破坏，从而导致种子活力丧失。近年的研究表明，丙二醛是种子中不饱和脂肪酸氧化的最终产物，能够引起种子膜系统的严重损伤，随着丙二醛含量的增加，种子细胞膜结构的完整性降低，衰老的程度增加，这一结果表明，脂肪代谢与种子活力正相关。水稻种子中脂肪酶和脂肪氧化酶引发了脂肪代谢，进而导致营养物质损失及种子生活力下降。脂肪酶是脂肪分解代谢中第一个参与作用的酶，在稻谷的储藏过程中，稻谷中的脂肪酶活性高，水解产生的游离脂肪酸相应就多，其下游的脂肪氧化酶催化反应加剧，产生醛、酮等挥发性物质，而且产生的脂肪酸、过氧化物及其衍生物和自由基，对蛋白质、膜结构、细胞组织及 DNA 造成破坏，缩短储藏时间，同时部分成分还与营养成分结合，使稻谷的食用和营养价值大为减少。

四、种子劣变的机制

尽管一些微生物、植物和动物已经进化出耐脱水到很低含水量的机制，但几乎没有证据表明，任何生物能够在水活性（water activity）低于 70% RH 或者在–50 MPa 时发生代谢作用。因此，这似乎提供了一个近似的阈值，将“干”与“湿”的机制分开（Bewley et al., 2013）。如图 8-3 所示，在水合水平Ⅱ，只有化学反应是可能的。一些酶在接近水合水平Ⅱ才有活性，但反应速率极低或者种子仅局限于脂质相变。在 70%和 90% RH（水合水平Ⅱ和Ⅲ）时，能够检测到一些酶的活性（非常低的速率），在这个范围的高水合端底物水平的呼吸作用能够进行。呼吸作用的最小限度大约是 90% RH（–15 MPa）或者水合水平Ⅲ，但较高的呼吸速率、蛋白质和核酸的生物合成仅在水的可利用性增加到水合水平Ⅳ（＞–5 MPa）时才可能发生。与膨压、生长和萌发有关的活跃生理过程只有在水合水平Ⅴ或者高于 99% RH（约–1.5 MPa）时才能发生。因此，储藏在＜70% RH 中的种子，只有化学反应或者辐射（如宇宙射线）可能是劣变的主要因素。在种子劣变迅速和经常用于促进老化研究（75%～100% RH）的水合范围，其他机制也可能起作用，特别是当高含水量与高温相结合时。因此，“干”种子是指那些含水量与 70% RH 平衡或者更低的种子，而具有更高水合作用的种子称为“湿”种子，与液态水或者很高的 RH（>–2 MPa）接触的种子称为“吸胀”种子（图 8-3）。

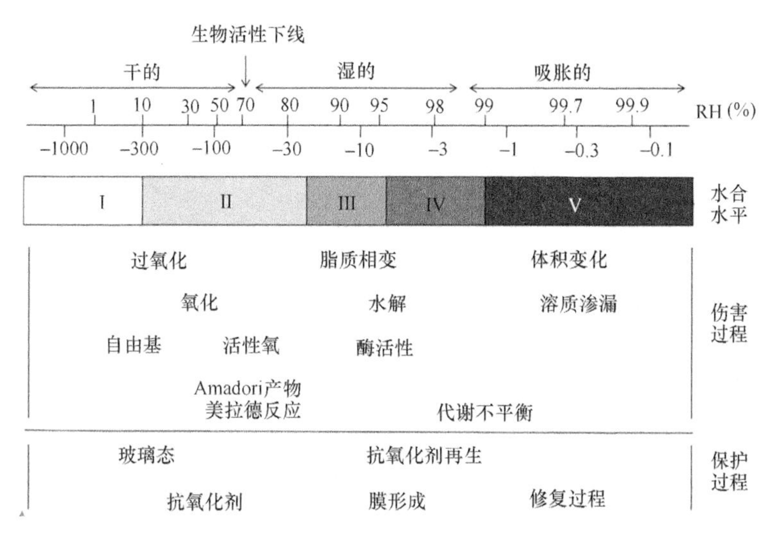

图 8-3　种子的水合水平与劣变和保护性机制（引自 Bewley et al., 2013）

顶部的尺度表明平衡的相对湿度（RH）、水势（ψ）和水合水平。尺度下面表示在不同水合水平的储藏过程中与种子劣变有关的许多过程，以及一些保护和修复机制。因为低于约 70% RH，代谢/生物化学过程不发生，这被表示为“干”和“湿”过程之间的大致分隔。最高水合水平（Ⅳ和Ⅴ）主要通过与液态水接触获得，因此表示为“吸胀”

普遍认为，氧化和过氧化过程在干种子发生的最初伤害中起主要作用。自由基（free radical）能够自发地产生，并能触发各种种子成分的氧化。在种子含水量最低时，玻璃态的极端黏性限制了其他类型的化学反应所需要的分子运动，以及底物和反应物的扩散；尽管这些事件的发生速率很慢，但氧气的可利用性和 ROS（包括过氧化氢和羟自由基）的形成允许发生自由基反应。因此，自由基和 ROS 的伤害在干燥种子或者在湿种子的较低水合范围（水合水平Ⅰ～Ⅲ）内是最普遍的（图 8-3，图 8-4）。自由基或者非酶促化学反应可能在低含水量的干种子中发生，主要引起储藏种子的劣变。抗氧化剂如生育酚、酚和抗坏血酸能够破坏自由基和阻止它们扩散，减少对种子的伤害。然而，在低含水量的干种子中，再生抗氧化剂的酶促机制不起作用，所以，预计它们最终被耗尽，使 ROS 具有破坏性。

在水合水平Ⅱ～Ⅳ，其他的伤害机制也可能发生作用。“湿”种子经常被用于促进老化处理，足够的水分可使一些酶具有活性，以及开始一些代谢活动（图 8-3，图 8-4）。在水合水平Ⅲ，种子发生迅速的劣变，特别是在升高温度时；因为所有的伤害反应（如化学的、ROS、酶的、一些呼吸或者代谢的；图 8-3，图 8-4）可能在水合水平Ⅲ发生，但是水分含量不足以使保护性机制有效。

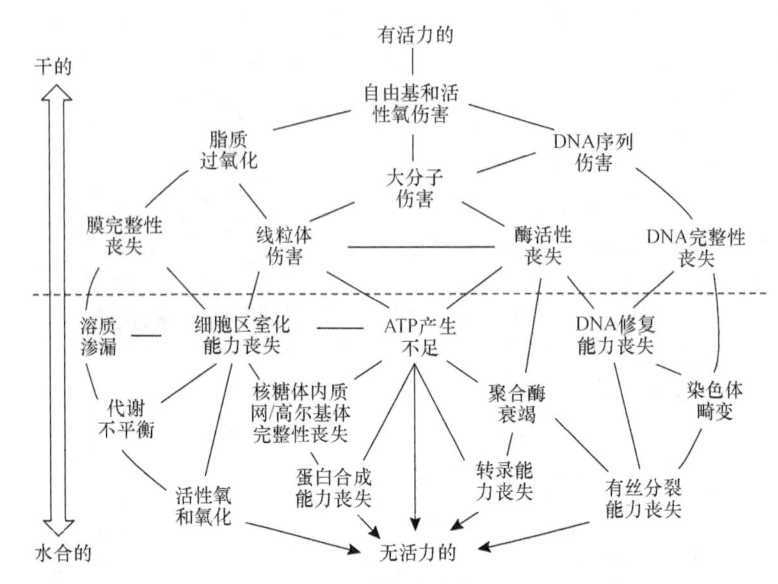

图 8-4　可能导致储藏种子生活力丧失的各种原因与途径（引自 Bewley et al., 2013）
虚线以上的事件可能在干种子中发生，虚线以下的事件仅在吸胀后水合水平较高时发生

当种子获得更高水平的水合作用（Ⅳ～Ⅴ）时，其体积急剧增加。当细胞器和细胞组分之间的空间关系被重新形成，特别是膜系统和细胞器的膜结构被破坏时，可能引起胁迫。在含水量较高的湿种子和完全吸胀的种子中，对种子质量的影响更多地依赖于功能性修复过程，而不是含水量本身。在吸胀开始后不久，DNA修复被活化，如果修复未完成，受伤害基因的转录和/或功能将被破坏。

第四节　种子储藏与资源保存

一、种子短期储藏

1. 种子储藏所需的设施与设备

1）配备完整的种子温湿度测控系统、熏蒸系统、通风系统，谷物冷却机、粮仓专用空调及其他配套的作业设施等。同时在实施低温储藏过程中，引入低温储藏智能化控制和程序化管理技术，实时检测和自动分析种子堆内外温度、湿度等参数的变化情况。

2）种子库房要求能隔气防潮、隔热保冷，且具备使用谷冷机、制冷设备及三相电输送装置、供水系统、发电机等的配套供应能力。

2. 种子库房的准备

1）库容整理。①检查冷库屋面隔热及防渗（漏）情况，检查隔热门和门锁的完好性，检查冷库四周的内壁隔热墙面的完整性，发现墙面有脱落或开裂情况，必须及时修补；②检查冷库地面铺垫木架的完整性，保证杂交稻种子包装袋在木架上堆放整齐；③彻底清除仓库里的异物、垃圾等，同时对存放在仓库内的工具进行清洁，剔刮屋内墙壁、门框、门窗、角落里的虫卵、虫窝；④对仓库消毒。在对仓库的总容量及种子的储藏面积进行计算后，进行消毒。空仓消毒：用 80%敌敌畏、乳油 2 g 对水 1 kg 配成 0.2%的稀释液进行喷雾，或用 56%磷化铝 3 g/m^3 在上、中、下层均匀布点进行熏蒸。施药后密闭门窗 120～168 h，然后通风 24 h，清扫药物残渣。

2）冷却机械运行检查。冷库开机前，检查压缩机的电路、管路、冷却液、通风口等的完好性，确认冷库门窗密闭，检查确认好后，将空调机温度设定为 15℃，湿度设定为 65%。种子入库前 1 天，开机对冷库进行预冷、抽湿。

3. 种子待储前的处理

1）对待储藏的种子进行整理。①整理：将准备入库储存的杂交稻种子按品种集中堆放，仔细检查并清除包装物中夹带的异物，剔除所有混入的异品种包装；②拆包：将同一品种杂交稻的大、小包装集中堆放，统一拆解，拌和均匀；③换包装：用同一规格的编织袋（一般 50 kg/袋）进行定量包装，标注品种、数量、包装编号。

2）清理杂质，控制杂质含量。入仓时种子全部采用清杂机、精选机清杂，入仓杂质控制在 0.4%，种子净度要达到 99%以上。

3）控制水分。对准备储藏 1 年以上的 F1 代种子和亲本种子，含水量应控制在 12%以下。短期储藏的种子，含水量控制在 12%～13%之间。种子水分若达不到要求，应进行烘干或翻晒。

4）用杂交水稻种子胚活力保持剂处理。将天然植物提取物、水稻胚活力保持剂用水或酒精溶解，配制成质量百分比浓度为 0.5%～1%的溶液后，在水稻种子入库储藏前的干燥过程中用喷雾设备将其直接均匀喷洒到水稻种子上，喷雾量为 1000 kg 水稻种子使用上述配制的溶液 5～10kg，再将水稻种子干燥到安全水分含量以下进行储藏。或者与 0.1%～0.2%的杀虫药一起喷施种子，然后将种子烘干或翻晒至安全水分含水量以下入库进行储藏，以保持种子活力，降低害虫危害。

5）控制入仓种子温度。种子入冷库时，严格控制种子温度，避免在高温季节进仓。刚烘干或翻晒的热种子要经通风冷却才能入冷库。

4. 种子堆放

根据冷库库容，合理安排堆积的码放方式。冷库纵向中线留人行通道，种子堆与仓库的门窗通道平行。库内按“非”字型堆放，堆垛高度不超过散热器机口，垛与垛、垛与四周墙壁距离 50 cm 左右，堆放整齐。

种子堆垛必须六面腾空，冷库地面干净无杂粮，包装袋上配挂卡片或标签，标明种子名称、产地、生产日期、入库时间、数量、包装件数等，严防种子窜包，引起种子混杂。

种子堆放做到：不同品种的种子分开堆放，不同批次、不同等级的种子分开堆放，不同含水量的干、湿种子分开堆放，新、陈种子分开堆放，有、无病虫的种子分开堆放。

5. 储藏过程的管理

（1）温湿度的监测控制

采用干湿计逐天检测仓温仓湿并进行记录分析，按设定的监测位置定点检测种子堆温度。对不同时间、不同批次的种子温差予以监测，特别是加强高水分区、高温区、水分温度高梯度区、易结露区等重点部位的温度检查，发现种子堆局部发热时应及时处理，整仓发热时，整仓通风、整仓翻倒。

12 月底到翌年 2 月，利用风机通风降温，将种温降到 12～16℃，并做好仓房隔热保冷。关闭仓房底部的通风口，同时在通风口内部加装防火隔热泡沫板，增强通风口部位的隔热保温性能。对仓房上部的风机口、窗，则采用聚氯乙烯薄膜沿窗边坑槽进行密封。

3～6 月气温回升，在仓温达到 18℃时开启空调控温。冷库制冷空调设定温度为 15℃，湿度为 60%。

6～9 月气温急剧上升时，若空调制冷达不到设定参数，必须关闭空调，采用谷冷机补冷。谷冷机出风温度应设置在 10～15℃，相对湿度 60%～65%。补冷结束后，及时开启空调，空调开机前与停机后均应做好外温、仓温、仓湿记录。

（2）通风

当外界温、湿度低于仓库内温、湿度时，就开窗通风；如果外界温、湿度高于仓内温、湿度时，则不宜通风。通风应选在天气晴朗的白天进行，雨天、雾天和夜晚都不能开窗通风。隔热防（气体）渗、密闭性好、存放种子量较大的冷库，每 7 d 定期打开隔热门 3～5 min，让冷库内外产生部分气体交换。

（3）防潮隔湿

确保仓库的门窗密闭，尤其是要随时检查仓库是否出现漏雨漏水现象，特别是空调出风口位置要重点检查，一旦发现仓库比较潮湿，要及时处理。不能让种子接触水分，如有受潮，及时晾晒，并与干燥种子分离，避免影响干燥种子。

（4）防霉杀虫

做好种子有害生物量的监测，检测采用筛检法，即取一定数量的种子，通过特定工具把虫子筛除，分析活虫种类和数量，再决定采取何种防治措施。

南方2月底3月初天气回暖，粮食虫害开始繁殖，此时种子仓库刚进行完机械通风降温，仓房密闭。趁种温较低，在储粮害虫还没大量产生时，进行低剂量膜下环流间歇熏蒸。单位总用药量为 3 g/m^{3}左右，具体分配是：第一次 1.8 g/m^3；第二次 0.8 g/m^3；第三次 0.4 g/m^3。每次补药间隔时间，决定于种子堆磷化氢有效浓度（设定浓度为 200 mL/m^3），低于标准就补药，在仓外通风口投药即可，然后密闭半个月左右。在密闭熏蒸完后打开检测门、窗放气。

6. 种子出低温库要避开高温时期

夏天高温天出库，先将种子搬移到缓冲间，缓慢增温后，才可安全出库。储藏在冷库的种子特别是生产了 2 年以上的陈种，出库要根据销售季节和播种时间适当安排。

二、种子长期保存：种质资源库（基因库）

利用现代制冷空调技术来保存作物种质资源，始于 20 世纪 40 年代美国的 4 个地区引种站。1958 年，美国国家种子储藏实验室（National Seed Storage Laboratory）建成了世界上第一座国家级现代化低温种质库，至 1996 年世界上有 77 个国家拥有中长期储藏的种子保存设施，种质储存份数达 550 万余份。我国作物种质资源低温库建设始于 1976 年，国家长期库建成于 1986 年，2021 年底已保存 52 万份种质，储存数量居世界第二。随着农业生物资源保护越来越被人们重视，近年来国内不少省、自治区、直辖市正在计划建设种质库来收集保存农业生物种质资源，为本省的农业科研机构建立起资源创新利用的平台，以促进本地区农业生产的可持续发展。

种质是指所有携带遗传物质的活体，对于植物来说，不仅包括种子，还包括植株、根、茎、胚芽和细胞等，甚至是 DNA 片段。依据保存种质对象的不同，种质资源库又分为低温种质资源库、超低温保存库和 DNA 库等（卢新雄, 2006）。

1. 低温种质资源库

低温种质资源库又分为长期库和中期库，国际植物遗传资源研究所（International Plant Genetic Resources Institute, IPGRI）的专家推荐的长期库储藏温度为（–18 ± 2）℃、相对湿度（RH）＜65%，种子储藏含水量：一般作物为 5%～7%、大豆 8%，储藏寿命可达 20 年以上。中期库储藏温度（4±2）℃，相对湿度

<65%，储藏寿命为5～10年。我国已收集50多万份作物种质资源，存入国家种质库进行长期保存，储存数量居世界第二位。

2. 超低温保存库

超低温通常指温度低于–80℃，主要用液氮（–196℃）获得这样的温度。在如此低的温度下保存生物材料，其生理代谢活动几乎处于停止状态，可降低甚至抑制种质的遗传变异，以保持生物材料的遗传稳定性。这在减少组织细胞继代培养和自然界积累性的突变等变异，保存和抢救物种等方面有极其重要的作用，被公认是无性繁殖作物种质资源长期保存的理想途径。超低温保存库采用成熟的超低温保存技术，将经过预处理的植物离体材料，放入装有防冻保护剂的密封冻存管中，再置于液氮罐中进行长期保存。超低温保存库的主要设施是液氮罐和液氮储液塔，液氮罐是对种质进行长期保存的地方，液氮储液塔通过连接管道可随时向液氮罐提供液氮源，从而保证液氮罐温度在–196℃。

3. DNA 库

DNA 库重点保存特有、珍稀、濒危和野生的植物种质材料。DNA 库主要采用深度低温冰箱（–80℃）、液氮超低温保存和冷冻干燥保存方法。其他一些基因工程材料如质粒、蛋白和多肽等，因为是没有细胞结构的生物分子化合物，通常用冻干保存法就能达到很好的效果。

第五节　老化种子的恢复

种子引发是提高种子活力的一种技术手段，最先由 Heydecker 等（1973）提出，它通过控制种子缓慢吸水，让种子预发芽，促进细胞膜、细胞器、DNA 的修复和酶的活化，使之处于发芽的准备状态但防止胚根伸出。目前，国内外有关作物种子引发方法、种子引发对作物种子发芽特性及作物农艺性状的影响、种子引发在提高作物非生物胁迫耐受能力等方面的研究很多。有关种子引发机理的研究不系统，而且多集中在果树、蔬菜、花卉等园艺作物或烟草、牧草等种子领域，水稻种子方面的不多。

一、水稻种子引发的方法及引发效果的影响因素

1. 水稻种子引发的方法

目前种子引发的方法很多，主要有液体引发（渗透调节）、固体基质引发、滚筒引发、生物引发和膜引发（阮松林和薛庆中, 2002）。滚筒引发、生物引发由于

费用昂贵，目前主要应用于园艺作物种子上；膜引发主要用于种子具有黏液特性的植物。

水稻种子的引发方法主要有以下几种：一是渗透调节；二是利用抗生素或者元素 La 或 Ce 处理水稻种子，处理后种子活力明显增强；三是采用固体基质引发，如蛭石、页岩、细沙等，通过固体基质控制种子吸水量从而达到引发目的。近年来，研究人员在种子引发领域进行了较新的尝试，并已取得可喜的成效。例如，将水引发或渗透调节技术同其他种子播前处理技术如干湿交替或冷、热处理等相结合来促进种子的萌发。另外，营养元素浸种处理对种子萌发具有明显的促进作用。

水稻种子常用的引发方法是渗透调节。渗透调节主要考虑使用高胶体渗透压溶液或者适当晶体渗透压的盐溶液来调控种子吸水。渗透调节使用的溶质分成三类：水、有机物和无机盐。有机物，如聚乙二醇（PEG）、聚乙烯醇（PVA）、交联型聚丙烯酸钠（SPP）、乙醇、甘露醇、脱落酸、赤霉素、生长素、激动素、抗坏血酸、丙三醇、脯氨酸、三磷酸腺苷、维生素、茶多酚、胆碱、水杨酸、NADH、壳聚糖等；无机盐小分子，如 KNO_3、KH_2PO_4、NaH_2PO_4、Na_2HPO_3、K_3PO_4、$NaCl$、$ZnSO_4$、$MgSO_4$、$Al(NO_3)_3$、$CaCl_2$、NH_4NO_3、$Ca(NO_3)_2$、$NaNO_3$、KCl、KCN、$(NH_4)_2MoO_4$、硼等；其中以 PEG 引发效果较好。

2. 水稻种子引发效果的影响因素

种子引发是一个很复杂的过程，其效果受众多因素影响，如引发环境的渗透势、引发时间、温度、通气状况、光照和种子质量，以及引发后的回干程度和储藏等，并且上述众多因素通常相互作用。要想取得最佳引发效果，必须合理控制各影响因素。

引发渗透势的控制是液体引发的关键所在，最佳渗透势是既能使种子适度水合但又不发生可见的萌发的渗透势。最适引发时间随温度、渗透压及种子品种而不同。种子引发的最适时间应该指在最适温度及渗透压条件下达到最佳引发效果所需的时间。一般来说，在较低的温度下引发的时间相对长一些，在较高的温度下引发的时间相对短一些。种子引发的最适时间和温度因作物品种、渗调剂等不同而不同。水稻种子引发一般采用的温度是 20～30℃，引发时间为 6～72 h 不等。

引发后种子的回干条件也会影响引发效果。引发结束后，一般采用逐步缓慢回干的方法，要避免种子快速干燥，以免缩短种子寿命，吸湿-回干循环法能较好地保持引发效果。给予引发后种子几个小时至几天的温水或温度胁迫，或短时间的热激处理有利于保持种子寿命。引发干燥后的种子在试验前回潮可能会减少种子的吸胀伤害和不正常苗的数量。还有研究报道，引发后仅吸干种子表面水分比引发后回干的种子引发效果好。种子引发效果还受引发后种子的萌发条件如水分、温度、光照和土壤等的影响。引发种子在低温、高温、高盐和干旱等逆境条件下的萌发效果要优于适宜条件。

种子引发实质上让种子预发芽，使得种子缓慢吸水，诱导质膜修复，促进萌发前代谢活动，动员萌发前贮藏物质，为萌发做好积极准备。实质上引发是对种子进行保护—脱毒—修复的过程，从而提高种子活力（Ventura et al., 2012）。虽然有关水稻种子引发的研究很多，但主要集中在引发方法、引发后的表观特征等方面。有关种子引发机理的研究很多，但多集中在蔬菜、果树、花卉等园艺作物或烟草、牧草等种子领域，水稻种子方面的很少。有关水稻种子引发机理研究，多注重酶活性、蛋白质变化、DNA 的合成与修复、细胞活动（包括细胞周期和细胞伸长）、激素信号等，有关引发期间激发的主要代谢途径的信息非常有限。

二、种子引发的作用机理

经引发的种子，活力明显增强，发芽率、成苗率及抗逆性显著提高，出苗快而整齐，产量提高，品质也得到改善，但引发的作用机理至今仍不是很清楚。综合国内外有关种子引发机理研究的文献，首先，种子引发启动与萌发相关的活动，促进种子从静止干燥状态到萌发状态的过渡，从而提高萌发潜力。其次，引发对种子实施非生物压力，抑制胚根突出但刺激应激反应，诱导抗逆能力增强（Chen and Arora, 2013）。

1. 引发可以促进酶的活化

（1）提高抗氧化酶活性，促进膜的修复

引发可以提高种子抗氧化酶活性，增强抗氧化能力。很多研究表明，引发后水稻种子 SOD、POD 和 CAT、APX、GPX、脱氢酶等活性提高，这在很多其他作物上也得到证实（Xiong and Zhu, 2002; Chen and Arora, 2013; Farooq et al., 2006a, 2006b, 2010）。Kibinza 等（2011）的研究发现，引发通过激活 CAT 酶的表达和翻译促进 CAT 的合成，并认为 CAT 在老化种子活力修复中起关键作用。Goswami 等（2013）的研究发现，干旱条件下，经引发的水稻种子，其幼苗 GPX 活性提高，MnSOD 过量表达，抗氧化酶活性提高，清除种子水化时急剧积累的 ROS，可以修饰和灭活蛋白质、脂类、DNA 和 RNA，诱导细胞功能障碍能力增强、脂质过氧化减轻，种子浸出液电导率、丙二醛（MDA）显著降低，从而保护了细胞膜的完整性，提高了种子活力。

（2）提高水解酶的活性，促进贮藏物质的动员

引发还可以提高水解酶活性。水稻种子引发后，淀粉酶（包括 α、β 淀粉酶）活性提高，碳水化合物分解能力增强。同时，葡萄糖-6-磷酸脱氢酶、磷酸酯酶、

乙醇脱氢酶、醛缩酶和异柠檬酸裂解酶等活性增强，对不能直接为胚生长发育所利用的淀粉等碳水化合物、贮藏蛋白及脂类等贮藏物质动员起积极作用，为种子萌发、胚的生长发育提供可利用的能源。水稻种子引发后，由于水解酶活性增强，种子中还原糖及总糖含量较未经引发的对照种子增加，非还原性糖含量降低。引发后水稻种子中可溶性蛋白含量也会增加。Bourgne 等（2000）认为引发促进了种子贮藏蛋白的溶解，如 β 球蛋白中的 11S 球蛋白的 β 子单元的溶解。另外，引发后水稻种子脯氨酸含量增加，而脯氨酸可抑制脂质过氧化作用、稳定膜，并能作为氮源和碳源，促进幼苗生长和再生。

2. 引发对呼吸作用的影响

引发期间的呼吸活动是萌发相关的细胞活动的能量来源。渗透调节能激活呼吸途径，使 ATP 水平/能量池升高，为萌发提供更多的能量（Chen and Arora, 2013），从而提高种子的活力。

引发增强能量代谢可能是通过启动线粒体快速发育。线粒体在种子成熟过程（脱水）和萌发早期（再水化）会发生损害，存在结构缺陷，需要在萌发早期进一步发育。线粒体发育有两种类型：①预先存在的线粒体的修复和再生。②新线粒体的生物合成。但引发是否能为线粒体的完整修复提供足够的时间是有争议的（Nonogaki et al., 2010）。而且，这样的修复对器官发挥功能可能没有必要：正常萌发的水稻种子，在吸胀的最初几个小时可以检测到呼吸作用，但此时没有发育完全的线粒体，这在其他种子上也得到证实。此外，引发延长萌发的Ⅱ阶段，可能通过延长能量代谢时间促进有效的线粒体发育。因此，渗透调节引发的种子拥有更大的 ATP 池和更高效的 ATP 生产系统，为引发后的种子萌发和幼苗生长更好地提供能源。

3. 引发可以促进转录和翻译，诱导合成保护物质及萌发促进物质

（1）诱导萌发促进物质的合成

引发可以促进一些Ⅱ型蛋白质的合成，如水通道蛋白（AQP）（质膜内在蛋白质 s，液泡膜内在蛋白），它们可以调节水的跨膜运输，调节植物细胞扩张和器官发育（Maurel et al., 2008），对种子萌发起重要作用。许多水通道蛋白在干燥种子中很难检测到，但在种子水化时被激活（Gao et al., 1999; Vander Willigen et al., 2006）。水通道蛋白积累/活动可能与萌发潜力有关，因为胚根突出最终是由细胞伸长驱动的。Liu 等（2013）的研究发现，沉默水通道基因 OsPIP1;1 和 OsPIP1;3，则水稻种子发芽率降低；OsPIP1;3 过表达，促进了水胁迫条件下水稻种子的发芽。外源一氧化氮（NO）通过激活 OsPIP1;1，OsPIP1;2，OsPIP1;3 和 OsPIP2;8 的转录，促进水稻发芽；也支持这一观点。

蛋白质合成通常在被引发拉长的自吸Ⅱ阶段达到高峰，AQP可能不是唯一重新合成的Ⅱ型蛋白质，如α、β淀粉酶在引发期间合成，这可以促进储备利用，以用于呼吸途径和大分子生物合成（de Lespinay et al., 2010）。而且，一些参与离子运输（ATP酶）或萌发信号传导（蛋白质酪氨酸磷酸酶）的酶在渗透调节中被激活（Yang and Wang, 2005; Zhuo et al., 2009）。另外，一些蛋白质在引发期间被诱导参与各种生物过程，如细胞周期蛋白（α、β 微管蛋白）、参与乙醛酸循环的酶（异柠檬酸裂解酶）、参与甲硫氨酸生物合成的酶（半胱氨酸合成酶、磷酸丝氨酸转氨酶和丝氨酸羟甲基转移酶）、翻译起始因子等（Gallardo et al., 2001; Catusse et al., 2011），促进种子萌发。

（2）诱导保护物质的积累

晚期胚胎丰富（LEA）蛋白、热休克蛋白（HSP）和种子贮藏蛋白与种子长寿存在密切关系。它们可以作为一个ROS的陷阱，保护细胞结构和其他种子蛋白对抗氧化胁迫。

引发被认为是给予种子发芽前一种温和的非生物压力（渗透、干旱和氧化等），抑制胚根突出但刺激应激反应，如LEA等的积累，诱导交叉抗性，从而提高引发种子的抗逆能力。Ⅱ组LEA，如DHN（脱水素），被认为在干旱、盐、寒冷胁迫下能防止细胞脱水（Kosová et al., 2008）。引发促进LEA的积累，有利于萌发种子的脱水耐性重建（Maia et al., 2011）。

LEA积累并不是引发引起的唯一应激反应。如HSP，稳定蛋白质和膜结构的分子伴侣，可以保护蛋白质免受氧化损伤，在几个物种的引发期间被诱导（Gallardo et al., 2001; Cortez-Baheza et al., 2008）。Karin和Shaulian（2001）鉴定了一个水引发的特异性蛋白过氧化氢酶亚型，其含量在引发期间升高。

Cortez-Baheza等（2008）认为，引发种子活力的提高与引发过程中诱导的几个基因表达密切相关：这些基因与编码LEA和热休克蛋白、蛋白酶抑制剂以及参与 DNA 复制的酶和未知功能的蛋白质的基因具有高度相似性，其中一个基因被鉴定为LEA蛋白第3组的新LEA基因*Calea 73*。

引发还可以引起其他蛋白质丰度变化（Yacoubi et al., 2013）。研究报道：发芽初期，未经引发的种子中蛋氨酸合成酶、半胱氨酸合成酶丰度均下调，但二者在引发种子中的丰度不变。蛋氨酸作为蛋白质的基石，对所有生物是必不可少的；而半胱氨酸则是抗氧化剂谷胱甘肽合成的前体。盐胁迫下，膜联蛋白、RNA结合蛋白在引发种子中丰度上调（尤其是RNA结合蛋白丰度大幅上调），在未经引发的种子中丰度下调；血红素加氧酶在引发和未引发种子中丰度均大幅上调，但在引发种子中上调幅度更大。膜联蛋白是具有多功能的蛋白，既能结合钙离子，又能使油脂带负电荷，可以作为潜在种子活力的一个标记。血红素加氧酶可催化血红素氧化，转化成胆绿素，并伴随一氧化碳（CO）和游离铁（Fe^{2+}）的释放，CO

积极调节种子萌发。而 RNA 结合蛋白监管着 RNA 代谢的许多方面，包括前体 mRNA 加工、运输、稳定性/衰减和翻译。

4. 引发对种子细胞活动的影响

引发可以促进 DNA、RNA 的合成。Davison 等（1991）认为，引发通过促进 rRNA 的合成增加了种子的 RNA 含量，进而促进蛋白的合成，从而提高种子的萌发能力。引发还可以减小染色体畸变频率，修复因老化引起的染色体、DNA、RNA 损伤，维持基因组的完整性。研究表明，用 $CuCl_2$ 和 PEG 溶液引发种子，则编码 DNA 修复酶——酪氨酰-DNA 磷酸二酯酶的 *MtTdp1α* 和 *MtTdp1β* 基因表达在吸胀期间显著上调（Ventura et al., 2012）。

DNA/核复制与细胞周期有关。引发种子多数拥有领先的阶段 I 和 II，通常拥有比未引发种子更高的 4c/2c DNA 比率，因为引发种子通常萌发更快，这个比例的提高被用作一个萌发优势状态的生物标记。尽管细胞周期（核复制）和种子质量存在潜在的关系，但细胞周期不是引发种子萌发性能改善的主要决定因素，现在公认的是胚根突出，归功于自吸 II 阶段的细胞伸长（Bewley et al., 2013; Nonogaki et al., 2010）。研究发现，NaCl 引发上调了编码参与胚乳蛋白质降解的基因表达，如棒曲霉素、内切-β-甘露聚糖酶、木葡聚糖内转糖苷酶（细胞壁重构关键酶），这些蛋白质的表达/活性上升可能通过胚乳收缩、细胞质凝结和细胞壁溶解减弱胚根突出的物理抗性，从而提高了引发种子的发芽率和萌发整齐度。

5. 激素信号

种子成熟和随后的萌发涉及两个不同的发育过程，分别为：①胚胎发育到成熟。②静止干燥状态到萌发状态的转变。每一个转变都可以由生长抑制剂 ABA 和生长促进剂 GA 的相互作用来调节（van der Geest, 2002）。ABA-GA 交互作用是由参与这两种激素生物合成和信号途径的基因表达来调控的（例如，编码 ABA 和 GA 受体的基因）。ABA-GA 交互作用控制逆境蛋白、贮藏化合物和萌发蛋白的代谢。在胚胎发育期间，ABA 积累调节种子成熟、抑制胎萌；GA 的生物合成和信号在种子达到成熟时被抑制，但在萌发期间增强。ABA 抑制种子进入萌发III阶段，但是不影响种子进入 I 和 II 阶段。

有关 ABA-GA 在引发期间的交互作用及其与种子萌发特性改善的关系的报道有限。上述结论需要进一步证实。此外，一些研究表明，ABA-GA 交互作用会产生不同的引发响应，比如引发期间 ABA 信号增强，这种响应可能与引发期间逆境蛋白积累有关（Bruce et al., 2007）。乙烯通过提高萌发速度和发芽率来影响种子萌发。

第六节 种子老化的组学研究

一、种子老化的蛋白质组研究

‘Y 两优 2 号’杂交水稻种子的萌发率在 100%RH 和 40℃条件下的老化过程中显著下降，老化 12 d 后，50%的种子丧失萌发能力，而老化 25 d 的种子都不能萌发（图 8-5A）。研究发现，随着老化时间的延长，种子的萌发速率也下降。例如，对于老化 0 d、5 d 和 10 d 的种子达到 50%萌发所需的时间分别为 42 h、56 h 和 80 h，而老化 15 d 和 20 d 的种子在实验过程中萌发率远低于 50%（图 8-5）（Zhang et al., 2016）。

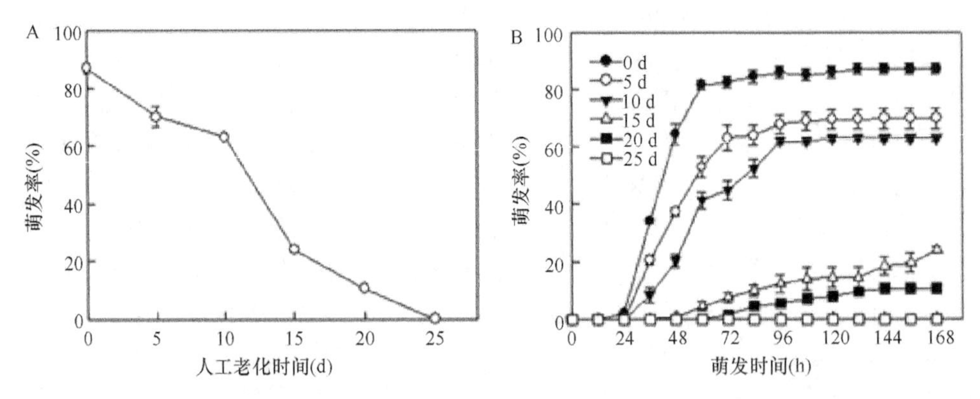

图 8-5 ‘Y 两优 2 号’杂交水稻种子在 100%相对湿度和 40℃条件下老化不同时间的萌发率（A）和萌发进程（B）（引自 Zhang et al., 2016）

种子分别老化 0 d、5 d、10 d、15 d、20 d 和 25 d 后，在 25℃和黑暗中萌发 168 h。以胚根伸出 2 mm 作为萌发完成的标准。所有的值均为 50 粒种子三次重复的平均值±SE

为了确定与杂交水稻种子老化有关的蛋白，老化 0 d（A）、10 d（B）和 25 d（C）的种子的胚和胚乳的总蛋白被提取和通过 2-DE 进行分析（图 8-6）。通过比较不同种子样品的蛋白图谱，在‘Y 两优 2 号’杂交水稻种子老化过程中，在胚和胚乳中分别检测到 1109±103 和 1093±93 个蛋白斑点。在这些蛋白斑点中，分别有 91 个和 100 个蛋白斑点的丰度在胚和胚乳中发生了显著的变化（≥2 倍的增加或者减少多于 50%）；通过 MALDI-TOF/TOF MS 分析以及 SwissProt 数据库和 NCBI 数据库搜索，在胚和胚乳中分别鉴定出 71 个和 79 个蛋白斑点。这些蛋白斑点大多数在胚中的丰度增加（95%），在胚乳中的丰度减少（99%）。Bevan 等（1998）和 Schiltz 等（2004）的研究表明，胚中鉴定的大多数蛋白与能量（30%）、细胞防御和救援（28%）及贮藏蛋白相关（18%）；胚乳中大多数鉴定的蛋白参与代谢（37%）、能量（27%）、蛋白质合成和定位（11%）（图 8-7）。最显著的变化

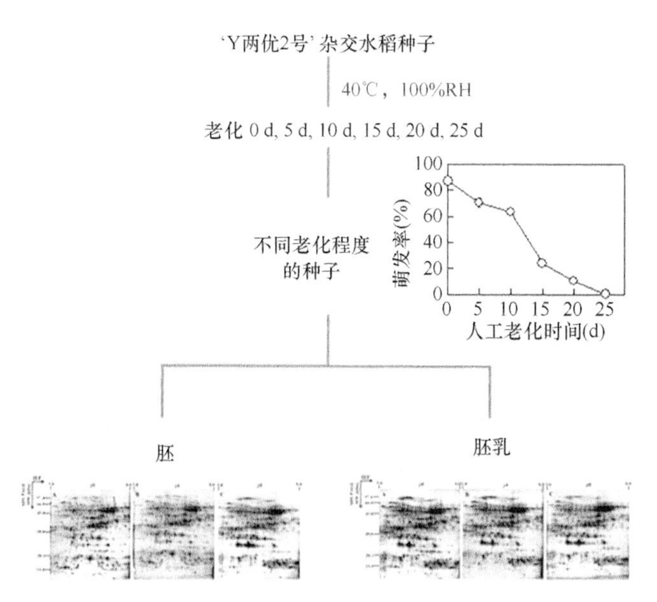

图 8-6 'Y 两优 2 号' 杂交水稻种子老化过程中蛋白质组学分析示意图（引自 Zhang et al., 2016）

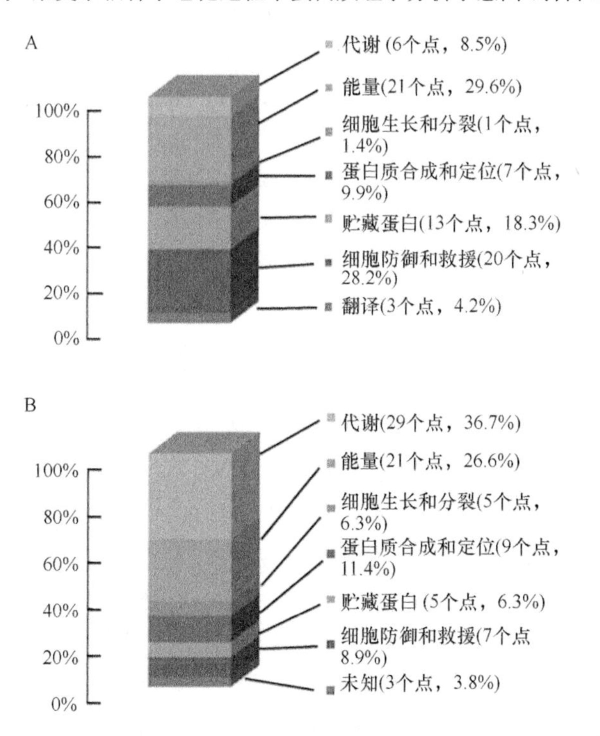

图 8-7 'Y 两优 2 号' 杂交水稻种子老化过程中丰度变化和被鉴定的蛋白的功能分类及其分布（引自 Zhang et al., 2016）

A：胚，71 个丰度变化的蛋白斑点分为 7 个功能组和 17 个亚功能组；B：胚乳，79 个丰度变化的蛋白斑点可分为 7 个功能组和 19 个亚功能组

是在种子老化过程中胚中许多糖酵解酶及丙酮酸脱羧酶和乙醇脱氢酶的丰度增加。可以假设，杂交水稻种子在人工老化过程中生活力的下降是由于胚中缺氧条件的发展以及随后的乙醇积累（Zhang et al., 2016）。

二、种子老化的转录组和代谢组变化

1. 不同活力种子的转录组图谱

为分析不同活力种子的转录组图谱，对籼稻品种‘卡萨拉斯’（‘Kasalath’）和粳稻品种‘吉粳 88’（‘Jigeng88’）在 80% RH 和 45℃下加速老化。老化过程中的萌发动态特征表明，在老化处理 12 d，‘卡萨拉斯’种子保持了 98.7%的最终累积萌发率，而‘吉粳 88’种子完全丧失了萌发能力（图 8-8A）。这些结果表明，‘卡萨拉斯’和‘吉粳 88’种子之间活力的巨大差异，可能源于基因表达的不同（Wang et al., 2022a）。

老化 0 d、4 d、8 d、10 d、12 d、15 d、22 d 和 28 d 的‘卡萨拉斯’种子的胚及老化 0 d、2 d、4 d 和 6 d 的‘吉粳 88’种子的胚被取样做 RNA 测序（RNA sequencing, RNA seq），结果每个重复样本平均产生了 2400 万个 PE 数据（paired-end reads），其中 92%以上可以与‘日本晴’（Nipponbare）参考基因组比对；每个样本的重复之间具有高度正相关。主成分分析（principal component analysis, PCA）表明，第一个主成分明显地分开了‘卡萨拉斯’和‘吉粳 88’表达基因，表明基因型（genotype）起主要作用（Wang et al., 2022a）。‘卡萨拉斯’和‘吉粳 88’未老化种子的基因表达确定了 7674 个差异表达转录本（differentially expressed transcript, DET）（来自 7594 个基因），反映了基因型的巨大差异。‘卡萨拉斯’和‘吉粳 88’种子的老化反应分别有 6523 个 DET（来自 6379 个基因）和 2363 个 DET（2361 个基因）被鉴定。有趣的是，‘吉粳 88’中 67.2%（1589）的 DET 与‘卡萨拉斯’中 24.4%的 DET 共享（图 8-8B）。然而，水稻蛋白 L-异天冬氨酸（isoAsp）*O*-甲基转移酶 1（*L-ISOASPARTYL O-METHYLTRANSFERASE 1*, *OsPIMT1*）和 *OsPIMT2* 已经显著地改变了‘卡萨拉斯’样本中转录物的丰度，*OsPIMT1* 和 *OsPIMT2* 编码限制有害的 isoAsp 和 ROS 积累的酶以及在调节种子活力和寿命中起作用。

为了发现赋予‘卡萨拉斯’种子长寿能力的生物学途径，种子老化过程中的差异表达基因（differentially expressed gene, DEG）被进行聚类分析。DET 可分为两组，下调组和上调组；通过比较‘卡萨拉斯’和‘吉粳 88’的转录物丰度，每个组又可分为三个簇（C1 到 C3，C4 到 C6）（图 8-8C）。‘卡萨拉斯’中 DEG 的 83.6%（5331）被分配到特定的生物学过程。C1 到 C6 簇已经富集了不同的生物学过程（注释功能）。特别是，‘卡萨拉斯’C6 簇 DEG 上调，积累了比‘吉粳 88’高得多的丰度（图 8-8C）。有趣的是，一些生物学过程，包括 ABA、GA、胁迫反

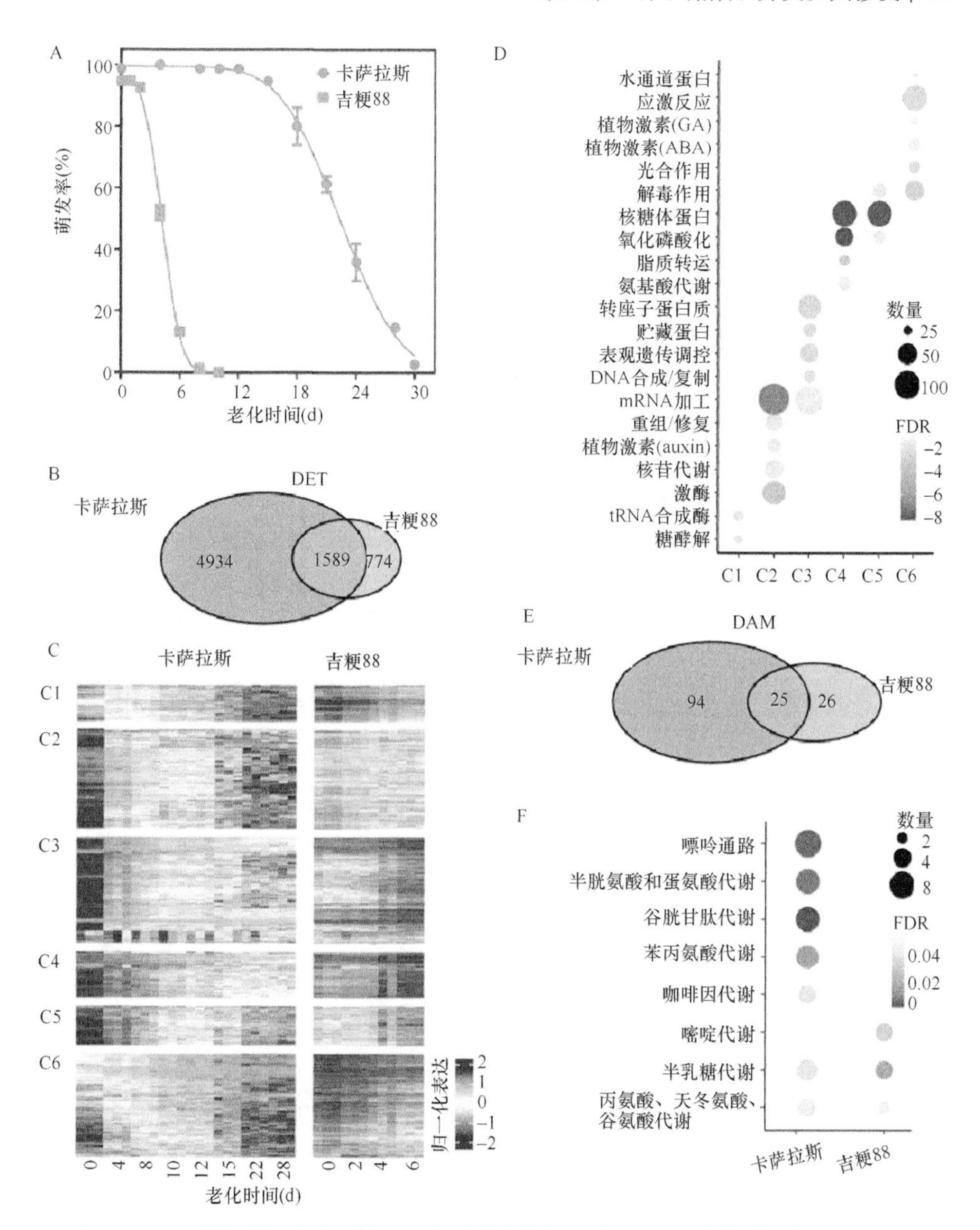

图 8-8　‘卡萨拉斯’和‘吉粳 88’种子老化过程中转录组和代谢组变化的整体比较

（引自 Wang et al., 2022a）

A：‘卡萨拉斯’和‘吉粳 88’种子加速老化过程中萌发率的变化。种子在 45℃和 80% RH 中老化。误差线表示±SE（n=3）。B：‘卡萨拉斯’和‘吉粳 88’种子老化过程中差异表达转录本（DET）比较。C：‘卡萨拉斯’种子老化过程中转录本差异表达的表达谱。‘卡萨拉斯’种子老化过程中 DET 被分为 6 个簇，而‘吉粳 88’种子老化过程中 DET 也被分为六类。在每个老化时间点，数据为 3 个生物学重复。D：生物学过程在不同表达簇中的富集，P 值通过 FDR 校准的超几何测试确定。E：‘卡萨拉斯’和‘吉粳 88’种子老化过程中差异积累的代谢物（DAM）比较。F：DAM 的 KEGG 富集分析，图中显示了显著富集的 KEGG 途径（FDR<0.05）

应和水通道蛋白（水分转运）途径在这个簇中特别丰富，这些途径与种子活力有关（图 8-8D）。此外，与解毒途径有关的 DEG 在 C5 和 C6 簇中富集（图 8-8D）（Wang et al., 2022a）。

2. 不同种子活力的代谢组变化

为比较‘卡萨拉斯’和‘吉粳 88’种子在加速老化过程中代谢物水平的变化，老化处理 0 d、4 d、12 d 和 22 d 的‘卡萨拉斯’种子以及老化处理 0 d、2 d 和 4 d 的‘吉粳 88’种子被用作高通量代谢物分析的起始样品，并分别在‘卡萨拉斯’和‘吉粳 88’样本中定量了 557 和 553 种代谢物。PCA 显示，基因型对代谢物积累的主要变化有贡献。根据可变重要性（variable importance, VIP）评分标准≥1 和绝对倍数变化（absolute fold change）≥2，差异积累的代谢物（differentially accumulated metabolite, DAM）被区分，并分别在‘卡萨拉斯’和‘吉粳 88’样品中鉴定出 119 和 51 种 DAM（图 8-8E）。KEGG（Kyoto Encyclopedia of Genes and Genomes）富集表明，‘卡萨拉斯’的许多代谢途径被加速老化显著地改变，包括嘌呤（purine）和谷胱甘肽（glutathione, GSH）代谢（图 8-8F）。有趣的是，腺苷一磷酸、谷氨酰胺、腺嘌呤、谷胱甘肽、蛋氨酸和鸟氨酸代表了与大量其他代谢物相关的中枢节点，这表明它们可能在种子活力的功能调节中起重要作用（Wang et al., 2022a）。

三、种子老化过程中特异长寿命 mRNA 的变化

1. 自然老化与人工老化对种子寿命影响的比较

为进一步比较自然老化和人工老化对水稻种子寿命的影响，品种‘NX32’、‘YZX’、‘LLY534’和‘JLY1212’被老化和萌发。‘NX32’的种子寿命最长，‘YZX’的种子寿命最短（图 8-9A，B）。对于杂交水稻品种，‘LLY534’具有较长的种子寿命，即使人工老化 30 d 后，其萌发率仍保持在 48%左右；但‘JLY1212’具有较短的种子寿命，与‘LLY534’种子比较，其人工老化后的种子活力迅速下降（图 8-9A、B）。此外，自然老化 1 年后，‘NX32’、‘YZX’、‘LLY534’和‘JLY1212’的萌发率分别为 94.1%、82.3%、95.6%和 64.3%（图 8-9C）。分析自然老化 1 年后的种子萌发率与人工老化 10 d 后的种子萌发率之间的相关性，发现相关系数很高（R=0.91；图 8-9D），表明人工老化处理 10 d 的效果与自然老化 1 年的效果相似（Wang et al., 2022b）。

水稻种子的细胞膜在老化过程中常常受到伤害，细胞溶质可以流入细胞间隙，导致浸种液的电导率增加（Panobianco et al., 2007）。与‘NX32’种子相比，‘YZX’种子在人工老化处理后电导率显著增加，‘JLY1212’种子在老化前后的电导率均

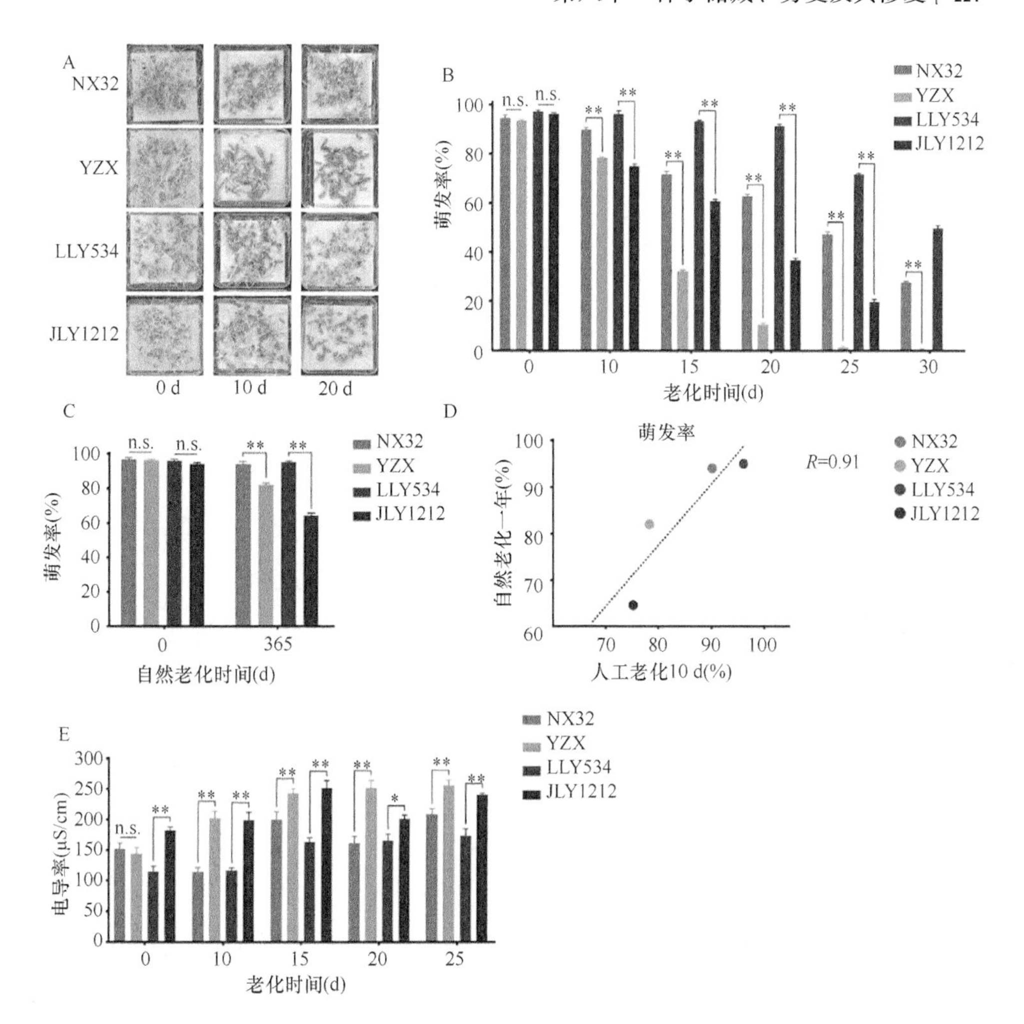

图 8-9　4 个水稻品种种子的萌发率和电导率（引自 Wang et al., 2022b）

A，B：2 个常规水稻品种（长寿命品种‘NX32’和短寿命品种‘YZX’）和 2 个杂交水稻品种（长寿命水稻品种‘LLY534’和短寿命水稻品种‘JLY1212’）在人工老化条件下（0 d、10 d、15 d、20 d、25 d 和 30 d）的萌发率（n.s.，不显著；*，$P<0.05$；**，$P<0.01$；采用 Tukey 检验的单因素方差分析）。C：上述 4 个水稻品种自然老化 1 年后的发芽率（*，$P<0.05$；**，$P<0.01$）。D：上述 4 个水稻品种自然老化（1 年）和人工老化（10 d）之间的相关分析（Pearson's R=0.91）。E：上述 4 个水稻品种在人工老化条件下（0 d、10 d、15 d、20 d、25 d 和 30 d）的种子电导率（n.s.，不显著；*，$P<0.05$；**，$P<0.01$；采用 Tukey 检验的单因素方差分析）

高于‘LLY534’种子（图 8-9E）。这些数据表明，电导率可作为评估种子寿命的指标，老化处理对短寿命（LL）水稻品种膜完整性的影响可能大于长寿命（HL）水稻品种（Wang et al., 2022b）。

2. 自然老化和人工老化后水稻品种的转录组分析

人工老化 10 d 后的水稻种子萌发率与自然老化 1 年后的种子萌发率相似，表

明适当的人工老化时间可以模拟自然老化 1 年的效果。为研究自然老化和人工老化在转录水平上的差异，对自然老化 1 年或人工老化 10 d 的水稻种子进行了 RNA-seq 试验。对于常规水稻品种，自然老化处理的‘NX32’与模拟处理（–20℃储存 1 年）的‘NX32’相比，有 607 个 DEG，其中 307 个上调，300 个下调。此外，在人工老化处理 10 d 的‘NX32’中，发现 371 个基因上调和 327 个基因下调（图 8-10A, B；$|\log_2FC|\geqslant1$；$P<0.05$）。自然老化处理的‘YZX’水稻品种有

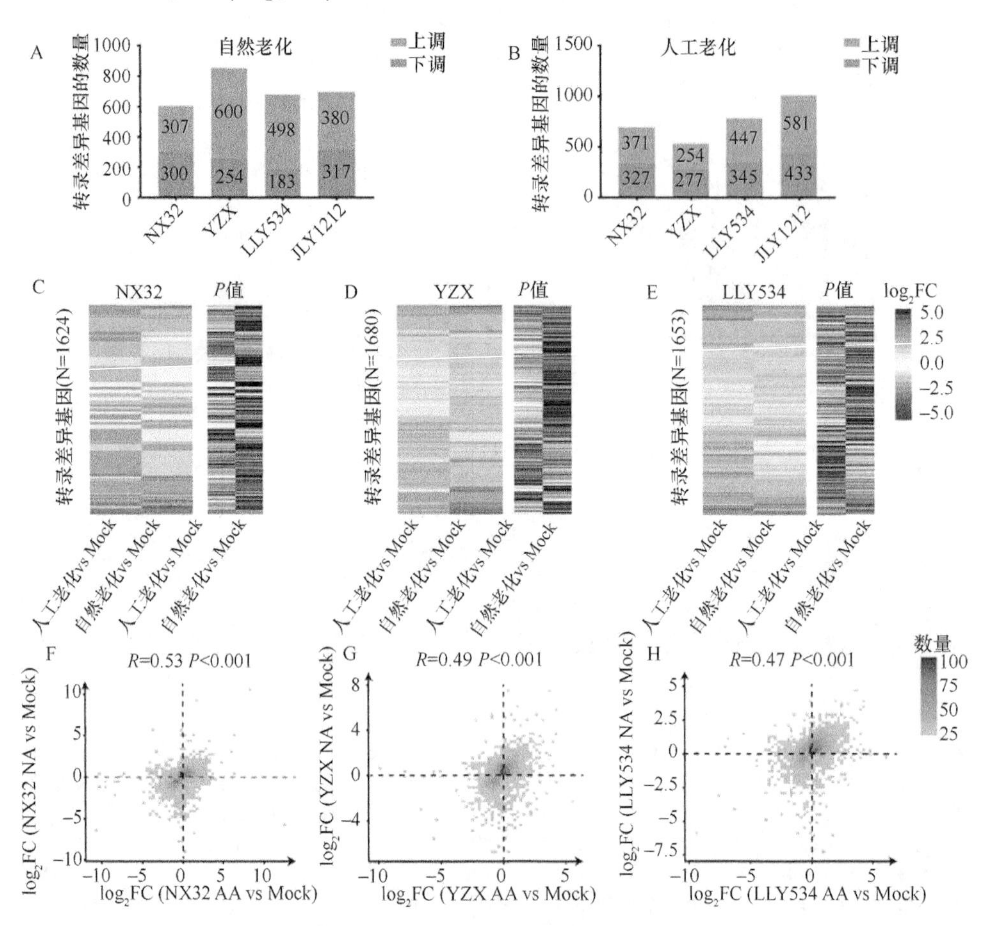

图 8-10　长寿命和短寿命品种人工老化和自然老化之间的基因表达比较（引自 Wang et al., 2022b）

A，B：与模拟条件相比，自然老化（A）和人工老化（B）后四个水稻品种中差异表达转录本的数量（$|\log_2FC|>1$，$P<0.05$）。C～E：与模拟处理相比，人工老化和自然老化后‘NX32’（C）、‘YZX’（D）和‘LLY534’（E）中基因表达变化的热图。蓝色-红色代表 mRNA 表达水平，其中红色代表较高的 mRNA 表达水平，蓝色代表较低的 mRNA 表达水平。黑-白表示转录本表达水平的 P 值。如果 P 值小于 0.05，则为黑色；否则，它是白色的。F～H：密度图显示人工老化和自然老化之间‘NX32’（F）、‘YZX’（G）和‘LLY534’（H）转录本变化的差异（$|\log_2FC|>1$ 或 $P<0.05$）。x 轴和 y 轴分别代表人工老化和自然老化下转录水平的变化。相关分析采用 Spearman 相关。NA：自然老化；AA：人工老化

600 个基因上调和 254 个基因下调。与模拟处理相比，人工老化处理的‘YZX’有 254 个基因上调和 277 个基因下调（图 8-10A, B）。在杂交品种中，自然老化处理的‘LLY534’中鉴定出 498 个基因上调和 183 个基因下调，人工老化处理 10 d 的‘LLY534’中鉴定出 447 个基因上调和 345 个基因下调（图 8-10A, B）。此外，在自然老化处理的‘JLY1212’中检测到 380 个基因上调和 317 个基因下调，在人工老化处理 10 d 的‘JLY1212’中检测到 581 个基因上调和 433 个基因下调（图 8-10A, B）。热图（heatmap）分析表明，‘NX32’、‘YZX’和‘LLY534’的自然老化和人工老化中的大多数基因表达变化（人工老化或自然老化的 $P<0.05$＝是相关的，以及变化方向相同（图 8-10C～E）。人工老化和自然老化之间的重叠基因的变化（人工老化或自然老化的 $P<0.05$＝方向相同，‘NX32’（R=0.53，$P<0.05$；图 8-10F）、‘YZX’（R=0.49，$P<0.05$；图 8-10G）和‘LLY534’（R=0.47，$P<0.05$；图 8-10H）的值适度一致。这些结果表明，自然老化和人工老化对水稻种子转录的影响相似（Wang et al., 2022b）。

3. 自然老化与人工老化后长寿命水稻品种与短寿命水稻品种中 mRNA 表达水平的比较

为检测长寿命和短寿命水稻品种之间长寿命 mRNA 的表达是否存在差异，老化条件下这些品种的长寿命 mRNA 的维恩图被绘制。结果表明，在人工老化和自然老化条件下，长寿命和短寿命水稻品种的重叠基因数量相对较少。自然老化条件下，‘NX32’和‘YZX’中只有 39 个重叠基因（图 8-11A），‘LLY534’和‘JLY1212’中有 75 个重叠基因（图 8-11B）；人工老化条件下，‘NX32’和‘YZX’中有 18 个重叠基因（图 8-11C），‘LLY534’和‘JLY1212’中有 30 个重叠基因（图 8-11D）。根据热图，长寿命和短寿命水稻品种的总体表达趋势是，在自然老化条件下，‘NX32’和‘YZX’中的一些基因存在差异（图 8-11E），而‘LLY534’和‘JLY1212’具有相同的趋势（图 8-11F）；以及在人工老化条件下，‘NX32’和‘YZX’之间也具有相同的趋势（图 8-11G）。特别是，人工老化后‘JLY1212’对模拟处理与‘LLY534’对模拟处理之间的 mRNA 变化程度最明显（图 8-11H），这与老化后‘JLY1212’的最低萌发率一致。这些结果表明，老化后长寿命和短寿命水稻品种之间的转录水平存在一些差异（Wang et al., 2022b）。

4. 自然老化后长寿命和短寿命水稻品种的基因本体术语比较

为进一步分析长寿命和短寿命水稻品种之间的生物学途径差异，对不同老化条件下长寿命和短寿命水稻品种中 DEG 进行 GO（Gene Ontology，基因本体）分析。在常规水稻品种中，GO 分析表明，自然老化后‘NX32’中的 DEG 参与脂质储存、种子油体的生物发生、种子休眠过程的负调控、种子的休眠释

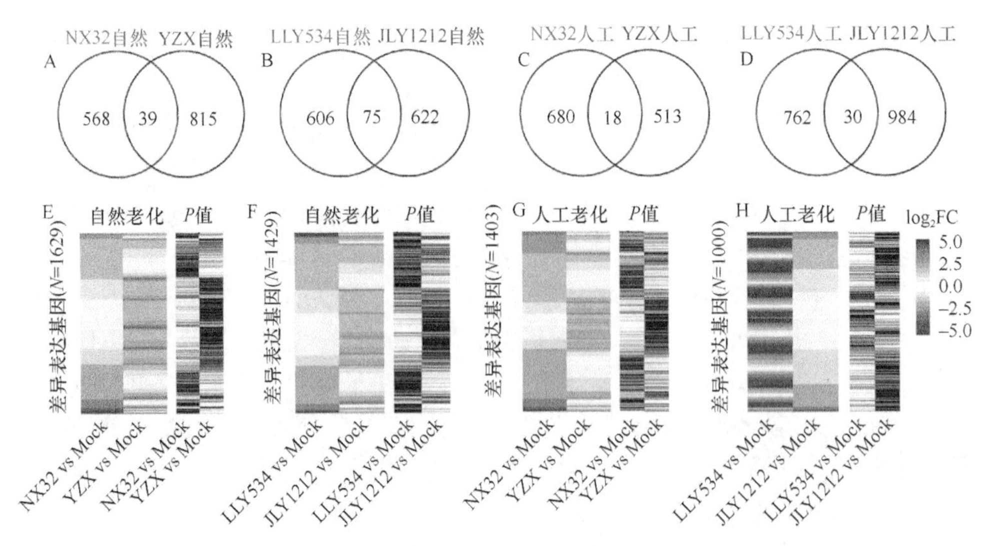

图 8-11 4 个自然老化和人工老化水稻品种间显著差异表达基因的比较

（引自 Wang et al., 2022b）

A, B：描绘自然老化条件下‘NX32’和‘YZX’之间（A）以及‘LLY534’和‘JLY1212’之间（B）显著转录物差异（$|\log_2FC|>1$ 和 $P<0.05$）重叠的维恩图。C, D：描绘人工老化条件下‘NX32’和‘YZX’之间（C）以及‘LLY534’和‘JLY1212’之间（D）显著转录物差异（$|\log_2FC|>1$ 和 $P<0.05$）重叠的维恩图。E, F：比较自然老化和模拟老化时，常规品种‘NX32’和‘YZX’（E）以及杂交品种‘JLY1212’和‘LLY534’（F）中差异表达基因（DEG）的热图。蓝色–红色代表 mRNA 表达水平，黑色–白色代表转录物表达水平的 *P* 值。如果 *P* 值小于 0.05，则为黑色；否则，它为白色。G, H：比较人工老化和模拟老化时，常规品种‘NX32’和‘YZX’（G）以及杂交品种‘JLY1212’和‘LLY534’（H）中 DEG 的热图。蓝色–红色代表 mRNA 表达水平，黑色–白色代表转录物表达水平的 *P* 值。如果 *P* 值小于 0.05，则为黑色；否则，它为白色

放及种子萌发的正调控。此外，与胁迫激素相关的 GO 也被富集，例如对 GA 介导的信号途径的正调控（图 8-12A）。自然老化后‘YZX’中的 DEG 涉及种子成熟、细胞对 ABA 刺激的反应、种子萌发、细胞水分动态平衡以及对干燥的反应（图 8-12B），尤其是与种子成熟和对 ABA 刺激的细胞反应。2 个常规水稻品种老化后的 DEG 主要与种子活力、休眠和萌发过程有关，但也存在一些差异。‘YZX’品种中最丰富的 GO 是种子成熟和细胞对 ABA 刺激的反应（图 8-12B），而在‘NX32’中富集脂质储存和种子油体生物发生的 GO（图 8-12A）。在杂交水稻品种中，自然老化 1 年后，‘LLY534’中的 DEG 参与翻译、核糖体生物发生、对 ABA 的反应和种子萌发（图 8-12C）；自然老化 1 年后，‘JLY1212’中的 DEG 在细胞质翻译、种子休眠过程调节、脂质储存和 GA 介导的信号途径的负调控中起作用（图 8-12D）。同样，‘LLY534’和‘JLY1212’中富集的主要信号途径也显示出一定的差异，这也与长寿命和短寿命水稻品种中 DEG 之间的较大差异相一致。这些结果表明，长寿命和短寿命水稻品种老化 1 年后主要富集的生物学途径存在一定差异，这可能是造成种子寿命差异的原因之一（Wang et al., 2022b）。

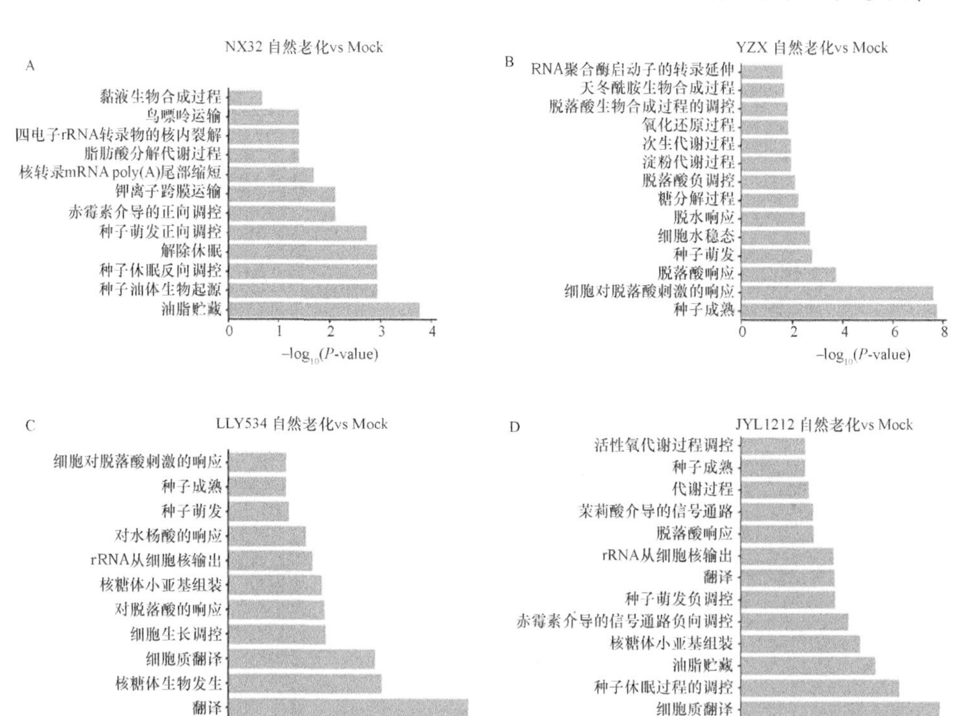

图 8-12　与模拟老化处理相比，4 个水稻品种自然老化后差异表达基因的基因本体（GO）富集（引自 Wang et al., 2022b）

A～D：自然老化后，'NX32'（A）、'YZX'（B）、'LLY534'（C）和 'JLY1212'（D）的 GO 术语。*y* 轴表示功能亚类型；*x* 轴表示$-\log_{10}(P\text{-value})$，该值表示显著性水平

5. 种子寿命的特异性长寿命 RNA 分析

研究表明，萌发初期所需的 mRNA 的稳定性与种子寿命有关（Saighani et al., 2021）。这些长寿命的 mRNA 在种子萌发初期的蛋白质合成过程中发挥重要作用。自然老化后，在常规水稻品种'NX32'（长寿命）对'YZX'（短寿命）中鉴定出 174 个长寿命 mRNA；在杂交水稻品种'LLY534'（长寿命）对'JLY1212'（短寿命）中鉴定出 305 个长寿命 mRNA。长寿命品种老化后，这些长寿命 mRNA 的降解速率较慢，短寿命品种老化后，这些长寿命 mRNA 的降解速率较快。为确定参与常规水稻和杂交水稻种子活力调节中更可靠的长寿命 mRNA，Venn 分析被用来确定'NX32'对'YZX'和'LLY534'对'JLY1212'比较中的重叠基因，并在自然老化条件下确定了 14 个重叠基因。其中 *GID1*（LOC_Os05g33730）为 GA 受体，表明 GA 途径可能与种子活力有关。LOC_Os04g33460，一种淀粉分支酶Ⅱa（starch branching enzyme Ⅱa, OsBEⅡa）也被鉴定。利用 qPCR 分析了自然老

化与否的长寿命和短寿命品种种子中 *GID1* 和 *OsBE IIa* 的表达；结果与 RNA-seq 数据一致，表明 RNA-seq 数据的可靠性。此外，在常规水稻品种中，人工老化后‘NX32’对‘YZX’中鉴定出 168 个长寿命 mRNA；在杂交水稻品种中，人工老化后在‘LLY534’对‘JLY1212’中鉴定出 210 个长寿命 mRNA。在人工老化后‘NX32’对‘YZX’和‘LLY534’对‘JLY1212’的比较中，发现了一个重叠基因（LOC_Os02g10180）。在‘NX32’对‘YZX’或‘LLY534’对‘JLY1212’的比较中，人工老化和自然老化之间只有很少的基因重叠（Wang et al., 2022b）。

主要参考文献

楚璞. 2011. 莲膜联蛋白的鉴定及其在种子耐热性和活力中的功能研究. 广州: 中山大学博士学位论文.

傅家瑞. 1985. 种子生理. 北京: 科学出版社.

黄上志, 傅家瑞. 1992. 花生种子贮藏蛋白质与活力的关系及其在萌发时. 植物学报: 英文版, 34(7): 543-550.

黄上志, 宋松泉. 2004. 种子科学研究回顾与展望. 广东科技出版社.

江玲, 王松凤, 刘喜, 等. 2007.优质水稻品种 W017 的耐贮藏特性. 南京农业大学学报, (2): 133-135.

刘军, 黄上志, 傅家瑞. 2000. 不同活力玉米种子胚萌发期间热激蛋白的合成. 植物学报, 42(3): 253-257.

刘军, 黄上志, 傅家瑞, 等. 2001. 种子活力与蛋白质关系的研究进展. 植物学通报, 36 (1): 45-51.

卢新雄. 2006. 植物种质资源库的设计与建设要求. 植物学通报(1), 119-125.

吕燕燕. 2018. 牧草种子劣变的机理及活力检测方法研究. 兰州: 兰州大学博士学位论文.

麻浩, 官春云, 何小玲, 等. 2001. 大豆种子脂肪氧化酶缺失基因控制豆腥味效果的研究. 中国农业科学, 34(4): 367-372.

阮松林, 薛庆中. 2002. 植物的种子引发. 植物生理学通讯, (2): 198-202.

汤学军, 傅家瑞, 黄上志. 1996. 决定种子寿命的生理机制研究进展. 种子, 15 (6): 29-32.

汪仁, 沈文飚, 江玲, 等. 2008. 水稻种子脂氧合酶基因 OsLOX1 的原核表达、纯化及鉴定. 中国水稻科学, 22(2): 118-124.

Ahsan N, Lee D G, Lee S H, et al. 2007. Excess copper induced physiological and proteomic changes in germinating rice seeds. Chemosphere, 67(6): 1182-1193.

Aibara S, Ismail I A, Yamashita H, et al. 1986. Changes in rice bran lipids and free amino acids during storage. Agricultural and Biological Chemistry, 50(3): 655-673.

Association of Official Seed Analysts (AOSA). 1983. Seed Vigor Testing Handbook. East Lansing: AOSA.

Bailly C. 2004. Active oxygen species and antioxidants in seed biology. Seed Science Research, 14(2): 93-107.

Bevan M, Bancroft I, Bent E, et al. 1998. Analysis of 1.9 Mb of contiguous sequence from chromosome 4 of *Arabidopsis thaliana*. Nature, 391(6666): 485-488.

Bewley J, Bradford K, Hilhorst H, et al. 2013. Seeds, Physiology of Development, Germination and

Dormancy. 3rd edition. New York: Springer.
Black M J, Bewley J, Halmer P. et al. 2006. The Encyclopedia of Seeds. Sciences, Technology and Uses. Oxfordshire: CAB International.
Bourgne S, Job C, Job D. 2000. Sugarbeet seed priming: solubilization of the basic subunit of 11-S globulin in individual seeds. Seed Science Research, 10(2): 153-161.
Bruce T J A, Matthes M C, Napier J A, et al. 2007. Stressful "memories" of plants: evidence and possible mechanisms. Plant Science, 173(6): 603-608.
Buitink J, Leprince O. 2008. Postgenomic analysis of desiccation tolerance. Journal De La Societe De Biologie, 202(3): 213-222.
Cai W L, Yao Y J, Yang C J, et al. 2011. Changes in germination and physiochemical properties of transgenic cry1Ab/cry1Ac gene rice during long-term storage. Cereal Chemistry, 88(5): 459-462.
Catusse J, Meinhard J, Job C, et al. 2011. Proteomics reveals potential biomarkers of seed vigor in sugarbeet. Proteomics, 11(9): 1569-1580.
Chen K, Arora R. 2013. Priming memory invokes seed stress-tolerance. Environmental and Experimental Botany, 94: 33-45.
Cortez-Baheza E, Cruz-Fernandez F, Hernandez-Alvarez M I, et al. 2008. A new *Lea* gene is induced during osmopriming of *Capsicum annuum* L. seeds. International Journal of Botany, 4(1): 77-84.
Davison P A, Taylor R M, Bray C M. 1991. Changes in ribosomal RNA integrity in leek (*Allium porrum* L.) seeds during osmopriming and drying-back treatments. Seed Science Research, 1(1): 37-44.
de Lespinay A, Lequeux H, Lambillotte B, et al. 2010. Protein synthesis is differentially required for germination in *Poa pratensis* and *Trifolium repens* in the absence or in the presence of cadmium. Plant Growth Regulation, 61(2): 205-214.
Demir I, Ermis S, Mavi K, et al. 2008. Mean germination time of pepper seed lots (*Capsicum annuum* L.) predicts size and uniformity of seedlings in germination tests and transplant modules. Seed Science and Technology, 36(1): 21-30.
Ellis R H, Hong T D, Jackson M T. 1993. Seed production environment, time of harvest, and the potential longevity of seeds of three cultivars of rice (*Oryza sativa* L.). Annals of Botany, 72(6): 583-590.
Farooq M, Basra S M A, Cheema M A, et al. 2006b. Integration of pre-sowing soaking, chilling and heating treatments for vigour enhancement in rice (*Oryza sativa* L.). Seed Science and Technology, 34(2): 499-506.
Farooq M, Basra S M A, Hafeez K. 2006a. Seed invigoration by osmohardening in coarse and fine rice. Seed Science and Technology, 34(1): 181-187.
Farooq M, Wahid A, Ahmad N, et al. 2010. Comparative efficacy of surface drying and re-drying seed priming in rice: changes in emergence, seedling growth and associated metabolic events. Paddy and Water Environment, 8(1): 15-22.
Gallardo K, Job C, Groot S P, et al. 2001. Proteomic analysis of Arabidopsis seed germination and priming. Plant Physiology, 126(2): 835-846.
Gao J D, Fu H, Zhou X Q, et al. 2016. Comparative proteomic analysis of seed embryo proteins associated with seed storability in rice (*Oryza sativa* L.) during natural aging. Plant Physiology and Biochemistry, 103: 31-44.
Gao Y P, Young L, Bonham-Smith P, et al. 1999. Characterization and expression of plasma and tonoplast membrane aquaporins in primed seed of Brassica napus during germination under stress conditions. Plant Molecular Biology, 40: 635-644.
Gill S S, Tuteja N. 2010. Reactive oxygen species and antioxidant machinery in abiotic stress

tolerance in crop plants. Plant Physiology and Biochemistry, 48(12): 909-930.

Goswami A, Banerjee R, Raha S. 2013. Drought resistance in rice seedlings conferred by seed priming role of the anti-oxidant defense mechanisms. Protoplasma, 250(5): 1115-1129.

Hampton J G, TeKrony D M. 1995. Handbook of vigour test methods. Zurich, Switzerland: ISTA.

Heydecker W, Higgins J, Gulliver R L. 1973. Accelerated germination by osmotic seed treatment. Nature, 246: 42-44.

Hydecker W. 1973. Germination of an idea: The priming of seeds. University of Nottingham School of Agricultrer Report, 50-67.

Jiang W, Lee J, Jin Y, Qiao Y M, et al. 2011. Identification of QTLs for seed germination capability after various storage periods using two RIL populations in rice. Molecule and Cells, 31: 385-392.

Karin M, Shaulian E. 2001. AP-1: Linking hydrogen peroxide and oxidative stress to the control of cell proliferation and death. IUBMB Life, 52: 17-24.

Kibinza S, Bazin J, Bailly C, et al. 2011. Catalase is a key enzyme in seed recovery from ageing during priming, Plant Science, 181: 309-315.

Kibinza S, Vinel D, Côme D, et al. 2006. Sunflower seed deterioration as related to moisture content during ageing, energy metabolism and active oxygen species scavenging. Physiologia Plantarum, 128(3): 496-506.

Kosová K, Holková L, Prášil I T, et al. 2008. Expression of dehydrin 5 during the development of frost tolerance in barley (*Hordeum vulgare*). Journal of Plant Physiology, 165(11): 1142-1151.

Lee Y P, Baek K H, Lee H S, et al. 2010. Tobacco seeds simultaneously over-expressing Cu/Zn-superoxide dismutase and ascorbate peroxidase display enhanced seed longevity and germination rates under stress conditions. Journal of Experimental Botany, 61(9): 2499-2506.

Li L F, Lin Q Y, Liu S J, et al. 2012. Identification of quantitative trait loci for seed storability in rice (*Oryza sativa* L.). Plant Breeding, 131(6): 739-743.

Liu C W, Fukumoto T, Matsumoto T, et al. 2013. Aquaporin OsPIP1;1 promotes rice salt resistance and seed germination. Plant Physiology and Biochemistry, 63: 151-158.

Luo Y, Guan Y J, Huang Y T, et al. 2015. Single counts of radicle emergence provides an alternative method to test seed vigour in sweet corn. Seed Science and Technology, 43(3): 1-7.

Maia J, Dekkers B J W, Provart N J, et al. 2011. The re-establishment of desiccation tolerance in germinated *Arabidopsis thaliana* seeds and its associated transcriptome. PLoS One, 6(12): e29123.

Maurel C, Verdoucq L, Luu D T, et al. 2008. Plant aquaporins: membrane channels with multiple integrated functions. Annual Review of Plant Biology, 59: 595-624.

McDonald M B. 1999. Seed deterioration: physiology, repair and assessment. Seed Science and Technology, 27: 177(1)-237.

Meyer Y, Belin C, Delorme-Hinoux V, et al. 2012. Thioredoxin and glutaredoxin systems in plants: molecular mechanisms, crosstalks, and functional significance. Antioxidants & Redox Signaling, 17(8): 1124-1160.

Miura K, Lin S, Yano M, et al. 2002. Mapping quantitative trait loci controlling seed longevity in rice (*Oryza sativa* L.). Theoretical and Applied Genetics, 104(6): 981-986.

Nonogaki H, Bassel G W, Bewley J D. 2010. Germination—still a mystery. Plant Science, 179(6): 574-581.

Ogé L, Bourdais G, Bove J, et al. 2008. Protein repair L-isoaspartyl methyltransferase 1 is involved in both seed longevity and germination vigor in *Arabidopsis*. The Plant Cell, 20(11): 3022-3037.

Panobianco M, Vieira R D, Perecin D. 2007. Electrical conductivity as an indicator of pea seed aging of stored at different temperatures. Scientia Agricola, 64(2): 119-124.

Perry D A. 1978. Report of the vigour test committee 1974-1977. Seed Science and Technology, 6: 159-181.

Priestley D A. 1986. Seed aging. Ithaca: Comstock Publishing Associates.

Rajjou L, Debeaujon I. 2008. Seed longevity: survival and maintenance of high germination ability of dry seeds. ComptesRendusBiologies, 331(10): 796-805.

Rajjou L, Lovigny Y, Groot S P C, et al. 2008. Proteome-wide characterization of seed aging in Arabidopsis: A comparison between artificial and natural aging protocols. Plant Physiology, 148(1): 620-641.

Roberts E. 1973. Predicting the storage life of seeds. Seed Science and Technology, 1: 499-514.

Saighani K, Kondo D, Sano N, et al. 2021. Correlation between seed longevity and RNA integrity in the embryos of rice seeds. Plant Biotechnology, 38(2): 277-283.

Sano N, Rajjou L, North H M, et al. 2015. Staying alive: molecular aspects of seed longevity. Plant and Cell Physiology, 57(4): 660-674.

Schiltz S, Gallardo K, Huart M, et al. 2004. Proteome reference maps of vegetative tissues in pea. An investigation of nitrogen mobilization from leaves during seed filling. Plant Physiology, 135(4): 2241-2260.

Schwember A R, Bradford K J. 2010. Quantitative trait loci associated with longevity of lettuce seeds under conventional and controlled deterioration storage conditions. Journal of Experimental Botany, 61(15): 4423-4436.

Shin J H, Kim S R, An G. 2009. Rice aldehyde dehydrogenase 7 is needed for seed maturation and viability. Plant Physiology, 149(2): 905-915.

Suzuki N, Mittler R. 2006. Reactive oxygen species and temperature stresses: a delicate balance between signaling and destruction. Physiologia Plantarum, 126(1): 45-51.

Suzuki Y, Higo K. Hagiwara K, et al. 1992. Production and use of monoclonal antibodies against rice embryo Lipoxygenase-3. Bioscience, Biotechnology, and Biochemistry, 56(4): 678-679.

Talai S, Sen-Mandi S. 2010. Seed vigour-related DNA marker in rice shows homology with acetyl CoA carboxylase gene. Acta Physiologiae Plantarum, 32(1): 153-167.

van der Geest A H M, 2002. Seed genomics: germinating opportunities. Seed Science Research, 12: 145-153.

Vander Willigen C, Postaire O, Tournaire-Roux C, et al. 2006. Expression and inhibition of aquaporins in germinating Arabidopsis seeds. Plant and Cell Physiology, 47(9): 1241-1250.

Ventura L, Donà M, Macovei A, et al. 2012. Understanding the molecular pathways associated with seed vigor. Plant Physiology and Biochemistry, 60: 196-206.

Walters C, Wheeler L M, Grotenhuis J M. 2005. Longevity of seeds stored in a genebank: species characteristics. Seed Science Research, 15(1): 1-20.

Walters C. 1998. Understanding the mechanisms and kinetics of seed aging. Seed Science Research, 8(2): 223-244.

Wang B Q, Wang S Y, Tang Y Q, et al. 2022b. Transcriptome-wide characterization of seed aging in rice: identification of specific long-lived mRNAs for seed longevity. Frontiers in Plant Science, 13: 857390.

Wang W Q, Xu D Y, Sui Y P, et al. 2022a. A multiomic study uncovers a bZIP23-PER1A-mediated detoxification pathway to enhance seed vigor in rice. Proceedings of the National Academy of Sciences of the United States of America, 119(9): e2026355119.

Waterworth W M, Masnavi G, Bhardwaj R M, et al. 2010. A plant DNA ligase is an important determinant of seed longevity. The Plant Journal, 63(5): 848-860.

Wei Y D, Xu H B, Diao L R, et al. 2015. *Protein repair l-isoaspartyl methyltransferase 1 (PIMT1)* in rice improves seed longevity by preserving embryo vigor and viability. Plant Molecular Biology, 89(4): 475-492.

Wu F, Luo X, Wang L, et al. 2021. Genome-Wide Association Study Reveals the QTLs for Seed Storability in World Rice Core Collections. Plants, 10(4): 812.

Xiong L, Zhu J K. 2002. Molecular and genetic aspects of plant responses to osmotic stress. Plant Cell and Environment, 25: 131-139.

Yacoubi R, Job C, Belghazi M, et al. 2013. Proteomic analysis of the enhancement of seed vigour in osmoprimed alfalfa seeds germinated under salinity stress. Seed Science Research, 23(2): 99-110.

Yang Y Q, Wang X F. 2005. Changes of plasma membrane H^+- ATPase activities of Glycine max seeds by PEG treatment. Forestry Stud. China, 7: 7-11.

Yuan Z Y, Fan K, Wang Y T, et al. 2021. OsGRETCHENHAGEN3-2 modulates rice seed storability via accumulation of abscisic acid and protective substances. Plant Physiology, 186(1): 469-482.

Zeng D L, Guo L B, Xu Y B, et al. 2006. QTL analysis of seed storability in rice. Plant Breeding, 125: 57-60.

Zhang Y X, Xu H H, Liu S J, et al. 2016. Proteomic analysis reveals different involvement of embryo and endosperm proteins during aging of Yliangyou 2 hybrid rice seeds. Frontiers in Plant Science, 7: 1394.

Zhuo J, Wang W, Lu Y, et al. 2009. Osmopriming-regulated changes of plasma membrane composition and function were inhibited by phenylarsine oxide in soybean seeds. Journal of Integrative Plant Biology, 51: 858-867.

第九章　杂交水稻种子

第一节　水稻杂种优势

杂种优势是生物界的一种普遍现象，指两个遗传背景不同的亲本杂交，杂种一代性状表现出比双亲具有更强的生活力、生长势、抗性、适应性和丰产性的现象。水稻杂种优势利用是我国粮食作物遗传改良实践中最为成功的范例之一，为解决我国粮食安全问题做出了重要贡献。我国杂交水稻的研究开始于20世纪60年代，70年代中期袁隆平先生领导的杂交水稻团队开始大范围种植与推广杂交水稻，使得我国水稻的总产量得到大幅提高，从而基本解决了我国粮食短缺的难题。

一、杂种优势理论

（一）杂种优势的表现

杂交水稻在许多性状上存在明显优势，在外部形态、内部结构和生理方面均有显著表现（袁隆平, 2002）。许多学者对不同生育阶段杂种优势的生理学表现和特点进行了研究。生理学优势主要表现在营养吸收优势、光合作用优势和抗逆性优势。

1. 营养吸收优势

杂交水稻生长势旺盛，营养优势强。与常规稻相比，杂交水稻表现为种子萌发快、分蘖发生早、分蘖力强；根系发达、分布广、扎根深、吸肥力强（袁隆平, 2002）。

2. 光合优势

（1）杂交水稻的光合速率高

杂交水稻具有较高的光合能力和较强的抗光抑制能力，这可能是其高产的生理基础。

（2）光合叶面积大

叶面积指数高的杂交种具有较高的净光合速率和较高的光饱和点，因而更具竞争力。如两优培九的光合优势主要表现在主茎绿叶数多、全生育期间的光合面积大、功能叶衰退较慢及叶比重大、叶片厚等方面，因而增产优势明显。

（3）叶绿素含量高

杂交水稻子一代（F1）比亲本具有更强的叶绿素合成能力；F1 代黄化幼苗在光照条件下转绿也比亲本快，表现出较强的叶绿素合成能力。

（4）干物质积累和转运快

杂交水稻较其亲本在干物质积累等方面表现出明显优势，干物质运转输出率和转化率高。除光合强度高，能制造更多的有机物外，呼吸作用的强度也比一般水稻品种低，光合产物消耗少，有利于同化物的积累，也是一个重要的原因（袁隆平, 2002）。

3. 抗逆性强

杂交水稻在生长势等方面表现出优势，使得抵抗外界不利环境条件和适应环境条件的能力往往比亲本强。研究表明，水稻 F1 在抗倒、抗旱、耐低温、耐瘠薄等方面都具有明显优势。

（二）杂种优势的机理

针对杂种优势的形成机理，国内外学者从不同层面进行了相关研究与探索，并提出了多种假说。杂种优势的遗传学基础有 3 种经典假说，即显性假说（dominance hypothesis）、超显性假说（overdominance hypothesis）和上位性假说（epistasishypothesis）。

1. 杂种优势遗传机理的经典假说

（1）显性假说

显性假说称为有利显性基因假说。显性假说由 Bruce（1910）提出。该假说强调显性基因（dominant gene）对杂种优势的贡献，认为多数显性基因有利于个体的生长和发育，相对的隐性基因（recessive gene）则不利于个体的生长和发育；杂种 F1 综合了双亲的显隐性基因，来自一个亲本的隐性基因被来自另一个亲本的显性基因掩盖，使杂种 F1 具有比双亲更多的显性基因组合，从而最终表现出杂种优势。

（2）超显性假说

超显性假说常称为等位基因生长优势假说（East, 1936; Shull, 1908）。这一假说认为，杂种优势的形成是由于没有显隐性差别的等位基因（allele）在杂种体细胞中杂合（heterozygosis），杂合等位基因的互作导致了杂种优势，也就是说，杂合等位基因的互作胜过纯合等位基因的作用，杂种优势是由双亲杂交的 F1 的异质性（heterogenicity）引起的，即 Aa＞AA 或 aa，Bb＞BB 或 bb，所以称为超显性假说，也称为等位基因异质结合假说。该假说认为，杂合等位基因之间是复杂的互作关系，而不是显、隐性关系。

（3）上位性假说

上位性假说认为，杂种优势除是杂种 F1 等位基因间的相互作用结果之外，还可能是其染色体上不同位点的非等位基因间相互影响产生的。由于上位性是一对等位基因对另一对等位基因的显性作用，因此许多研究者将上位性假说看作一种特殊的显性假说。

杂种优势有着极其复杂的遗传机制，并在某种程度上受环境的影响。尽管都有试验结果支持，但目前还没有一种学说能完全解释杂种优势现象。

2. 水稻杂种优势的分子机理

水稻杂种优势现象是许多数量性状的综合体现，每一性状通常由多个基因或生物学途径共同控制，各基因产物之间或生物学途径之间还会相互作用，组成一个有大量基因参与的复杂调控网络。国内外的遗传学家正广泛地开展杂种优势的分子机制研究，也得出了一些有益的结论。

（1）QTL 与杂种优势

研究认为，杂种优势应与数量性状基因密切相关。通过定位控制 QTL，对所定位的 QTL 进行系统研究，使得从分子水平理解杂种优势的遗传机理成为可能。

Li 等（2001）利用分子标记技术对一水稻重组自交系（recombinant inbred line, RIL）群体进行研究，认为超显性和上位性是杂交水稻产生杂种优势的主要原因。Bian 等（2010）利用籼粳交组合（C418/9311）的渗入系（introgression line）研究产量及产量相关性状，发现大部分 QTL 表现出超显性。

张启发（1998）的研究结果表明，上位性效应在性状表现和杂种优势的形成中起重要作用。Xiao 等（1995）将获得的两个回交群体（backcross population）数据整合在一起分析时，发现显性效应并不能很好地解释杂种优势，倒是加性效应和加加互作能解释产量变异的大部分结果，因此互作（interaction）被认为是水稻杂种优势遗传基础的重要成分。Dan 等（2015）利用 17 个自交系（inbred line）与同一个测交种测交，获得正反交共 34 个组合。研究发现，产量构成因子的杂种优势总体并不突出，但是这些因子的乘积导致了巨大的产量杂种优势。

Huang 等（2015）利用 1495 份杂交水稻及其骨干亲本构建了一个全基因组的遗传图谱，通过检测 38 个农艺性状，鉴定到 130 个杂种优势关联位点，但仅有几个位点在杂交种中表现出超显性效应，大多数位点具有增效显性效应，聚合数目众多的具有增效显性效应的优良等位基因是产生杂种优势的主要原因。

（2）全基因组解析杂种优势

随着二代测序技术的发展，廉价、高通量获取几乎所有生命有机体全基因组的分子标记成为可能。基于全基因组测序技术，我国科学家在水稻杂种优势机制研究中做出了很多先驱性工作（Huang et al., 2015, 2016; Li et al., 2016; 汪鸿儒和储成才, 2017）。

Zhang 等（2008）利用水稻全基因组表达芯片检测杂交水稻的亲本和 F1 的表达差异，发现有 7%～9%的基因表达有差异，认为基因表达差异与基因上游的调控序列的多态性有着密切的关系。Zhang 等（2008）发现，亲本之间基因启动子区的插入/缺失（insertion/deletion, InDel）多态性与水稻杂交种中基因差异表达模式相关。启动子区的插入/缺失可能会导致顺式调控元件（*cis*-regulatory element）的变化，作者由此提出基因启动子区顺式调控元件与该元件所结合的反式作用因子（*trans*-acting factor）[即转录激活因子（transcription activator）或转录抑制因子（transcription repressor）]相互作用可解释杂交种中各种基因表达模式的遗传模型。在该模型中，基因启动子区的插入/缺失引起的顺式调控元件的差异与激活型反式作用因子相互作用将导致杂交种中基因的加性、趋高亲和超高亲表达；而顺式调控元件的差异与抑制型反式作用因子的相互作用将导致杂交种中基因的加性、趋低亲和超低亲表达。

韩斌研究组、黄学辉研究组联合中国水稻研究所杨仕华研究组综合利用基因组学、数量遗传学和计算生物学领域的最新技术手段，鉴定了控制水稻杂种优势的主要基因位点（Huang et al., 2016）。在杂交配组中，这些基因位点产生了全新的基因型组合，在杂交 F1 中高效地实现了对水稻花期、株型、产量各要素的理想搭配。他们选取来自 3 种杂交育种系统（籼稻-籼稻三系法、籼稻-籼稻两系法和粳稻-籼稻杂交系统）的 17 个代表性杂交组合，通过对这些组合 10 074 个 F2 后代的全基因重测序及 7 个产量性状相关农艺性状的遗传分析，发现不同杂交系统有着不同的杂种优势遗传结构。定位到的 QTL 位点在杂合状态时大多表现出正向的不完全显性，通过杂交产生了全新的基因型组合，从而在杂交种中形成杂种优势（Huang et al., 2016）。

朱立煌研究组与袁隆平研究组合作，通过整合表型、转录组和基因组等多层次数据，深入解析了超级杂交水稻两优培九产量的杂种优势基础。两优培九产量杂种优势效应主要来自优势亲本穗粒数和父本有效穗数的贡献（Li et al., 2016）。Li 等（2016）还精细定位到 1 个贡献产量杂种优势的基因 *DTH8*/*Ghd8*/*LHD1*。

韩斌研究组提出，杂种优势的遗传机制不是由于双亲基因“杂”产生的超显性互作效应，而是主要基于双亲优良基因以显性和不完全显性的聚合效应（Wang et al., 2019）。他们开发了一套新的数量性状基因定位方法—GradedPool-Seq（GPS）。该方法基于 F2 样品材料混合池测序的策略，直接从表型差异大的双亲 F2 后代中精确定位基因。通过该方法，成功地在多套杂交水稻群体中定位到已知与未知的杂种优势相关基因，并且在‘广两优 676’杂交水稻 F2 群体中定位到与千粒重相关的杂种优势基因 *GW3p6*。进一步图位克隆发现来自雄性不育系（母本）

中的 *GW3p6* 是 *OsMADS1* 的等位基因，并且 *GW3p6* 剪切方式的改变造成粒重与产量的增加。通过构建近等基因系发现，*GW3p6* 显著提高了水稻产量、增加了粒重和粒长，但是不影响其他农艺性状。同时将 *GW3p6* 与另一个分蘖相关杂种优势基因 *PN3q23* 聚合，进一步提高了水稻产量（Wang et al., 2019）。

经过长期的研究，刘耀光研究组还成功地克隆了野败型细胞质雄性不育基因 *WA352* 和恢复基因 *Rf4*，阐明了 *WA352* 复杂的起源进化机制。*WA352* 基因起源于普通野生稻线粒体基因组的复杂重组事件。WA352 蛋白在花粉母细胞期的绒毡层积累并与核基因表达的线粒体细胞色素 c 氧化酶亚基 COX11 互作，诱发活性氧（ROS）爆发和细胞色素 c 释放到细胞浆，导致花药绒毡层细胞提前凋亡和花粉败育。RF4 和 RF3 从 mRNA 水平或蛋白水平，以不同的机制抑制不育基因 *WA352* 表达而恢复育性，RF4 通过降低 *WA352* 转录本水平恢复育性（Liu et al., 2007; Luo et al., 2013; 陈乐天和刘耀光, 2016）。

（3）表观遗传学研究

在水稻杂交种全基因组基因差异表达分析的不同研究中，由于所采用的分析平台和实验取材的组织器官等的差异，所鉴定出来的差异表达基因及其在杂交种中的表达变化模式各不相同。然而，相关研究也揭示了一些共性的结果，主要表现在水稻杂交种中差异表达基因的生物学功能上，如光合作用、碳水化合物代谢和能量代谢途径的富集。对于导致水稻杂交种转录组差异变化的原因，不仅可以从基于基因启动子区顺式调控元件和与其相结合的反式作用因子的遗传调控机制，还可从基于 DNA 甲基化、组蛋白修饰和小 RNA 的表观遗传调控机制方面来进行解释（何光明等, 2016）。

DNA 甲基化是真核细胞正常而普遍的修饰方式，其中胞嘧啶的 C-5 位是最常见的甲基化位点。DNA 甲基化后核苷酸顺序及其组成虽未发生改变，但基因表达受影响（Bird, 2002; Goldberg et al., 2007; Feng et al., 2010; 王忠华和王迪, 2013）。DNA 甲基化也可能对杂种优势起到重要的作用。Xiong 等（1999）对水稻亲本及杂交种后代 DNA 比较发现，它们在基因组 DNA 的一些特异位点上存在甲基化差异，认为在这些特异位点上差异的甲基化可能与杂种优势相关。Chodavarapu 等（2012）发现，杂交水稻等位基因差异表达与甲基化状态有很大的关系。

He 等（2010）发现，基因活性与 DNA 甲基化和组蛋白修饰物的活性有关，通过单核苷酸多态性（single nucleotide polymorphism, SNP）分析，杂交种和亲本间表观遗传修饰物与等位基因表达的偏向相关性很大。他们首次采用染色体免疫共沉淀结合高通量测序方法（chromatin immunoprecipitation followed bynext-generation sequencing, ChIP-seq），在水稻杂交组合中进行了全基因组水平上组蛋白修饰谱的测定与比较。结果表明，在杂交种与其亲本之间，激活型组蛋白修饰

H3K4me3 强度的差异与基因表达水平的差异显著正相关。此外，在杂交种中也观察到了等位基因特异性组蛋白修饰现象，其与亲本之间的组蛋白修饰差异相关。Guo 等（2015）利用 ChIP-seq 技术对水稻杂交种中等位基因特异修饰进行了进一步详细分析，发现在杂交种中 *H3K36me3* 等位基因特异性修饰在杂交种与亲本之间组蛋白修饰差异中起主要作用，且与杂交种中等位基因特异性表达显著正相关。Li 等（2011）则通过在水稻杂交种中分别过表达和失活组蛋白去乙酰化酶编码基因，揭示了组蛋白修饰在杂交种中一些非加性表达变化模式中起作用。

He 等（2010）还测定和比较了水稻籼粳亚种间杂交组合的小 RNA 转录组，发现在杂交种与亲本之间，miRNA 的差异表达与其靶基因的差异表达呈负相关。随后，Chen 等（2010）进一步证实了该发现，表明 miRNA 可能参与调控杂交种中的基因差异表达。此外，He 等（2013）发现 siRNA 在水稻杂交种中主要呈现加性表达变化模式，一部分在杂交种中非加性表达的 siRNA 表现为表达下调。

张启发课题组等确定了农垦 58S 的光敏不育特性由 pms1 和 pms3 两个位点控制。张启发课题组首先克隆了 *pms3* 基因（Ding et al., 2012）。*pms3* 基因编码一个长度为 1236 bp 的非编码 RNA（lncRNA）——LDMAR，农垦 58S 中由于 LDMAR 的一个突变导致了 RNA 二级结构的改变，LDMAR 的启动子区域甲基化程度升高，造成农垦 58S 花药程序化死亡提前，产生农垦 58S 中的雄性不育。庄楚雄课题组（Zhou et al., 2012）则在培矮 64S 得出相似的结果，他们克隆的 *pms3* 基因 osa-smR5864w，调控培矮 64S 的温敏不育。

张启发课题组（Fan et al., 2016）进一步地研究发现，*pms1* 是不完全显性基因，编码一个长链非编码 RNA，在幼穗中表达量较高，是 miR2118 的作用靶标，调控农垦 58S 的光敏不育。*pms1* 的转录本 PMS1T 能够被 microRNA2118 识别并介导剪切，形成一串 21-nt 的小 RNA，即 phasiRNA（phased small-interfering RNA）。

（4）远源杂交水稻育种中克服育性障碍

水稻栽培稻主要分为亚洲栽培稻（*Oryza sativa*）和非洲栽培稻（*Oryza glaberrima*）2 个种。亚洲栽培稻是一种主要的粮食作物，目前利用杂交优势（杂种优势）的水稻育种主要是粳稻和籼稻品种之间的杂交（Chen and Liu, 2016）。然而，另一种栽培稻，非洲栽培稻，具有许多重要特征，如耐热、耐旱、耐铝毒性和抗病性（Brar and Khush, 1997）。亚种和种间杂交（如非洲和亚洲水稻品种间杂交）产生的杂交种比亚种内杂交种具有更强的杂交活力和更大的产量潜力。亚非稻种间存在严重的杂种不育，导致结实率下降，杂种产量优势无法体现，极大地限制了远缘杂种优势的利用。

刘耀光研究组对控制亚非杂种不育的 S1 位点进行深入研究并最终克隆了该座位的关键基因 *OgTPR1*。*OgTPR1* 编码含有 2 个类胰蛋白酶结构域（trypsin-like peptidase domain）和一个核糖体生物合成蛋白结构域（ribosome biogenesis regulatory protein domain）的蛋白。敲除 *OgTPR1* 基因功能不影响雌雄配子的发育，但能够特异性地消除 S1 座位介导的亚非稻种间杂种不育现象（Xie et al., 2017）（图 9-1）。

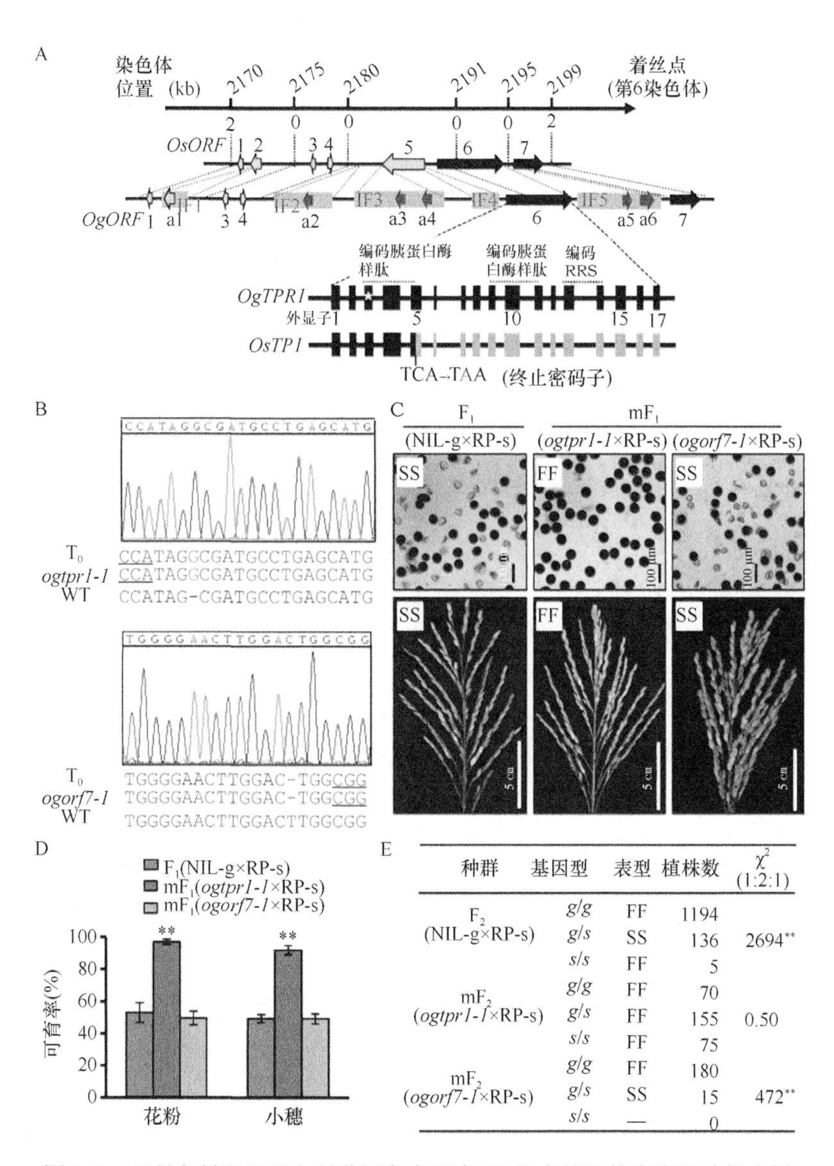

图 9-1　亚洲水稻和非洲水稻种间杂交不育 S1 位点基因的克隆和功能分析

（引自 Xie et al., 2017）

二、三系杂交水稻种子

1. 三系杂交水稻

三系杂交水稻育种是当前行之有效的杂种优势利用的经典方法。三系杂交水稻包括不育系（male sterile line）、保持系（maintainer line）和恢复系（restorer line），故名三系（袁隆平, 2002）。细胞质雄性不育系带有细胞质雄性不育基因（cytoplasmic male sterility gene），但不携带功能性核恢复基因（functional nuclear restoring gene），因此花粉表现为不育，无法自交产生后代；但其雌性器官不受影响，柱头可以接受保持系或恢复系的花粉产生杂交后代。保持系既不携带细胞质雄性不育基因，也不携带功能性恢复基因，其花粉表现为可育。保持系与不育系的杂种后代能够维持细胞质雄性不育的特性，从而达到繁殖不育系的目的。恢复系含有功能性核恢复基因，能够恢复不育系的育性，且与不育系存在一定的遗传差异，用于生产具有杂种优势的杂交种子（袁隆平, 2002）。将母本和父本按一定的时间播种，按一定的插植规格（行数比例）种植在一起，通过自然授粉和人工辅助授粉，让母本接受父本的花粉而受精结实，生产出 F1 代杂交种子。

2. 三系杂交水稻种子生产技术

（1）制种亲本的选择

不育系（通常称“母本”），指雌蕊正常而雄蕊花粉败育的品系，不能自交结实。恢复系（通常称“父本”），指雌雄蕊发育正常，能自交结实的品系，其花粉授粉给不育系所产生的 F1 代育性恢复正常。

采用符合 GB 4404.l—2008 粮食作物种子指标的水稻不育系、恢复系良种以上质量标准的种子。不育系种子应送检 SSR 点位差异，与不育系种子标准样品的点位差异超过 2 个的不可用于大田生产。

（2）季节安排与基地选择

基地应具有良好的稻作自然条件，光照充足，春夏季一般无极端高低温度出现，稻田较集中连片，无检疫性病害。高产制种的理想扬花条件是：日均温度 26～28℃，相对湿度 85% 左右，昼夜温差 8～10℃，且光照充足，有微风。

制种田可采用山丘等自然屏障隔离。如采用空间隔离，不育系种子生产区四面 500 m 范围内不应种植其他水稻品种；中间没有插花田；四周 1000 m 范围内没有野生稻。采用时间隔离的需相隔 30 d 以上。

（3）确定播插期

杂交水稻制种过程，由于父母本生育期的差异，父母本不能同时播种。确定组合播插期有 4 种方法，即生育期推算法、叶龄推算法、有效积温推算法和回归方程计算法。一般在确定播插期的时候，应根据气候类型、地区纬度等，同时使用 2 种或 2 种以上的方法推算。

（4）培育多蘖壮苗，适期移栽

父本要备足秧田，育成多蘖壮秧。母本适当密播，多本移栽。秧苗期要勤于水、肥管理，注意防寒、防鼠、防雀、防病虫害，适龄移植。秧田选择排灌方便，向阳背风，肥力中等，无前作水稻落田谷的沙壤田。前作是水稻的田块，原则上不得用于不育系种子生产。

水稻制种中，采用适当行比，同时增加父母本基本苗数，才能达到制种高产的要求。在父、母本叶龄为 5.0 叶左右时分别开始移栽，先父本后母本，父本栽 2 粒谷秧苗，母本栽 2～3 粒谷秧苗，最晚不超过 6.0 叶龄。

杂交水稻制种施肥注意前重中控后补。大田水分管理做到分蘖期以浅水湿润为主，保持田面有水层，促进母本低节位分蘖；母本栽后 20 d 开始晒田至母本叶片褪色、田面开裂；抽穗期保持田间有深水；灌浆期以浅水湿润为主，不能断水过早。

（5）花期预测与调节方法

理想的花期相遇标准是父本早母本始穗 2～3 d。对父母本任何一方偏早的都要及时进行调整，直至花期相遇。花期预测方法总的来说分为 3 种：幼穗剥检法、叶龄法和播始历期推算法。幼穗剥检法就是在田间人工剥查幼穗发育进程，根据幼穗发育的 8 个时期的外部形态来判断父母本花期是否相遇的方法，各地普遍采用，效果较好。叶龄法又分为叶龄指数法、叶龄余数法、对应叶龄法和出叶速度法，即多点观察父母本叶龄，用前几年的数据作参考来确定花期是否相遇。播始历期推算法则是根据制种亲本播始期的变化规律来推算父母本的始穗期。

花期调节方法可分为农艺措施调节法、植物生长调节剂调节法、复合类植物生长调节剂调节法、拔苞拔穗法和抽穗始期调节法。

（6）赤霉素喷施技术

喷施赤霉素（GA）是解决不育系包颈，促进抽穗和柱头外露不可缺少的方法。GA 的喷施必须掌握适时、适量、适情的原则。为保证种子的质量，GA 不能喷施过早，喷施量不能过大；否则，不育系节间就会伸得过长，易倒伏，影响授粉甚至授不了粉，从而造成闭颖不好，影响种子的质量。

制种过程中要求父本穗层高于母本穗层，一般高出 10～15 cm 即可。父本冠层叶片太长会给花粉飘散造成障碍，但过短（小于 8 cm）将影响父本花粉的发育和有效供给。

（7）去杂保纯技术

不育系群体中的杂株一般包括保持系、半不育系、常规稻和其他异品种；恢复系群体中一般包含分离的变异株和异品种。父本在分蘖期和始穗扬花期去杂；母本则在始穗期、扬花期和成熟期去杂。在制种大田去杂中，去杂保纯措施须贯穿在制种实施的全过程。去杂保纯的方法及注意事项：一要及时，避免杂株串粉；二要彻底，发现父母本有杂株即要整株拔除；三要谨慎处理，杂株要带出田外处理或倒栽头踩入泥底，防止杂株再次成活。

田间杂株率需在抽穗前检查一次，父本不得高于 1‰，母本不得高于 4‰；齐穗期检查一次，父本不得高于 0.8‰，母本不得高于 2‰；收割前检查一次，父母本合计不得高于 1‰。

在母本始穗期前，根据生产区域的气候，做好母本隔离移栽工作，待田间收获期同时取样考种，隔离移栽自花结实率≤0.3%视为合格。做好母本镜检观察工作。

（8）人工授粉及喷施种子活力调节剂

在抽穗扬花时进行人工辅助授粉，赶粉时间以每天 10:30～12:00 为宜，每 30 min 左右授粉 1 次。赶粉天数最少 10 d。授粉结束后立即割除田间父本，保持母本行的通风透光。

割除田间父本后，按照种子活力调节剂的使用说明进行喷施。适时抢晴收割，在授粉后 15～17 d 进行收获。

三、两系杂交水稻种子

1. 两系杂交水稻

两系杂交水稻是指用水稻光（温）敏细胞核雄性不育系与恢复系杂交配制杂交组合，以获得杂种优势。这种不育系具有在特定的光温条件下产生育性转换的特性，即日照长于或温度高于某一临界点时表现为雄性不育，可用于不育系制种，与恢复系杂交生产强优势的杂种 F1 种子；日照短于或温度低于某一临界点时表现为雄性可育，可用于繁殖不育系种子。

2. 两系法杂交水稻制种技术

两系法制种与三系法制种原理一样，技术上也基本相同；但两者的差别主要在于光（温）敏细胞核雄性不育系母本在生长发育到第二次枝梗原基分化期至花粉母细胞减数分裂期需要育性转换条件，这给开花期的选择增加了制约因素，可选择的时间短，技术复杂性增加，制种难度加大。

（1）生态环境要求

两系不育系的不育性既受细胞核不育基因的控制，又受环境条件的影响，不育性只有在一定温光条件下才能表现。因此，在两系杂交水稻制种的生态环境选择上，既要选择一个最佳扬花授粉期，又要选择一个安全的育性转换期。具体要求主要有安全的育性转换期、安全的杨花授粉期、播种期与始穗期的确定，且不同母本的播种期、播插期不同。

（2）基地选择

严格选择制种基地（区域），要做到“三防”“三佳”。“三防”为：一防敏感期低温，制种基地抽穗前 10～20 d 历年日平均气温不低于 24℃，最低湿度不低于 80%；二防敏感期冷灌，制种基地抽穗前 10～20 d 由 20℃左右灌溉；三防花期高温，制种基地花期日平均气温不得高于 28℃，最高温度连续 3 d 不高于 33℃。“三佳”为：其一，最佳地区；其二，最佳海拔；其三，最佳季节，7 月下旬至 8 月下旬可作为抽穗扬花期，既能保证稳定通过育性转换敏感期又能保证正常地抽穗扬花。

（3）育性转换观察

在选定基地（区域）的基础上，首先要观察母本在该区域的特定育性转换规律。不同的母本对光温的敏感性不同，育性转换的临界值不同，稳定不育期起止时间也不同。就是同一母本，在不同的光温生态区域育性转换期也不相同。对母本育性转换规律的观察，常用的方法是分期播种，然后观察自交结实率和花粉镜检。不论是新选育的两用核不育系还是新引进的两用核不育系，在选择地被应用之前必须进行分期播种试验，结合当地的实际情况（光照、温度、雨量、风力等）总结出该不育系在当地的最佳制种安全期。

考虑到年度间的光温条件有变化，分期播种一般需进行 2 年，然后根据 2 年的结果选出不育系的育性最稳定的时段做制种时参考。选择并确定其中育性转换明显，自交不育株率达 100%，不育度达 99.5%以上，稳定不育期 30 d 以上的两用核不育系作为当地两系制种母本使用。这是获得两系制种成功、保证 F1 种子纯度的前提。

（4）定向栽培技术

在建立两系制种群体结构的时候，除要像三系制种一样考虑父母本穗粒结构的协调外，还要考虑母本群体育性转换同步，避免出现母本自交结实现象。因为如果母本群体发育不同步，就会导致群体育性转换敏感期延长，群体转换为不育的安全系数就会降低，而且迟发高位分蘖穗往往出现育性恢复现象。因此，采取定向栽培，培育分蘖壮秧，插足基本苗等措施，培育出穗层整齐的群体，对两系制种优质高产尤为重要。

第二节　杂交水稻种子的发育及其调控

一、开花受精

抽穗前 1～2 d，杂交水稻穗颈节间及剑叶节间迅速伸长，将稻穗向上推，到稻穗被推出剑叶鞘 1cm 时称为抽穗。全田穗数抽出 10%称为始穗期，抽出 50%称为抽穗期，抽出 80%称为齐穗期。全田齐穗需 5～7 d。杂交水稻抽穗当天或第二天便开始开花。

开花时，颖壳张开之后，花丝迅速伸长，花药开裂，花粉散向同粒颖花的柱头，便是散粉。水稻为自花授粉植物，异交率为 0.5%左右。花粉落入柱头后，双受精过程历时 5～6 h。

Li 等（2021）发现水稻多聚 ADP 核糖聚合酶[poly (ADP-ribose) polymerase, PARP]在开花受精阶段发挥着重要的作用。通过构建三种不同类型的水稻 *OsPARP1* 的敲减植株：T-DNA 插入突变体 *osparp1*、CRISPR/Cas9 敲除突变体及 RNA 干扰植株，证明这些敲减株系均具有结实率下降的表型（图 9-2）。而构建的突变体 *osparp1* 遗传基因功能互补植株的结实率相对于突变体 *osparp1* 有所提高，说明 *OsPARP1* 基因参与调控水稻结实率（图 9-3）。

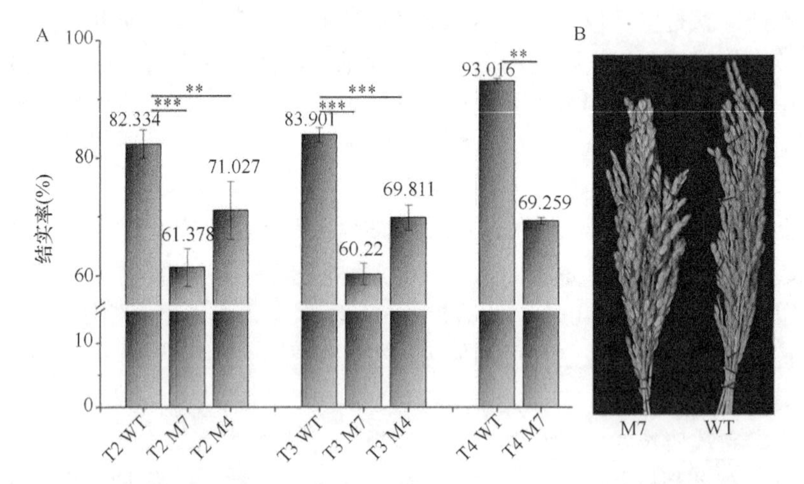

图 9-2　水稻 *osparp1* 突变体连续三代结实率考察（引自 Li et al., 2021）

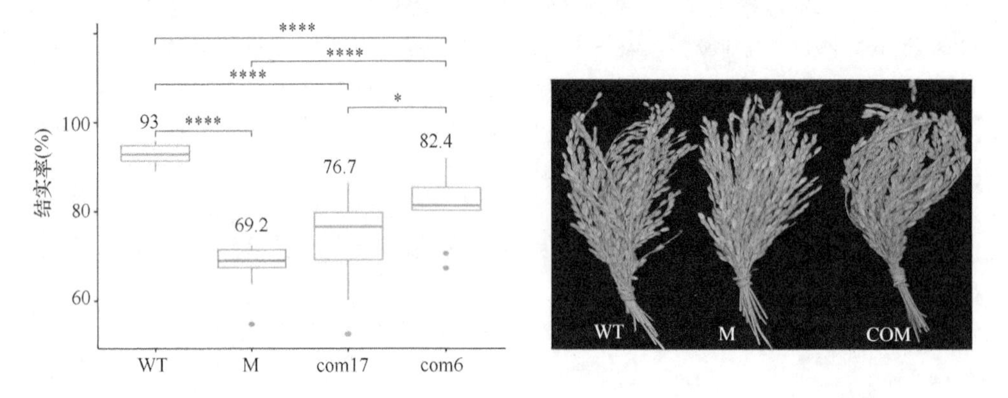

图 9-3　水稻 *osparp1* 突变体与功能互补株系的结实率考察（引自 Li et al., 2021）

利用激光共聚焦荧光正置显微镜对整体透明处理的胚囊观察发现，在大孢子母细胞形成期前，*OsPARP1* 基因功能的缺失未造成明显影响，直到胚囊有丝分裂期 *osparp1* 开始出现败育的胚囊（图 9-4）；对突变体 *osparp1* 的雄配子体发育进行研究时，突变体在减数分裂前期Ⅰ到中期Ⅰ都没有明显异常，但是到后期Ⅰ开始出现染色体断裂并持续到减数分裂结束，并最终产生部分败育花粉（图 9-5，图 9-6）。

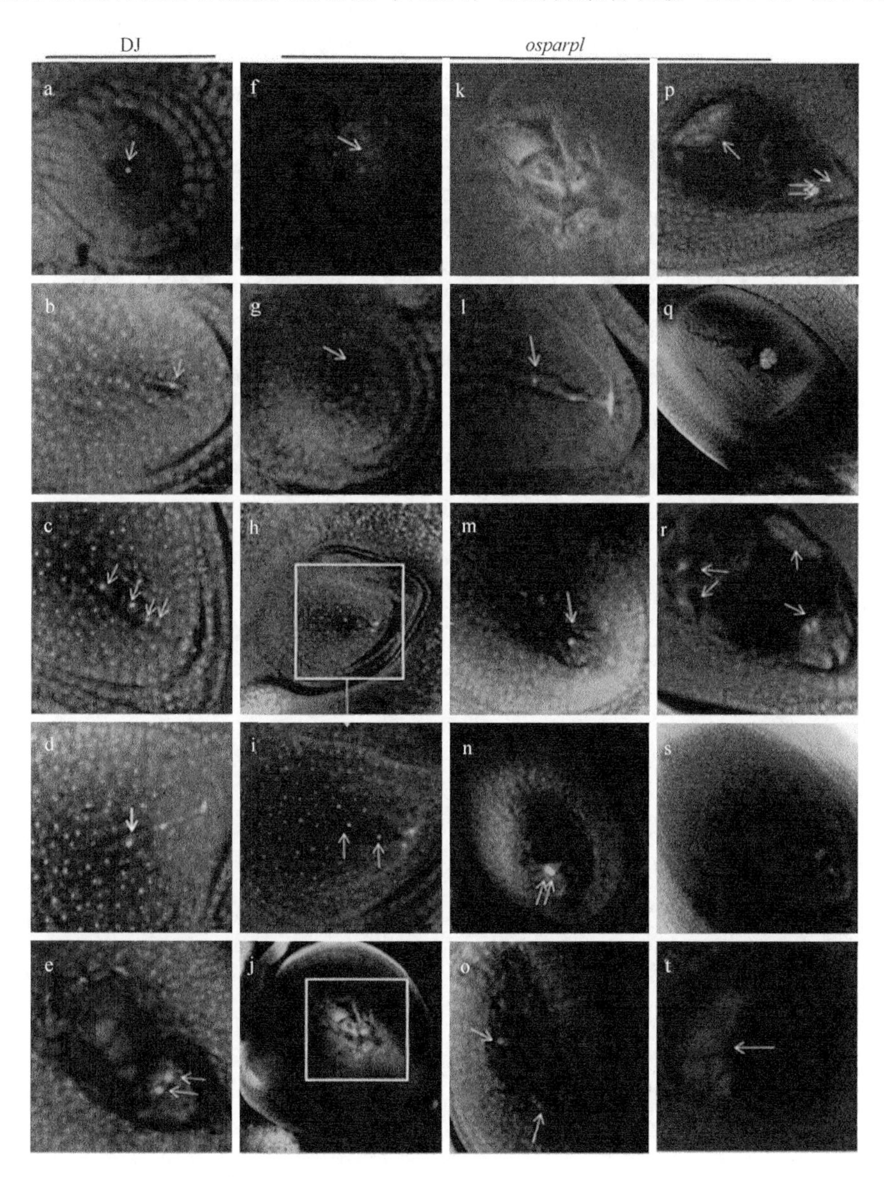

图 9-4　突变体 *osparp1* 雌性胚囊发育过程（引自 Li et al., 2021）

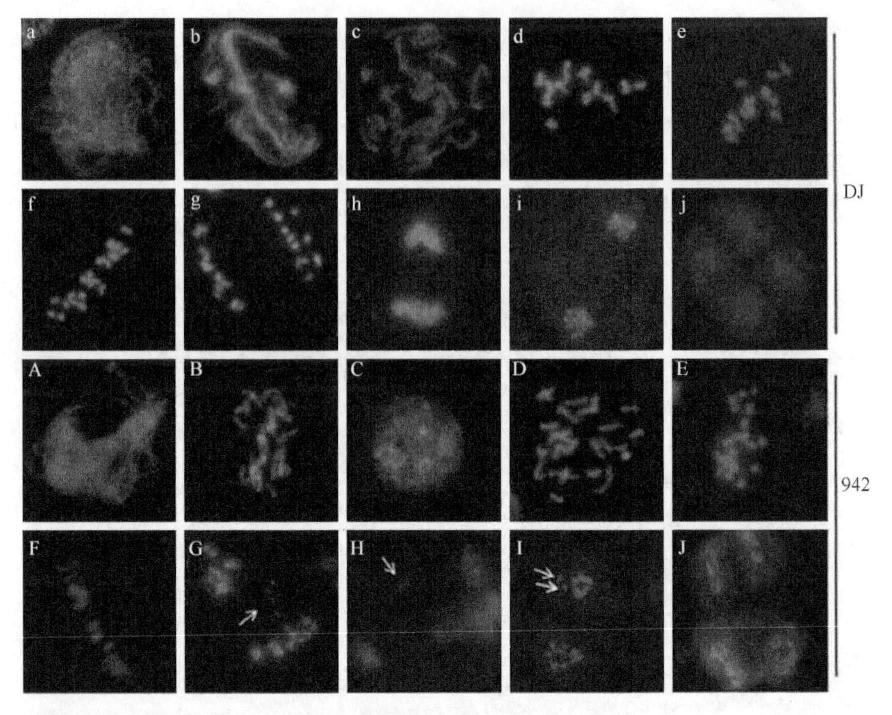

图 9-5　突变体 *osparp1* 的雄性花粉母细胞减数分裂过程（引自 Li et al., 2021）

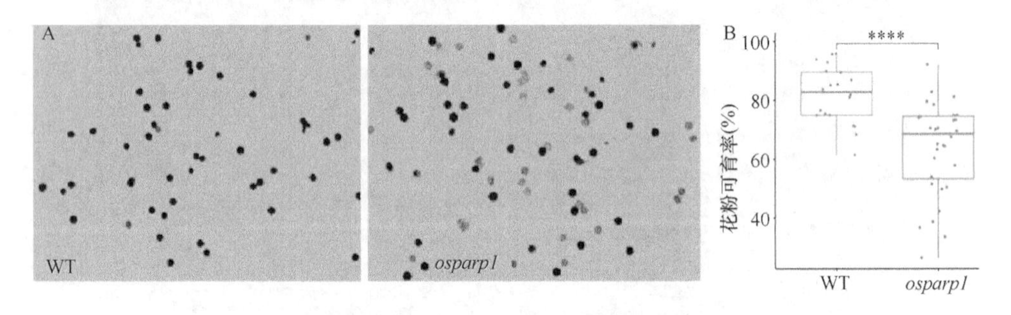

图 9-6　突变体 *osparp1* 的花粉育性低于野生型（引自 Li et al., 2021）

二、种子的发育

1. 胚的发育

受精卵在受精后 8～10 h 开始分裂形成二胞原胚，随后形成梨形胚。第 7d 胚的雏形完成。第 10 d 分化全部完成，并具备萌发能力。

2. 胚乳的发育

受精的极核原核马上进行分裂形成双核，此后继续分裂，沿着胚囊内壁自下向上形成单层的核层。到开花后 9～10 d，胚乳细胞便停止分裂，此后便是淀粉的充实。

3. 种子发育的调控

Liu 等（2019）证明了水稻谷胱甘肽还原酶基因 *OsGrxC2.2* 能够在胚胎发生过程中调节胚的发育。过表达 *OsGrxC2.2* 的转基因水稻品系表现出退化的胚及无胚的种子。

研究表明，胚胎异常发生在胚胎发生的早期阶段（见图 9-7）。而且水稻胚胎发育的内胚层标记基因，如 *OSH1*（apical region marker）、*OsSCR*（L2 ground tissue marker）和 *OsPNH1*（L3 vascular tissue marker），在过表达的转基因水稻株系中显著减少。有意思的是，过表达 *OsGrxC2.2* 的转基因水稻的种子重量与野生型相比显著增加。这表明 *OsGrxC2.2* 的过表达干扰了水稻胚胎的正常发生，导致籽粒重量增加。

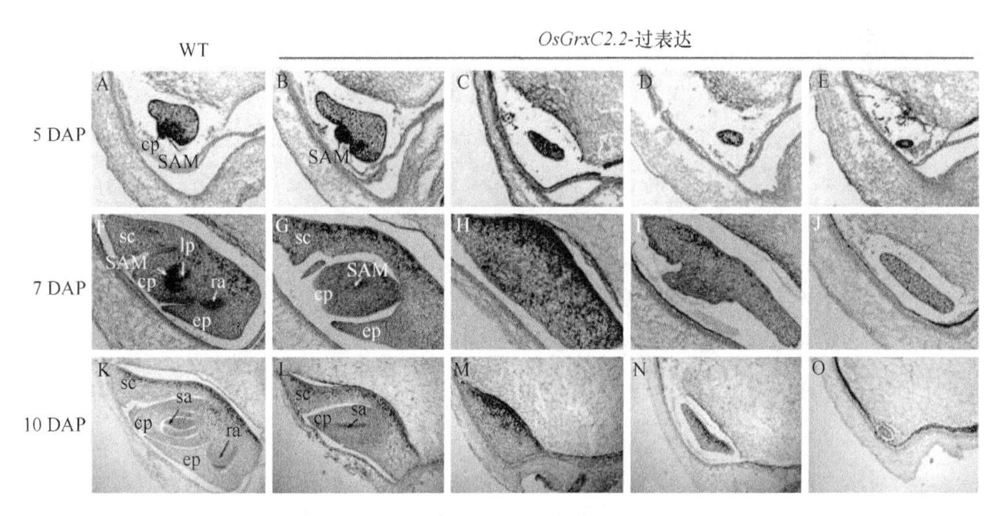

图 9-7　过表达 *OsGrxC2.2* 植株和野生型胚胎在不同发育阶段的中位纵向截面

（引自 Liu et al., 2019）

WT（A，F，K）和代表性过表达株系 OE11（B～E，G～J，L～O）在 5DAP（A～E），7DAP（F～J）和 10DAP（K～O）的胚胎发育情况。cp：胚芽鞘；ep：外胚叶；lp：叶原基；ra：胚根；sa：胚芽；SAM：茎尖分生组织；sc：盾片

三、杂交水稻种子的特性

杂交水稻种子是通过雄性不育系与恢复系异交结实产生的，其种子特性与常规水稻种子明显不同，如种子裂颖、穗萌、带菌率较高等，致使杂交水稻种子的储藏品质和播种品质等低于常规水稻种子。

1. 种子裂颖现象

裂颖现象在杂交水稻种子中普遍存在，是水稻不育系的一种遗传特性。不育系的花粉不正常，而颖花只能通过延长开颖时间来增加捕获花粉的机会。开颖时间过长、高温、失水等因素，使内、外颖老化甚至皱缩，从而使闭颖能力在授完粉后降低。

杂交水稻种子的裂颖现象是遗传与非遗传因素双重作用的结果。朱伟等（2004）对 1017 份种质资源进行了研究，认为裂颖性状可能是质量–数量遗传，与种子自身遗传有关，后代与亲代的表现大体一致。刘晓霞等（2007）对 4 种具有不同裂颖特性的不育系及其相应的保持系的种子裂颖度与不育系浆片的小维管束性状进行研究，结果表明，在一定范围内不育系种子裂颖率高的重要原因之一是浆片导管少，且分布不均匀、体积大、重量重、水势高；研究还发现，颖花的 POD 和淀粉酶等酶活性也与种子裂颖有关。对水稻不育系喷施 GA 试验表明，对不同不育系施用适量 GA 能在一定程度上解除抽穗“卡颈”现象，对降低种子裂颖率也有效果（刘烨等, 2012）。

水稻雄性不育系颖花的浆片和小穗轴维管束发育不良，浆片吸水和失水均较慢，开颖后浆片保持膨胀状态，小穗轴及外稃基部的细胞结构生长定型，小穗轴失去了外稃恢复到原位的弹性，导致颖壳不能关闭或关闭不好，形成裂颖。在杂交水稻制种时，不育系颖花开颖时间延长，虽然增加了捕获父本花粉的机会，但是开颖时间较长，内、外颖因日晒失水等而老化甚至皱缩，致使受粉后颖花的闭颖能力降低。杂交水稻种子裂颖，表现为种子内外颖不闭或闭合不严，产生畸形稻种。种子根据其裂颖的程度可分为开裂粒和裂纹粒，一部分颖花的内、外颖不能完全闭合而形成开裂粒；另一部分颖花的内、外颖虽能勉强闭合，但不能严密勾合而形成裂纹粒。

裂颖种子在成熟期易发生穗萌发。同时，裂颖种子在浸种催芽和育秧时，其胚乳物质易外渗，严重影响种子批的萌发及幼苗生长。在种子储藏过程中，裂颖种子的生活力迅速降低，易加重仓储害虫的危害，影响种子批的耐储藏性（付爱斌等, 2009）。

2. 种子穗萌（穗萌发）

杂交水稻繁殖制种时，由于 GA 的使用，加上不育系种子裂颖、休眠性浅等生物学特点，在灌浆成熟期，如遇连续阴雨天气，种子在母体植株上萌发；目前大面积推广的水稻不育系大多容易穗萌发。特别是在长江流域的制种，由于种子成熟期易遇上高温高湿天气，产生穗萌发的现象较严重，平常年份有 10%～30%的种子发生穗萌发，灾害严重的年份穗萌发率可达 60%左右，最高可达 95%（廖泳祥, 2009; 王歧伟, 1992）。由于穗萌发的种子已经丧失耐脱水性，种子不能降低到安全保存所需的含水量，导致代谢活性较强，更容易发生劣变和丧失生活力。

在杂交水稻种子生产中不可避免地要使用 GA，GA 会打破或解除种子的休眠特性，人为地创造种子穗萌发的内在条件，一旦温湿度适宜，种子立即萌动发芽。这是杂交水稻制种易产生穗萌、发芽的一个重要内因（周述波, 2016）。不同杂交组合种子的穗萌芽率和穗萌芽程度存在着显著差异。蔡建秀和陈伟（2007）发现，易萌品种在穗萌发过程中 α-淀粉酶活性较高，GA_{1+3}、IAA 含量高于不易萌发品种，而 ABA 含量相反，颖壳外表萌发口处细胞排列稀疏，易于吸水，一定程度上说明了水稻种子穗萌发产生的原因。

3. 种子带菌

杂交水稻种子带菌率为常规水稻种子的 1.5～3 倍，对杂交水稻种子最普遍、危害最严重的病害是稻粒黑粉病和恶苗病。水稻种子带菌的主要途径是在抽穗开花至种子成熟阶段，病菌通过花器侵入，寄生繁殖，产生大量孢子，黏附在种子颖壳内外。病菌侵染程度与品种（或组合）本身的抗性及特性、生产环境、病原量有关。水稻不育系本身花器败育，抽穗不畅，开花历期长，花时分散，张颖角度大，颖壳闭合不好，柱头外露率高，柱头生活力强等，均有利于病菌侵入与繁殖。这些病菌分泌的毒素使种子发芽率和成苗率降低，秧苗素质变差。带菌种子在成熟后 2 个月的短时期内萌发率与正常的种子差异不显著，但在储藏过程中生活力迅速下降，对温度的敏感性也比正常种子高。

四、杂交水稻种子生产过程中的活力调控技术

1. 穗萌抑制技术

现代生物技术对穗萌的调控通常从恢复种子的休眠特性入手，如在易穗萌的水稻品种中过表达 *OsVP1* 可在一定程度上抑制品种的穗萌特性，但抑制效果一般（肖英勇等, 2012）。普通的栽培措施也不能较好地抑制穗萌，因此应用化学试剂控制这一现象是当前农业生产中最常使用的措施之一（陈兵先和刘军, 2017）。已有研究证明，喷施一定浓度的 ABA 能够有效防止穗萌，但由于 ABA 价格高昂，大面积使用时，会大幅提高生产成本，而且 ABA 处理过的种子具有较强的休眠特性（谈惠娟等, 2006）。多效唑和烯效唑是植物内源激素赤霉素合成的抑制剂，它们不仅可以抑制水稻穗萌，还能在一定程度上增加结实率和产量（Rademacher, 1990）。另外，在水稻孕穗期每亩①喷施 750 g 的多效唑，可将穗萌发生率降低 70%,

---

① 1 亩=666.67 m^2。

在一定浓度范围内，随着浓度的增加，抑制效果越来越好（廖泳祥, 2009），但大面积使用这两种生长物质是否会给农业生产带来副作用，仍有待进一步验证。马来酰肼（maleic hydrazide, MH）和丁酰肼（daminozide, B9）具有较好的抑制水稻穗萌的效果，它们可降低种子的活性，对萌发具有抑制、伤害作用，但研究表明，MH 和 B9 可诱导染色体发生畸变，具有致癌作用，因此在生产上逐渐被淘汰（王玉元, 1989; 胡伟民, 2000）。另外，目前已经商品化的“穗萌抑制剂”（主要成分为 30%青鲜素 + 60%延滞性有机酸）、“穗芽克”（主要成分是 1 g/L 香豆酸和 0.03 g/L 多效唑）和丁香酚（eugenol）在生产中也有一定的应用（谈惠娟等, 2006）。

Chen 等（2019）发现，香豆素（coumarin）可有效地抑制水稻种子的萌发和胎生。香豆素显著降低了水稻胚中 *OsABA8'ox2/3* 的表达，还能抑制水稻胚中活性氧的积累，提高种子萌发所必需的超氧化物歧化酶和过氧化氢酶的活性；这表明香豆素通过抑制 ABA 分解代谢，特别是通过降低 *OsABA8'ox2/3* 的表达而不是通过增加 ABA 的合成来延迟种子萌发。此外，香豆素在增加 ABA 含量的同时降低了水稻胚中 ROS 的含量而马来酰肼、丁香酚和烯效唑等化学物质可降低杂交水稻种子中 RAmy3B 和 RAmy3E 的表达，从而防止收获前发芽（PHS）（Hu et al., 2016）。

2. 活力调控技术

种子活力调控技术的关键在于种子活力调控剂的使用，包括播种期和制种灌浆期的种子活力激活处理技术。播种时，利用植物提取物和矿物原料等制成的水稻种子激活剂进行拌种处理，每亩用量：1 袋（1 kg）种子激活剂产品。在杂交水稻种子收获前 12～15 d，直接将 200 mL 水稻种子活力提升剂兑水喷施在杂交水稻植株和种子上；遇阴雨天气时应增加 1 次用药。按照杂交水稻种子安全干燥技术标准，将种子烘干至含水量 12%以下。高活力种子质量标准原则上按 GB 4404.l—2008《粮食作物种子 第 1 部分：禾谷类》执行。同时添加以下商品质量指标：发芽率（≥85%）、穗芽率（≤5.0%）。

吴志媛等（2022）利用二氢杨梅素等配制了两种不同的种子活力调控剂，在授粉完成后开始喷施，发现种子活力调控剂可以提高早期种子萌发率，减少霉变粒率（表 9-1）。表 9-1 表明，授粉后 10 d，青粒率为 35.2%时，对照的发芽势仅为 65.33%，发芽率仅为 75.33%，两种处理的发芽势和发芽率都显著高于对照。其中处理 A 的发芽势和发芽率分别为 72.33%和 86.0%，处理 B 的发芽势和发芽率分别为 78.67%和 86.0%。

3. 种子光学筛选技术

杂交水稻制种在成熟收获和干燥过程中，如收获干燥不及时，或遇降雨、高湿、高温天气，容易发生种子劣变，导致种子发芽率和活力降低，严重的将失去

表 9-1　不同种子活力调控剂对于授粉后不同时期种子发芽势、发芽率与霉变粒率的影响（引自吴志媛等，2022）

处理时期（授粉后天数）	处理	发芽势（%）	发芽率（%）	霉变粒率（%）
10	CK	65.33c	75.33b	1.00a
	处理 A	72.33b	86.00a	0.67a
	处理 B	78.67a	86.00a	0.67a
13	CK	87.33b	92.33b	1.67a
	处理 A	89.33ab	93.33ab	1.67a
	处理 B	91.33a	95.67a	0.67a
16	CK	89.00a	93.33a	2.00ab
	处理 A	88.67a	93.33a	3.00a
	处理 B	91.67a	96.00a	1.00b
19	CK	89.33a	92.00a	4.00a
	处理 A	89.33a	91.67a	4.00a
	处理 B	90.67a	93.00a	3.00a
21	CK	89.00b	91.67b	4.67a
	处理 A	94.33a	96.33a	2.005b
	处理 B	94.33a	95.67a	1.33b
24	CK	88.67b	91.67b	4.67a
	处理 A	88.67b	89.33b	5.33a
	处理 B	95.00a	97.00a	1.33b

注：CK 为对照，处理 A 为种子活力调控剂 A，处理 B 为种子活力调控剂 B

种用价值。杂交水稻种子劣变有籽粒粉质化（简称“粉质化”）、穗芽和霉变等情况。粉质化是指水稻种子的籽粒（胚乳）内部的颜色部分或全部变成石灰状乳白色。粉质化在杂交水稻种子中普遍存在，只是不同的母本系品种在不同制种气候条件下，发生的程度有所差异。不同粉质化程度的种子萌发率检测结果表明，与正常无粉质化的种子相比，1/3 粉质化种子的萌发率降低约 5%，1/2 粉质化种子的萌发率降低约 12%，2/3 粉质化种子的萌发率降低约 30%，种子萌发率与粉质化粒率的相关系数为–0.63，达到显著水平，说明粉质化对杂交水稻种子萌发率影响大。穗萌的种子干燥 2 个月后基本失去发芽能力，穗萌率高的种子批在浸种催芽过程中容易坏种。种子霉变是指种子在成熟收获和干燥时发霉，导致颖壳和籽粒变成黑褐色的现象，霉变的种子常常失去生活力。粉质化、穗萌、霉变的水稻种子与正常种子的籽粒在大小、体积和粒重、外观方面差异小或基本无差异，目前通用的风筛选机、比重精选机和光电色选机等均难以将 3 种劣变种子分选出来，导致部分发生劣变的种子批的种用价值降低或失去种用价值。

根据光电色选机的工作原理，通过筛选不同波长的光波，找到能透过谷壳和稃粒的强光光源和适宜波长，根据劣变稃粒对该波长光波的透光率和反射率识别出稃粒变色的劣变种子，再采用光电色选机实现对色差稃粒的分选，达到将粉质化、穗萌、变色等劣变种子和好种子分选开来的目的，可大幅度提高分选后种子批的萌发率。为此，刘爱民等研制了一种杂交水稻劣变种子光学分选机（简称光学分选机或光选机），对粉质化、穗萌、霉变引起的萌发率低的杂交水稻种子的分选效果相当好，每次分选可以大幅提高种子萌发率，不同批次的种子分选后其萌发率提高的幅度有差异，提高幅度为 5～23 个百分点。可以通过调整光学分选机的分选参数来提高分选效果，每个批次种子分选前应测试出适宜的分选参数（刘爱民等, 2020）。

光学分选机对稃粒变色（粉质化、霉变）的种子有较好的分选效果，但对那些稃粒没有变色的但萌发率仍低的种子批的分选效果较差。因此，针对萌发率低的种子批，在分选前应先调查引起种子批萌发率低的原因，以确定是进行光学分选，还是进行基于代谢物标记的种子分选。

五、杂交水稻种子的机械干燥技术

杂交水稻种子干燥是种子生产的关键环节。种子收获时含水量高、杂质多、易发生劣变。研究发现种子获得脱水耐性之后，人工干燥显著提高种子的萌发能力（Huang et al., 2009; Wang et al., 2015）。进一步通过测试不同干燥机械的干燥效率、干燥成本及种子活力的指标，筛选适宜的种子机械，研究制定了安全快速、无混杂、低破损的水稻种子机械干燥标准。关键环节是采用卧式静态烘干机或者混流式干燥机进行低温烘干，以减少种子沤坏风险，保证种子活力不因天气影响急剧下降，从而提高种子的质量。机械干燥技术极大地改善了传统自然晾晒法受制于晒场条件和天气、穗萌和堆捂霉变等风险巨大的弊端。

1. 烘干机和烘干房

烘干机建议采用低温循环式谷物干燥机，机器产生的热能进入烘干层对种子进行干燥。

烘干房场地必须硬化且平整，空间适度，不可太大，以防影响烘干效果；除尘房面积根据采取的除尘措施而定，不少于 12 m^2，空间以大为宜，烘干房配备灭火器。

2. 机械烘干操作规程

（1）准备工作

详细阅读机器使用说明书。机器调试：烘干机、精选机检查调试正常，彻底清扫干净。电力供应：了解电力是否供应正常。收割机、运输车辆准备充分。

（2）种子收割转运

选用清选效果好的水稻联合收割机采收种子。每台烘干机要求配备4～5台收割机同时收割，在2～3 h收割30～40亩，风筛选后湿种子量为10 t左右。种子田叶片、稻穗、谷粒上无明水（露水干后）再收割脱粒。种子从装袋到进风筛选机不超过3 h。

（3）种子风筛选

使用风筛选机筛选，减少种子中秸秆、碎叶和空粒等杂质后再装机烘干。风筛选时经常检查提升机、分料斗，防止堵塞。严禁将稻秆、叶片、秕谷等杂物多的种子装入烘干机。

（4）烘干机入谷

横流循环式低温谷物烘干机在种子水分18%以上的时候按循环方式入谷，水分在18%以下的种子选择入料方式入谷。静态卧式烘干机直接入料。

（5）种子干燥

种子装满仓或装完，将烘干温度设定在42℃以下，进行种子干燥。特殊情况下，烘干温度需适当降低，比如雨淋湿后紧急入机的种子需先在机器内循环2 h，再低温烘干2 h，设定烘干温度不高于35℃。横流循环式低温谷物烘干机先将循环变速杆转至慢速挡，当入谷量低于2层时用快速挡烘干。干燥期间必须有专人每2～3 h检查烘干机的运转情况，特别是夜间安排值班检查，可根据夜间种子水分情况调节烘干进度，以便第二天及时出料。

一次性烘干的种子含水量烘干至11.5%出料。分两段烘干的种子当含水量达到15%～16%时出料，种子装袋暂存；待田间种子全部采收并完成第一段烘干后，所有种子再进行第二次烘干至含水量11.5%出料。出料时由烘干机出料口直接进入重力式精选机进料斗进行重力精选加工。

（6）清理

每次烘干完成后，将机器内的灰尘、秕谷、籽粒、沙石排净，该过程还需要人工使用短木片进行清理疏通，疏通后将下搅拢槽盖打开，排净杂物。换品种烘干时，要进行彻底的清理。除尘房应定时清理秕谷，以使排风畅通。

第三节 杂交水稻种子的萌发与影响因子

种子的萌发是指种子胚由相对静止状态变为活跃状态，并逐步生长成幼苗的过程（傅家瑞, 1985; Bewley et al., 2013）。水稻种子在吸胀阶段Ⅰ的水分吸收属于物理过程，水分吸收速率最高。当水分含量达到一定范围，种子的萌发即进入下一阶段（萌动阶段）。萌动阶段种子的水分吸收呈停滞状态，但种子内部的生理生化代谢被激活。前人研究发现，萌动阶段种子中的蛋白质和DNA被大量修复及再合成，同时，线粒体等细胞器也开始修复（Bewley, 1997; Nonogaki et al., 2010; Rajjou et al., 2012; Sano et al., 2012）。随着贮藏物质的降解和能量的持续供给，水稻种子的鲜重和吸水量持续增加，最终胚根或者胚芽鞘突破种皮，完成萌发。

一、种子萌发和生长过程中的淀粉代谢

水稻种子萌发/生长过程中的淀粉代谢是指胚乳中的淀粉在酶的催化作用下水解成葡萄糖、麦芽糖等可溶性糖的过程。淀粉代谢所产生的糖类是水稻种子萌发/生长阶段的能量来源，在水稻生长初期光合作用较弱的阶段，胚乳中淀粉降解所产生的能量能供给水稻幼苗生长至 2 叶 1 心期。水稻种子中参与淀粉降解的酶主要有 α-淀粉酶、β-淀粉酶、脱支酶和麦芽糖酶。淀粉在 α-淀粉酶和 β-淀粉酶的作用下生成葡萄糖、麦芽糖和极限糊精。而麦芽糖和极限糊精在麦芽糖酶和脱支酶的作用下生成葡萄糖（王慰亲, 2019）。α-淀粉酶是水稻淀粉代谢过程中最重要的一种酶，α-淀粉酶的活性对于水稻种子萌发过程中的萌发势、萌发率和幼苗素质等有至关重要的影响，水稻种子中的 α-淀粉酶活性可作为水稻早发特性的指标，用于种质资源筛选（Asatsuma et al., 2005; Karrer et al., 1992）。

研究发现，水稻 α-淀粉酶在干种子中活性很低，一般在萌发阶段才被诱导大量表达。而在水稻种子萌发阶段，不同 α-淀粉酶基因转录表达的调控机制不同（钱海丰等, 2003; Scofield et al., 2007）。其中 *Ramy1* 家族的启动子中包含赤霉素顺式作用元件（GARE），因此其受内源赤霉素的诱导而转录表达，并翻译成 A 型和 B 型 α-淀粉酶（Huang et al., 1992; Damaris et al., 2019）。而 *Ramy3* 家族基因主要受组织内的可溶性糖水平的影响而反馈表达，当水稻种子中的可溶性糖含量较低时，会诱导能量代谢相关的蛋白激酶的表达（Lu et al., 2007）。而此类蛋白激酶可以与 *OsRamy3D* 和 *OsRamy3E* 启动子的 TA box 元件结合，从而诱导其转录表达。当水稻种子中的可溶性糖含量高于 2 mmol/L 时，*OsRamy3D* 的表达量显著降低；而当组织中可溶性糖含量较低时，*OsRamy3D* 和 *OsRamy3E* 的相对表达量增加。同时，*Ramy3* 家族基因的启动子中不包含 GARE，外源施用 GA 对 *OsRamy3D* 和 *OsRamy3E* 的相对表达量没有影响，表明 *OsRamy3D* 和 *OsRamy3E* 不受 GA 诱导表达，而 *OsRamy3B* 的启动子包含 GARE 作用位点，因此其既可受 GA 信号传导表达，也可受组织内可溶性糖水平的影响而反馈表达。刘巧泉课题组最新的研究揭示油菜素甾醇调控种子萌发的关键机制，BR 通过介导下游靶基因表达的关键转录因子 BZR1 促进水稻种子发芽（图 9-8）。BZR1 的一个具有代表性的直接靶标是 *RAmy3D*，该基因编码一种重要的 α-淀粉酶，在种子萌发初期的淀粉降解中起关键作用。BZR1-RAmy3D 转录模块，独立于 GAMYB-RAmy1A 模块，在胚乳和胚胎相关组织中都起作用。此外，RAmy3D 和 RAmy1A 均能促进淀粉周转，从而

为种子萌发和胚胎生长提供更多糖分（Xiong et al., 2022）。

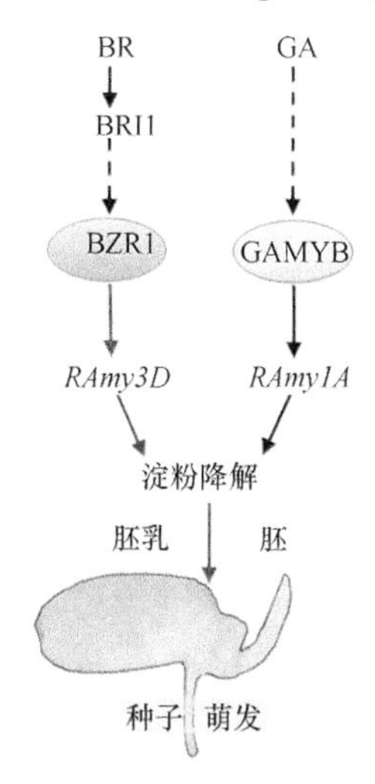

图 9-8　油菜素甾醇（BR）通过介导下游靶基因表达的关键转录因子 BZR1 促进水稻种子萌发（引自 Xiong et al., 2022）

与常规水稻相比，杂交水稻新种子破胸早，萌发快，幼苗生长迅速，具有明显的萌发、生长优势。生长优势是建立在生理优势基础之上的。杂交水稻种子生理优势表现在以下几方面：一是杂交水稻种子比常规水稻种子的脱氢酶、细胞色素氧化酶活性高，代谢的潜能大。二是杂交水稻种子的淀粉酶活性强，且胚乳中含有 α-淀粉酶。而常规水稻种子萌发过程中 α-淀粉酶由盾片上皮细胞合成而运入胚乳中或由种子胚分泌的赤霉素在糊粉层中诱导形成（陈良碧, 1994）。显然，杂交水稻种子胚乳中预存有 α-淀粉酶，有利于迅速水解淀粉，无疑是杂交水稻种子萌发快、幼苗生长迅速的重要生理基础之一。

实验证明，一定浓度的植酸能够有效抑制杂交水稻种子的萌发，且随着植酸浓度的增高，延缓种子萌发、降低种子萌发率的作用越大，浓度为 10 mmol/L 时抑制作用最强，超过此浓度抑制作用减弱。外源植酸能够降低杂交水稻种子萌发过程中 α-淀粉酶活性，与此同时，其可溶性糖含量也有所下降。植酸是 α-淀粉酶的非竞争性抑制剂，可与 α-淀粉酶形成“抑制剂—酶”复合物，使淀粉的水解被抑制；植酸或可作为金属离子螯合剂，使水稻种子中作为 α-淀粉酶稳定剂的金属离子被螯合，导致 α-淀粉酶活性下降（丁君辉, 2012）

二、活性氧代谢对水稻种子萌发的调控

活性氧在植物细胞中常常作为细胞反应的调节分子，调节细胞程序性死亡，调控生物体的生长发育以及向地性生长等生物活动过程。对水稻种子的萌发而言，

ROS 的作用与调控机制与其他非种子结构存在明显不同。有研究指出，ROS 能促进种子的萌发。还有研究指出，水稻种子的萌发率与 ROS 浓度呈显著正相关。ROS 对细胞壁的松弛作用，以及对糊粉层及胚乳的氧化降解作用，可能为胚根突破种皮提供了必要的条件（Chen et al., 2016）；同时，ROS 还能诱导 GA 合成相关基因的表达，从而促进种子的萌发（徐振江等, 2012）。在一般植物组织中，ROS 受 ABA 的诱导而大量生成，但是在水稻种子中，ABA 会对 ROS 的合成产生明显的抑制作用。低温胁迫下，种子中积累的 ABA 会抑制 ROS 的生成，从而对水稻种子的萌发产生抑制作用。

质膜NADPH氧化酶(NOX)是植物中ROS生成的关键酶(Suzuki et al., 2011)。它们将细胞内的 NADPH 电子转运到膜上，通过黄素腺嘌呤二核苷酸与分子氧相互作用来催化超氧自由基（$O_2^{\cdot-}$）的产生。然后 $O_2^{\cdot-}$ 经历化学转化，产生过氧化氢（H_2O_2）和 O_2。然后，过氧化物酶催化凋亡体中 $O_2^{\cdot-}$ 和 H_2O_2 形成·OH。由于·OH 是反应活性最高、寿命最短的 ROS，因此可以直接裂解细胞壁多糖，从而降解双子叶植物胚乳帽的植物细胞壁（Schweikert et al., 2000; Müller et al., 2009）。

种子萌发是一个复杂的过程，在这个过程中静止的干燥种子迅速地恢复代谢活性，完成胚伸出周围结构的细胞事件，以及为随后的幼苗生长做准备（Nonogaki et al., 2010; Rajjou et al., 2012; Bewley et al., 2013）。在萌发过程中胚的伸长可能主要依赖于细胞壁延展性的增加。宋松泉团队根据种子萌发过程中下胚轴－胚根细胞的伸长、代谢活性的迅速增加以及由差异蛋白质组分析所构建的关键事件，提出了“种子萌发的能量刺激假说”（图 9-9）。

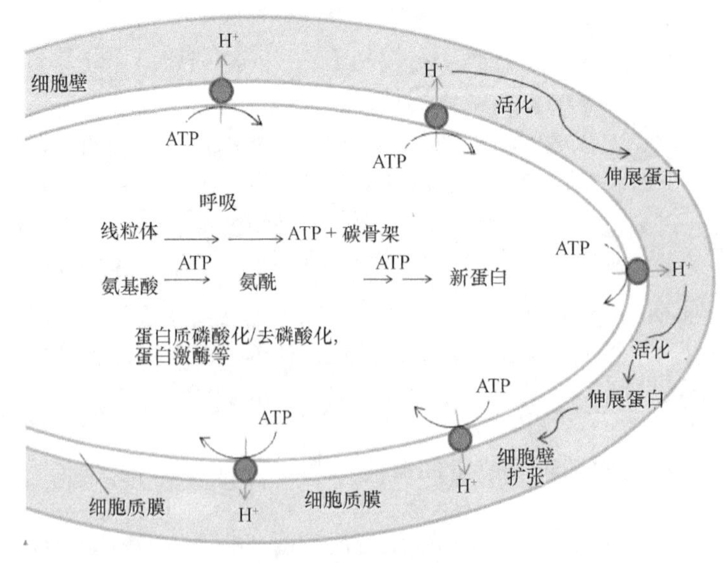

图 9-9　种子萌发的能量刺激假说（引自徐恒恒等, 2014）

种子萌发的能量刺激假说认为，在干燥种子吸胀初期，预存线粒体呼吸作用（能量产生）的迅速增强在种子萌发中起原初作用，但不足以使种子完成萌发，还需要一系列事件的协同作用，才能引起细胞壁松弛、细胞伸长，完成萌发。胚轴细胞膜具有 H^+-ATPase，能水解呼吸作用产生的 ATP，同时将 H^+泵入细胞壁，从而活化伸展蛋白（expansin），使细胞壁松弛，细胞吸水和伸长。*LeEXP4* mRNA 专一地定位于珠孔端胚乳帽区域，表明这种蛋白可能有助于胚根伸出需要的组织弱化。GA 缺乏的突变体（*gib-1*）种子只有在外源 GA 存在时才能萌发，在吸胀 12 h 内 GA 诱导 *LeEXP4* 的表达。此外，氨基酸的活化，蛋白质的合成、降解和磷酸化修饰也需要 ATP；呼吸作用的中间产物能为其他生物大分子的合成提供碳骨架。

刘军研究组报道了 OsNOX 可能在水稻种子萌发中起关键作用（Li et al., 2017）。一种特定的 NOX 抑制剂二苯碘（DPI）以剂量依赖性的方式有效地抑制了胚和幼苗的生长，特别是胚根和根的生长。水稻种子萌发过程中 $O_2^{\cdot-}$ 、H_2O_2 和·OH 稳定地积聚在萌发水稻种子的胚芽、胚根和幼苗根系中，表明 NOX 产生的 ROS 在水稻种子萌发过程中参与胚根和根系伸长。另外的相关研究表明，植物提取物二氢杨梅素在引发期间诱导更多的线粒体的修复/生物合成，可能为萌发相关的细胞活动提供了更多能量支持（樊帆等, 2017）。因此，水稻种子萌发也与“能量刺激”密切相关。

三、种子处理技术

种子处理技术是指在播种前采用物理或化学方法处理种子，从而提高种子的萌发性能和抗逆性的一种技术。种子处理包括多种类型，而不同类型种子处理的作用效果和作用机理也存在很大差异。

1. 种子包衣处理技术

种子包衣是指以精选过的种子为载体，通过人工或者机械的方式将含有植物生长调节物质、杀菌剂、杀虫剂和肥料等活性成分的种子包衣剂（简称种衣剂）均匀包裹到种子的表面的种子处理技术。该技术是在传统浸种、拌种的基础上发展起来的。包衣能增加种子的商品价值，促进增产增收，是物化栽培的重要组成部分（王慰亲, 2019）。

（1）种子包衣剂的类型

种衣剂是指包裹在种子表面的化学成分，由活性成分和非活性成分两部分组成。其中活性成分包括杀菌杀虫剂、除草剂、肥料、植物生长调节剂等，是种衣剂发挥化学调控作用的成分。而非活性成分包括黏合剂、成膜剂、扩散剂和防腐剂等，是提升种衣剂成膜质量和稳定性的成分。

种衣剂的类型有多种划分标准。

根据种衣剂中的成分种类，可以将种衣剂分成：①单一性种衣剂，即只在种衣剂中添加单一活性成分，生产上以单一杀菌、除草型种衣剂较为多见；②复合型种衣剂，即种衣剂的组成成分有多种活性物质，如微肥、杀菌剂、除草剂等。

根据种衣剂成分的性质，其可分成物理型种衣剂、化学型种衣剂和生物型种衣剂。

根据种衣剂的用途，其可分成杀菌型种衣剂、供肥型种衣剂、生长调节型种衣剂和抗逆型种衣剂等。

此外，根据作物的生长习性和需求，不同的作物种子可采用特异型种衣剂。如在水稻中，有可在浸种催芽后种衣剂成分仍不脱落的浸种型种衣剂，有针对直播稻渍水问题设计的逸氧型种衣剂，有能提高逆境胁迫下水稻种子萌发出苗性能的抗逆型种衣剂（张海清等, 2006），以及能延长杂交水稻种子保存时间的储藏型种衣剂。

（2）种子包衣的功能

种子包衣对作物生长的调控作用主要分为以下几个方面：①防治病虫害。种子经含农药的种衣剂包衣后可以减少萌发过程中的真菌感染，同时在生长前期减少害虫、病菌的侵入。如在水稻中，包衣处理能有效防止恶苗病、立枯病、稻蓟马、稻飞虱等病虫害。②提高作物的抗逆性。抗逆型种衣剂在多种作物中都有成功的应用。③提高资源利用率，降低劳动成本。种衣剂中的肥料和农药成分可以减少作物的施肥和打药次数，同时提高肥效和肥料利用率，从而节省劳动力，提高生产效益。

同时，促进种子萌发和幼苗生长是种子包衣最重要的功能之一。苗博士种衣剂能使直播水稻的出苗率提高 13%。张海清等（2006）研制的抗寒种衣剂能够显著提高早稻的成苗率。研究发现与未包衣的对照相比，旱育保姆包衣处理使水稻出苗率提高了 13.5%，成苗率提高了 18.2%。与未包衣的对照相比，逸氧型-丸化种衣剂包衣使早稻在 5℃低温逆境下种子的成苗率提高 18.7%～19.2%，并且能明显提高水稻秧苗抵抗渍水胁迫的能力。包衣处理还能提升作物的产量，研究表明包衣处理使水稻增产 6.6 %以上。

（3）种子包衣促进种子萌发的机理

关于种衣剂促进种子早生快发的机理，前人研究认为包衣的种子在播种后吸胀吸水，但种衣剂不溶解，而在种子周围形成天然的保护屏障。其中，种衣剂中的杀菌剂、杀虫剂成分可以减少逆境条件下的病菌传播，改善土壤微环境，从而减少烂种烂芽的风险。

而且，种衣剂中的活性成分如植物生长调节剂等能够改变种子中的激素代谢水平，提高植物体内 IAA、GA_3 含量，而降低了 ABA 含量，进而促进种子的萌发。

包衣处理还能稳定膜结构，降低逆境对膜的伤害程度，维持秧苗较高的根系活力和叶绿素含量，保持秧苗正常的营养吸收和光合作用（张海清等, 2006）。尽管包衣处理在水稻中已广泛应用，但是在低温胁迫下，包衣处理对直播早稻种子萌发和幼苗生长的影响及其机理的研究较少。

2. 其他种子处理技术

除种子包衣外，其他种子处理包括种子引发、种子丸粒化、等离子体处理等（王敏等, 2008; 张静和胡立勇, 2012）。种子丸粒化是指通过相关机械和填充材料对种子进行增大和增重，并通过在填充材料中添加活性物质提高种子的萌发性能。丸粒化能增加小粒型种子如烟草、芝麻、蔬菜等的商品价值，方便播种。对于水稻种子，种子丸粒化能提高淹水胁迫下直播稻的萌发性能，以及抗逆性，同时有利于机械直播。

等离子体处理是指通过一种专用机械——等离子体种子处理机处理种子，因此等离子体处理既属于农机技术又属于种子处理技术。等离子体处理技术具有破除种子休眠、促进种子萌发和生长的作用。研究表明，等离子体可以提高水稻种子的萌发率和萌发势。

液体冷却介质处理、超干处理和诱变处理对种子萌发的影响均有相关研究报道。但是，这些种子处理技术目前的发展还不够深入，且未达到商业化生产的阶段（王慰亲, 2019）。

第四节　杂交水稻种子的储藏、老化与恢复

一、杂交水稻种子的储藏

由于杂交水稻种子生产与市场的复杂性和难预测性，常需对种子进行短期储藏。与普通稻谷储藏不同，种子储藏后仍须达到种子萌发率标准，才能满足作物生产的需要。但一般水稻储藏后种子活力和萌发率下降，杂交水稻种子储藏一年后萌发率可下降到 70%以下，不能满足生产需要而报废；在高温高湿地区储藏，发生劣变时间更短，从而造成巨大损失。另外，粮食储备过程中稻谷陈化和米质劣变也是影响我国粮食安全的重要因素。

种子耐储藏性受遗传、种子发育期间的环境条件及储藏条件等因素共同决定。长期以来国内外主要通过工程技术途径如低温低湿技术来解决种子和粮食储藏问题，不仅耗费了大量的人力、物力和财力，还有大量的稻谷陈化变质以及种子生活力下降的问题，影响粮食的安全储藏和种子质量。解决水稻种子储藏最有效和经济的途径是培育耐储藏的新品种。对于提高种子耐储藏性、保持种子活力与萌发率的研究已成为种业科技创新的热点。

1. 不同类型种子的耐储藏性

一般认为，水稻遗传特性决定着其耐储藏性。在耐储藏能力上，籼稻＞爪哇稻＞粳稻，曾大力等（2002）发现籼稻比粳稻耐储藏，非糯稻比糯稻耐储藏，但粳糯稻比籼糯稻较耐储藏；但也发现粳稻或籼稻都存在耐储藏性好或差的极端情况。糯稻品种和非糯稻品种在耐储藏性上的差异主要是由于支链淀粉高的水稻有更强的吸水性。但是，对于淀粉构成类型是否直接影响水稻耐储藏性还是通过影响含水量来间接影响水稻耐储藏性仍存在很大争议。

大量的研究表明，常规稻种耐储藏性较好，而杂交水稻种子储藏后活力下降较快。黄上志和傅家瑞（1987）发现在人工老化下，杂交水稻‘汕优 2 号’、‘汕优 36’、‘汕优 63’及‘母本珍汕 97A’种子的发芽率和活力下降速度均比常规水稻‘IR24’、‘桂朝 2 号’和‘双桂 36’快。自然老化与人工老化的结果基本一致，只是后者劣变更快而明显。杂交水稻和不育系种子在人工加速老化处理后，其萌发率、萌发指数和活力指数均比常规水稻种子下降迅速。在人工老化过程中，前者种子浸泡液的外渗氨基酸和钾离子含量均比后者高，游离的有机酸、氨基酸和脂肪酸含量增加的速度相似，均大于常规水稻种子。蛋白酶活性和可溶性蛋白质含量的增减，在易发生劣变的种子与常规水稻种子之间均有显著差异。

劣变的‘汕优 2 号’和‘珍汕 97A’种子的有机酸、脂肪酸和氨基酸含量的增加均比‘IR24’种子迅速，这是水解酶活力提高的结果。另外，‘汕优 2 号’和‘珍汕 97A’种子的蛋白酶活性增加和可溶性蛋白质含量下降，必然导致氨基酸的积累，说明此时种子内部的代谢系统和细胞结构遭到破坏。细胞代谢中各种成分的隔离和反应复合体的正确排列都依赖细胞膜系统的完整性。种子内部细胞膜系统的损伤必然影响代谢过程，致使种子生活力和活力不同程度地下降。劣变种子的物质外渗量的增加，表明细胞膜和液泡膜的完整性被破坏（傅家瑞, 1985; Bewley, 1997）。杂交水稻和不育系种子的细胞膜比常规水稻种子更易受损伤，可能是种子易劣变、难储藏的一个原因。

有一些试验还表明，不同杂交组合种子的耐储藏性与所属母本不育系的关系更为密切，如Ⅱ优系列种子耐储藏性差于博优系列和秋优系列。但刘军研究组的最新研究表明，不育系和恢复系均影响种子活力保持能力或寿命（图 9-10）。在储藏老化之前，不育系配置的各个组合种子的平均萌发率没有差异，自然老化或人工老化后，平均萌发率显著不同。恢复系的总体趋势与不育系相似。老化前的平均萌发率没有差异，但老化后差异显著。在人工老化和自然老化处理下，恢复系‘广恢 122’的萌发率最高，显著高于其他三个恢复系，表现出良好的活力维持能力。‘广恢 122’与不育系‘BⅢY-122’、‘TY-122’、‘ⅡY-122’和‘QY-122’杂交组合的发芽率分别为 87%、87%、88%和 87%，耐储藏性高于其他恢复系的衍生杂交组合（Chen et al., 2022）。

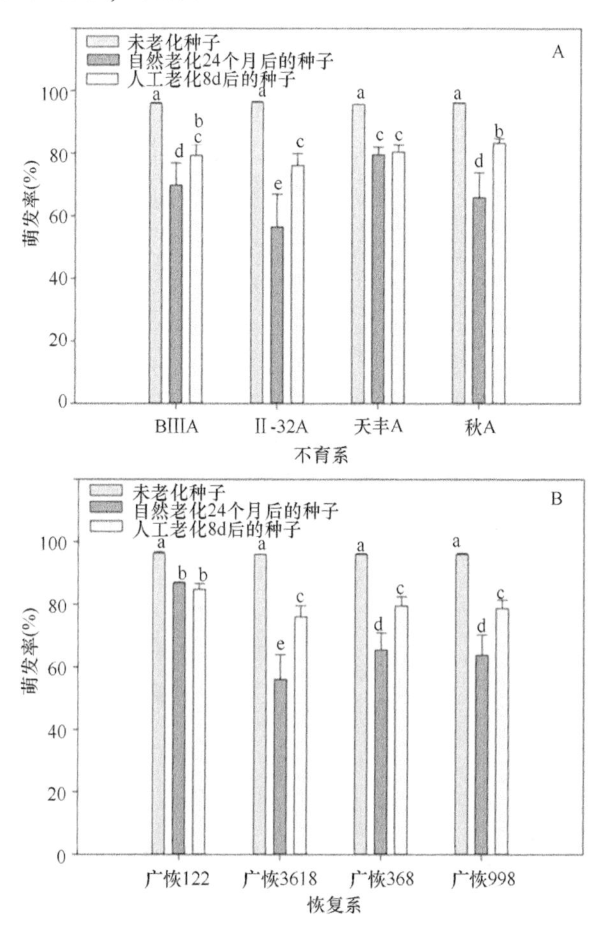

图 9-10　不同恢复系、不育系的杂交组合在老化前后的平均发芽率（Chen et al., 2022）

2. 杂交水稻种子耐储藏性的调控

水稻种子活力变化也与储藏过程中种子水分、温度、湿度、通气等因素有关，这些影响可通过人为措施进行适当调整以避免或减轻。结果表明，适度超干处理能延长种子的储藏寿命，种子活力保持与种子含水量和储藏温度密切相关。水稻种子储藏的最适含水量随储藏温度的升高而降低。

黄上志和傅家瑞（1987）的研究结果表明，储藏过程中相对湿度和温度对杂交水稻和‘IR24’种子萌发率和活力影响不同。容易发生劣变的杂交水稻‘汕优2号’、不育系‘珍汕97A’和保持系‘珍汕97B’的种子对储藏温度和含水量的要求较‘IR24’种子更为严格。在较高温度下储藏时，杂交水稻等易劣变的种子只有储藏在较低的相对湿度（60%）以下，才能保持种子活力。而当相对湿度（如

75%）较高时，它们只有储藏在较低的温度（22℃以下）下，才能较好地保持种子的活力。比较杂交水稻种子对温度和相对湿度（含水量）的反应，可以看出，在种子储藏期间，含水量对种子寿命的影响比温度更为突出。因此，控制种子的含水量是杂交水稻种子安全储藏的关键。低温低湿对种子活力的保持是有利的。然而，低温下储藏大批种子成本高，难推广。水稻种子含水量过低，经长期储藏后种子活力也会下降。杂交水稻种子储藏环境的相对湿度在60%以下或种子的含水量在12%以下，则能使种子保持较高的萌发率和活力。

杨天姝等（2020）研究表明，灌浆期用外源蛋白合成抑制剂喷施种子，可以提高杂交水稻种子自然条件下的耐储藏能力。种子入库时，不同外源调控剂处理的种子萌发率都在96%左右，处理与对照无显著差异，表明各调控剂处理对未老化种子的萌发率影响不明显。人工老化 8 d 后，用外源蛋白质合成抑制剂春雷霉素处理的种子萌发率可达 80%，显著高于对照的萌发率（图 9-11）。自然储藏 2 年后，用农用链霉素处理的种子的萌发率（76.3%）极显著高于对照处理（66.8%）；用春雷霉素处理的种子萌发率与对照无显著差异；用咪酰胺处理种子的萌发率仅为 43.5%，极显著低于对照种子的发芽率（图 9-12）。这表明农用链霉素处理可以有效提高种子的耐储藏能力。

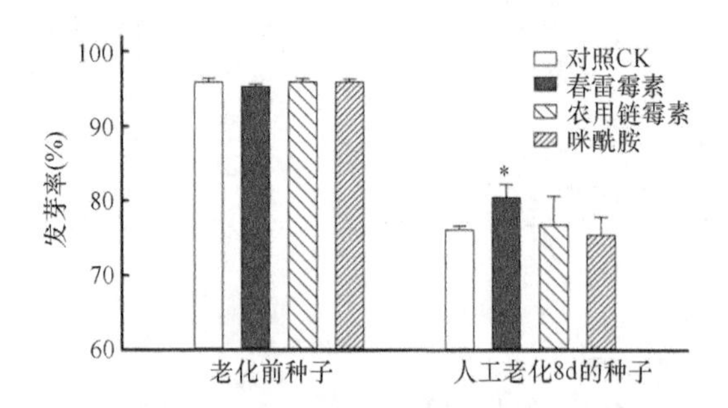

图 9-11　不同处理种子人工老化处理前后的萌发率（引自杨天姝等, 2020）

*表示差异显著（$P<0.05$）

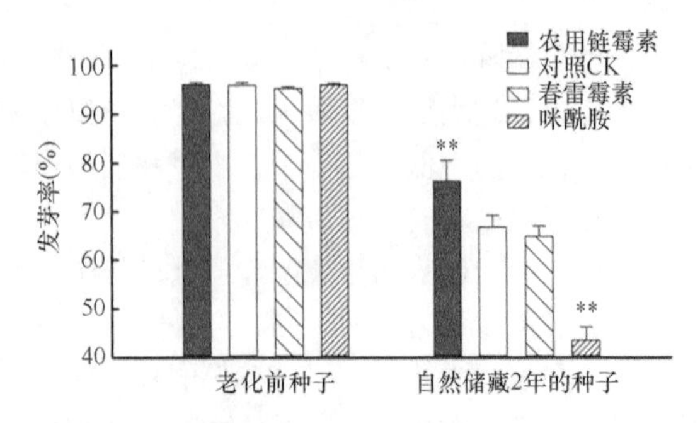

图 9-12　不同处理种子自然老化处理前后的萌发率（引自杨天姝等, 2020）

*表示差异显著（$P<0.05$）

二、杂交水稻种子的老化

1. 杂交水稻种子老化的代谢组学变化

种子在储藏过程中发生劣变而活力下降，主要是核酸、蛋白和膜系统受到损害，目前普遍认为自由基产生和清除不平衡及膜脂过氧化作用加强是引起或加剧种子老化的重要原因。在种子储藏过程中，活性氧清除酶的活性逐渐降低，清除自由基和过氧化物的能力减弱，自由基不断积累，导致种子的活力不断下降。

种子活力下降与种子内贮藏物质的变化相关。刘军等（2000）认为，高活力种子中，贮藏蛋白能够及时动员为合成新蛋白提供足够的氨基酸，种子活力变化与种子萌发时胚贮藏的蛋白降解效率及新蛋白合成能力变化一致，这表明不同活力种子的蛋白质合成能力、贮藏蛋白降解程度，可以作为衡量种子活力的生化指标。

为评估杂交水稻种子老化过程的化学成分变化及其与种子活力或耐储藏性的关系，刘军研究组使用基于 GC-MS 的代谢组学方法比较了 32 个种子样品储藏前后的代谢组变化。共检测到 89 个代谢物峰，并根据相关数据库鉴定出 56 个代谢物。其中 24 种被鉴定为糖相关化合物，20 种为氨基酸相关化合物，2 种为游离脂肪酸，6 种为三羧酸循环相关的中间体，4 种为其他化合物。它们中的大多数是初级代谢物（Chen et al., 2022）。研究发现，氨基酸和脂质与种子活力或种子老化无显著相关性，但一些可溶性糖及其衍生物的差异变化显著，如半乳糖、果糖、葡萄糖酸和甘油的相对含量显著增加（图 9-13）。其他的糖相关代谢物，如棉子糖、半乳糖醇、蔗糖和肌醇，在 24 个月的自然储存期间保持相对恒定，这与我们之前研究的结果相似（Yan et al., 2018）。

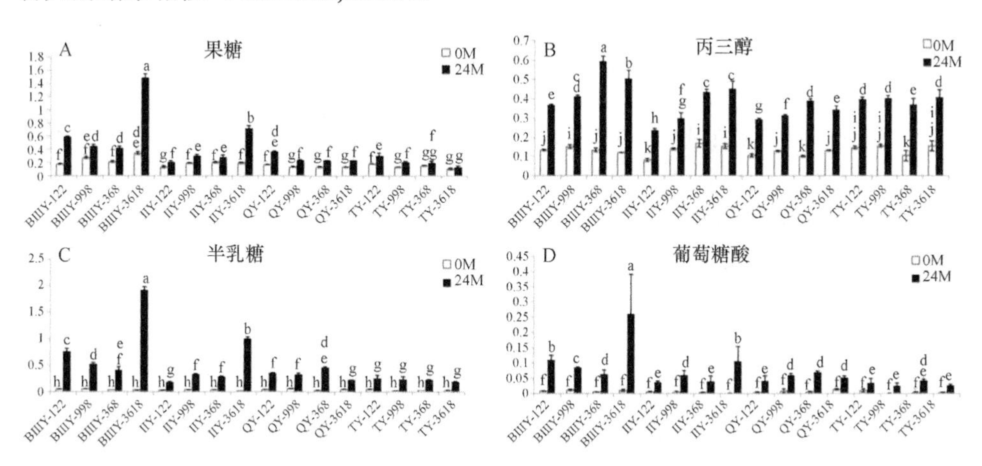

图 9-13　不同组合种子自然储藏 2 年前后的代谢物相对含量（Chen et al., 2022）

进一步用绝对定量法测定了在室温下储存不同时间的其他水稻组合和恢复系（‘G8Y165’、‘NXRZ’、‘NYZ’、‘NYZ’、‘G8B’、‘HZ’、‘RXZ’、‘R534’、‘M2YHZ’、‘Y2Y1’、‘JFY1002’）中半乳糖、葡萄糖酸等代谢物的含量。在这些代谢物中，半乳糖和葡萄糖酸与种子萌发率之间的相关系数分别为–0.937 和–0.935，表明高度显著的负相关，可以作为种子活力的代谢物标记，且两种代谢物之间的相关系数高达 0.984。此外，甘油含量也与种子萌发率呈负相关（Chen et al., 2022）。

2. 杂交水稻种子老化的长链非编码 RNA

国内外研究者已经围绕种子活力劣变过程开展了蛋白组学、代谢组学、基因组、转录组及 miRNA 的表达差异等大量研究，但是对于活力下降的调控机制仍不清楚，亟须对水稻老化过程中的诸多未知生物学事件进行更多层次、更多维度的深入研究，进一步发掘水稻种子劣变过程中响应各种胁迫的关键调控机制，分离、鉴定和补全参与种子活力调控的关键因素的拼图。随着二代测序技术的进步，国内外的研究者逐渐发现 lncRNA 在动植物不同发育阶段起到重要的调控作用，但真正具有生物学意义的 lncRNA 的研究报道，特别是在植物中的报道仍是屈指可数。

随着二代测序技术的迅猛发展，国内外的研究者逐渐发现长链非编码 RNA（long non-coding RNA，lncRNA）能够在表观遗传水平、转录水平和转录后水平调控基因表达，广泛参与生物的生长发育、抗逆、生理和病理过程，包括干细胞维持、胚胎发育、细胞分化、凋亡、代谢、信号传导、感染及免疫应答等生理或病理过程的调控（Chekanova et al., 2007; Wang and Chang, 2011; Wu et al., 2013）。目前一般认为，lncRNA 在真核生物中长度超过 200nt，并且不具有可辨别的蛋白编码潜能或编码能力极低的 RNA 转录本（Jin et al., 2013; Wang et al., 2014; Zhang et al., 2014）。

植物 lncRNA 可作为转录的调节因子。lncRNA 也是调控染色质状态的关键因子，通常通过与染色质重塑复合物作用，将其募集到特定的基因位点上起作用（Rinn et al., 2007; Quinn and Chang, 2016）。不同染色质结合的 lncRNA 可作为支架在染色质修饰复合物的合作组装中起到重要作用。他们通过 smRNA 依赖或 smRNA 独立的方式招募这些复合物。研究最深入的 RNAi 依赖途径就是植物特有的 RdDM（RNA-directed DNA methylation）。植物 lncRNAs 可通过 RdDM 作用于表观遗传学沉默，需要植物特异的 RNA 聚合酶 PoLⅣ和 PoLⅤ（Wierzbicki et al., 2008），也有一些 RNA 聚合酶 PoLⅡ的参与。由 PoLⅣ转录的 lncRNA 产生 24nt 的 siRNA，而通过 RNA 聚合酶 PoLⅤ产生的 lncRNA 则作为骨架 RNA，由 siRNA-GRO 复合体通过序列互补进行识别。另一种方式是通过不依赖 smRNA 的方式招募染色质修饰复合体，但蛋白质复合物与 lncRNA 共同识别靶基因的机制仍不清楚（Chekanova, 2015; Shafiq et al., 2016）。

转录组分析结果表明，在老化种子中下调表达基因的 KEGG 分类与上调表达基因有很大差异。上调表达基因主要涉及三类途径：核苷酸切除修复途径、转录和翻译相关的途径及代谢途径。而下调表达基因主要涉及：植物-病原体相互作用，植物激素相关途径，能量代谢与次生代谢，转录和翻译，蛋白质折叠、分类和降解。

研究筛选出 4500 多个水稻候选 lncRNA。根据 lncRNA 共定位以及共表达的基因的 KEGG 分类的结果，发现在老化种子中表达量显著上调和下调的差异 lncRNA 涉及的数量和功能途径均不同。上调的 4 个 lncRNA 分别是 *LNC_001951*（*XLOC_041209*）、*Os02t0591850-01*、*Os03t0332600-01* 及 *Os01t0704250-00*。其中 *LNC_001951* 是新发现的 lncRNA，其余 3 个为已经注释的 lncRNA；其共表达与共定位基因的功能与碱基切除修复有关。而下调的有 453 条 lncRNA，其共表达与共定位基因的途径与植物病原互作、植物激素、能量代谢及次生代谢有关。这与 mRNA 的结果一致，推测种子在老化劣变濒临死亡的过程中，经历了能量代谢下降，DNA、RNA 和蛋白的损伤降解及修复等过程，而多个 lncRNA 和相关基因参与了抗逆及碱基修复等过程。进一步利用 RACE 技术对 lncRNA 进行克隆，获得种子老化相关 lncRNA *XLOC-037529* 的 cDNA 全长序列（图 9-14）。与籼稻基因组比对的结果显示：① *XLOC-037529* 全长为 1325 bp，具有不同的可变剪接；② 5’端非常保守；③ 3’端不保守，有 poly A 尾；④ a 序列中 188～335 bp、450～506 bp、506～766 bp 分别是转座子来源的序列，并且粳稻与籼稻在这个区域中发生了大段的 LTR 逆转录转座子的插入。

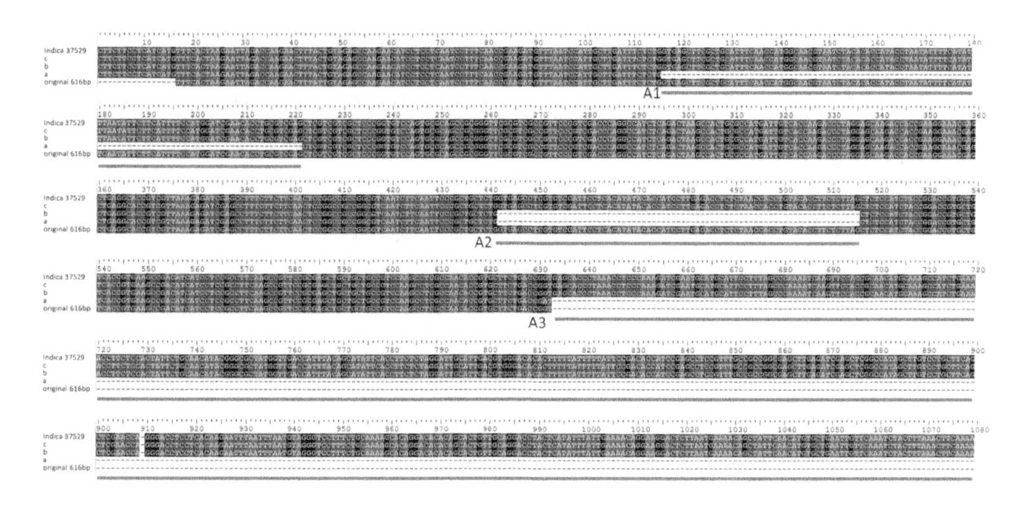

提升种质资源安全保存能力奠定了良好的基础。

吴志媛等（2022）选取二氢杨梅素为主要成分配制的两种种子活力激活剂 C1 和 C2，以及湖南隆平种业提供的 C3 药剂等 3 种不同调控产品对陈种子进行处理，发现调控剂产品对不同组合不同萌发率的种子批的处理效果有很大差异。与对照相比，种子活力激活剂 C1 药剂对‘隆 8 优华占’、‘隆优 4945’、‘C 两优 608’、‘隆两优 1206’、‘Y 两优 1 号’和‘丰源优华占’的陈种子萌发率有显著的提高效果，最高可提高 12%。种子活力激活剂 C2 对‘隆 8 优华占’、‘隆优 4945’、‘C 两优 608’、‘隆两优 1206’、‘徽两优 2000’和‘领优华占’种子萌发率有显著提高效果，最高可提高 10.7%。另外，种子活力激活剂 C1 能显著降低‘Y 两优 1 号’和‘领优华占’的不正常苗率，种子活力激活剂 C2 能显著降低‘隆 8 优华占’、‘Y 两优 1 号’和‘领优华占’的不正常苗率。种子活力激活剂 C3 能显著降低‘隆 8 优华占’、‘隆优 4945’、‘隆两优 1206’和‘Y 两优 1 号’的不正常苗率。但 3 种种子活力激活剂对于‘C 两优 608’、‘丰源优华占’、‘徽两优 2000’的不正常苗率的效果不明显。

樊帆等（2017）利用杂交水稻组合‘秋优 998’的劣变种子进行藤茶提取物二氢杨梅素等引发处理实验，不同引发处理与对照的萌发率差异都达到显著水平，而且藤茶提取物二氢杨梅素对劣变杂交水稻种子引发的效果比清水更明显。研究发现，大多数的逆境防御蛋白类、能量相关蛋白类及蛋白质合成和目标类蛋白丰度在引发处理中显著增加，推测引发提高种子萌发率的原因与逆境记忆、能量代谢活动和蛋白质合成能力增强等密切相关。共 9 个能量代谢类蛋白中，8 个在引发处理中上调，仅 1 个在对照中上调。这些上调蛋白主要涉及糖酵解、蔗糖和淀粉代谢，以及维持细胞 NDP 和 NTP 代谢平衡等多种生命活动过程，证实引发种子具有更大的能量来完成萌发。两种引发处理之间的差异蛋白中，线粒体加工肽酶、核苷二磷酸激酶、磷酸甘油酸激酶，以及延伸因子 EF-1α 等蛋白在二氢杨梅素引发处理中的丰度显著高于清水引发处理。推测植物提取物二氢杨梅素在引发期间诱导更多的线粒体修复/生物合成，可能为萌发相关的细胞活动提供了更多能量支持。

Hussain 等（2015）比较了多种引发处理对水稻种子萌发的影响，结果表明水引发、$CaCl_2$ 引发、H_2O_2 引发、硒引发和水杨酸引发均能有效提高水稻种子的萌发率，促进水稻幼苗的生长。并且，引发处理还能促进逆境胁迫下种子的萌发，提高抗逆性。引发处理提高了水稻种子在淹水胁迫下的萌发势和萌发指数，缩短了萌发时间。阮松林等（2003）认为，引发处理可促进杂交水稻种子中果糖的利用，降低种子内部果糖水平、提高脯氨酸水平，并提高后期盐胁迫幼苗的果糖水平，从而增强杂交水稻幼苗的耐盐性，这可能是引发处理提高杂交水稻幼苗耐盐性的生理调节机制。

第五节 杂交水稻种子的质量控制

杂交水稻种子与常规品种的质量检测标准一致，都按照 GB/T 3543.1—1995《农作物种子检验规程 总则》进行。但杂交水稻种子要特别注意真实性和品种纯度鉴定，以及活力测定。

一、真实性和品种纯度鉴定

具体方法应符合 GB/T 3543.5—1995 的规定。测定送检样品的种子真实性和品种纯度，据此推测种子批的种子真实性和品种纯度。

真实性和品种纯度鉴定，可用种子、纯苗或植株。通常，把种子与标准样品的种子进行比较，或将幼苗和植株与同期种植在同一环境条件下的同一发育阶段的标准样品的幼苗和植株进行比较。水稻为自花授粉作物，品种的鉴定性状比较一致，对异作物、异品种的种子、幼苗或植株进行计数，并做出总体评价。

1. 形态鉴定法

随机从送检样品中取 400 粒种子，鉴定时须设重复，每个重复不超过 100 粒种子。

根据种子的形态特征，必要时可借助放大镜等进行逐粒观察，必须备有标准样品或鉴定图片和有关资料。水稻种子根据谷粒形状、长宽比、大小、稃壳和稃尖色、稃毛长短、稀密、柱头夹持率等进行鉴定。

2. 快速测定法

随机从送检样品中取 400 粒种子，鉴定时须设重复，每个重复不超过 100 粒种子。水稻采用苯酚染色法进行测定。

将水稻种子浸入清水中，6 h 后，倒去清水，加入 1%（m/V）苯酚溶液，室温下浸 12 h，取出用清水洗涤，放在滤纸上 24 h，观察谷粒或籽粒染色程度。谷粒染色分为不染色、淡茶褐色、茶褐色、黑褐色和黑色五级；籽粒染色分不染色、淡茶褐色、褐色或紫色三级。将与基本颜色不同的种子取出作为异品种。

3. 田间小区种植鉴定

田间小区种植是鉴定品种真实性和测定品种纯度的最为可靠、准确的方法之一。为了鉴定水稻品种的真实性，应在鉴定的各个阶段与标准样品进行比较。对照的标准样品为栽培品种提供全面的、系统的品种特征特性的现实描述，标准样品应代表品种原有的特征特性，最好是育种家的种子。标准样品的数量应足够多，以便能持续使用多年，并在低温干燥条件下储藏，更换时最好从育种家处获取。

为使品种特征特性充分表现，试验的设计和布局，要选择气候环境条件适宜的、土壤均匀、肥力一致、前茬无同类作物和杂草的田块，并有适宜的栽培管理措施。

行间及株间应有足够的距离，必要时可进行点播和点栽。

为了测定品种纯度百分率，必须与现行发布实施的国家标准——种子质量标准相联系。试验设计的种植株数要根据国家标准——种子质量标准的要求而定，一般来说，若标准为（N–1）×100%/N，种植株数 4N 即可获得满意结果，如标准规定纯度为 98%，即 N 为 50，种植 200 株即可达到要求。

检验员应拥有丰富的经验，熟悉被检品种的特征特性，能正确判别植株属于本品种还是变异株。变异株应是遗传变异，而不是受环境影响所引起的变异。

许多种子在幼苗期就有可能鉴别出品种的真实性和纯度，但成熟期（常规种）、花期（杂交种）是品种特征特性的表现时期，必须进行鉴定。除上述方法外，水稻品种真实性和纯度鉴定，还可以采用简单重复序列（简称 SSR）分子标记方法，即按照 GB/T 39917—2021《主要农作物品种真实性和纯度 SSR 分子标记检测稻》进行。

二、种子生活力和活力的测定

1. 生活力的生化（四唑）测定

在短期内急需了解种子萌发率或当某些样品在萌发末期尚有较多的休眠种子时，可应用生活力的生化法快速估测种子生活力。

生活力测定是应用 2, 3, 5-三苯基氯化四氮唑（简称四唑，TTC）无色溶液作为一种指示剂，这种指示剂被种子活组织吸收后，接受活细胞脱氢辅酶中的氢，被还原成一种红色的、稳定的、不扩散和不溶于水的三苯基甲臜。因此，可依据胚和胚乳组织的染色反应来区别有生活力和无生活力的种子。

除完全染色的有生活力种子和完全不染色的无生活力种子外，部分染色种子有无生活力，主要是根据胚和胚乳坏死组织的部位和面积大小来决定，根据染色的深浅可判别是健康的，还是衰弱的或死亡的。

2. 种子活力的测定

活力（vigour）检测直接或间接地评估种子批在广泛的环境条件下潜在表现的物理和生理基础，其在萌发种子批之间的检测灵敏度高于萌发测试。种子活力包括种子萌发，幼苗生长的速率和整齐度，种子在不利环境条件下的出苗能力、储藏后的表现，特别是萌发能力的保持（ISTA, 2016）；因此，种子活力更能表示种子在田间成苗的质量，尤其是在不利的环境条件下，种子活力比发芽率更能表示种子质量的好坏。活力检测能够提供比标准萌发实验更为敏感的种子质量参数，对于种子生产具有重要的指导意义。

国际种子检验协会推荐的活力测定方法主要有 2 种（ISTA, 2016），即电导率法（electrical conductivity test）和人工加速老化法（accelerated aging test）。

（1）电导率测定

通过对渗出物电导率的测定可以评估植物组织电解质外渗的程度。通过种子样本浸泡液电导率的测定可以判断种子活力的高低。电解质外渗率高的种子批，即浸泡液电导率高，被认为种子活力低，而外渗率（电导率）很低的种子批则被认为种子活力高。

（2）加速老化实验

加速老化实验是将种子短时间暴露于高温、高湿（约 95% RH）环境下。在实验过程中，种子吸收潮湿环境中的水分并使含水量增加，与高温一起共同引起种子的迅速老化。高活力种子批比低活力种子批更能耐受这些极端的胁迫条件，老化更缓慢。因此，在加速老化处理后，高活力种子批保持高萌发率，而低活力种子批的萌发率降低。

3. 种子活力的代谢物标记与劣变种子萌发率的快速测定

尽管在过去的十几年中，一些新的种子活力测定方法应运而生，如平均萌发时间（mean germination time）（Matthews and Khajeh-Hosseini, 2006; Demir et al., 2008），胚根突出法（radicle emergence test）（Matthews and Powell, 2011; Luo et al., 2015），但都存在萌发实验周期较长以及对种子损伤的问题，而近红外和高光谱技术、无损检测技术等又存在灵敏度、准确度不够的弊端。寻找快速有效的评价手段，成为必然。

Chen 等（2022）利用代谢组研究发现，半乳糖等代谢物可作为种子老化程度及种子活力的标记，可以直接应用于储藏种子活力快速检测。半乳糖和葡萄糖酸的绝对含量与种子萌发率的相关系数分别为–0.937 和–0.935，均呈极显著的负相关，且两种代谢物之间的相关系数高达 0.984。

进一步得到半乳糖水平、葡萄糖酸水平和种子萌发率的回归方程，以预测不同活力种子在储藏期间的萌发率。半乳糖绝对含量与种子发芽率之间的回归方程为：$y = 89.174–0.2095x$，决定系数（R^2）为 0.8781（图 9-15A）。葡萄糖酸绝对含量与种子萌发率的回归方程为：$y = 101.91–8.5837x$，R^2 为 0.8748（图 9-15B）。在此基础上，还确定了种子萌发（y）和半乳糖（x_1），葡萄糖酸水平（x_2）和甘油（x_3）的三变量线性回归方程，其 $y = 97.5831–0.1739x_1–1.4513x_2–2.2446x_3$，决定系数为 0.8966。

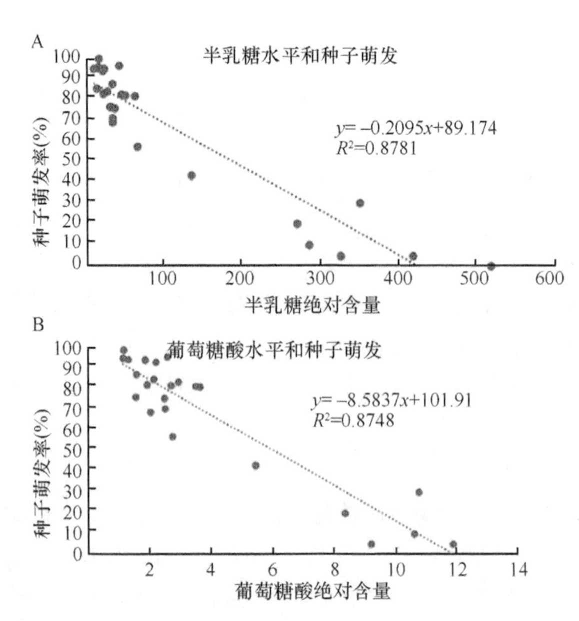

图 9-15 不同活力水稻种子的半乳糖（A）和葡萄糖酸（B）绝对含量与不同萌发率之间的回归方程（引自 Chen et al., 2022）

Perry（1978）将种子活力定义为，决定种子或种子批在萌发和出苗期间活性及表现水平的所有特性的总和。1983 年，北美官方种子分析家协会（Association of Official Seed Analysts, 简称 AOSA）将种子活力定义为，在广泛的田间条件下，决定种子迅速整齐出苗及幼苗正常生长的潜力。1995 年，ISTA 出版的《种子活力测定方法手册》中指出，种子活力是指种子各种潜在性能的综合表现，包括田间表现性能和储藏性能（Hampton and Tekrony, 1995）。目前这一定义被广泛采用。

主要参考文献

蔡建秀, 陈伟. 2007. 水稻穗上发芽生理生化及颖壳扫描电镜观察. 中国农学通报, 23(8): 207-211.

陈兵先, 刘军. 2017. 水稻穗萌及其调控的研究进展. 种子, 36(2): 49-55.

陈乐天, 刘耀光. 2016. 水稻野败型细胞质雄性不育的发现利用与分子机理. 科学通报, 61(35): 3804-3812.

陈良碧. 1994. 杂交水稻种子生理特点与耐贮藏性研究. 种子, 13(4): 19-21, 24.

陈豫, 曲乐庆, 贾旭. 2003. 水稻种子储藏蛋白及其基因表达. 遗传, 25(3): 367-372.

丁君辉, 彭应龙, 欧欧. 2012. 植酸对杂交水稻 V20B 种子萌发及生理特性的影响. 亚热带植物科学, 41(2): 6-8.

樊帆, 郭述近, 高家东, 等. 2017. 引发提高水稻劣变种子发芽率的蛋白质组学分析. 热带作物学报, 38(5): 829-837.

付爱斌, 蔡冬元, 刘烨, 等. 2009. 杂交水稻种子特征特性与播种品质关系的研究概述. 中国农学通报, 25(11): 50-55.

傅家瑞. 1985. 种子生理. 北京: 科学出版社.
何光明, 何航, 邓兴旺. 2016. 水稻杂种优势的转录组基础. 科学通报, 61(35): 3850-3857.
胡伟民. 2000. 不同抑制物质处理对杂交水稻种子活力和胚贮藏蛋白的影响. 种子, 19(6): 32-34.
黄上志, 傅家瑞. 1987. 杂交水稻和不育系种子的劣变与生理生化变化. 植物生理学报, 13(3): 229-235.
廖泳祥. 2009. 水稻穗发芽抗性鉴定方法筛选、生理学研究及配合力分析. 雅安: 四川农业大学硕士学位论文.
刘爱民, 张晓明, 蒋珊瑚, 等. 2020. 杂交水稻劣变种子光学分选效果初探. 杂交水稻, 35(5): 31-35.
刘军, 黄上志, 傅家瑞. 2000. 不同活力玉米种子胚萌发期间热激蛋白的合成. 植物学报, 42(3): 253-257.
刘晓霞, 陈立云, 张桂莲. 2007. 水稻细胞质雄性不育系裂颖种子的穗上分布规律研究. 杂交水稻, 22(3): 69-73, 77.
刘烨, 陈秒, 尹超, 等. 2012. 杂交水稻种子特性及稻谷籽粒物质变化研究进展. 作物研究, 26(6): 707-712.
钱海丰, 赵晓娟, 赵心爱. 2003. α-淀粉酶基因表达的调控. 西北农业学报, 12(4): 87-90, 123.
阮松林, 薛庆中, 王清华. 2003. 种子引发对杂交水稻幼苗耐盐性的生理效应. 中国农业科学, 36(4): 463-468.
谈惠娟, 陶龙兴, 王熹, 等. 2006. “穗芽克”抑制杂交稻制种母本穗芽的研究. 中国稻米, 12(4): 30-32.
汪鸿儒, 储成才. 2017. 组学技术揭示水稻杂种优势遗传机制. 植物学报, 52(1): 4-9.
王敏, 付蓉, 赵秋菊, 等. 2008. 种子物理处理技术研究进展. 作物杂志, (6): 102-106.
王歧伟. 1992. 控制杂交稻种子穗萌技术. 杂交水稻, 7(6): 14-15.
王慰亲. 2019. 种子引发促进直播早稻低温胁迫下萌发出苗的机理研究. 武汉: 华中农业大学博士学位论文.
王玉元. 1989. 马来酰肼(MH)的使用及其毒性问题. 植物生理学通讯, 25(6): 7-13.
王忠华, 王迪. 2013. DNA 甲基化分析技术在动植物遗传育种中的应用. 生命科学, 25(4): 435-441.
吴志媛, 高家东, 蒋珊瑚, 等. 2022. 利用藤茶提取物二氢杨梅素提高杂交水稻种子活力. 杂交水稻, 37(4): 30-36.
肖英勇, 高永峰, 唐维, 等. 2012. 种胚特异性表达番茄 $SlAB1_3$ 对水稻冈 46B 穗萌的抗性研究. 中国农业科学, 45(15): 3020-3028.
徐恒恒, 黎妮, 刘树君, 等. 2014. 种子萌发及其调控的研究进展. 作物学报, 40(7): 1141-1156.
徐振江, 陈兵先, 赵晟楠, 等. 2012. 种子萌发过程中胚乳的突破性研究. 植物生理学报, 48(9): 853-863.
杨天姝, 高家东, 戴彰言, 等. 2020. 外源蛋白合成抑制剂对杂交水稻种子耐贮藏能力的影响. 湖南农业大学学报(自然科学版), 46(5): 501-506.
袁隆平. 2002. 杂交水稻学. 北京: 中国农业出版社.
曾大力, 钱前, 国广泰史, 等. 2002. 稻谷储藏特性及其与籼粳特性的关系研究. 作物学报, 28(4): 551-554.
张海清, 邹应斌, 肖国超, 等. 2006. 抗寒种衣剂对早籼稻秧苗抗寒性的影响及其作用机理的研究. 中国农业科学, 39(11): 2220-2227.

张静, 胡立勇. 2012. 农作物种子处理方法研究进展. 华中农业大学学报, 31(2): 258-264.

张启发. 1998. 水稻杂种优势的遗传基础研究. 遗传, 20 (S1): 3-4.

张友胜, 刘军, 王文茂. 2020. 张家界莓茶. 长沙: 湖南科学技术出版社.

张友胜, 宁正祥, 杨伟丽. 2003. 藤茶学. 广州: 广东科学技术出版社.

周述波, 贺立静, 林伟, 等. 2016. 外源赤霉酸对杂交水稻亲本种子萌发的生理影响. 种子, 35(12): 35-38.

朱伟, 童继平, 吴跃进. 2004. 水稻品种抗裂颖资源的筛选与初步研究.植物遗传资源学报, 5(1): 52-55.

Asatsuma S, Sawada C, Itoh K, et al. 2005. Involvement of α-amylase I-1 in starch degradation in rice chloroplasts. Plant and Cell Physiology, 46(6): 858-869.

Basra S M A, Farooq M, Wahid A, et al. 2006. Rice seed invigoration by hormonal and vitamin priming. Seed Science and Technology, 34(3): 753-758.

Bewley J D, Bradford K J, Hilhorst H W M, et al. 2013. Seed: Physiology of Development, Germination and Dormancy, 3rd edition. New York, NY: Springer New York.

Bewley J D. 1997. Seed germination and dormancy. The Plant Cell, 9(7): 1055-1066.

Bian J M, Jiang L, Liu L L, et al. 2010. Identification of *Japonica* chromosome segments associated with heterosis for yield in *indica* × *Japonica* rice hybrids. Crop Science, 50(6): 2328-2337.

Bird A. 2002. DNA methylation patterns and epigenetic memory. Genes and Development, 16(1): 6-21.

Brar D S, Khush G S. 1997. Alien introgression in rice. Plant Molecular Biology, 35: 35-47.

Bruce A B. 1910. The Mendelian theory of heredity and the augmentation of vigor. Science, 32(827): 627-628.

Bruce T J A, Matthes M C, Napier J A, et al. 2007. Stressful "memories" of plants: evidence and possible mechanisms. Plant Science, 173(6): 603-608.

Chekanova J A, Gregory B D, Reverdatto S V, et al. 2007. Genome-wide high-resolution mapping of exosome substrates reveals hidden features in the *Arabidopsis* transcriptome. Cell, 131(7): 1340-1353.

Chekanova J A. 2015. Long non-coding RNAs and their functions in plants. Current Opinion in Plant Biology, 27: 207-216.

Chen B X, Fu H, Gao J D, et al. 2022. Identification of metabolomic biomarkers of seed vigor and aging in hybrid rice. Rice, 15(1): 7.

Chen B X, Ma J, Xu Z J, et al. 2016. Abscisic acid and ethephon regulation of cellulase in the endosperm cap and radicle during lettuce seed germination. Journal of Integrative Plant Biology, 58(10): 859-869.

Chen B X, Peng Y X, Gao J D, et al. 2019. Coumarin-induced delay of rice seed germination is mediated by suppression of abscisic acid catabolism and reactive oxygen species production. Frontiers in Plant Science, 10: 828.

Chen F F, He G M, He H, et al. 2010. Expression analysis of miRNAs and highly-expressed small RNAs in two rice subspecies and their reciprocal hybrids. Journal of Integrative Plant Biology, 52(11): 971-980.

Chen K, Arora R. 2013. Priming memory invokes seed stress-tolerance. Environmental and Experimental Botany, 94: 33-45.

Chen L T, Liu Y G. 2016. Discovery, utilization and molecular mechanisms of CMS-WA in rice. Chinese Science Bulletin, 61(35): 3804-3812.

Chodavarapu R K, Feng S H, Ding B, et al. 2012. Transcriptome and methylome interactions in rice hybrids. Proceedings of the National Academy of Sciences of the United States of America, 109(30): 12040-12045.

Damaris R N, Lin Z Y, Yang P F, et al. 2019. The rice alpha-amylase, conserved regulator of seed maturation and germination. International Journal of Molecular Sciences, 20(2): 450.

Dan Z W, Hu J, Zhou W, et al. 2015. Hierarchical additive effects on heterosis in rice (*Oryza sativa* L.). Frontiers in Plant Science, 6: 738.

Demir I, Ermis S, Mavi K, et al. 2008. Mean germination time of pepper seed lots (*Capsicum annuum* L.) predicts size and uniformity of seedlings in germination tests and transplant modules. Seed Science and Technology, 36(1): 21-30.

Ding J H, Shen J Q, Mao H L, et al. 2012. RNA-directed DNA methylation is involved in regulating photoperiod-sensitive male sterility in rice. Molecular Plant, 5(6): 1210-1216.

East E M. 1936. Heterosis. Genetics, 21(4): 375-397.

Fan Y R, Yang J Y, Mathioni S M, et al. 2016. PMS1T, producing phased small-interfering RNAs, regulates photoperiod-sensitive male sterility in rice. Proceedings of the National Academy of Sciences of the United States of America, 113(52): 15144-15149.

Farooq M, Basra S, Ur-Rehman H. 2005. Seed priming enhances emergence, yield, and quality of direct-seeded rice. International Rice Research Notes, 31(2): 45-48.

Feng S H, Jacobsen S E, Reik W. 2010. Epigenetic reprogramming in plant and animal development. Science, 330(6004): 622-627.

Goldberg A D, Allis C D, Bernstein E. 2007. Epigenetics: a landscape takes shape. Cell, 128(4): 635-638.

Guo Z B, Song G, Liu Z W, et al. 2015. Global epigenomic analysis indicates that epialleles contribute to Allele-specific expression via Allele-specific histone modifications in hybrid rice. BMC Genomics, 16(1): 232.

Hampton J G, Tekrony D M. 1995. Handbook of Vigour Test Methods. Zurich: International Seed Testing Association (ISTA).

He G M, He H, Deng X W. 2013. Epigenetic variations in plant hybrids and their potential roles in heterosis. Journal of Genetics and Genomics, 40(5): 205-210.

He G M, Zhu X P, Elling A A, et al. 2010. Global epigenetic and transcriptional trends among two rice subspecies and their reciprocal hybrids. The Plant Cell, 22(1): 17-33.

Heydecker W, Higgins J, Gulliver R L. 1973. Accelerated germination by osmotic seed treatment. Nature, 246(5427): 42-44.

Hu Q J, Fu Y Y, Guan Y J, et al. 2016. Inhibitory effect of chemical combinations on seed germination and pre-harvest sprouting in hybrid rice. Plant Growth Regulation, 80(3): 281-289.

Huang H, Song S Q, Wu X J. 2009. Response of Chinese wampee axes and maize embryos to dehydration at different rates. Journal of Intergrative Plant Biology, 51(1): 67-74.

Huang N, Stebbins G L, Rodriguez R L. 1992. Classification and evolution of alpha-amylase genes in plants. Proceedings of the National Academy of Sciences of the United States of America, 89(16): 7526-7530.

Huang X H, Yang S H, Gong J Y, et al. 2015. Genomic analysis of hybrid rice varieties reveals numerous superior alleles that contribute to heterosis. Nature Communications, 6: 6258.

Huang X H, Yang S H, Gong J Y, et al. 2016. Genomic architecture of heterosis for yield traits in rice. Nature, 537(7622): 629-633.

Hussain S, Zheng M M, Khan F, et al. 2015. Benefits of rice seed priming are offset permanently by prolonged storage and the storage conditions. Scientific Reports, 5: 8101.

International Seed Testing Association (ISTA). 2016. International Rules for Seed Testing.

Bassersdorf, Switzerland.

Jin J J, Liu J, Wang H, et al. 2013. PLncDB: Plant long non-coding RNA database. Bioinformatics, 29(8): 1068-1071.

Jisha K C, Vijayakumari K, Puthur J T. 2013. Seed priming for abiotic stress tolerance: an overview. Acta Physiologiae Plantarum, 35(5): 1381-1396.

Karrer E E, Chandler J M, Foolad M R, et al. 1992. Correlation between α-amylase gene expression and seedling vigor in rice. Euphytica, 66: 163-169.

Li C, Huang L M, Xu C G, et al. 2011. Altered levels of histone deacetylase OsHDT1 affect differential gene expression patterns in hybrid rice. PLoS One, 6(7): e21789.

Li D Y, Huang Z Y, Song S H, et al. 2016. Integrated analysis of phenome, genome, and transcriptome of hybrid rice uncovered multiple heterosis-related loci for yield increase. Proceedings of the National Academy of Sciences of the United States of America, 113(41): E6026-E6035.

Li W Y, Chen B X, Chen Z J, et al. 2017. Reactive oxygen species generated by NADPH oxidases promote radicle protrusion and root elongation during rice seed germination. International Journal of Molecular Sciences, 18: 110.

Li X M, Zhang Y X, Liu Q J, et al. 2021. Poly ADP-ribose polymerase-1 promotes seed-setting rate by facilitating gametophyte development and meiosis in rice (*Oryza sativa* L.). The Plant Journal: for Cell and Molecular Biology, 107(3): 760-774.

Li Z K, Luo L J, Mei H W, et al. 2001. Overdominant epistatic loci are the primary genetic basis of inbreeding depression and heterosis in rice. I. Biomass and grain yield. Genetics, 158(4): 1737-1753.

Liu S J, Fu H, Jiang J M, et al. 2019. Overexpression of a CPYC-type glutaredoxin, *OsGrxC2.2*, causes abnormal embryos and an increased grain weight in rice. Frontiers in Plant Science, 10: 848.

Liu Z L, Xu H, Guo J X, et al. 2007. Structural and expressional variations of the mitochondrial genome conferring the wild abortive type of cytoplasmic male sterility in rice. Journal of Integrative Plant Biology, 49(6): 908-914.

Lu C G, Lin C C, Lee K W, et al. 2007. The SnRK1A protein kinase plays a key role in sugar signaling during germination and seedling growth of rice. The Plant Cell, 19(8): 2484-2499.

Luo D P, Xu H, Liu Z P, et al. 2013. A detrimental mitochondrial-nuclear interaction causes cytoplasmic male sterility in rice. Nature Genetics, 45(5): 573-577.

Luo Y, Guan Y J, Huang Y T, et al. 2015. Single counts of radicle emergence provides an alternative method to test seed vigour in sweet corn. Seed Science and Technology, 43(3): 1-7.

Matthews S, Khajeh-Hosseini M. 2006. Mean germination time as an indicator of emergence performance in soil of seed lots of maize (*Zea mays*). Seed Science and Technology, 34: 339-347.

Matthews S, Powell A A. 2011. Towards automated single counts of radicle emergence to predict seed and seedling vigor. Seed Science, 142: 44-48.

Mazor L, Perl M, Negbi M. 1984. Changes in some ATP-dependent activities in seeds during treatment with polyethyleneglycol and during the redrying process. Journal of Experimental Botany, 35(8): 1119-1127.

Müller K, Linkies A, Vreeburg R A M, et al. 2009. In vivo cell wall loosening by hydroxyl radicals during cress seed germination and elongation growth. Plant Physiology, 150(4): 1855-1865.

Nonogaki H, Bassel G W, Bewley J D. 2010. Germination—still a mystery. Plant Science, 179(6): 574-581.

Perry D A. 1978. Report of the vigor test committee 1974-1977. Seed Science and Technology, 6:

159-181.

Quinn J J, Chang H Y. 2016. Unique features of long non-coding RNA biogenesis and function. Nature Reviews Genetics, 17(1): 47-62.

Rademacher W. 1990. Inhibitors of gibberellin biosynthesis: applications in agriculture and horticulture.//Takahashi N, Phinney BO, MacMillan J. Gibberellins. New York: Springer. 296-310.

Rajjou L, Duval M, Gallardo K, et al. 2012. Seed germination and vigor. Annual Review of Plant Biology, 63: 507-533.

Rashid A, Hollington P A, Harris D, et al. 2006. On-farm seed priming for barley on normal, saline and saline-sodic soils in North West Frontier Province, Pakistan. European Journal of Agronomy, 24(3): 276-281.

Rinn J L, Kertesz M, Wang J K, et al. 2007. Functional demarcation of active and silent chromatin domains in human HOX loci by noncoding RNAs. Cell, 129(7): 1311-1323.

Sano N, Permana H, Kumada R, et al. 2012. Proteomic analysis of embryonic proteins synthesized from long-lived mRNAs during germination of rice seeds. Plant and Cell Physiology, 53(4): 687-698.

Schweikert C, Liszkay A, Schopfer P. 2000. Scission of polysaccharides by peroxidase-generated hydroxyl radicals. Phytochemistry, 53(5): 565-570.

Scofield G N, Aoki N, Hirose T, et al. 2007. The role of the sucrose transporter, OsSUT1, in germination and early seedling growth and development of rice plants. Journal of Experimental Botany, 58(3): 483-495.

Shafiq S, Li J R, Sun Q W. 2016. Functions of plants long non-coding RNAs. Biochimica et Biophysica Acta, 1859(1): 155-162.

Shull G H. 1908. The composition of a field of maize. Journal of Heredity, os-4(1), 4: 296-301.

Suzuki N, Miller G, Morales J, et al. 2011. Respiratory burst oxidases: the engines of ROS signaling. Current Opinion in Plant Biology, 14: 691-699.

Wang C S, Tang S C, Zhan Q L, et al. 2019. Dissecting a heterotic gene through GradedPool-Seq mapping informs a rice-improvement strategy. Nature Communications, 10: 2982.

Wang H, Chung P J, Liu J, et al. 2014. Genome-wide identification of long noncoding natural antisense transcripts and their responses to light in Arabidopsis. Genome Research, 24(3): 444-453.

Wang K C, Chang H Y. 2011. Molecular mechanisms of long noncoding RNAs. Molecular Cell, 43(6): 904-914.

Wang W Q, Liu S J, Song S Q, et al. 2015. Proteomics of seed development, desiccation tolerance, germination and vigor. Plant Physiology and Biochemistry, 86: 1-15.

Wierzbicki A T, Haag J R, Pikaard C S. 2008. Noncoding transcription by RNA polymerase Pol IVb/Pol V mediates transcriptional silencing of overlapping and adjacent genes. Cell, 135(4): 635-648.

Wu H J, Wang Z M, Wang M, et al. 2013. Widespread long noncoding RNAs as endogenous target mimics for microRNAs in plants. Plant Physiology, 161: 1875-1884.

Xiao J, Li J, Yuan L, et al. 1995. Dominance is the major genetic basis of heterosis in rice as revealed by QTL analysis using molecular markers. Genetics, 140(2): 745-754.

Xie Y Y, Xu P, Huang J L, et al. 2017. Interspecific hybrid sterility in rice is mediated by *OgTPR1* at the S1 locus encoding a peptidase-like protein. Molecular Plant, 10(8): 1137-1140.

Xiong L Z, Xu C G, Saghai Maroof M A, et al. 1999. Patterns of cytosine methylation in an elite rice hybrid and its parental lines, detected by a methylation-sensitive amplificationpolymorphism technique. Molecular and General Genetics MGG, 261(3): 439-446.

Xiong M, Yu J W, Wang J D, et al. 2022. Brassinosteroids regulate rice seed germination through the BZR1-RAmy3D transcriptional module. Plant Physiology, 189(1): 402-418.

Yan S J, Huang W J, Gao J D, et al. 2018. Comparative metabolomic analysis of seed metabolites associated with seed storability in rice (*Oryza sativa* L.) during natural aging. Plant Physiology and Biochemistry, 127: 590-598.

Zhang H Y, He H, Chen L B, et al. 2008. A genome-wide transcription analysis reveals a close correlation of promoter INDEL polymorphism and heterotic gene expression in rice hybrids. Molecular Plant, 1(5): 720-731.

Zhang Y C, Liao J Y, Li Z Y, et al. 2014. Genome-wide screening and functional analysis identify a large number of long noncoding RNAs involved in the sexual reproduction of rice. Genome Biology, 15(12): 512.

Zhou H, Liu Q J, Li J, et al. 2012. Photoperiod- and thermo-sensitive genic male sterility in rice are caused by a point mutation in a novel noncoding RNA that produces a small RNA. Cell Research, 22(4): 649-660.